Clemens Heyder
Familiengründung mittels Eizellspende

Studien zu Wissenschaft und Ethik

Im Auftrag des
Instituts für Wissenschaft und Ethik

Herausgegeben von
Ludwig Siep und Dieter Sturma

Band 9

Clemens Heyder

Familiengründung mittels Eizellspende

Zur Ethik einer reproduktionsmedizinischen Praxis
in der liberalen Gesellschaft

DE GRUYTER

I acknowledge support for the publication costs by the Open Access Publication Fund of Bielefeld University and the Deutsche Forschungsgemeinschaft (DFG).

ISBN 978-3-11-221497-8
e-ISBN (PDF) 978-3-11-104156-8
e-ISBN (EPUB) 978-3-11-104205-3
ISSN 1862-2364
DOI https://doi.org/10.1515/9783111041568

Library of Congress Control Number: 2023940010

Bibliografische Information der Deutschen Nationalbibliothek
Die Deutsche Nationalbibliothek verzeichnet diese Publikation in der Deutschen Nationalbibliografie; detaillierte bibliografische Daten sind im Internet über http://dnb.dnb.de abrufbar.

www.degruyter.com

Vorwort & Dank

> ...und theoretisch wäre es einer der größten Triumphe der Menschheit, eine der
> fühlbarsten Befreiungen vom Naturzwange, dem unser Geschlecht unterworfen ist,
> wenn es gelänge, den verantwortlichen Akt der Kinderzeugung zu einer willkürlichen
> und beabsichtigten Handlung zu erheben...
>
> (Sigmund Freud: Die Sexualität in der Ätiologie der Neurosen)

Es lässt sich nur vermuten, ob Sigmund Freud 1898 schon vorausgeahnt oder nur gehofft hatte, was Patrick Steptoe und Robert Edwards 80 Jahre später gelungen ist. Durch ihren Beitrag sind Fortpflanzungsentscheidungen wählbarer geworden. Die moderne Reproduktionsmedizin bedeutet eine größere individuelle Freiheit, bringt aber auch gesellschaftliche Herausforderungen mit sich. Insbesondere die Eizellspende vermag, indem sie neue Familienkonstellationen ermöglicht, an der tradierten Ordnung der Familie zu rütteln. Gleichzeitig steht sie paradigmatisch für eine Verknüpfung der Fortpflanzung mit marktwirtschaftlichen Prinzipien, was nicht nur gerechtigkeitstheoretische Probleme aufwirft.

Dieses Buch ist eine moralphilosophische Auseinandersetzung mit der Eizellspende als reproduktionsmedizinische Möglichkeit der Familiengründung. Dementsprechend liegt der Schwerpunkt meiner Betrachtung sowohl auf der individuellen Entscheidung als auch auf den familiären Beziehungen, die aus einer solchen Entscheidung hervorgehen. Schließlich sind es jene Sinnzusammenhänge sozialer (Nah-)Beziehungen, die unser moralisches Handeln prägen. Zu diesem Handeln gehört auch unsere Sprache, die sich im Laufe der Zeit wandelt. Daher möchte ich an dieser Stelle auf eine sprachliche Besonderheit hinweisen. Wenngleich der Begriff Eizellspende in seiner wörtlichen Bedeutung zweifelsohne nicht immer zutreffend ist, scheint er mir gegenüber technisch passenderen Begriffen wie Eizellabgabe oder Eizellübertragung weitaus geläufiger zu sein. Aus diesem Grund habe ich mich dafür entschieden, an diesem (zurecht kritisierten) Begriff festzuhalten.

Die diesem Buch zugrunde liegende Dissertation wurde 2021 von der philosophischen Fakultät der Universität Bielefeld angenommen. Wie bei einem solchen Projekt üblich, hätte es ohne die Hilfe und Unterstützung zahlreicher Menschen nicht entstehen können. In diesem Sinne gebührt mein erster Dank meinen (um in der Sprache dieses Buchs zu bleiben) ‚Doktoreltern' Prof. Dr. Ralf Stoecker und Prof. Dr. Claudia Wiesemann. Sie haben mich nicht nur betreut, sondern überhaupt erst ermutigt, mich mit dem Thema Eizellspende aus einer normativ-theoretischen Perspektive auseinanderzusetzen, und mir geholfen, diese Idee in fruchtbare Bahnen zu lenken. In ihrer ausdauernden und fürsorglichen Art unterstützten sie mich, der Idee Gestalt zu geben und dieses Buch auf die Welt zu bringen, auch wenn ich ihren kritischen Anmerkungen manchmal wie ein trotziger Teenager gegenüberstand (nun aber genug der schlechten Wortspiele).

Weiterhin möchte ich mich sehr bei meinen Kommiliton*innen aus Potsdam und Bielefeld sowie meinen Kolleg*innen am Göttinger Institut für Ethik und Geschichte der Medizin und der Akademie für Ethik in der Medizin bedanken. Ihnen allen verdanke ich mehr als nur wertvolle Hinweise zur Arbeit. Ein besonderes Merci geht an Manuel und Julia für die schöne Zeit in und außerhalb des Büros.

Nicht vergessen möchte ich an dieser Stelle all jene Menschen, die ich auf zahlreichen Veranstaltungen kennengelernt habe, denen ich zuhörte, die mir zuhörten, die meine Vorträge und Publikationen kritisch kommentierten und die mich mit bewussten und unbewussten Impulsen versorgten.

Bedanken möchte ich mich zudem für die finanzielle Unterstützung bei der Universität Potsdam für das Anfangsstipendium, bei der Universitätsgesellschaft Bielefeld, die diese Arbeit mit dem Dissertationspreis ausgezeichnet hat, und der Universitätsbibliothek Bielefeld für die Förderung dieser Publikation.

Ein riesiges Dankeschön geht auch an Tobias Prüwer, der dieses Manuskript vor kleineren Missgeschicken und größeren Fehlern bewahrt hat.

Abschließend möchte ich die wichtigsten Menschen nicht unerwähnt lassen, nämlich friends & family. Ohne ihre vielfältige Unterstützung, die sie mir all die Jahre entgegenbrachten, wäre diese Arbeit nicht zustande gekommen. Dafür möchte ich mich herzlich bedanken. Das gilt in besonderer Weise für jene Freund*innen, die mich über die Jahre begleitet haben, mit mir Zeit in und vor Bibliotheken verbrachten, gemeinsam über das Mensaessen schimpften (und es trotzdem aßen), sich mit mir allerhand sozialen, kulturellen und geistigen Genüssen hingaben und mich davor bewahrt haben, mich in dieser Arbeit zu verlieren.

Leipzig, im Sommer 2023   Clemens Heyder

Inhalt

1 Einleitung: Warum sollte man sich eigentlich mit der Eizellspende beschäftigen?

Am Anfang dieser Arbeit stand für mich weniger die Frage im Vordergrund, warum man sich als Moralphilosoph mit der Eizellspende beschäftigen sollte, sondern vielmehr, warum man sich nicht damit beschäftigen sollte. Als ich zum ersten Mal in einer Verfassungsrechtsvorlesung erfuhr, dass die Eizellspende in Deutschland verboten ist, war ich ziemlich verblüfft. Wieso, fragte ich mich, kann etwas verboten sein, was eigentlich ganz normal ist?

Fortpflanzung ist eine private Angelegenheit, in die sich der Staat in der Regel nicht einmischt. Es gibt weder eine Fortpflanzungsbehörde, bei der man einen Antrag stellen muss, um ein Kind zu bekommen, noch kann man dafür bestraft werden, wenn man eins bekommen hat. Darüber hinaus kann ich mir nur schwer vorstellen, wie sich der heimische Sexualakt überwachen und die Zeugung nicht genehmigter Kinder wirkungsvoll verhindern ließe. Und selbst wenn es möglich sein sollte, fällt mir die Vorstellung noch schwerer, dass eine allgemeine Fortpflanzungskontrolle erwünscht wäre.

Dennoch ist die Fortpflanzung mittels Eizellspende seit der Einführung des Embryonenschutzgesetzes (ESchG) 1991 in Deutschland verboten. Vor dem Hintergrund der Fortpflanzungsfreiheit erscheint es widersprüchlich, dass die reproduktionsmedizinische Fortpflanzung strengen Regeln unterliegt, während die sexuelle Fortpflanzung weitgehend unreguliert ist. Noch widersprüchlicher erscheint dieses Verbot, da die Regelung nicht in gleicher Weise für die Samenspende gilt. Viele Menschen halten es für höchst ungerecht, dass ein unfruchtbares Paar den Samen eines anderen Mannes, aber nicht die Eizellen einer anderen Frau verwenden darf. Dabei haben Ei- und Samenzelle den gleichen Anteil an der Entstehung des Embryos.

Überhaupt mutet es recht willkürlich an, die Fortpflanzung unter Androhung von Strafe zu untersagen. Vielleicht lassen sich gute Gründe nennen, warum sich einige Menschen nicht fortpflanzen sollten, doch impliziert das kein staatliches Recht, individuelle Fortpflanzung zu verbieten. In diesem Zusammenhang ist nicht nachvollziehbar, warum manchen Paaren die reproduktionsmedizinische Erfüllung ihres Kinderwunschs verwehrt wird, während andere sturzbetrunken auf dem Parkplatz hinter der Disko ein Kind zeugen dürfen.

Wenn es einer zeugungsunfähigen Frau verboten ist, die Eizellen einer anderen Frau zu nutzen, um ein Kind zu bekommen, steht das in krassem Widerspruch zu den Grundsätzen einer liberalen Gesellschaft, die von Individualität und Selbstbestimmung geprägt ist. Dennoch heißt es im Embryonenschutzgesetz:

> Mit Freiheitsstrafe bis zu drei Jahren oder mit Geldstrafe wird bestraft, wer [...] es unternimmt, eine Eizelle zu einem anderen Zweck künstlich zu befruchten, als eine Schwangerschaft der Frau herbeizuführen, von der die Eizelle stammt[1].

Wieso aber kann die Eizellspende verboten sein, wenn sich die sexuelle Fortpflanzung der staatlichen Kontrolle entzieht und andere reproduktionsmedizinische Fortpflanzungsmethoden akzeptiert sind?

1.1 Gesellschaftspolitischer Hintergrund der Debatte

Die Geschichte des Embryonenschutzgesetzes beginnt wenige Jahre nach der ersten erfolgreichen In-vitro-Fertilisation (IVF). Patrick Steptoe und Robert Edwards gelang es, die Schwangerschaft einer Frau herbeizuführen, die aufgrund eines Eileiterverschlusses nicht schwanger werden konnte, indem sie ihr eine Eizelle entnahmen, diese extrakorporal befruchteten und ihr den daraus entstandenen Embryo in die Gebärmutter einsetzten. Die Geburt von Louis Brown 1978 war der Nachweis, dass künstliche Befruchtungen möglich sind, und zugleich der Beginn der modernen Reproduktionsmedizin.

Schnell kam die Idee auf, Eizellen von einer anderen Frau zu verwenden als von derjenigen, die das Kind bekommen möchte.[2] Und so berichteten bereits 1983 ein australisches und ein kalifornisches Team etwa zeitgleich von Frauen, die mit gespendeten Eizellen schwanger wurden.[3] Im darauffolgenden Jahr wurde sowohl aus Melbourne als auch aus Los Angeles die Geburt eines Kindes nach einer Eizellspende bekannt gegeben.[4]

„Das ist es! Das erste deutsche Retortenbaby", titelte die Illustrierte *Quick* im April 1982. Etwa zu dieser Zeit entwickelte sich in Deutschland die gesellschaftspolitische Debatte um die neuen Methoden der Fortpflanzungsmedizin, mit der eine „neue Dimension der ärztlichen Verantwortung"[5] einherging. Im Zuge dessen wurde aus unterschiedlichen Bereichen gefordert, die Reproduktionsmedizin in Bahnen zu lenken und ärztliches Handeln zu regulieren.

---

1 §1 Abs.1 Nr.2 ESchG.
2 Das Verfahren, Eizellen zu übertragen, war in der Veterinärmedizin längst erprobt. Bereits 1890 wurde nachgewiesen, dass es möglich ist, den Uterus einer Kaninchenart zur fötalen Entwicklung von befruchteten Eizellen einer anderen Kaninchenart zu nutzen. Heape (1891).
3 Trounson et al. (1983); Buster et al. (1983).
4 Lutjen et al. (1984); Bustillo et al. (1984).
5 JV (1985).

Aus diesem Grund setzten der Bundesminister für Forschung und Technologie und der Bundesminister für Justiz die gemeinsame Arbeitsgruppe *In-vitro-Fertili-sation, Genomanalyse und Gentherapie* ein. Diese, in der Fachliteratur unter dem Namen Benda-Kommission (benannt nach dem Vorsitzenden Ernst Benda) be-kannt, veröffentlichte bereits 1985 ihren Abschlussbericht, der eine wichtige Grundlage für das spätere ESchG bildete.[6] Um eine länderübergreifende Regelung zu finden, wurde wenig später die Bund-Länder-Arbeitsgruppe *Fortpflanzungsme-dizin* ins Leben gerufen. Entgegen den eher liberalen Empfehlungen der Benda-Kommission formulierte diese in ihrem Abschlussbericht erstmals eine konkrete Verbotsempfehlung für die Eizellspende.[7] Die Bundesregierung hat sich dieser angeschlossen und, um eine bundeseinheitliche Regelung schaffen zu können, zu einer Notlösung gegriffen, indem sie das ESchG dem Strafrecht zuordnete. Seitdem ist die Eizellspende (neben einigen anderen Reproduktionstechniken) unter An-drohung von Strafe verboten.[8]

Der Gesetzgeber begründete das Verbot der Eizellspende mit dem Schutz des Kindeswohls vor einer gespaltenen Mutterschaft. Im Unterschied zum genetischen Vater, der nicht immer bekannt ist, konnte man sich zumindest sicher sein, dass ein Kind von derjenigen Frau abstammt, die es geboren hat. Die biogenetische Einheit der Mutter galt als natürliches Phänomen, dessen Auflösung als unzulässiger Ein-griff in den Prozess der Menschwerdung erachtet wurde. Daher wurde befürchtet, dass das Kind in seiner Identitätsfindung gestört werden könnte, wenn es erfährt, dass die Frau, die es ausgetragen hat (biologische Mutter), nicht dieselbe Frau ist, von der es abstammt (genetische Mutter). Ausschlaggebend dafür war die Annahme, dass die natürlichen Entstehungsbedingungen ursächlich für das kindliche Wohl-ergehen sind, weshalb Abweichungen zugleich als potenzielle Kindeswohlgefähr-dung aufgefasst wurden, die verhindert werden müssen.[9] In diesem Zusammen-hang wurde der negativ konnotierte Begriff *gespaltene Mutterschaft* geprägt, der ein nahezu gewalttätiges Aufbrechen suggeriert.

Obwohl stets betont wurde, dass die Verhinderung der gespaltenen Mutter-schaft dem Schutz des Kindeswohls dient, lassen sich in der Debatte deutliche Hinweise auf einen möglichen Schutz kultureller Vorstellungen von Familie und Gesellschaft erkennen.[10] Gerade in der rechtswissenschaftlichen Diskussion ist die normative Aufladung der natürlichen Abläufe klar ersichtlich, wenn zum Ausdruck

---

6 Arbeitsgruppe ‚In-Vitro-Fertilisation, Genomanalyse und Gentherapie' (1985).

7 Bund-Länder-Arbeitsgruppe ‚Fortpflanzungsmedizin' (1989).

8 Eine prägnante Übersicht über die Entstehungsgeschichte und Regelungsinhalte des ESchG findet sich bei Merrem (2021, S. 27–37), ausführlicher bei Jungfleisch (2005, S. 61–77).

9 Bundesregierung (1989), BT-Drs. 11/5460, S. 7.

10 Vgl. Heyder (2011).

gebracht wurde, dass die biogenetische Einheit der Mutterschaft Teil der kulturellen Identität ist, die es zu bewahren gelte. Mit Blick auf die gespaltene Mutterschaft fand Adolf Laufs dramatische Worte, als er meinte: „Es steht für unsere Kultur viel auf dem Spiel."[11] Noch deutlicher formulierte Rolf Keller, dass es im Kern nicht um den Schutz des Kindeswohls geht: „Da der manipulierten und instrumentalisierten Fortpflanzung Grenzen zu setzen sind; muß auch das Wohl des Kindes bei der Frage der Zulässigkeit oder des Verbots bestimmter Manipulationen mitberücksichtigt werden."[12] Weiterhin erkannte Keller in der Aufspaltung der Mutterschaft auch „eine Verletzung des Sittlichkeitsempfindens"[13], da diese zugleich der Idee der Ehe zuwiderlaufe. Hierin zeigt sich unverkennbar, dass durch das Verbot der Eizellspende keineswegs nur das Wohlergehen des Kindes geschützt werden sollte, sondern die Aufspaltung der Mutterschaft als Gefahr für die kulturelle Bedeutung der Familie und damit auch für die soziale Ordnung wahrgenommen wurde.

Möglicherweise war dies angesichts der schwer lösbaren Probleme, die die moderne Reproduktionsmedizin mit sich brachte, eine berechtigte Sorge hinsichtlich einer „weithin hedonistische[n] Gesellschaft, deren Rechtsbewußtsein sich schwankend und zerklüftet zeigt."[14] Und möglicherweise war die Debatte, in der neben zahlreichen Politikern vornehmlich Juristen, Mediziner, Theologen und einige Experten aus anderen Fachdisziplinen beteiligt waren,[15] von (aus heutiger Sicht) konservativeren Wertvorstellungen geprägt, nach denen der Erhalt des tradierten Familienbilds höher bewertet wurde als die individuelle Fortpflanzungsfreiheit. Nimmt man an, die biogenetische Einheit der Mutter ist „ein Bestandteil des Kindeswohls und zugleich des friedlichen sozialen Zusammenlebens, der den bestmöglichen Schutz beansprucht", ist es nur plausibel, das „Rechtsgut der ‚Eindeutigkeit der Mutter' [...] durch das Strafrecht zu sichern."[16]

Doch war diese Ansicht in der rechtswissenschaftlichen Debatte keineswegs unumstritten und es wurde diskutiert, inwiefern sich das Strafrecht überhaupt zur Regelung individueller Fortpflanzungsentscheidungen eignet: Es „ist nicht dazu da und es taugt auch nicht dafür, das Terrain, das Theologen, Moralphilosophen, Standesethiker verloren haben, wieder zurückzugewinnen."[17] Sicherlich sollte die Moral die Richtschnur unseres zwischenmenschlichen Verhaltens sein (welche

---

11 Laufs (1986), S. 776.
12 Keller in: Keller/Günther/Kaiser (1992), §1 Abs.1 Nr.1 Rn.8.
13 Keller (1989), S. 719.
14 Laufs (1987), S. 5.
15 An dieser Stelle verzichte ich explizit auf die Verwendung des generischen Femininums, da die gesellschaftspolitische und parlamentarische Debatte dezidiert männlich dominiert war.
16 Keller (1989), S. 721.
17 Kaufmann (1985), S. 266.

andere Aussage wäre auch sonst von einer moralphilosophischen Arbeit zu erwarten?), dennoch ist Arthur Kaufmann insoweit zuzustimmen, dass es nicht die Aufgabe des (Straf-)Rechts ist, die Einhaltung moralischer Regeln abzusichern und uns damit von unserer moralischen Verantwortung zu entbinden. Schließlich ist nicht alles moralisch zulässig, nur weil es strafrechtlich nicht verboten ist.[18]

Über 30 Jahre später lässt sich feststellen, dass die befürchteten Konsequenzen ausgeblieben sind. Die Eizellspende gehört mittlerweile zum reproduktionsmedizinischen Standardrepertoire. Es gibt nur noch sehr wenige europäische Länder, in denen sie derzeit verboten ist, weswegen viele deutsche Kinderwunschpaare eine Eizellspendebehandlung im benachbarten Ausland durchführen lassen.[19] Dies hat weder zu einem Wertverlust der Familie noch zu einem kulturellen Verfall geführt, weshalb eine gesellschaftspolitische Auseinandersetzung über die rechtliche Zulässigkeit und einen möglichen Umgang mit der Eizellspende als Mittel zur Familiengründung dringend erforderlich ist.

Die Diskussion um die Eizellspende ist in den letzten drei Jahrzehnten immer wieder entfacht. Bereits Mitte der 1990er Jahre regten sich Stimmen zugunsten eines Fortpflanzungsmedizingesetzes. Im Mittelpunkt dieser damals noch rechtspolitisch geprägten Debatte stand die Absicht, die rechtliche Regelung der Fortpflanzungsmedizin dem Strafrecht zu entziehen.[20] Diese Kritik ist bis heute nicht abgeebbt. Die strafrechtliche Eignung und verfassungsrechtliche Zulassung des ESchG sind derart umstritten, dass sechs Rechtswissenschaftler 2013 selbstständig einen Neuentwurf erarbeiteten.[21] Nur ein Jahr später diskutierte der Deutsche Ethikrat auf seiner Jahrestagung über die Zukunft der Fortpflanzungsmedizin und benannte öffentlichkeitswirksam unterschiedliche Problemfelder.[22] Dieses Thema wurde 2017 erneut aufgegriffen, indem – vor dem Hintergrund, dass immer mehr Kinderwunschpatientinnen für eine Eizellspendebehandlung ins Ausland reisen, – über einen möglichen Handlungsbedarf diskutiert wurde.[23] Auch wenn der Ethikrat

---

18 Kaufmann (1985), S. 263.
19 In den allermeisten europäischen Ländern sind Eizellspendebehandlungen rechtlich zugelassen. Zuletzt hatte das norwegische Parlament im Frühjahr 2020 einer Änderung des Biotechnologiegesetzes zugestimmt und die Eizellspende ab 2021 ermöglicht. Nach Angaben der European Society of Human Reproduction and Embryology (ESHRE) ist die Eizellspende lediglich in Deutschland, Bosnien und Herzegowina, der Schweiz und der Türkei verboten. Calhaz-Jorge et al. (2020), S. 4 f. (Stand: 31.12.2018).
20 Aufgrund der fehlenden Gesetzgebungskompetenz wurde das ESchG dem Strafrecht zugeordnet. Erst durch eine Änderung des Grundgesetzes 1994 erlangte der Bund die Regelungskompetenz für die medizinisch unterstützte Erzeugung menschlichen Lebens. Siehe dazu FN 8.
21 Gassner et al. (2013).
22 Deutscher Ethikrat (2014).
23 Deutscher Ethikrat (2017).

auf eine Stellungnahme verzichtete, gelang es durch beide Veranstaltungen, auf die gesellschaftspolitische Brisanz dieses Themas und die Dringlichkeit einer Neuregelung aufmerksam zu machen.

2019 beklagte die Leopoldina in einer gemeinsamen Stellungnahme mit der Union der deutschen Akademien der Wissenschaften die desolate Situation und sprach sich für ein zeitgemäßes Fortpflanzungsgesetz aus. Darin wurde ausdrücklich betont, dass das veraltete ESchG vor dem Hintergrund des medizinischen Fortschritts und der gesellschaftspolitischen Entwicklungen nicht mehr angemessen ist und neu geregelt werden muss. Anders als der Ethikrat beließen sie es nicht bei der Aufforderung zu einer gesellschaftlichen Debatte, sondern erarbeiteten zugleich inhaltliche Vorschläge für eine Neuregelung der reproduktionsmedizinischen Fortpflanzung. Dazu zählte unter anderem auch die Legalisierung der Eizellspende.[24]

Trotz dieser gesellschaftlichen Anstrengungen ist es bisher nicht gelungen, ein politisches Umdenken zu erreichen und eine Neuregelung des ESchG auf parlamentarischer Ebene in Angriff zu nehmen. Ganz im Gegenteil: Mit Bezug auf die Stellungnahme der Leopoldina stellte die FDP-Fraktion kurz darauf eine kleine Anfrage an die Bundesregierung, wie diese das (immer noch bestehende) Verbot der Eizellspende gegenwärtig rechtfertige. Doch statt sich um eine rechtliche Neubewertung zu bemühen, bediente sich die Bundesregierung in ihrer Antwort der fast 30 Jahre alten Begründung des ESchG und verwies auf die potenzielle Gefährdung des Kindeswohls, wenn zwei Frauen Anteil an der Entstehung eines Kindes haben. Daher müsse die Eindeutigkeit der Mutterschaft weiterhin geschützt werden.[25]

In Anbetracht dessen hat die FDP-Fraktion im Frühjahr 2020 einen Entwurf zur Änderung des Embryonenschutzgesetzes zur Legalisierung der Eizellspende erarbeitet.[26] Auf parlamentarischer Ebene erfolgte eine differenzierte Auseinandersetzung mit diesem Thema, in der nicht bloß der pauschale Vorwurf der Kindeswohlgefährdung im Mittelpunkt stand. Stattdessen wurden viele Probleme hinsichtlich einer möglichen Umsetzung diskutiert. Da aber letztlich mehr Fragen aufgeworfen wurden, als beantwortet werden konnten, blieb im Unklaren, wie die Eizellspende praktisch realisiert werden könnte. Aus diesem Grund endete die Beratung im Gesundheitsausschuss mit einer Beschlussempfehlung an den Bundestag, den Gesetzentwurf abzulehnen und den Status quo beizubehalten.[27] Den-

---

24 Leopoldina/Union (2019).
25 Bundesregierung (2019), BT-Drs. 19/12407.
26 Helling-Plahr et al. (2020), BT-Drs. 19/17633.
27 Ausschuss für Gesundheit (2021), BT-Drs. 19/29731.

noch bleibt das Thema politisch aktuell. Die nachfolgende Bundesregierung (der auch die FDP angehört) hat zumindest den Handlungsbedarf erkannt und in ihrem Koalitionsvertrag festgehalten, „Möglichkeiten zur Legalisierung der Eizellspende und der altruistischen Leihmutterschaft"[28] prüfen zu wollen. Das führt wiederum zur Ausgangsfrage zurück: Warum sollte man sich eigentlich (nicht) mit der Eizellspende beschäftigen?

Es ist die Aufgabe der Ethik, gesellschaftliche Veränderungen zu begleiten und Orientierung in moralisch umstrittenen Bereichen zu geben. Dazu gehört es auch Möglichkeiten aufzuzeigen, wie sich in einer liberalen und demokratischen Gesellschaft, die von unterschiedlichen Wertvorstellungen geprägt ist, ein guter Umgang mit der Eizellspende finden lässt. Um das herauszufinden, ist eine moralische Neubewertung der Eizellspende als reproduktionsmedizinische Methode zur Familiengründung notwendig, was das Ziel dieser Arbeit ist.

1.2 Einige Fälle

Die Debatte um die Eizellspende ist ebenso vielfältig wie deren Anwendungsbereiche. Um das in bio- und medizinethischen Debatten eher abstrakt diskutierte Thema etwas greifbarer zu machen, werden im Folgenden einige Fälle vorgestellt.[29] Diese ermöglichen zugleich einen hermeneutischen Zugang, d. h. ein Verständnis für die unterschiedlichen Perspektiven zu entwickeln, welches hilft, normative Probleme freizulegen und in den Kontext der Diskussion einordnen zu können.

Fall 1: Gabi & Klaus

Gabis erster Ehemann ist kurz nach der Geburt ihres Kindes vor elf Jahren gestorben. Wenig später lernte sie ihren jetzigen Ehemann Klaus kennen, den sie vor fünf Jahren heiratete. Schon bald wünschten sich beide ein eigenes Kind. Nachdem Gabi über längere Zeit nicht schwanger wurde, suchten sie medizinische Hilfe auf. Gabis Gynäkologin vermutete eine sekundäre Ovarialinsuffizienz, weswegen sie eine IVF vorerst ablehnte. Stattdessen sollte mittels Hormontherapie die Eizellreifung angeregt werden, um eine sexuelle Fortpflanzung zu ermöglichen. Nach drei Jahren erfolgloser Behandlung folgten zwei IVF-Zyklen, die beide nicht zu einer

---

28 SPD/Grüne/FDP 2021, S. 116.
29 Die Beispielfälle beruhen auf realen Begebenheiten. Sie wurden lediglich soweit verändert, dass ein Rückbezug ausgeschlossen ist.

Schwangerschaft führten. Daraufhin empfahl die Ärztin der mittlerweile 42-Jährigen eine Eizellspende als letzte Möglichkeit, ihren Kinderwunsch erfüllen zu können. Das Paar informierte sich im Internet über die unterschiedlichen Angebote. Aufgrund der Nähe zu ihrem Wohnort entschieden sie sich für eine Reproduktionsklinik im benachbarten Österreich, etwa zwei Autostunden entfernt. Nach einigen Voruntersuchungen begann die eigentliche Behandlung. Gabi erhielt eine Eizellspende von der angeschlossenen Eizellbank. Diese wurde mit dem Samen ihres Mannes befruchtet und der daraus entstandene Embryo nach einigen Tagen in ihre Gebärmutter transferiert. Wenige Wochen später hatte das Paar die Gewissheit, dass Gabi schwanger war.

Entsprechend den österreichischen Gesetzen handelte es sich um eine offene Spende einer unbekannten Spenderin. Die Auswahl erfolgte durch das Personal der Reproduktionsklinik. Gabi und Klaus haben keine Möglichkeit, die Spenderin kennenzulernen. Lediglich das Kind hat mit 14 Jahren das Recht zu erfahren, von wem es genetisch abstammt.

Fall 2: Anita

Anita hat mehrere Kinder, von denen die meisten bereits im Erwachsenenalter sind. Einzig die neunjährige Tochter lebte damals noch bei der alleinerziehenden Mutter, die sich mit 65 Jahren entschied, noch ein Kind bekommen zu wollen. Allerdings haben viele Reproduktionskliniken die Altersgrenze für eine Fruchtbarkeitsbehandlung auf 50 Jahre beschränkt, was ihre Suche erheblich erschwerte. Letztlich wurde sie in der Ukraine fündig. Da Anita keinen Partner hatte, kam für sie nur eine kombinierte Eizell- und Samenspende infrage. Sowohl Spender als auch Spenderin bleiben anonym. Um die Wahrscheinlichkeit einer Schwangerschaft zu erhöhen, wurden ihr vier Embryonen eingesetzt. Die Behandlung verlief erfolgreich und Anita wurde mit Vierlingen schwanger, die nach 26 Wochen mittels Kaiserschnitt zur Welt kamen. Mittlerweile sind alle wohlauf. Lediglich ein Kind trägt aufgrund einer Gehirnblutung einen Shunt und ist in seiner Entwicklung etwas verzögert.

Fall 3: Alexandra und Charlotte

Alexandra (30) und Charlotte (32) haben sich beim Sport kennengelernt. Nach kurzer Zeit sind die beiden Frauen zusammengezogen und heirateten. Alexandra kommt aus einer kinderreichen Familie und hatte sich schon immer eigene Kinder gewünscht. Charlotte hingegen entwickelte ihren Kinderwunsch erst im Laufe der Ehe. Für beide war sicher, dass sie ein ‚gemeinsames' Kind haben möchten. Daher entschieden sie sich für eine reproduktionsmedizinische Behandlung. Weil Alexandra als Selbstständige beruflich sehr eingespannt ist, war schnell klar, dass sie die Eizelle spendet und Charlotte, die ohnehin Mutter werden wollte, das Kind austrägt. Auf der Suche nach einem passenden Spender schauten sie sich in ihrem Freundeskreis nach einem Mann um. Da zu der Zeit aber niemand Vater werden wollte, überlegten sie, ihre Suche auszudehnen, befürchteten jedoch, dass sich ein fremder Samenspender zu sehr in die Vaterrolle hineinversetzen könnte. Schließlich entschieden sie sich für eine anonyme Samenspende in Belgien. Nach dem ersten erfolglosen Versuch probierten sie es anderthalb Jahre später noch einmal. Alexandras zwischenzeitlich kryokonservierte Eizellen wurden mit dem Samen eines unbekannten Spenders befruchtet und in Charlottes Gebärmutter eingesetzt, die darauf schwanger wurde und den kleinen Johann gebar.

Fall 4: Jule

Bei Jule (30) wurde kurz nach der Geburt das (Ullrich-)Turner-Syndrom diagnostiziert. UTS ist eine Chromosomenaberration, bei der statt zwei Geschlechtschromosomen (XY) nur ein funktionsfähiges X-Chromosom vorhanden ist. Jule fühlte sich in ihrem Leben nicht wesentlich eingeschränkt, bis auf einen Punkt, der sie seit ihrer Jugend stark belastete: Sie besitzt zwar alle körperlichen Voraussetzungen, um ein Kind auszutragen, ist aber nur eingeschränkt zeugungsfähig. Die Chancen einer spontanen Schwangerschaft sind äußerst gering und mit hohem Fehlbildungs- und Fehlgeburtsrisiko verbunden.

Schon früh erfuhr sie von der Eizellspende als Möglichkeit, ein eigenes Kind zu bekommen, ohne ihre eigene Krankheit auf das Kind zu übertragen oder es anderen gesundheitlichen Risiken auszusetzen. Doch wegen der hohen Kosten und des in Deutschland bestehenden Verbots kam eine Behandlung nicht infrage. Seit einigen Jahren ist sie in einer festen Partnerschaft und als ein Kinderwunsch aufkam, spielte das Paar mit dem Gedanken, ein Kind zu adoptieren. Die Voraussetzungen dafür sind allerdings sehr hoch und meist mit einer mehrjährigen Wartezeit verbunden. Dass die beiden nicht verheiratet waren, verringerte die Chancen auf ein Adoptivkind zusätzlich.

Aufgrund der hohen verwaltungsrechtlichen Hürden für eine Adoption dachten sie zunehmend konkreter über mögliche Alternativen nach und bald war es weniger die Frage ob, sondern eher die Frage, wo die Eizellspende durchgeführt werden sollte. Sie haderten ein wenig, ob sie eine anonyme Spende gut fänden und was es für das Kind bedeuten würde. Letztlich wollten sie dieser Frage aber nicht allzu viel Gewicht beimessen und entschieden sich wegen der geringen Entfernung und der günstigen Behandlungskosten für eine tschechische Reproduktionsklinik.

Etwa ein halbes Jahr später war eine passende Spenderin gefunden. Das Paar fuhr erneut nach Tschechien. Die Spermienabgabe und die Eizellentnahme fanden am gleichen Tag wie die Befruchtung statt. Fünf Tage später wurden Jule zwei Embryonen eingesetzt und neun Monate darauf kam Myriam zur Welt.

Fall 5: Marie

Marie ist 30 Jahre alt und hat durch einer Krebstherapie ihre Fertilität verloren. Zwar konnte sie die Krankheit überwinden, ist aber aufgrund der Strahlentherapie zeugungsunfähig. Die Behandlung liegt schon einige Jahre zurück und zum damaligen Zeitpunkt war es noch nicht üblich, Eizellen oder Eierstockgewebe als fertilitätserhaltende Maßnahme einzufrieren. Ein zukünftiger Kinderwunsch war kein Thema des Aufklärungsgesprächs. Mittlerweile ist Marie in einer festen Beziehung, in der sich beide ein Kind wünschen.

Als sie begann, sich mit dem Thema Eizellspende auseinanderzusetzen, las Marie im Internet, dass es möglich ist, die Eizellen von Verwandten zu verwenden. Aufgrund ihres guten Verhältnisses zu ihrer Schwester machte es für sie keinen großen Unterschied, ob die Eizelle von ihr oder eine fremden Frau stammt. Entgegen ihrer Befürchtung, sie in eine verzwickte Lage zu bringen und ihr Gewissenskonflikte zu bereiten, verstand ihre Schwester die Situation und bot ihr sofort Hilfe an. Nach drei Versuchen hat es geklappt und Marie ist Mutter geworden.

Obwohl allen Fällen gemein ist, dass der Wunsch nach einem eigenen Kind ohne Eizellspende nicht erfüllbar ist, weisen sie sehr unterschiedliche Aspekte auf. Gabi und Klaus sind ein typisches Beispiel für ein Kinderwunschpaar, das über mehrere Jahre viele erfolglose Behandlungsversuche unternommen hat, bevor es sich für eine Eizellspendebehandlung im Ausland entschied. Es kann als sehr frustrierend erlebt werden, wenn man trotz schlechter Chancen mehrere Behandlungszyklen mit eigenen Eizellen durchführt, nur weil die Eizellspende im eigenen Land nicht erlaubt ist. Wären Gabi und Klaus frühzeitig über die Eizellspende als alternative Behandlungsform aufgeklärt worden, hätten sich jene Behandlungszyklen vermeiden lassen, die sie nur unternommen haben, weil ihre Gynäkologin sie nicht adäquat über eine Eizellspendebehandlung beraten durfte.

In den anderen Fällen war die Ausgangslage deutlich einfacher. Sowohl Jule als auch Marie wussten, dass sie zeugungsunfähig sind und ihr Kinderwunsch ohne Eizellspende nicht erfüllbar ist. Das Gleiche gilt für Anita, die ihre reproduktive Phase längst hinter sich gelassen hatte. Für sie eröffnet die Eizellspende die Möglichkeit, auch im fortgeschrittenen Alter noch Kinder zu bekommen, wirft aber gleichzeitig die Frage nach einer möglichen Altersgrenze auf.

Im Unterschied hierzu liegt bei Alexandra und Charlotte keine Fertilitätsstörung vor. Sie streben vielmehr ein Familienmodell an, das sich nicht durch sexuelle Fortpflanzung verwirklichen lässt. Obwohl es sich in ihrem Fall nicht um eine Eizellspende im klassischen Sinne handelt, lassen sich gemeinsame Probleme erkennen. Während sich Charlotte und Alexandra zum Schutz ihrer Familie für einen anonymen Samenspender entschieden, trafen Jule und ihr Partner die Entscheidung für eine anonyme Spenderin eher notgedrungen. Marie dagegen entschied sich ganz bewusst für eine Eizellspende von ihrer Schwester, was eine ganz andere Voraussetzung für die Einbindung der Spenderin in die familiären Zusammenhänge schafft. Die Frage nach der Rolle der Spenderin mussten sich in ähnlicher Form auch Gabi und Klaus stellen, deren Kind zumindest im Jugendalter Auskunft über seine Identität erlangen darf. Das Beispiel von Anita, die gespendete Samen- und Eizellen verwendet, macht insbesondere darauf aufmerksam, dass es nicht nur um die Rolle der Spenderin in der Familie geht, sondern vorrangig um die Bedeutung genetischer Beziehungen für die soziale Verantwortung und damit um die moralische Qualität familiärer Beziehungen.

Anhand dieser Beispiele lässt sich erkennen, wie unterschiedlich die Situationen sind, in denen eine Eizellspende zur Erfüllung des Kinderwunschs beitragen kann. Für eine ernsthafte Auseinandersetzung mit der Eizellspende wäre es nicht angemessen, diese Unterschiede zu ignorieren. Um zu einem differenzierten Urteil zu kommen, ist es vielmehr wichtig, die einzelnen Aspekte wahrzunehmen und die spezifischen Merkmale bei der moralischen Bewertung zu berücksichtigen.

1.3 Die Eizellspende als Herausforderung für die liberale Gesellschaft

Dieser kurze Einblick in die Praxis veranschaulicht die vielfältigen Chancen, die die Eizellspende zur Erfüllung des Kinderwunschs bietet. Das betrifft Frauen, die zwar zeugungsunfähig sind, aber dennoch Kinder gebären können, sowie Frauen, die sich ihren Kinderwunsch außerhalb der gängigen Familienkonstellation erfüllen möchten. Gleichzeitig hinterlässt dieser Einblick einen ersten Eindruck über die Vielfältigkeit und Komplexität der damit verbundenen Probleme.

Dazu zählen vornehmlich gesundheitliche Risiken, die mit der Anwendung reproduktionsmedizinischer Technologien verbunden sind (Kap. 2). Diese betreffen nicht nur die mütterliche Gesundheit, sondern können zugleich die Entwicklung des Embryos und den Behandlungserfolg beeinträchtigen. Stehen einer risikobehafteten Therapie nur geringe Erfolgsaussichten gegenüber, stellt das die medizinethische Rechtfertigung infrage, insbesondere wenn die Spenderin die gesundheitlichen Risiken der Eizellentnahme trägt, ohne selbst von der Behandlung zu profitieren.

Ferner erfordert die Eizellspende ein Nachdenken über die technologische Machbarkeit des Kinderwunschs, insbesondere wenn Natürlichkeitsbedingungen überwunden werden. Sie tangiert nicht nur Fragen des Menschseins, sondern berührt zugleich kulturelle Vorstellungen der Familie. Bisher war es in Deutschland nicht möglich, dass eine Frau nach der Menopause schwanger wird, zwei Frauen ein gemeinsames Kind bekommen oder anonyme Frauen an der Zeugung eines Kindes beteiligt sind. Angesichts dessen bedarf es einer Auseinandersetzung darüber, wie man als Gesellschaft gut mit der Eizellspende umgehen kann.

Die Antwort auf diese Frage hängt im Wesentlichen davon ab, welche moralischen Überzeugungen zugrunde liegen. Unsere Alltagsmoral ist von moralischen Intuitionen geprägt, die auf sehr unterschiedlichen Vorstellungen basieren. In der Realität sind wir mit divergierenden moralischen Überzeugungen und Weltanschauungen konfrontiert, deren Koexistenz ein Wesensmerkmal liberaler und demokratischer Gesellschaften ist. Innerhalb dieser sollten sich politische Entscheidungen an moralischen Maßstäben orientieren, die nicht auf partikularen Weltanschauungen fußen. Daher bietet es sich an, die Eizellspende ebenfalls nach solchen Maßstäben zu bewerten, wobei sich zugleich die Frage stellt, was die Vorzüge einer an liberalen Grundsätzen ausgerichteten Ethik sind.

Es lässt sich nicht von der Hand weisen, dass der Liberalismus nur ein ethisches Bezugssystem neben vielen anderen ist. Ebenso wie die liberale Idee könnte auch eine religiöse Idee die Grundlage unseres Wertesystems bilden, bei der nicht der Autonomie, sondern Gottes Wille eine handlungsleitende Stellung zukommt. Zweifelsohne liegt dem ethischen Liberalismus mit seinem Fokus auf Individualität eine Theorie des Guten zugrunde, die wiederum auf individuellen Wertvorstellungen basiert und damit gleichwertig zu anderen Weltanschauungen ist. Dennoch lässt sich auf Grundlage der liberalen Idee eine politische Ebene schaffen, die eine Neutralität des Staates gegenüber unterschiedlichen Weltanschauungen ermöglicht. Insofern besteht die Leistung des Liberalismus darin, die zugleich zu dessen großer Akzeptanz geführt hat, moralische Regeln für den öffentlichen Raum zu schaffen, während im Privaten Platz für fundamentalistische Moralkonzeptionen bleibt.[30]

Die Anerkennung einer pluralistischen Gesellschaft basiert auf der liberalen Idee und der ihr inhärenten individualistischen und egalitaristischen Prinzipien. Ausgangspunkt ist die individuelle Handlungsfreiheit, aus der sich ein moralisches Recht ableitet, das eigene Leben selbstbestimmt gestalten zu können. Es ist in un-

---

30 Häyry (1991), S. 106 f.

serer Gesellschaft weitgehend akzeptiert, dass Rechte und Freiheiten für alle Menschen gleichermaßen gelten und die Einschränkung der Handlungsfreiheit grundsätzlich zu begründen ist. Um die größtmögliche Handlungsfreiheit zu garantieren, sind staatliche Freiheitseinschränkungen nur soweit zulässig, wie sie für das gesellschaftliche Zusammenleben erforderlich sind.

Das gilt grundlegend auch für die Fortpflanzung (Kap. 3). Aufgrund der individuellen und kulturellen Bedeutung von Kindern und Familie ist die Fortpflanzungsfreiheit ein sehr hohes Gut und es ist allgemein akzeptiert, dass sich Fortpflanzungsentscheidungen der staatlichen Kontrolle entziehen. Dennoch muss das Recht zur Ausübung der Fortpflanzungsfreiheit beschränkt sein. Die individuelle Freiheit begrenzt sich stets durch die Freiheit anderer, weshalb ein uneingeschränktes Recht, diese Freiheit auszuleben, nur gilt, solange niemand von der Ausübung jener Freiheit betroffen ist. Dies erweist sich gerade im Bereich der Fortpflanzung als problematisch. Daher ist die Eizellspende aus dem Blickwinkel einer liberalen Ethik in mehreren Hinsichten herausfordernd.

Eine erste Herausforderung ergibt sich aus dem Spannungsfeld unserer in Beziehungen gelebten Individualität. Auch wenn wir individuelle Lebenspläne verfolgen, sind wir keine autarken Wesen, die unabhängig voneinander agieren. Das Konzept der Autonomie ist ein theoretisches Konstrukt, welches auf der Idee von Individualität und selbstbestimmter Entscheidungen basiert. Von dieser Idee geleitet, gilt eine Entscheidung dann als autonom, wenn sie frei von äußeren Einflüssen getroffen wird. In der Realität treffen wir unsere Handlungsentscheidungen aber nicht unabhängig von anderen. Unsere Individualität entsteht erst durch unsere Beziehungen zu anderen, weshalb unser soziales Umfeld ein elementarer Bestandteil unseres Daseins ist.

Das gilt insbesondere für die Fortpflanzung. Die Entscheidung für ein Kind ist nicht bloß Ausdruck der Selbstbestimmung, sondern zugleich das Bekenntnis, eine Familie gründen zu wollen. Daher umfasst reproduktive Autonomie immer auch die Freiheit, Verantwortung für einen anderen Menschen zu übernehmen (Kap. 4). Allerdings orientieren sich familiäre Beziehungen nicht an individualistischen und egalitaristischen Prinzipien und können von einer auf Autonomie basierenden Ethik nicht angemessen erfasst werden. Eine Familie ist kein politisches Gremium, in dem unterschiedliche Interessen nach demokratischem Vorbild ausgehandelt werden. Vielmehr gehen elterliche und kindliche Interessen ineinander über und hängen voneinander ab. Das Kindeswohl lässt sich erst aus dieser Beziehung heraus angemessen erfassen. Zudem zeichnen sich familiäre Beziehungen durch eigene moralische Regeln aus, die von Liebe und Fürsorge und nicht von Autonomie und Rechten gekennzeichnet sind. Wenn sich aber moralische Probleme nicht dadurch lösen lassen, konfligierende Interessen gegeneinander abzuwägen, bedarf es eines Bewertungskriteriums, welches die Eltern-Kind-Beziehung selbst in den Blick nimmt. Erst hieraus lassen sich normative Kriterien zur Bestimmung des Kindeswohls und der damit verbundenen moralischen Verantwortung der Eltern ableiten.

An dieser Stelle deutet sich eine zweite Herausforderung an. Die Überzeugungskraft einer liberalen Ethik ist stets abhängig von der Anerkennung der Gesellschaft, weshalb deren Grundsätze vor ihrem kulturellen Hintergrund interpretiert werden müssen. Individualität und Selbstbestimmung sind selbst in einer liberalen Gesellschaft kein Selbstzweck, sondern stehen in Wechselwirkung mit anderen Gütern. Reproduktiver Autonomie wird ein hoher Wert beigemessen, weil die Familie kulturell so bedeutend ist. Aus diesem Zusammenhang entsteht ein moralisches Spannungsfeld, wenn sich die liberale Idee reproduktiver Selbstbestimmung in das kulturelle Deutungsmuster der Familie einpassen muss.

Obwohl es in einer pluralistischen Gesellschaft grundsätzlich keine allgemeinverbindliche Vorstellung des guten Lebens gibt, sind familiäre Beziehungen ein wesentlicher Bestandteil der gesellschaftlichen Ordnung und in ihrer Art gehaltvoll. Hierbei erweist sich die Eizellspende als herausfordernd, da sie durch die Auflösung der biogenetischen Einheit der Mutterschaft nicht nur das äußere Bild der Familie beeinflusst, sondern das tradierte Verständnis der Familie und ihrer besonderen Beziehungen infrage stellt.

Angesichts der unterschiedlichen Rollen, die die Spenderin innerhalb der Familie einnehmen kann, erfordert die Eizellspende eine Neuorientierung der Familie. Dies birgt besonderes moralisches Konfliktpotential, das sich an der Frage nach der Relevanz genetischer Beziehungen entzündet. Das Konzept der Verantwortung hilft dabei, die Rolle der Spenderin innerhalb der Familie zu definieren und dient gleichzeitig als Orientierungspunkt für die Bewertung komplexer und ungewöhnlicher Familienbeziehungen, die erst durch eine Eizellspende möglich werden (Kap. 5).

Ein weitere Herausforderung für eine liberale Ethik, die in neueren Debatten sehr umstritten diskutiert wird, ist die Kommerzialisierung der Eizellspende (Kap. 6). Auch hier entsteht Konfliktpotential aus dem Spannungsfeld einer an liberalen Grundsätzen orientierten Gesellschaft und ihrem kulturellen Hintergrund. Aus einer liberalen Perspektive lässt sich leicht sagen, jeder Mensch darf über den eigenen Körper verfügen und jede Frau hat das Recht, ihre Eizellen zu spenden oder zu veräußern. Dennoch ist es in unserer Gesellschaft nicht möglich, Körperteile zu verkaufen. Eine solche Einschränkung der Handlungsfreiheit wird häufig mit liberalen Argumenten begründet, wenn im gleichen Atemzug vor möglichen Abhängigkeits- und Ausbeutungsverhältnissen gewarnt wird. Betrachtet man hingegen Formen der Erwerbsarbeit, die teils mit deutlich höheren Risiken einhergehen, entsteht zumindest der Eindruck, dass das Verbot eher dem Schutz einer kulturellen Deutungshoheit über den weiblichen Körper als dem Schutz potenzieller Spenderinnen dient. Des Weiteren zeigt sich vor dem Hintergrund einer globalisierten Reproduktionsmedizin eine Gerechtigkeitsproblematik. Speziell die kommerzialisierte Eizellspende birgt die Gefahr, medizinethische Standards zu verletzen und soziale Ungleichheit zu befördern.

Zusätzlich kollidiert die kommerzialisierte Form der Eizellspende mit gesellschaftlichen Vorstellungen von Familie, wenn Eizellspenderinnen nach ihren persönlichen Eigenschaften ausgewählt werden, in der Hoffnung, diese übertragen sich auf das Kind. Entwickelt sich hieraus ein sozialer Druck, eine besonders intelligente, hübsche oder sportliche Spenderin wählen zu müssen, konterkariert das die eigentlich freie Entscheidung der Eltern und kann zu unerwünschten Normierungstendenzen führen. Dieses Problem potenziert sich, wenn besonders nachgefragte Eigenschaften besser vergütet werden. Suchen sich die Wunscheltern eine Spenderin mit erwünschten Eigenschaften aus, entsteht der Eindruck, dass sich die Liebe der Eltern zu ihrem Kind an der Erfüllung ihrer Präferenzen und zugleich an ihren finanziellen Möglichkeiten bemisst. Angesichts der gegenwärtigen Praxis ist zu klären, inwiefern dem Kind durch die Kommodifizierung von Eizellen ein Warencharakter zugewiesen wird und die kommerzielle Eizellspende mit unserem kulturellen Verständnis familiärer Beziehungen vereinbar ist.

Insgesamt ist die Eizellspende eine Chance zur Behandlung ungewollter Kinderlosigkeit, die von besonderen Herausforderungen begleitet ist. Diese rechtfertigen zwar – so viel will ich mit Blick auf das Ende dieser Arbeit verraten – in einer liberalen und demokratischen Gesellschaft kein pauschales Verbot, wie es gegenwärtig existiert. Stattdessen bedarf es einer Auseinandersetzung mit der individual- und sozialethischen Dimension reproduktionsmedizinischer Fortpflanzung, um Bedingungen aufzustellen, unter denen die Eizellspende möglich sein kann. Das erfordert insbesondere ein Nachdenken über den Gehalt reproduktiver Autonomie als kulturelles Wesensmerkmal der Familie und darüber, wie sich unter Berücksichtigung einer beziehungsethischen Perspektive Regeln für die Praxis ableiten lassen. Mit Blick auf soziale Gerechtigkeit ist außerdem zu prüfen, ob eine regulierte Zulassung eine Chance sein kann, den Herausforderungen der (globalen kommerzialisierten) Eizellspende zu begegnen und einen guten gesellschaftlichen Umgang zu ermöglichen.[31]

---

[31] In der mehrjährigen Beschäftigung mit diesem Thema sind bereits einige Beiträge publiziert worden, die inhaltliche Überschneidungen zu Teilen dieser Arbeit aufweisen. Veröffentlichte Beiträge habe ich nicht in Gänze aufgenommen, sondern lediglich in gekürzter und abgeänderter Form wiedergegeben. Auf die Originalbeiträge wird an den entsprechenden Stellen verwiesen.

2 Eine Möglichkeit der Fortpflanzung

Die Geburt von Louis Brown im Jahr 1978 veränderte die Gesellschaft nachhaltig. Die moderne Reproduktionsmedizin ermöglicht es, sich ohne sexuellen Akt fortzupflanzen und Kinderwünsche zu erfüllen, die vorher nicht erfüllbar waren. Durch die Verwendung fremder Eizellen können auch Frauen Kinder bekommen, die über keine funktionsfähigen Eizellen verfügen. Diese Entwicklung ist ein Zugewinn an reproduktiver Freiheit, birgt aber auch besondere ethische Herausforderungen, die die Frage nach der ethischen Legitimation und damit nach der Integrität der Medizin aufwerfen.

2.1 Indikationen für eine Eizellspende

2.1.1 Fertilitätsstörungen

Eine Eizellspende ist immer dann indiziert, wenn die Zeugungsfähigkeit aufgrund funktionsunfähiger oder fehlender Eierstöcke nicht mehr gegeben ist (POF – primary ovarian failure). Eine Ovarialinsuffizienz kann angeboren oder erworben sein. Manche Frauen werden ohne Eierstöcke geboren (Gonadenagenesie) oder es kommt in deren Entwicklung zu einer Fehlbildung (Gonadendysgenesie), sodass sie selbst nicht in der Lage sind, Kinder zu zeugen. Eine Indikation liegt ebenso vor, wenn die Eierstöcke operativ entfernt wurden, zum Beispiel zur Beseitigung von Eierstockzysten oder Eierstockkrebs, sowie in Verbindung mit einer Hysterektomie (Entfernung der Gebärmutter). Ferner verringert eine prophylaktische Entnahme das Risiko, an Eierstock- oder Brustkrebs zu erkranken.

Der Verlust der Funktionsfähigkeit kann auch die Folge einer Krebsbehandlung sein. Zytostatika und Strahlentherapien zielen darauf ab, die Zellteilung von Tumorzellen zu stoppen. Werden diese Maßnahmen im Beckenbereich angewendet, kann sich die Behandlung auf die noch nicht herangereiften Eizellen auswirken und zu einer therapiebedingten Fertilitätsstörung führen.

Eine Fertilitätsstörung ist jedoch nicht immer eindeutig zu erkennen. Gelegentlich kommt es vor, dass eine Schwangerschaft trotz mehrerer Reproduktionszyklen ausbleibt. Ein schlechtes Ansprechen auf die ovarielle Stimulation und wiederholt fehlgeschlagene künstliche Befruchtungen deuten auf eine verminderte Eizellqualität hin.[32] Diese kann durch ein frühzeitiges Einsetzen der Menopause verursacht sein. Ferner können Umwelteinflüsse die weibliche Fertilität beein-

---

32 Depenbusch/Schultze-Mosgau (2020), S. 288.

trächtigen. Beispielsweise wird Nikotin, ähnlich wie therapeutischen Noxen (Strahlen- und Chemotherapie), eine fertilitätsmindernde Wirkung zugeschrieben.[33]

Fertilitätsstörungen sind oftmals multikausal begründet, sodass eher selten eine bestimmte Ursache für den oozytären Qualitätsverlust identifiziert werden kann. Lassen sich keine Ursachen feststellen, liegt eine idiopathische Fertilitätsstörung vor. In diesem Fall ist eine Eizellspende (ggf. auch eine Embryonenspende) in der Regel die letzte therapeutische Möglichkeit, den Wunsch nach einem eigenen Kind zu erfüllen.

2.1.2 Altersbedingte Infertilität

Während Männer bis ins hohe Alter zeugungsfähig sind, sinkt die Fruchtbarkeit einer Frau im Laufe ihres Lebens. Nach Erreichen des Fertilitätshöhepunkts mit Anfang 20, nimmt diese kontinuierlich ab. Etwa zwischen dem 35. und 38. Lebensjahr kommt es zu einer drastischen Abnahme der Fertilität, sodass die Wahrscheinlichkeit einer 40-jährigen Frau, spontan schwanger zu werden, auf unter 2 % pro Zyklus geschätzt wird.[34] Die reproduktive Phase einer Frau endet mit Erreichen der Menopause. Diese bezeichnet die letzte Regelblutung nach einem 12-monatigen Ausbleiben der Menstruation und tritt durchschnittlich zwischen dem 48. und 53. Lebensjahr ein. Ab diesem Zeitpunkt gilt der natürliche Kinderwunsch als nicht mehr erfüllbar. Unabhängig davon kann die Funktion der Eierstöcke vorzeitig erlöschen. Bei etwa 4 % der Frauen tritt die Menopause vor dem 40. Lebensjahr ein, bei etwa 10 – 12 % zwischen dem 40. und 45. Lebensjahr.[35]

Ursächlich für die altersbedingte Fertilitätsabnahme ist die quantitative Abnahme der im Körper angelegten Follikel[36] sowie die damit korrelierende Abnahme der Eizellqualität. Im Unterschied zu fehlenden oder fehlgebildeten Eierstöcken ist eine Schwangerschaft in der perimenopausalen Phase nicht ausgeschlossen. Jedoch

---

33 Soares/Melo (2008).
34 Strowitzki (2013), S. 1628.
35 Golezar et al. (2019).
36 Zum Zeitpunkt der Geburt sind ca. 1–2 Millionen Oozyten in den Eierstöcken vorhanden, die nach der ersten meiotischen Teilung arretiert sind. Die Eibläschen, in denen die unreifen Eizellen enthalten sind, werden als Follikel bezeichnet. Deren Zahl sinkt bis zur Pubertät auf ca. 400.000 ab. Geht man von einer reproduktiven Phase von 37 Jahren (15.–52. Lebensjahr) aus, erlangen etwa 450 Eizellen die vollständige Reife und kommen zur Ovulation. Dennoch beträgt die Eizellreserve einer 40-jährigen Frau Schätzungen zufolge nur ca. 3 %. Die restlichen Eizellen sind degeneriert und wurden abgestoßen. Bis zum Eintritt in die Menopause sinkt die Eizellreserve auf etwa 1.000. Wallace/Kelsey (2010).

ist die Schwangerschaftswahrscheinlichkeit sehr gering. Selbst mit reproduktionsmedizinischer Unterstützung liegt diese im 44. Lebensjahr bereits unter 5% und
sinkt jenseits des 45. Lebensjahrs unter 1%.[37] Durch die verminderte Qualität der
Eizellen steigt zusätzlich das Risiko von Fehlbildungen und Fehlgeburten, wodurch
sich die Chance auf eine Lebendgeburt nochmals verringert.[38]

Altersbedingte Infertilität ist eine der häufigsten Indikationen für eine Eizellspende, deren Ursachen oft sozialer Natur sind. Der demografische Wandel, ver-
besserte Bildungschancen und eine erhöhte Frauenerwerbstätigkeit begünstigen
eine Verschiebung der Familienplanung in die späteren Lebensjahre.[39] Außerdem
berichten Reproduktionsmedizinerinnen von einem mangelnden Wissen bzw.
fehlenden Kenntnissen über die weibliche Fertilität. Viele Frauen gehen davon aus,
dass der Kinderwunsch mit 40 Jahren problemlos erfüllbar ist bzw. die Reproduktionsmedizin die abnehmende Fertilität ausgleichen kann.[40] Manche hingegen
entwickeln ihren Kinderwunsch erst im fortgeschrittenen Alter. Da Frauen trotz
Verlusts der Zeugungsfähigkeit nicht die Fähigkeit verlieren, ein Kind auszutragen,
ist eine Ovarialinsuffizienz stets eine Indikation zur Eizellspende, unabhängig davon, ob diese pathologisch oder altersbedingt ist.

2.1.3 Vermeidung genetischer Erkrankungen

Durch eine Eizellspende lässt sich der Kinderwunsch erfüllen, ohne genetische
Krankheiten an das Kind weiterzugeben. Das können teils sehr schwere Krankheiten sein, die mit einer eingeschränkten Lebenserwartung oder großem Leiden
verbunden sind (wie Duchenne-Muskeldystrophie oder das Lesch-Nyhan-Syndrom).
Aber auch die Vermeidung einer weniger schweren Krankheit kann ein Grund sein,
fremde Eizellen zu verwenden.

Obwohl sich genetische Erkrankungen mittels Präimplantationsdiagnostik
identifizieren und Übertragungen verhindern lassen, ist eine IVF mit eigenen Eizellen nicht immer die beste Lösung. Gerade bei Frauen im fortgeschrittenen Alter,
die aufgrund verminderter Eizellqualität ohnehin ein erhöhtes Risiko zur Fehlbildung aufweisen, kann die Eizellspende eine probate Alternative darstellen.

---

37 Ludwig et al. (2020), S. 392 f.
38 Etwa 53% der Embryonen einer 44-jährigen Frau weisen eine Aneuploidie auf. Franasiak et al.
(2014).
39 Bertram/Bujard/Rösler (2011), S. 94.
40 Unter anderem Ritzinger (2013), S. 30.

2.1.4 Alternative Elternschaft

Eine etwas weniger beachtete Indikation zur Eizellspende ist der Wunsch zweier Frauen nach gemeinsamer Mutterschaft. Hierbei besteht die Möglichkeit, die Eizelle einer Frau mit dem Samen eines Mannes künstlich zu befruchten und der anderen Frau einzusetzen, die das Kind zur Welt bringt. Diese Art der Co-Mutterschaft bietet beiden Frauen die Möglichkeit, mit dem Kind verwandt zu sein und sich nicht auf eine soziale Beziehung beschränken zu müssen.

Eine besondere Form stellt das Mitochondrien-Ersatzverfahren dar, welches beiden Frauen eine genetische Verwandtschaft mit dem Kind ermöglicht. Die Mitochondrien, auch bekannt als Kraftwerke der Zelle, die sich außerhalb des Zellkerns in der Eizelle befinden, enthalten selbst Teile des Erbguts. Durch das Einsetzen des Zellkerns der Eizelle einer Frau in die Zellhülle der Eizelle einer anderen Frau kommt es zur Vermischung des Erbguts beider Frauen. Auf diesem Weg kann ein Kind von insgesamt drei genetischen Eltern abstammen (sog. Drei-Eltern-Babys). Das ermöglicht beiden Frauen, sich auf eine Art gleichberechtigt verwandt zu fühlen und eine Bindung zum Kind aufzubauen, die bisher heterosexuellen Paaren vorbehalten war.

2.2 Kinderwunschbehandlung als Herausforderung für die Medizin

Auch wenn, wie diese Beispiele verdeutlichen, die Eizellspende ein enormes Potential besitzt und vielen Kinderwunschpaaren neue Möglichkeiten eröffnet, ist sie kein Garant für die Erfüllung individueller Kinderwünsche. Hinsichtlich der physiologischen Vorgänge und des reproduktionsmedizinischen Ablaufs ist eine Eizellspendebehandlung identisch mit einer künstlichen Befruchtung. Sie unterscheidet sich lediglich dadurch, dass die Eizelle einer anderen Frau entnommen wird als derjenigen, der später der Embryo eingesetzt wird.

Um die Behandlungschancen zu erhöhen, wird mittels hormoneller Stimulation versucht, mehrere Eizellen heranreifen zu lassen, die nach der Entnahme in einer Nährlösung kultiviert werden. Nachdem die Samenzellen hinzugefügt wurden, beginnt der eigentliche Befruchtungsvorgang. Dieser findet, analog zur Befruchtung im Körper, spontan statt, indem eine Samenzelle die Eizellhülle durchdringt und diese befruchtet. Unter bestimmten Voraussetzungen (häufig bei verminderter Samenqualität oder fortgeschrittenem Alter des Mannes) kann die Befruchtung händisch vorgenommen werden. In diesem Fall wird eine Samenzelle nach morphologischen Kriterien ausgewählt und direkt in die Eizelle injiziert (ICSI – intracytoplasmic sperm injection).

Nach etwa 12 bis 24 Stunden ist die Befruchtung abgeschlossen. Dann sind die beiden Zellkerne miteinander verschmolzen und ein Embryo ist entstanden. Dieser verbleibt noch einige Tage in der Nährlösung und wird entweder am dritten Tag (6 – 8-Zellstadium) oder am fünften Tag (Blastozystenstadium) in die Gebärmutter transferiert. Die Eizellen, die innerhalb des Behandlungszyklus keine Verwendung finden, können eingefroren werden, um im Falle eines Misserfolgs oder eines weiteren Kinderwunschs keine neuen Eizellen entnehmen zu müssen.

2.2.1 Maternale Risiken

Wie nahezu jede medizinische Behandlung ist auch eine künstliche Befruchtung mit gesundheitlichen Risiken und Belastungen verbunden. Dies beginnt bereits mit der Eizellgewinnung bzw. mit der vorausgehenden Hormonbehandlung. Aufgrund der insgesamt niedrigen Erfolgswahrscheinlichkeit ist es nur wenig sinnvoll, allein die innerhalb eines Zyklus natürlich herangereifte Eizelle zu entnehmen und zur Befruchtung zu verwenden. Eine hormonelle Stimulation der Eierstöcke erlaubt es zwar, mehrere Eizellen gleichzeitig heranreifen zu lassen, aber birgt zugleich das Risiko eines ovariellen Hyperstimulationssyndroms (OHSS). Das OHSS ist ein klinisches Krankheitsbild, welches in verschiedenen Formen auftreten kann. Häufige Symptome sind eine Vergrößerung der Eierstöcke und eine Flüssigkeitsansammlung im Ovarbereich, die mit Unwohlsein und Übelkeit einhergehen. Milde Formen des OHSS (Grad I und II) bedürfen in der Regel keiner spezifischen Therapie und können, sofern nötig, ambulant behandelt werden.

Hingegen ist bei einer mittelschweren Form (Grad III) ein stationärer Aufenthalt indiziert. Laut einer Untersuchung der European Society of Human Reproduction and Embryology (ESHRE) wurden 2016 in 0,21 % der in Europa durchgeführten Zyklen Patientinnen infolge eines OHSS stationär aufgenommen (Grad III–V).[41] Ähnliche Angaben lassen sich auch dem Deutschen IVF-Register entnehmen, wonach 2021 die Häufigkeit für eine schwere Form (Grad III) 0,5 % betrug.[42] Aufgrund der verbesserten Diagnosemöglichkeit prädiktiver Risikofaktoren und angepasster Stimulationsprotokolle ist die Inzidenz trotz insgesamt steigender Behandlungszahlen in den letzten Jahren tendenziell rückläufig.[43]

Milde und mittelschwere Verläufe sind die am häufigsten auftretenden Formen des OHSS. In seltenen Fällen ist auch ein schwerer und sogar lebensbedrohlicher

---

41 Wyns et al. (2020), S. 8.
42 Deutsches IVF-Register (2022), S. 45.
43 Bielfeld/Krüssel/Baston-Büst (2020), S. 318.

Verlauf möglich. Mögliche Folgen, wie eine Beeinträchtigung der Nieren- und Le-
berfunktion, Blutgerinnungsstörungen oder eine Thromboembolie, können eine
intensivmedizinische Überwachung erfordern. Obwohl einzelne Todesfälle infolge
eines OHSS berichtet wurden, lässt sich aufgrund der unsicheren Datenlage keine
konkrete Mortalitätsrate angeben.[44] Dennoch kann davon ausgegangen werden,
dass ein OHSS mit einem (wenngleich äußerst geringen) Mortalitätsrisiko verbunden ist, insbesondere wenn mögliche Komplikationen unbehandelt bleiben. Allerdings ist auffällig, dass die berichteten Fälle teils mehrere Jahrzehnte zurückliegen.
Einer jüngeren Schätzung zufolge beträgt die Wahrscheinlichkeit, infolge eines
OHSS zu sterben, etwa 1:425.000.[45] Es kann zusätzlich angenommen werden, dass
die Sterbewahrscheinlichkeit mit der Zunahme von Präventionsstrategien, d. h. der
vermehrten Untersuchung prädiktiver Risikofaktoren und Entwicklung differen-
zierter Stimulationsprotokolle abgenommen hat.

Wenn die Reifeteilung der Eizellen abgeschlossen ist, können sie aus den Eierstöcken entnommen werden. Heute erfolgt die Follikelentnahme meist durch eine
transvaginale Punktion, bei der mittels Vaginalsonde beide Ovarien durch die
Scheidenwand hindurch punktiert werden. Mittels Ultraschall lassen sich die Bewegungen zielgenau steuern und Verletzungen vorbeugen. Wie bei jedem invasiven
Eingriff gibt es Operations- und Narkoserisiken. In Deutschland kam es 2020 in 0,8 %
aller Fälle zu Komplikationen bei der Eizellentnahme. Insbesondere bei der
Punktion der Scheidenwand können vaginale Blutungen auftreten. Seltener sind
Blutungen im Bauchraum oder Verletzungen anderer Organe. In den meisten Fällen
sind die Beschwerden nur kurzweilig und nicht behandlungsbedürftig.[46]

Neben den Risiken der Eizellentnahme sind künstliche Befruchtungen mit erhöhten Schwangerschaftsrisiken verbunden. Ein wichtiger Faktor ist das Alter der
Kinderwunschpatientin. Ab dem 35. Lebensjahr erhöht sich die Wahrscheinlichkeit
möglicher Komplikationen, weshalb diese als Risikoschwangerschaften bezeichnet
werden. Bei Kinderwunschpatientinnen, die aufgrund ihres fortgeschrittenen Al-

---

44 Zwischen 1984 und 2008 sind in den Niederlanden drei Todesfälle bestätigt, die auf ein OHSS
zurückzuführen sind. In diesem Zeitraum wurden ca. 100.000 Reproduktionszyklen durchgeführt
(Braat et al. (2010)). Für Großbritannien wurden zwischen 2003 und 2005 (ca. 100.000 IVF-Zyklen)
drei Todesfälle berichtet, während zwischen 2006 und 2008 bei ca. 200.000 Zyklen keine Todesfälle
übermittelt wurden (Tarlatzis/Bosdou/Kolibianakis (2019), S. 584). Ein weiterer Todesfall ist aus
Neuseeland bekannt (Cluroe/Synek (1995)).
45 Balen (2008), S. 372. In der Literatur findet sich häufig eine Schätzung, nach der die Sterbewahrscheinlichkeit mit 1:45.000–1:50.000 angegeben wird. Diese Zahlen sind einem Bericht von
einer WHO-Konferenz (Hugues (2002), S. 114) entnommen. Wie sich nachträglich herausstellte,
stammen die Daten von Brinsden et al. (1995), wurden aber fehlerhaft übertragen. Diese schätzten
die Sterbewahrscheinlichkeit ursprünglich auf 1:400.000–1:500.000 (Balen (2008), S. 371).
46 Deutsches IVF-Register (2022), S. 45.

ters eine reproduktionsmedizinische Behandlung in Anspruch nehmen, muss diesem Umstand besondere Aufmerksamkeit zukommen. Dies gilt umso mehr für Frauen, die ihre reproduktive Phase hinter sich haben und teils weit über 40 Jahre alt sind. Mit zunehmendem Alter steigen das Risiko hypertensiver Schwangerschaftserkrankungen (u. a. Schwangerschaftshochdruck, Präeklampsie) und für Schwangerschaftsdiabetes sowie die Wahrscheinlichkeit für einen Kaiserschnitt.[47] Obwohl es nur wenige Daten für Schwangerschaften von über 50-jährigen Frauen gibt, kann davon ausgegangen werden, dass das Risikopotential insgesamt weiterhin ansteigt.[48]

Das zentrale Problem reproduktionsmedizinischer Behandlungen ist jedoch die Mehrlingsbildung. Bereits eine Zwillingsschwangerschaft erhöht die Wahrscheinlichkeit mütterlicher Komplikationen. So bestehen u. a. ein 2,5-fach höheres Risiko für Schwangerschaftshochdruck und Präeklampsie sowie ein 3-fach höheres Risiko für einen Kaiserschnitt und postpartale Blutungen. Die Wahrscheinlichkeit einer intensivmedizinischen Behandlung während und nach der Schwangerschaft ist 15-fach höher.[49] Diese Risiken steigen mit der Anzahl der Mehrlinge.

Darüber hinaus gibt es Hinweise, dass sich einige Schwangerschaftskomplikationen nicht auf das hohe Alter oder den gesundheitlichen Zustand der Frau zurückführen lassen und die Eizellspende als eigenständiger Risikofaktor möglicher Schwangerschaftskomplikationen betrachtet werden muss. Insbesondere das Risiko zu Schwangerschaftshochdruck und Präeklampsie ist etwa 2- bis 3-mal höher. Aber auch die Anfälligkeit für einen Kaiserschnitt und postpartale Blutungen ist höher als bei IVF-Behandlungen mit eigenen Eizellen.[50]

2.2.2 Neonatales Outcome

Neben möglichen Komplikationen für die Schwangere bestehen zusätzliche Risiken für die Entwicklung des Kindes. Eine Schwangerschaft, die durch medizinische Unterstützung zustande gekommen ist, ist gegenüber einer spontanen Konzeption mit höheren prä- und perinatalen Risiken für das Kind verbunden. IVF- und ICSI-Behandlungen führen häufiger zu Frühgeburten und geringem Geburtsgewicht. Zusätzlich sind die Risiken für kardiovaskuläre Krankheiten sowie einen späteren Diabetes erhöht.[51] Die extrakorporale Befruchtung hat großen Einfluss auf die ge-

---

47 Kentenich/Jank (2016), S. 106.
48 Simchen et al. (2006); Kort et al. (2012); Schwartz et al. (2020).
49 Schröer/Weichert (2020), S. 332.
50 Storgaard et al. (2017); Moreno-Sepulveda/Checa (2019); Berntsen et al. (2021).
51 Berntsen et al. (2019), S. 139.

sundheitliche Entwicklung des Kindes und kann ursächlich für Komplikationen und spätere Erkrankungen sein. Nach gegenwärtigem Stand der Forschung kann nicht sicher festgestellt werden, warum fetale Risiken bei einer künstlichen Befruchtung (mit eigenen oder fremden Eizellen) erhöht sind. Es wird vermutet, dass sich dies sowohl auf die Nutzung reproduktiver Techniken an sich als auch auf die bestehende Subfertilität zurückführen lässt,[52] was wiederum für eine Nutzung fremder Eizellen spricht. Allerdings deuten einige Studien daraufhin, dass das Risiko für Frühgeburtlichkeit und niedriges Geburtsgewicht durch eine Eizellspende nochmals erhöht sein kann.[53]

Darüber hinaus bewirken Mehrlingsschwangerschaften einen Anstieg der Morbidität und Mortalität der Kinder. Sie führen öfter zu Frühgeburten, niedrigem Geburtsgewicht und Zerebralparesen. Dies kann langfristige Gesundheitsschäden bewirken, wobei das Risiko bei höhergradigen Mehrlingen drastisch ansteigt.[54] Um eine extreme Frühgeburt oder gravierende gesundheitliche Risiken für die Schwangere zu vermeiden, kann insbesondere bei höhergradigen Mehrlingsschwangerschaften ein Fetozid angezeigt sein. Hierdurch lässt sich die Überlebenschance der übrigen Föten steigern, kann aber im ungünstigsten Fall zum Verlust aller Föten führen.[55]

2.2.3 Erfolgswahrscheinlichkeit

Laut dem Deutschen IVF-Register wurden 2020 85.183 Embryotransfers durchgeführt, aus denen 19.185 Kinder hervorgingen. In nur 31,6 % der Fälle ließ sich nach einem Embryotransfer eine klinische Schwangerschaft nachweisen. Die Lebendgeburtrate pro Embryotransfer betrug 22,5 %. Das Hauptproblem besteht darin, dass sich der Großteil der Embryonen nicht in der Gebärmutter einnistet und somit keine Schwangerschaft entsteht. Etwa 22 % der entstandenen Schwangerschaften endeten mit einem Abort. Die Erfolgswahrscheinlichkeit einer künstlichen Befruchtung liegt, gemessen an den insgesamt durchgeführten Behandlungszyklen, bei 16,4 %.[56]

Hierbei fällt auf, dass sich die medizinisch assistierte Fortpflanzung in dieser Hinsicht nicht wesentlich von der natürlichen Fortpflanzung unterscheidet. Die

---

52 Berntsen et al. (2019), S. 139.

53 Storgaard et al. (2017), S. 564 f.; Moreno-Sepulveda/Checa (2019), S. 2024–2026.

54 Schröer/Weichert (2020), S. 332.

55 Schröer/Weichert (2020), S. 335 f.

56 Das Deutsche IVF-Register (2022) weist die Statistiken für Frischezyklen (S. 23) und Auftauzyklen (S. 25) separat aus. Die hier angeführten Daten beziehen sich immer auf die Gesamtzahl.

Abortrate bei Spontankonzeption nach klinischer Feststellung der Schwangerschaft wird in der Literatur regelmäßig mit 15 % angegeben, wobei die Wahrscheinlichkeit für eine Fehlgeburt mit zunehmendem Alter erheblich steigt. Aufgrund der häufig unerkannten Frühaborte, die bereits vor und während der Einnistung stattfinden, liegt die tatsächliche Abortrate bei etwa 50 %.[57] Einige Schätzungen gehen sogar von bis zu 70 % aus.[58]

Eine Eizellspende kann dazu beitragen, die niedrige Erfolgswahrscheinlichkeit homologer IVF-Behandlungen signifikant zu steigern und dem Niveau der natürlichen Fortpflanzung anzunähern. In den USA beträgt die Lebendgeburtrate nach einer Eizellspende (pro Embryotransfer) ca. 50 %[59] und in Großbritannien etwa 33,7 %.[60] Vergleichsdaten aus Großbritannien zeigen zudem, dass diese nach einer Eizellspendebehandlung auch bei fortschreitendem Alter annähernd konstant bleibt.[61] Im europäischen Vergleich bestätigt sich, dass die Lebendgeburtrate bei Kinderwunschpatientinnen über 40 Jahren bei Verwendung fremder Eizellen signifikant höher ist als bei Verwendung eigener Eizellen. Wenngleich die Erfolgswahrscheinlichkeit zwischen einzelnen Ländern sehr unterschiedlich ist (14 – 62 %), lässt sich dennoch erkennen, dass die Auswirkungen des Alters eher marginal sind.[62]

Selbst Frauen über 50 haben sehr gute Chancen, mittels Eizellspende ein Kind zu bekommen. In einer kalifornischen Studie betrug die Lebendgeburtrate 38 % (nach Embryotransfer) bei Kinderwunschpatientinnen zwischen dem 50. und 59. Lebensjahr.[63] Dagegen sinkt die Wahrscheinlichkeit, ein Kind zu bekommen, bei einer homologen IVF-Behandlung mit steigendem Lebensalter drastisch ab, sodass eine künstliche Befruchtung mit eigenen Eizellen ab dem 45. Lebensjahr nicht mehr indiziert ist.[64]

Der Anteil der Mehrlingsgeburten nach einer reproduktionsmedizinischen Behandlung betrug 2020 in Deutschland ca. 17 %[65] und ist damit fast 20-fach höher als bei einer sexuellen Fortpflanzung. Es wird geschätzt, dass die Zunahme der Zwillingsgeburten zu einem Drittel auf das steigende Alter der Schwangeren, zu einem Drittel durch den Anstieg von IVF-Behandlungen und zu einem Drittel auf die

---

57 Lasch/Fillenberg (2017), S. 176.
58 Chard (1991); Larsen et al. (2013).
59 Centers for Disease Control and Prevention (2021), S. 26.
60 HFEA (2021b), Datensatz, Tab. 12.
61 HFEA (2021b), Datensatz, Tab. 14.
62 Wyns et al. (2020), Datensatz, Tab. SXII.
63 Sauer/Paulson/Lobo (1995).
64 Cabry et al. (2014), S. 18.
65 Deutsches IVF-Register (2022), S. 9.

ovarielle Stimulation zurückzuführen ist.[66] Häufig werden im Rahmen einer IVF-Behandlung mehrere Embryonen in die Gebärmutter transferiert. Dies erhöht sowohl die Schwangerschaftswahrscheinlichkeit als auch das Risiko zur Mehrlingsbildung. Bereits der Transfer von zwei Embryonen führte in etwas mehr als einem Viertel der Fälle zur Geburt von Zwillingen oder Drillingen. Nach einem Single-embryotransfer betrug der Anteil der Mehrlingsgeburten lediglich 1,5 %.[67]

Viele mit der künstlichen Befruchtung zusammenhängenden Risiken, die ohnehin im fortgeschrittenen Alter erhöht sind und durch eine Mehrlingsbildung potenziert werden, ließen sich durch den Transfer nur eines Embryos vermeiden. Dieses Vorgehen erweist sich jedoch bei älteren Kinderwunschpatientinnen als problematisch, da bei einer homologen IVF-Behandlung die Schwangerschaftswahrscheinlichkeit unter 5 % sinkt. Das wirft die Frage nach der Angemessenheit von Chancen und Risiken und damit auch nach der ethischen Legitimation der Behandlung auf. Hingegen lässt sich durch die Verwendung fremder Eizellen (von jungen Frauen) ein wesentlich günstigeres Risiko-Chancen-Verhältnis erreichen. Auf diese Weise sind Schwangerschafts- und Lebendgeburtraten erzielbar, die denen der natürlichen Konzeption sehr nahe kommen, sodass die Inkaufnahme höherer gesundheitlicher Risiken durch den Transfer von zwei oder mehr Embryonen medizinisch nicht mehr indiziert ist.[68]

Um der hohen Abortrate zusätzlich entgegenzuwirken, besteht darüber hinaus die Möglichkeit eines elektiven Singleembryotransfers (eSET), bei dem von den extrakorporal erzeugten Embryonen nur derjenige mit dem besten Entwicklungspotential in die Gebärmutter eingesetzt wird.[69] Da dieses Vorgehen darauf ausgelegt ist, überzählige Embryonen zu erzeugen, die später eingefroren oder verworfen werden, ist es nach derzeitiger Rechtslage in Deutschland nicht zulässig.[70]

2.3 Der unerfüllte Kinderwunsch als behandelbares Leiden

Weltweit wurden mehr als 10 Millionen Kinder mit ärztlicher Unterstützung geboren.[71] Der Anteil der mit reproduktionsmedizinischer Hilfe gezeugten Kinder

---

66 Ludwig/Ludwig (2020), S. 313.
67 Deutsches IVF-Register (2022), S. 32 f.
68 Berntsen et al. (2021).
69 Schröer/Weichert (2020), S. 334 f.
70 Nach derzeitiger Rechtslage dürfen überzählige Embryonen nicht planmäßig erzeugt werden. § 1 Abs. 1 Nr. 5 ESchG.
71 Geschätzter Stand 2015: 8,7 Millionen. Adamson et al. (2019), S. 19.

betrug 2016 im europäischen Durchschnitt etwa 3 %, in einigen Ländern über 6 %.[72] Diese Daten verdeutlichen, dass viele Menschen ein gesteigertes Interesse haben, sich bei der Überwindung ihrer ungewollten Kinderlosigkeit ärztlich helfen zu lassen. Dennoch bleibt fraglich, inwieweit diese Unterstützung in den Zuständigkeitsbereich der Medizin fällt. Gerade mit Blick auf das Verhältnis von Chancen und Risiken lassen sich aus medizinethischer Perspektive besondere Probleme erkennen.

Erstens ist die Medizin nicht bloß ein Handwerk oder eine Dienstleistung, der man sich nach Belieben bedienen kann. Aufgrund der besonderen Bedeutung der menschlichen Gesundheit geht mit ihr eine Verantwortung einher, diese zu fördern und zu schützen. Wenngleich viele Indikationen für eine reproduktionsmedizinische Behandlung auf pathologischen Funktionsstörungen basieren, ist zumindest die altersbedingte Infertilität eine normale Alterserscheinung, die nicht grundsätzlich behandlungsbedürftig ist. In ähnlicher Weise kann auch bei Vorliegen einer sozialen Indikation (wenn die Behandlung zur Erfüllung des Wunschs nach einer bestimmten Familienform erforderlich ist, z. B. im Fall 3 von Alexandra und Charlotte), nicht notwendigerweise vorausgesetzt werden, dass die Behandlung eine genuine Aufgabe der Medizin ist.

Erschwerend kommt zweitens hinzu, dass Kinderwunschbehandlungen in den Bereich der wunscherfüllenden Medizin fallen. Im Unterschied zu präventiven oder kurativen Maßnahmen, die der Erhaltung oder Wiederherstellung der Gesundheit dienen, sind Kinderwunschbehandlungen elektive Eingriffe. Der unerfüllte Kinderwunsch ist weder mit körperlichen Schmerzen verbunden noch lebensverkürzend. Eine Behandlung, die nur geringe Aussicht auf Erfolg hat und mit hohen gesundheitlichen Risiken verbunden ist, kann gerechtfertigt sein, wenn diese notwendig und besser als eine Nichtbehandlung ist. Hingegen ist die Durchführung einer nicht notwendigen Behandlung nur schwer mit medizinethischen Grundsätzen vereinbar, wenn die Chancen in keinem angemessenen Verhältnis zu den behandlungsbedingten Risiken stehen. Dies erweist sich insbesondere im Rahmen der Kinderwunschbehandlung älterer Patientinnen als problematisch, wenn die Aussicht auf eine erfolgreiche Geburt nur sehr gering ist.

Diese Problematik verschärft sich drittens dadurch, dass die Deutungshoheit darüber, ob Chancen und Risiken in einem angemessenen Verhältnis stehen, nicht bei der Betroffenen selbst liegt. Die ovarielle Stimulation und die Follikelpunktion sind mit Risiken für die Spenderin verbunden, die in der Regel nicht Nutznießerin der Therapie ist. Sie selbst kann nicht entscheiden, ob die Aussicht auf Erfolg groß genug ist, um die Risiken und Belastungen dafür in Kauf zu nehmen. Zwar gibt es

---

72 Wyns et al. (2020), Datensatz, Tab. SIV.

auch in anderen medizinischen Bereichen Eingriffe, die riskant sind, ohne dass sie den Betroffenen direkt nützen (z. B. Lebendorganspende, klinische Forschung), doch lässt sich darin eine gewisse Dringlichkeit erkennen, welche wiederum die Eingriffe rechtfertigen kann. Dagegen droht die Medizin bei der Eizellspendebehandlung einen Dienstleistungscharakter anzunehmen, der die eigentliche Bestimmung des Heilauftrags überwiegt.

Die Eizellspende erweist sich als Herausforderung für unser Verständnis der Medizin, das stark von der begrifflichen Dichotomie Krankheit/Gesundheit geprägt ist. Während prämatures Ovarialversagen und genetische Defekte eindeutig krankhafte Zustände sind, ist diese Zuschreibung in anderen Fällen nicht so einfach möglich. Wenn Anita (Fall 2) nicht mehr in der Lage ist, Kinder zu zeugen, liegt das nicht an einem biologischen Defekt, sondern ist Teil ihrer normalen Entwicklung. Weder der postmenopausale Kinderwunsch noch der Wunsch nach einer alternativen Elternschaft lassen sich auf gesundheitliche Probleme zurückführen und sind nach diesem Verständnis kein Gegenstand der Medizin.

Der Blick auf die Beispielfälle macht deutlich, dass die Indikation zur Eizellspende keineswegs nur aus medizinischer Perspektive erfolgt. Im Fall von Jule (Fall 4) und Marie (Fall 5) ist die Zeugungsunfähigkeit klarerweise pathologisch bedingt, während Alexandras und Charlottes (Fall 3) Wunsch nach einer alternativen Elternschaft eindeutig sozial begründet ist. Sie wünschen sich beide eine biologische Verbindung zum Kind, die sie auf konventionelle Weise nicht erreichen können. Trotzdem kann die Reproduktionsmedizin helfen, ihren Kinderwunsch zu erfüllen, und zur Realisierung ihrer individuellen Lebenspläne beitragen. Das ist zweifelsfrei ein großer Zugewinn an persönlicher Freiheit. Allerdings weckt es den Eindruck der Medikalisierung sozialer Probleme, wenn sich der Medizin als Mittel zur Erreichung erwünschter Zustände bedient wird.

Hierdurch, so wird befürchtet, verliere die Medizin ihre Integrität, indem sie sich zum Instrument gesellschaftlicher Interessen macht und nicht mehr ihrem eigentlichen Heilauftrag verbunden ist. Edmund Pellegrino erachtet die universelle Erfahrung von Krankheit und Leiden als Daseinsberechtigung der Medizin,[73] wodurch zugleich ihr Zweck definiert wird: „Its end is to heal, help, care and cure, to prevent illness, and cultivate health."[74] In diesem Zusammenhang drohe ein Verlust der moralischen Bedeutung der Medizin, wenn diese von den ihr inhärenten Zielen abweicht und kulturell gesetzten Vorgaben folgt. Diese Kritik bezieht sich auf den gesamten Komplex der wunscherfüllenden Medizin, die sich weniger an Krankheitserfahrungen als vielmehr an einem durch kulturelle Normen beeinflussten

---

73 Pellegrino (1999), S. 60.
74 Pellegrino (1999), S. 62.

allgemeinen Wohlbefinden orientiert. Zwar unterliegt auch die Medizin kulturellen Schwankungen, doch sollten diese ihre Ziele nur soweit beeinflussen, dass die Behandlung von Krankheiten Fixpunkt ihres Handelns bleibt.[75]

Nach diesem engen Verständnis scheint das Aufgabengebiet der Medizin klar abgesteckt zu sein, welches sich auf die Erhaltung und Wiederherstellung der Gesundheit beschränkt. Dennoch zeigt sich am Beispiel von Gabi und Klaus (Fall 1), wie schwierig eine Zuordnung sein kann. Wenn Gabi mit 42 Jahren nicht schwanger wird, ist das nicht zwingend pathologisch, sondern kann Teil einer altersüblichen Entwicklung sein. Die Grenze zwischen einem krankhaft bedingten und einem altersbedingten Verlust der Infertilität ist sehr unscharf und weist aufgrund individueller Unterschiede einen sehr großen Graubereich auf.

Darüber hinaus lässt sich aus Pellegrinos Perspektive die Behandlung von Alterserscheinungen nur schwer begründen. Im Gegensatz zu altersassoziierten Erkrankungen ist Altern selbst keine Krankheit. Aus der von Pellegrino interpretierten inhärenten Zielvorgabe der Medizin lässt sich nicht plausibel erklären, warum beispielsweise die Behandlung altersbedingter Kurzsichtigkeit oder Schwerhörigkeit Teil des ärztlichen Heilauftrags ist, nicht aber die Behandlung eines postmenopausalen Kinderwunschs. Letztlich ist Altern ein Phänomen, dessen körperliche Erscheinungen von einer sozial normierten Vorstellung menschlicher Funktionen abweichen, wenn dadurch die Möglichkeiten selbstständiger Lebensführung und gesellschaftlicher Teilhabe eingeschränkt werden.

Um nun die Frage zu beantworten, ob Kinderwunschbehandlungen und Eizellentnahmen bei Spenderinnen in den Verantwortungsbereich der Medizin fallen, genügt es aber nicht, die Integrität der Medizin allein am Verhältnis von Chancen und Nutzen oder hinsichtlich pathologischer Ursachen zu messen. Eine wichtige Perspektive zur Bestimmung des ärztlichen Heilauftrags ist die Wahrnehmung des kranken Menschen. Dabei geht es weniger darum, welche Krankheit vorliegt bzw. diagnostiziert werden kann, sondern ob sich jemand krank fühlt. Letztlich ist es die Patientin, die aufgrund des Erlebens der Krankheit ärztliche Hilfe aufsucht. In dieser Hinsicht ist der allgemeine Sprachgebrauch nicht geeignet, die Mehrdimensionalität von Krankheit zu erfassen. Aus diesem Grund hat Karl Eduard Rothschuh die Unterscheidung in Pathos, Aegritudo und Nosos vorgeschlagen. Während Pathos den pathologischen Befund, d. h. den diagnostischen Nachweis einer biologischen Funktionsstörung beschreibt, bezeichnet Aegritudo das individuelle Erleben der Krankheit und Nosos das klinische Krankheitsbild.[76] In diesem

---

75 Pellegrino (1999), S. 65.
76 Rothschuh (1976), S. 1168 f. Ausführlicher in Rothschuh (1965).

Sinne ist Krankheit sowohl ein Objekt medizinischer Erfahrbarkeit als auch eine Zustandsbeschreibung des leidenden Subjekts.

Es wäre verkürzt, Krankheiten nur auf ihre biologischen Ursachen zurückzuführen, ohne das individuelle Leiden wahrzunehmen. Behandlungsbedürftigkeit resultiert nicht aus dem Vorhandensein einer organischen Störung. Wer ärztliche Hilfe aufsucht, möchte damit ausdrücken, dass der aktuelle Zustand unerwünscht ist. Viele Patientinnen wissen oft gar nicht, welche Ursachen sich hinter ihrem Leiden verbergen. Dennoch werden sie behandelt und ihr Leiden wird zur normativen Kategorie medizinischen Handelns. Schließlich ist Gesundheit keine wertfreie Kategorie, die sich an einer statistischen Normalverteilung biologischer Funktionen bemisst. Ein Mensch ist nicht allein deswegen krank, weil dessen körperliche Funktionsfähigkeit von denen der meisten anderen Menschen abweicht.[77] Gesundheit ist eine Ermöglichungsbedingung, um individuelle Präferenzen erfüllen und selbst gesetzte Lebensziele erreichen zu können. Daher bezeichnen wir uns häufig als krank, wenn wir Dinge, die wir normalerweise tun können, aufgrund eines eingeschränkten Gesundheitszustands nicht tun können. Unser subjektives Gesundheitsempfinden hängt eng mit individuellen Fähigkeiten und Interessen zusammen.[78]

Aus medizinischer Sicht lässt sich Sub- und Infertilität zwar als Krankheit (Pathos) beschreiben. Das bedeutet aber nicht, dass die Betroffenen diese auch als solche wahrnehmen. Ausschlaggebend ist nicht die körperliche Funktionsstörung an sich. Das Leiden entsteht erst mit Aufkommen eines Kinderwunschs, der nicht erfüllt werden kann. Hierin zeigt sich deutlich die subjektive Komponente des Leidens.

Sehr häufig wird berichtet, dass ungewollte Kinderlosigkeit mit psychischen Belastungen verbunden ist und Frauen häufig unter einem besonderen Druck stehen. Die eigene Infertilität anzuerkennen und sich des unerfüllten Kinderwunschs bewusst zu werden, wird von vielen Frauen als emotionale Krise wahrgenommen, die u. a. mit Wut, Trauer, Hilflosigkeit und Depression verbunden sein kann.[79] Die psychischen Folgen des unerfüllten Kinderwunschs können so stark sein, dass ih-

---

77 Christopher Boorse entwickelte einen technisch-theoretischen Krankheitsbegriff, der sich allein an einem natürlichen Speziesdesign orientiert. Dieser entspricht etwa dem heutigen Begriff des pathologischen Befunds. Eine Krankheit liegt dann vor, wenn ein körperlicher Zustand bzw. eine körperliche Funktion wesentlich vom statistischen Durchschnitt abweicht. Beispielsweise geht man davon aus, dass die meisten Menschen einen Blutdruck zwischen 100/60 und 140/90 mmHg haben. Dies gilt als Normalzustand. Abweichung darunter (Hypotonie) oder darüber (Hypertonie) gelten als krankhafte Störungen. Boorse (1975); Boorse (1977).
78 Vgl. Nordenfelt (2007).
79 Rohde/Dorn (2007), S. 113.

nen selbst Krankheitswert zukommt.[80] Ungewollte Kinderlosigkeit bedeutet nicht nur den Verlust der eigenen Fertilität, sondern auch den Verlust eines selbstgesetzten Lebensziels. Oftmals hat der Kinderwunsch eine zentrale Stellung im Leben und der Verlust greift tief in die Lebensplanung ein.[81]

Wie schwer dieses Leiden wiegen kann, zeigt sich auch daran, welche physischen und psychischen Belastungen Kinderwunschpaare mit einer reproduktionsmedizinischen Behandlung auf sich nehmen. Es ist nicht leicht, die eigene Infertilität anzuerkennen und ärztliche Hilfe aufzusuchen. Sich für eine Kinderwunschbehandlung zu entscheiden, heißt sich einer Fremden gegenüber zu öffnen und die eigene Intimität aufzugeben. Dabei ist der unerfüllte Kinderwunsch kein Thema, über das man gern spricht. Die gesellschaftliche Tabuisierung und Stigmatisierung der Zeugungsunfähigkeit machen diese Entscheidung nicht einfacher. Indes nehmen Kinderwunschpaare mitunter sehr hohe Kosten für eine Behandlung in Kauf, die mit gesundheitlichen Risiken verbunden ist. Dennoch ist eine Eizellspendebehandlung kein Garant zur Erfüllung des Kinderwunschs. Wenn nun diese vage Hoffnung genügt, um die mit einer Eizellspendebehandlung verbundenen Kosten und Risiken auf sich zu nehmen, kann angenommen werden, dass Kinderwunschpaare einem nicht unerheblichen Leidensdruck ausgesetzt sind.

Eine Eizellspendebehandlung ist in der Regel die letzte therapeutische Option, den Kinderwunsch zu erfüllen, und kann in einer besonderen Weise mit einem Trauer- und Verlustgefühl einhergehen. Für viele bedeutet es, Abschied von ihrem ursprünglichen Familienplan zu nehmen und akzeptieren zu müssen, kein eigenes, d. h. mit beiden Elternteilen genetisch verwandtes Kind zu haben. Die emotionale Belastung kann durch die bestehende Rechtslage zusätzlich steigen. Zum einen kann es als Leiden wahrgenommen werden, zu wissen, dass die Erfüllung des Kinderwunschs im eigenen Land nicht erlaubt ist und man sich der Strafbarkeit nur durch einen Umweg ins Ausland entziehen kann.[82] Zum anderen kann es zusätzlich belastend sein, wenn lediglich eine anonyme Spende möglich ist und sich die Eltern damit abfinden müssen, dass weder sie noch das Kind jemals die Spenderin kennenlernen werden.[83]

Obwohl die Linderung des Leidens in vielen medizinischen Bereichen als handlungsleitendes Motiv anerkannt und daher mit einem normativen Anspruch verbunden ist, erweist es sich als problematisch, Behandlungsbedürftigkeit allein durch individuelles Leiden zu begründen. Angesichts der fortschreitenden tech-

---

80 Baldur-Felskov et al. (2013).
81 Westermann/Alkatout (2020), S. 133.
82 König (2018), S. 284 f.
83 Thorn (2020), S. 275.

nologischen Entwicklung könnte hieraus ein Machbarkeitsanspruch entstehen, durch den existenzielle Grundlagen des Menschseins aus den Augen verloren werden.[84] Das kann den ärztlichen Heilauftrag überstrapazieren und zu einer Überforderung der Medizin führen. Des Weiteren vermag eine Orientierung am Leidbegriff die bereits von Pellegrino befürchtete Ausdehnung der Medizin auf die Behandlung sozialer Probleme nicht zu verhindern. Stattdessen läuft sie Gefahr nichtgesundheitliche Probleme zu medikalisieren und eine therapeutische Lösung für alle Arten des Unwohlseins anzubieten. Es mag in vielerlei Hinsicht attraktiv erscheinen, wenn sich die Medizin an den Bedürfnissen ihrer Patientinnen orientiert und einen Beitrag zur Erfüllung individueller Lebenspläne leistet. Allerdings riskiert sie dadurch, nur noch eine von vielen Dienstleistungen zu sein und ihr ethisches Gewicht zu verlieren, das sie aufgrund der besonderen Bedeutung der Gesundheit hat.

Sicherlich ist nicht von der Hand zu weisen, dass dem Leiden am unerfüllten Kinderwunsch eine psychoexistenzielle Dimension zukommt und es als normatives Bedürfnis aufgefasst werden kann, welches eine reproduktionsmedizinische Unterstützung rechtfertigt.[85] Dennoch bedarf es eines Korrektivs, um die Überforderung einer ausschließlich am individuellen Leid orientierten Medizin zu vermeiden. Diese Rolle übernimmt die Gesellschaft, indem sie darüber entscheidet, welches Leiden hinreichend relevant ist. Die gesellschaftliche Anerkennung des Leidens ist wesentlicher Maßstab, um zu bewerten, welche medizinischen Maßnahmen dem ärztlichen Heilauftrag zuzuordnen sind bzw. in den Aufgabenbereich der Medizin fallen.

Angesichts des breiten Angebots und der hohen Nachfrage an Kinderwunschbehandlungen, lässt sich klarerweise erkennen, dass die Behandlungsbedürftigkeit von ungewollter Kinderlosigkeit gesellschaftlich anerkannt ist. Die Anzahl der reproduktionsmedizinischen Praxen und auch die Anzahl der in Anspruch genommenen Kinderwunschbehandlungen sind in den letzten Jahren stetig gestiegen. Allein 2021 wurden in Deutschland 128.709 Reproduktionszyklen mit eigenen Eizellen dokumentiert,[86] deren Kosten (unter bestimmten Voraussetzungen) anteilig von den gesetzlichen Krankenkassen getragen werden. Trotz einer breiten Akzeptanz reproduktionsmedizinischer Maßnahmen[87] und der verstärkten gesellschaftspolitischen Auseinandersetzung zur Legalisierung reproduktiver Techniken bzw. zur Reformierung des ESchG[88] lässt sich daraus nicht unmittelbar ableiten,

---

84 Vgl. Maio (2014).
85 Westermann/Alkatout (2020), S. 133.
86 Deutsches IVF-Register (2022), S. 18.
87 Stöbel-Richter et al. (2012); Rauprich/Berns/Vollmann (2012); Haug/Vernim/Weber (2017).
88 Gassner et al. (2013); Beier et al. (2018); Leopoldina/Union (2019).

dass der inhärente Auftrag Leiden zu lindern jede Form der medizinisch unterstützten Fortpflanzung legitimiert.

Die ethische Legitimation der Eizellspende ergibt sich nicht bereits aus einer allgemeinen Akzeptanz reproduktionsmedizinischer Maßnahmen. Auch wenn die medizinisch assistierte Familiengründung weitgehend anerkannt ist, muss das nicht auf alle Formen gleichermaßen zutreffen. Es genügt ebenso wenig, auf die gegenwärtige Ungleichbehandlung von Eizellspende und Samenspende hinzuweisen. Zwischen beiden Verfahren lassen sich deutliche Unterschiede hinsichtlich ihres Eingreifens in die Natur des Menschen erkennen. Schließlich prägen die Bedingungen der Fortpflanzung sowohl unser Verständnis von Familie als auch unser Verständnis vom Menschsein. Daher ist es erforderlich, reproduktionsmedizinische Maßnahmen hinsichtlich ihrer Auswirkungen auf die menschliche Natur zu bewerten.

2.4 Die Verfügbarmachung der natürlichen Ordnung

Eine zentrale Stoßrichtung der Kritik in Debatten um die Entstehung des Menschen zielt auf die technische Machbarkeit der Menschwerdung. Kritikerinnen betonen, die Biologie sei die letzte Grenze, die es zu verteidigen gilt. Sie schützt uns vor einem übersteigerten Machbarkeitsglauben und enttäuschten Hoffnungen, die die moderne Medizin verspricht. Dabei ist diese Kritik keineswegs auf aktuelle Themen wie Keimbahneingriffe oder reproduktives Klonen beschränkt. In allen Themenbereichen der Reproduktionsmedizin lässt sich eine Rückbesinnung auf die Natur erkennen. Mit Verweis auf die Ursprünglichkeit des Menschen und dessen existenzieller Abhängigkeit von der Natur wird auf unterschiedliche Weisen für den Schutz der menschlichen Natur argumentiert.

2.4.1 Argumente für den Erhalt der Natürlichkeit

Eine sehr deutliche Position vertritt die katholische Kirche. Nach der 1987 veröffentlichten Instruktion „Donum Vitae" ist ein Kind grundsätzlich ein Geschenk Gottes. Entsprechend der Auffassung des Lehramts ist der geschlechtliche Akt zwischen Mann und Frau ein Ausdruck ihrer Liebe. Daher hat jedes Kind das Recht, durch einen natürlichen Akt innerhalb der Ehe gezeugt und nicht unter Laborbedingungen erzeugt zu werden. Weil die künstliche Befruchtung darauf abzielt, die eheliche Hingabe zu substituieren, und das Kind zu einem technischen Objekt degradiert, verletzt sie die Würde der Fortpflanzung und der ehelichen Vereinigung.

Aus diesem Grund ist sie für die Mitglieder der katholischen Kirche nicht erlaubt.[89] In einer jüngeren Instruktion wurde diese Position nochmals untermauert.[90]

Im Zentrum der evangelischen Ethik steht das von Gott getragene Gewissen, das freiverantwortliche Entscheidungen ermöglicht.[91] Dennoch hat die Synode der Evangelischen Kirche in Deutschland als Dachorganisation der Landeskirchen eine Stellungnahme abgegeben. Anders als die katholische Kirche kennt die evangelische Kirche keine lehramtliche Position, weswegen ein striktes Verbot nicht möglich ist. Stattdessen wird lediglich vom Gebrauch der extrakorporalen Fortpflanzung abgeraten, weil die extrakorporale Befruchtung, neben ethischen Problemen technischer Begleiterscheinungen (z. B. psychische Auswirkungen auf das Kind, überzählige Embryonen), die Einheit von Liebe, Zeugung und Geburt verletzt.[92]

Beide Positionen lassen sich vereinfacht ausdrücken: Der Mensch darf nicht trennen, was Gott zusammengefügt hat, nämlich Liebe und Fortpflanzung. Indem er das macht, widersetzt er sich der göttlichen Ordnung und erhebt sich selbst in die Schöpferrolle. Dies ist mit der Idee eines christlichen Gottes nicht vereinbar.

Allerdings besitzen Positionen, die auf dem Glauben an eine übergeordnete, schöpferisch tätige Macht basieren, in einer pluralen Gesellschaft eher geringe Überzeugungskraft. Zum einen zeigt sich eine erhebliche Diskrepanz zwischen den Vorgaben der Kirche und dem Verhalten ihrer Mitglieder. Eine ablehnende Haltung der Kirche hält Christinnen nicht davon ab, reproduktionsmedizinische Hilfe in Anspruch zu nehmen. Zum anderen sind Glaubenssätze nicht für alle Menschen nachvollziehbar und neigen dazu, sich einem rationalen Diskurs zu entziehen.[93] Damit eine ethische Bewertung gesellschaftlich tragfähig wird, bedarf es der allgemeinen Anerkennung. Es ist nicht davon auszugehen, dass einzelne Glaubenssätze, die für einen großen Teil der Bevölkerung nicht verständlich sind, zur Grundlage moralischen Handelns werden können. Hingegen ist es wichtig, dass moralische Regeln für alle zugänglich sind, um allgemein Anerkennung erlangen zu können.

Eine etwas andere Richtung schlägt Hans Jonas ein, der das Hybris-Argument in einer säkularen Variante formuliert. Indem er die Schöpferrolle mit einer quasi übermenschlichen Verantwortungsposition verknüpft, mahnt er hinsichtlich biotechnologischer Großprojekte mit unüberschaubaren Folgen (u. a. Atomenergie, Reproduktionsmedizin und Gentechnologie) zur Vorsicht. Weil die Menschen auch für zukünftige Generationen Verantwortung tragen, ist es angezeigt, dem Moment

---

89 Kongregation für die Glaubenslehre (1987), S. 24 f.
90 Kongregation für die Glaubenslehre (2008).
91 Kreß (2011), S. 21.
92 Kirchenamt der Evangelischen Kirche in Deutschland (1985).
93 Kreß (2018), S. 19.

der Ungewissheit ethische Bedeutung zu verleihen. In seiner Sorge um den Bestand der Menschheit betont er den intrinsischen Wert der Natur als moralische Grenze der menschlichen Schöpferrolle. Er regt dazu an, gegenüber der „Weisheit der Natur, die hier in langer Evolution ihre Zeiten gesetzt hat"[94], eine äußerst demütige Haltung einzunehmen:

> Das Zuweit beginnt bei der Integrität des Menschbildes, das für uns unantastbar sein sollte. Nur als Stümper könnten wir uns daran versuchen, und selbst Meister dürften wir dort nicht sein. Wir müssen wieder Furcht und Zittern lernen und, selbst ohne Gott, die Scheu vor dem Heiligen.[95]

Wenngleich sich Hans Jonas hier quasi-religiöser Elemente bedient, indem er die menschliche Natur für unhintergehbar erklärt und den natürlichen Zufall „zu einer nahezu metaphysischen Kategorie aufwertet"[96], rückt er gleichzeitig von den kirchlichen Positionen ab. Entgegen ihrer rein deontologischen Sichtweise öffnet er die Urteilsfindung um eine teleologische Perspektive. Indem er die Handlungsziele und unbeabsichtigten Handlungsfolgen in den Blick nimmt, bringt er eine rationale und nachvollziehbare Begründung ins Spiel. Potenziell unvermeidliche und irreversible Risiken rechtfertigen die Einschränkung biotechnologischer Eingriffe in die menschliche Natur, die durch die Selbsterhaltungspflicht der Menschheit unter Bestandsschutz gestellt wird. Im erweiterten Sinne lässt sich Jonas' Theorie der Verantwortung auch als Kritik der Reproduktionsmedizin verstehen. Wenn die Natur des Menschen etwas ist, was sich dem Zugriff des Menschen entziehen sollte,[97] dann gilt das grundsätzlich für die künstliche Befruchtung im Labor.

Angesichts seiner umfassenden Warnung wurde Jonas umfassende Kritik entgegengebracht, wobei insbesondere der Umfang seines Verantwortungsbegriffs zu problematisieren ist. Einerseits ist die Vorhersehbarkeit der Handlungsfolgen ein Grundproblem teleologischer Theorien, die andererseits durch die unregulierte Verantwortungspflicht zu einer drastischen Einschränkung der Handlungsoptionen führen kann. Wenn Jonas das Wissen um die Macht zu „einer vordringlichen Pflicht"[98] erhebt und damit alle kausalen Handlungsfolgen in den Verantwortungsbereich einbezieht, ebnet er die Unterschiede zwischen vorhersehbaren und unvorhersehbaren Folgen ein. Allein durch das Wissen um die Möglichkeit unvorhersehbarer Folgen sind sie dem Verantwortungsbereich zuzurechnen. Wenngleich

---

94 Jonas (1987), S. 210.
95 Jonas (1987), S. 218.
96 Birnbacher (2006), S. 146.
97 Jonas (1984), S. 80 f.
98 Jonas (1984), S. 28.

die Folgen handlungstheoretisch zuzuordnen sind, bedeutet das aber nicht automatisch eine moralische Zurechenbarkeit.[99] Es ist schwierig, eine moralische Verantwortung für jene Folgen zu begründen, die sich noch nicht einmal vermuten lassen. Letztlich ist es nicht plausibel, wie aus Ungewissheit und Nichtwissen ein verantwortungsethisches Prinzip abgeleitet werden kann, das eine Unterlassungspflicht begründet.

Trotz dieser philosophischen Schwierigkeiten ist es Jonas gelungen, einige brisante Themen der damaligen Zeit aufzugreifen und das Eindringen des Menschen in die schaffende Natur zu problematisieren. Aus dem Eigenwert der Natur leitet er eine Art Unverfügbarkeitspostulat ab, nach welchem unvorhersehbare Eingriffe in die menschliche Natur nicht verantwortet werden können. Eine solche Position ist in ihrer Begründung gesellschaftlich sehr anschlussfähig, wie sich heute unter anderem an der weiten Ablehnung des reproduktiven Klonens und der Keimbahneingriffe zeigt. Doch letztlich berührt diese Kritik auch jede andere reproduktionsmedizinische Technologie, sofern eine Veränderung natürlicher Entstehungsprozesse des Menschen zu einer Veränderung der menschlichen Natur führt.[100]

Die in den 80er Jahren geführten Debatten um die neuen Fortpflanzungstechniken waren stark von einer Dichotomie des Natürlichen und des Künstlichen geprägt, die zugleich eine Werthaltung transportierte. Während die sexuelle Fortpflanzung die natürliche Entstehungsart des Menschen und damit etwas Gutes ist, wurde die künstliche Fortpflanzung eher skeptisch bis ablehnend betrachtet. In diesem Verhältnis ist Natur grundlegend positiv konnotiert. Demgegenüber suggeriert das Unnatürliche eine zerstörerische Kraft, vor der die gute Natur bewahrt werden soll. Die Natur wird zur Norm und Natürlichkeit zum Bewertungsmaßstab.

Dieser argumentative Rekurs auf die Natürlichkeit findet sich bereits in der Entstehungsgeschichte des ESchG, wenn Rolf Keller betont: „Zwei Frauen gibt es dann, die Anteil an der Entstehung des Kindes haben! Dieses Phänomen, willkürlich herbeigeführt, kennt in der Natur kein Vorbild."[101] Dabei richtete sich die Kritik weniger gegen die Künstlichkeit der extrakorporalen Befruchtung, die den natürlichen Entstehungsprozess lediglich substituiert, als vielmehr gegen die Widernatürlichkeit der Übertragung einer Eizelle von einer Frau auf eine andere und das

---

99 Lübbe (1994), S. 229–231.
100 An dieser Stelle kann eingewendet werden, dass die Eizellspende im Unterschied zum Klonen oder zu Keimbahninterventionen nicht zu den kritischen Technologien gehört. Schließlich sind keine dramatischen Folgen für die menschliche Entwicklung zu erwarten. Dennoch ist die Übertragung einer befruchteten Eizelle auf eine andere Frau mit irreversiblen Folgen für das Kind verbunden und der Art nach unnatürlich.
101 Keller (1989), S. 720.

Eingreifen in den Prozess der Menschwerdung. „Die Mutter-Kind-Beziehung ist das natürlichste überhaupt denkbare Verhältnis zwischen zwei Menschen. Es durch technische Manipulation zu verhindern oder zu ersetzen ist unmenschlich."[102] Diese Haltung gebietet es, die biogenetische Einheit der Mutterschaft zu verteidigen. Weil die menschliche Natur moralisch wertvoll ist, entzieht sie sich dem Verfügungsbereich menschlichen Handelns. Und weil die Eizellspende die Auflösung der biogenetischen Einheit der Mutterschaft bedingt, ist sie ein unnatürlicher Akt und kann moralisch nicht zulässig sein.

2.4.2 Die unnatürliche Natur des Menschen

Obwohl Natürlichkeitsargumente eine breite Akzeptanz erkennen lassen, weisen sie auch eine Ambivalenz auf. Auf der einen Seite ist die Unverfügbarkeit der (menschlichen) Natur, sei es aus Ehrfurcht vor der göttlichen Schöpfung oder aufgrund eines intrinsischen Werts, ein probates Mittel, um menschliches Handeln zu beschränken. Auf der anderen Seite lässt unser täglicher Umgang mit der Natur nicht gerade vermuten, dass diese in besonderer Weise schützenswert ist. Selbst wenn sich deskriptiv feststellen lässt, dass die Eizellspende ein unnatürlicher Vorgang ist, bleibt offen, welche Konsequenzen sich daraus für unser Handeln ergeben. Nicht jede Verletzung oder Missachtung der Natur ist moralisch falsch. Diese Ambivalenz spiegelt sich auch in der Überzeugungskraft des Natürlichkeitsarguments wider, zumal unklar ist, was mit ‚Natur' gemeint und warum diese schützenswert ist. Dabei bieten sich verschiedene Lesarten des Naturbegriffs an, denen unterschiedliche Normen korrespondieren.[103]

(1) Eine erste Möglichkeit besteht in einem holistischen Naturverständnis. Genau wie das gesamte Universum ist auch die Erde und alles, was sich darauf befindet, natürlichen Ursprungs. In diesem Sinne ist der Begriff Natur weder zeitlich noch räumlich begrenzt. Alles, was jemals existiert hat, und alles, was jemals irgendwo existieren wird, ist Teil der Natur. Das gilt gleichermaßen für den Menschen. In seiner existenziellen Angewiesenheit ist er Teil der Natur. Er ist aus ihr entstanden und wird mit ihr vergehen. Demzufolge ist menschliches Handeln per definitionem natürlich.

Die sich auf der deskriptiven Ebene andeutende Schwierigkeit setzt sich auf der normativen Ebene fort. Ein Verständnis, nach dem alles, was natürlich ist, auch

---

102 Benda (1985), S. 222. Ähnlich formulierte Adolf Laufs: „Ein Verfahren, das die Mutterschaft aufspaltet, tastet die dem Menschen von der Natur gegebene Prägung an." Laufs (1986), S. 775.
103 Eine ausführliche Diskussion findet sich in Heyder (2013) und Heyder (2015).

moralisch richtig ist, läuft nicht nur Gefahr tautologisch zu sein, sondern zugleich einen naturalistischen Fehlschluss zu beinhalten. Möglicherweise ließe dieser sich unter Annahme eines teleologischen Naturverständnisses vermeiden, nach dem sich die Natur kraft ihrer inneren Ordnung selbst Zwecke und Ziele setzt. Doch selbst diese Auffassung vermag keinen ethischen Mehrwert zu liefern. Ein Begriff der Natur, der den Menschen in seiner Gesamtheit einschließt, ist keine geeignete Grundlage, um menschliches Handeln moralisch bewerten zu können. Sofern der Mensch Teil der natürlichen Ordnung und seine Existenz inhärenter Zweck der Natur ist, ist nur schwer vorstellbar, inwiefern menschliches Handeln natürlichen Zwecken zuwiderläuft.[104]

(2) Da der Bezug auf die Natur gerade dazu dienen soll, menschliche Handlungen zu bewerten, erscheint es sinnvoll, den Menschen nicht als Teil jener Natur zu verstehen, aus der sich die Norm ableitet. Eine Möglichkeit, diese Zirkularität zu vermeiden, bietet ein Naturverständnis, das sich an der gewordenen Natur orientiert, die ohne menschliches Zutun entstanden ist. Unterfüttert man diese Auffassung mit einer axiologischen Position und deutet die Natur als ethisches Ideal, lässt sich hieraus eine Norm ableiten, nach der sich menschliches Handeln am Vorbild der gewordenen Natur orientieren soll.

Fraglich ist allerdings, wie sinnvoll eine begriffliche Trennung ist, wenn diese in der Realität kaum auffindbar ist. Angesichts der Auswirkungen menschlichen Handelns auf die natürliche Umgebung wachsen Zweifel, ob es überhaupt noch eine unberührte Natur gibt, die als Orientierungspunkt für menschliches Handeln dienen kann. Außerdem basiert eine solche Auffassung auf einer Trennung zwischen dem Gewordenen (als etwas rein Natürlichem) und dem Gemachten (als etwas rein Künstlichem), die empirisch nicht zu fassen ist. Diese Unterscheidung ist vielmehr kategorialer Art. Ihr kommt eine Orientierungsfunktion zu, deren Wirkung sich erst in einem komparativen Sinnzusammenhang entfaltet. Ohne zu behaupten, dass der Thüringer Wald eine künstliche oder natürliche Erscheinung ist, lässt sich sagen, dass er natürlicher als ein Stadtpark, aber künstlicher als der Regenwald ist. In ähnlicher Weise lässt sich sagen, die Eizellspende ist ein weniger natürlicher Vorgang als eine sexuelle Befruchtung, aber weitaus natürlicher als Klonen.

Nicht minder problematisch ist es, eine Norm anzunehmen, die auf dem Wert der gewordenen Natur basiert. Zum einen ist unklar, inwiefern der Natur ein Wert zukommen kann, der sich nicht auf menschliche Interessen zurückführen lässt.

---

104 Birnbacher (2006), S. 56. Ohnehin erweist sich ein teleologisches Naturverständnis hinsichtlich der Annahme, sich selbst Zwecke setzen zu können, als problematisch. Der Natur lassen sich weder Handlungen noch Verantwortung zuschreiben (Krebs (1999), S. 102–104). Wird der Mensch nicht als Teil der Natur wahrgenommen, sind der Natur keine Zwecke inhärent.

Geht man davon aus, dass die Zuschreibung von Werten immer ein wertendes Wesen erfordert, die Natur aber kein handelndes Wesen ist, ist es schwer glaubhaft zu machen, dass sie intrinsisch wertvoll ist.[105] Gäbe es keine Menschen, könnte die Natur nicht wertvoll sein. Wenn der Wert der Natur nicht in der Natur selbst, sondern auf menschlicher Zuschreibung beruht, bedeutet das wiederum, dass die Natur als moralischer Maßstab ebenfalls anthropozentrischen Ursprungs ist. Zum anderen ist ebenso unklar, wie sich eine solche Norm befolgen lässt. Wenn der besondere Wert der gewordenen Natur darin besteht, frei von menschlichen Einflüssen zu sein, deutet sich ein moralischer Widerspruch an, der darin besteht, dass menschliches Handeln der Natur widerstrebt, sobald er Einfluss auf diese nimmt. Schließlich kann das Befolgen dieser Norm sogar dazu führen, dass die menschliche Existenz abgelehnt werden muss.[106]

Ein Blick in die Welt unterstreicht diese Widersprüchlichkeit. Die Natur produziert täglich Zustände, die unseren moralischen Intuitionen in einer Weise widersprechen, dass sie niemals als moralisches Vorbild für menschliches Handeln dienen können. John Stuart Mill pointiert:

> In sober truth, nearly all the things which men are hanged or imprisoned for doing to one another, are nature's every day performances. [...] Nature impales men, breaks them as if on the wheel, casts them to be devoured by wild beasts, burns them to death, crushes them with stones like the first christian martyr, starves them with hunger, freezes them with cold, poisons them by the quick or slow venom of her exhalations, and has hundreds of other hideous deaths in reserve, such as the ingenious cruelty of a Nabis or a Domitian never surpassed.[107]

Angesichts schwerer Naturkatastrophen und einem täglichen Ringen zwischen fressen und gefressen werden, ist eine Orientierung am Vorbild der gewordenen Natur nicht nur nicht wünschenswert, sondern würde dem eigentlichen Zweck der Moral widersprechen, den Naturzustand zu überwinden und ein gutes Zusammenleben zu ermöglichen.

(3) Wenn sich weder die gesamte Natur noch die gewordene Natur als Maßstab für die moralische Bewertung menschlichen Handelns eignen, bietet sich in einer weiteren Variante an, nur die menschliche Natur heranzuziehen. Diese Lesart des Natürlichkeitsarguments ist vermutlich die alltagssprachlich verbreitetste Interpretation des Natürlichkeitsbegriffs. Dennoch ist diese nicht unproblematisch, da sie eine hohe Interpretationsleistung erfordert.

---

105 Krebs (1999), S. 121.
106 Mill, Nature, CW X, S. 380 f.
107 Mill, Nature, CW X, S. 385.

Eine erste Schwierigkeit besteht in der Differenzierung des Menschen als natürliches und als künstliches Wesen. Auf der einen Seite ist der Mensch ein Produkt der Natur und existenziell auf diese angewiesen. Er ist in seiner Art ein Säugetier und von natürlicher Beschaffenheit. Auf der anderen Seite hat sich der Mensch im Laufe der Evolution von seiner natürlichen Umgebung gelöst und sich durch eine kulturelle Praxis eine zweite Natur geschaffen. Bereits die Nutzung von Kleidung und Werkzeugen ist eine kulturelle Überformung der natürlichen Lebensumgebung. Helmuth Plessner beschreibt diesen Aspekt als *natürliche Künstlichkeit*[108] und weist der Kultur eine natürliche Entstehungsbedingung zu:

> Weil dem Menschen durch seinen Existenztyp aufgezwungen ist, das Leben zu führen, welches er lebt, d. h. zu machen, was er ist – eben weil er nur ist, wenn er vollzieht – braucht er ein Kompliment nichtnatürlicher, nichtgewachsener Art. Darum ist er von Natur, aus Gründen seiner Existenzform *künstlich*.[109]

In diesem Sinne ist die Kultur natürlichen Ursprungs und zugleich Teil der menschlichen Natur. Das wiederum wirft die Frage auf, ob die kulturelle Prägung des Menschen auch in einem moralischen Sinne Teil der menschlichen Natur ist.

Davon ausgehend, dass kulturelles Schaffen des Menschen zu seiner natürlichen Art gehört und kulturelle Errungenschaften ihrer Art nach natürlich sind, ließe sich nicht feststellen, dass die Eizellspende unnatürlich ist. Schließlich ist sie Teil einer dem Wesen des Menschen inhärenten kulturellen Entwicklung. Wenn die Entfremdung von der Natur ein Merkmal des kulturellen Wesens ist, gehört dazu auch die Fortpflanzung. Selbst wenn in einigen Jahrzehnten die sexuelle Fortpflanzung als unsicher und antiquiert gilt und durch einen neuen Standard künstlicher Fortpflanzung ersetzt wird, ist das ein Teil der natürlichen Entwicklung des Menschen. Im Kontext einer moralischen Bewertung wäre ein solcher Begriff der menschlichen Natur allerdings redundant.

Aus diesem Grund ist es naheliegend, diese Frage zu verneinen und den Aspekt auszuklammern. Nutzt man stattdessen die ursprüngliche Natur des Menschen als Referenzpunkt, wird die Grenze zwischen Natur und Kultur deutlich sichtbar. Demnach sind alle kulturellen Errungenschaften des Menschen unnatürlich. Obwohl diese Interpretation aufgrund ihrer einfachen Zuschreibung sehr vorteilhaft erscheint, schwindet mit der Simplizität auch ihr Aussagewert. Eine Reduzierung auf den phylogenetischen Ursprung verkennt die Verwobenheit soziokultureller und biologischer Entwicklungen. Es ist schwer, sich den Menschen abseits seiner kulturellen Entwicklung vorzustellen, da selbst die Herausbildung geistiger Fähig-

---

108 Vgl. Plessner (1981), S. 383–396.
109 Plessner (1981), S. 384 f. [Hervorhebung im Original].

keiten und der aufrechte Gang Teil dieser sind. Dementsprechend wären alle menschlichen Handlungen unnatürlich, die über instinktives Verhalten hinausgehen.

Eine solche Interpretation der menschlichen Natur würde dazu führen, dass die Zubereitung von Nahrung, das Tragen von Kleidung und die Eizellspende den gleichen moralischen Status haben, d. h. gleichermaßen unnatürlich sind. Demnach wäre Vanillepudding genauso moralisch zulässig oder unzulässig wie die Eizellspende, weil beide Teil der menschlichen Kultur sind. Es ist aber kaum anzunehmen, dass diese Aussage mit gängigen moralischen Intuitionen vereinbar ist. Um aber zu einer unterschiedlichen moralischen Bewertung von Vanillepudding und Eizellspende zu gelangen, bedarf es einer graduellen Abstufung ihres Natürlichkeitswerts.

Eine Möglichkeit dies zu erreichen, besteht in der Definition erwünschter menschlicher Eigenschaften. Eine evaluative Festlegung idealtypischer menschlicher Eigenschaften bietet ein normatives Fundament zur moralischen Bewertung menschlichen Handelns. Darüber hinaus weist eine konventionelle Festlegung den Vorteil auf, sich kontextspezifischen Begebenheiten anpassen und damit auf kulturelle Veränderungen reagieren zu können. Während heute die sexuelle Fortpflanzung als natürlich gilt, kann das in einer technologisch weit fortgeschreneren Gesellschaft anders bewertet werden.

Probleme bereitet indes die Benennung der idealtypischen Eigenschaften. Eine evaluative Bestimmung, welche Eigenschaften und Handlungsweisen gut oder schlecht sind, läuft schnell Gefahr, stigmatisierend oder diskriminierend zu sein. Diese Festlegung darf nicht willkürlich sein, sondern muss auf begründeten Kriterien beruhen.[110] Dafür bedarf es einer breiten Anerkennung. Ungeachtet der Frage, wie eine gesellschaftliche Übereinkunft diesbezüglich erreicht werden kann, würde ein normatives Menschenbild, das auf einer konventionellen Festlegung basiert, das Natürlichkeitsargument ad absurdum führen. Zwar ließe sich evaluativ festlegen, welche Eigenschaften in einem moralischen Sinne natürlich, d. h. gut sind, doch wäre die Kategorisierung rein semantischer Art. Eine Natürlichkeitszuschreibung muss per definitionem selbstreferenziell sein, andernfalls wäre sie obsolet.

Unter Berücksichtigung der hier vorgestellten Naturbegriffe kann das Natürlichkeitsargument nicht überzeugen. Es lässt sich weder deskriptiv bestimmen, was (Teil der) Natur ist, noch lässt sich normativ ausmachen, welche Handlungsanweisungen daraus folgen. Der Begriff Natur weist einen zu großen Interpretationsspielraum auf und kann nicht in einer moralisch gehaltvollen Weise aus sich

---

110 Krohmer (2007), S. 158 f.

selbst heraus definiert werden. Zwar wäre es möglich, natürliche Eigenschaften des Menschen zu definieren, doch bedarf es dafür keines Natürlichkeitsarguments. Schließlich ist es plausibler, die moralische Bewertung danach auszurichten, was Menschen wollen, statt wie sie sein sollten.[111] Darüber hinaus ist nicht klar, inwiefern die Natur überhaupt als normativer Orientierungspunkt für moralisches Handeln fungiert, wenn die Moral selbst eine genuin kulturelle Errungenschaft ist, deren Aufgabe es ist, ein gesellschaftliches Leben abseits der urnatürlichen Lebensgewohnheiten zu ermöglichen.

Aufgrund dessen ist das Natürlichkeitsargument nicht geeignet, um die Eizellspende moralisch zu bewerten. Sicherlich ist die Eizellspende ein weniger natürlicher Vorgang als eine sexuelle Fortpflanzung, doch entsteht daraus kein unnatürlicher Mensch. Die Beschaffenheit eines Menschen ist nicht von dessen Entstehung abhängig, ebenso wenig wie dessen moralische Qualität.[112] Es ist nicht davon auszugehen, dass ein menschlicher Klon weniger Mensch wäre oder andere moralische Rechte hätte als andere Menschen. Das Gleiche gilt für Eizellspendekinder, die ebenso natürlich sind und denen die gleiche Würde wie allen anderen Menschen zukommt. Das wiederum führt zu der Frage, warum die Ursprünglichkeit der Menschwerdung unter dem Deckmantel des Natürlichkeitsarguments zu schützen versucht wird, wenn diese die natürliche Beschaffenheit des Menschen gar nicht zu beeinflussen vermag.

Hierbei kann angenommen werden, dass das Natürlichkeitsargument, wie es in der entstehungsgeschichtlichen Debatte des ESchG vorgetragen wurde (und teilweise heute noch wird)[113], im Wesentlichen auf der Vorstellung einer natürlichen Ordnung der Familie basiert, die zugleich Bewertungsmaßstab für das Kindeswohl ist. Geht man davon aus, dass ein Aufwachsen innerhalb dieser natürlichen Ordnung, das Beste für das Kind ist, lässt sich folgerichtig schließen, dass das Kindeswohl gefährdet ist, wenn diese Ordnung ins Wanken gerät. Dabei ist nicht zu übersehen, dass die Prämisse nicht auf der natürlichen Genese der Familie basiert. Vielmehr handelt es sich um ein kulturell tradiertes Menschen- und Familienbild, auf dem eine gesellschaftliche Ordnung aufbaut. Innerhalb dieser Argumentation ist das Natürliche die normative Erweiterung des Gewohnten. Die vertraute Le-

---

111 Chadwick (1982), S. 203.
112 Birnbacher unterscheidet diesbezüglich zwischen einer genetischen und qualitativen Künstlichkeit, die sich auf die Entstehungsweise bzw. auf die Erscheinungsform beziehen. Auch wenn der Englische Garten künstlich angelegt wurde, ist er natürlicher Erscheinung. Birnbacher (2006), S. 8.
113 Ein prominentes Beispiel ist die Dresdner Rede von Sybille Lewitscharoff, die geneigt ist, jene mit reproduktionsmedizinischer Hilfe entstandenen Kinder, „als Halbwesen anzusehen. Nicht ganz echt sind sie in meinen Augen, sondern zweifelhafte Geschöpfe, halb Mensch, halb künstliches Weißnichtwas." Lewitscharoff (2014).

bensumgebung wird zur natürlichen Lebensumgebung deklariert, die man nicht entbehren möchte.[114] Wenn moderne Reproduktionstechniken unser überliefertes Bild des Menschen und der Familie bedrohen, basiert die moralische Ablehnung der Eizellspende nicht auf der Tatsache einer unnatürlichen Mutterbeziehung, sondern auf der Befürchtung, dass diese die bestehende und für gut befundene soziale Ordnung gefährden könne.

2.5 Eine erste Bewertung im Spiegel der Medizin

Aus medizinischer Sicht ist die Eizellspende eine Chance zur Erfüllung des Kinderwunschs, unabhängig davon, ob eine medizinische oder soziale Indikation vorliegt. Es ist für die Behandlung irrelevant, ob die Ovarfunktion nie gegeben war, durch Entfernung der Eierstöcke verlorengegangen oder altersbedingt erloschen ist. Darüber hinaus ist sie auch eine Mittel, um besondere Formen der Elternschaft zu verwirklichen, indem zwei Frauen gleichermaßen Anteil an der Entstehung eines Kindes haben können.

Die Möglichkeiten, die eine Eizellspendebehandlung bietet, sind zweifellos ein Zugewinn an reproduktiver Freiheit und zugleich ein Beitrag zur Linderung individuellen Leidens. Die Aussicht ein Kind zu bekommen, ist für viele Kinderwunschpatientinnen ein guter Grund, die mit einer reproduktionsmedizinischen Behandlung verbundenen Risiken und Belastungen in Kauf zu nehmen. In diesem Zusammenhang ist positiv zu erwähnen, dass die Verwendung fremder Eizellen das neonatale Outcome und damit die Erfolgsaussichten erheblich verbessern kann. Aus dieser Perspektive ist eine Eizellspendebehandlung zumindest bei Patientinnen im fortgeschrittenem Alter klarerweise vorzuziehen.

Nichtsdestotrotz sind Kinderwunschbehandlungen Teil der wunscherfüllenden Medizin, die nicht zum Kernbestand medizinischen Handelns gehört. Um einer Gefahr der Medikalisierung sozialer Probleme zu entgehen und die Integrität der Medizin nicht zu gefährden, bedarf es der gesellschaftlichen Anerkennung. Diese ergibt sich nicht allein aus der Tatsache, dass bereits andere reproduktionsmedizinische Verfahren zulässig sind. Nur weil Samenspendebehandlungen anerkannt sind, muss das nicht in gleicher Weise auf Eizellspendebehandlungen zutreffen, da diese spezifische Merkmale aufweisen.

Aus medizinethischer Perspektive weisen Eizellspendebehandlungen ein erhöhtes Legitimationsbedürfnis auf. Erstens sind sie, im Unterschied zu anderen Kinderwunschbehandlungen, mit gesundheitlichen Risiken für die Spenderinnen

---

114 Heyder (2011), S. 32.

verbunden, die selbst nicht davon profitieren. Das stellt die ethische Legitimation der medizinischen Behandlung zwar nicht grundsätzlich infrage, verlangt aber besondere Aufmerksamkeit zum Schutz ihrer Autonomie. Um eine informierte Einwilligung zu gewährleisten, bedarf es einer angemessenen Aufklärung über die Risiken und Folgen einer Eizellspende und es muss sichergestellt werden, dass die Spende freiwillig erfolgt.

Zweitens sind Familienbeziehungen ein wesentlicher Teil unserer Gesellschaft und kulturellen Identität. Wenn Eizellspendebehandlungen Einfluss auf den sozialen Wert der Familie haben, muss die Legitimation dieser reproduktionsmedizinischen Maßnahme über eine individualethische Perspektive hinaus um eine sozialethische Perspektive erweitert werden.[115] Hierfür ist es nötig, die Eizellspende im Spiegel kultureller Sinnzusammenhänge zu betrachten, denn ihre Akzeptanz hängt wesentlich davon ab, inwiefern die Bedingungen der Fortpflanzung mit unserem Verständnis von Familie und Menschsein vereinbar sind.

---

115 Anselm (2003), S. 18.

3 Fortpflanzung zwischen Freiheit und Verantwortung

Individuelle Freiheitsrechte sind ein Kernbestandteil moderner westlicher Gesellschaften. In ihrer liberalen und demokratischen Ausrichtung steht die Freiheit des Individuums im Mittelpunkt des politischen Selbstverständnisses. Jeder Mensch ist grundsätzlich frei zu handeln, ohne seine Entscheidungen rechtfertigen zu müssen. Gleichzeitig ist die Gesellschaft nicht befugt, sich in die individuelle Handlungsfreiheit einzumischen, sofern keine guten Gründe vorliegen. Als Ausdruck individueller Handlungsfreiheit wird das Selbstbestimmungsrecht nicht verhandelt, sondern vorausgesetzt.[116]

Zur individuellen Handlungsfreiheit zählt auch die Entscheidung, sich fortzupflanzen oder nicht, was eine der intimsten Entscheidungen im menschlichen Leben ist. Entsprechend ihres besonderen Stellenwerts ist die Eingriffsschwelle zur Einschränkung reproduktiver Freiheit besonders hoch. Es wäre kaum denkbar, wenn die Fortpflanzung an bestimmte Bedingungen geknüpft wäre oder eine Erlaubnis eingeholt werden müsste. Vielmehr ist das Recht auf Familiengründung international als Grundrecht kodifiziert.[117]

Dennoch sind Freiheitsrechte nicht uneingeschränkt gültig. In einer liberalen Gesellschaft muss die individuelle Handlungsfreiheit notwendigerweise eingeschränkt werden, wenn die Freiheiten einzelner Menschen miteinander in Konflikt geraten. Bereits in der Allgemeinen Erklärung der Menschen- und Bürgerrechte der französischen Nationalversammlung von 1789 wurde festgehalten: „La liberté consiste à pouvoir faire tout ce qui ne nuit pas à autrui : ainsi, l'exercice des droits naturels de chaque homme n'a de bornes que celles qui assurent aux autres membres de la société la jouissance de ces mêmes droits."[118] Immer wenn Freiheiten miteinander kollidieren, ist es Aufgabe der liberalen Gesellschaft, Regeln zu erstellen, um mögliche Konflikte zu vermeiden. In ähnlicher Weise bestehen gesellschaftliche Grenzen der Fortpflanzungsfreiheit. Insbesondere die medizinisch unterstützte Fortpflanzung ist streng reglementiert, wozu auch das Verbot der Ei-

---

116 Art. 2 Abs. 1 GG.

117 Art. 12 EMRK; Art. 16 AEMR.

118 „Die Freiheit besteht darin, alles tun zu können, was anderen nicht schadet: Die Ausübung der natürlichen Rechte eines jeden Menschen hat also keine Grenzen außer denen, die den Genuss derselben Rechte anderen Mitgliedern der Gesellschaft garantieren." Art. 4 Déclaration des Droits de l'Homme et du Citoyen de 1789. Deutsche Übersetzung: www.conseil-constitutionnel.fr/de/erklaerung-der-menschen-und-buergerrechte-vom-26-august-1789 (11.02.2023).

zellspende gehört. Fraglich ist allerdings, ob sich die Einschränkung tatsächlich durch die Verhinderung möglicher Freiheitskonflikte begründen lässt.

Aus moralphilosophischer Perspektive lässt sich das freiheitliche Recht auf Fortpflanzung auf das Konzept individueller Autonomie zurückführen. Als Idee der politischen Philosophie ist dieses eng mit dem Liberalismus verbunden, dessen politische Ordnung sich an der Selbstbestimmung des Individuums ausrichtet. Obwohl Autonomie innerhalb ethischer Debatten unterschiedliche Bedeutungen haben kann,[119] bezieht sich der Begriff reproduktive Autonomie auf ein (moralisches) Recht, Entscheidungen der eigenen Fortpflanzung selbstbestimmt treffen zu können.

Wenngleich das „principle of procreative autonomy, in a broad sense, is embedded in any genuinely democratic culture"[120], ist mitnichten klar, was darunter zu verstehen ist und was mögliche Gründe für eine Einschränkung sein können. Um das herauszufinden, werden im Folgenden die philosophischen Grundlagen des heutigen Autonomieverständnisses herausgearbeitet und dargestellt, aus welchen Bestandteilen das Konzept der reproduktiven Autonomie besteht und wie die einzelnen Teile moralisch legitimiert sind. Anhand dessen lassen sich Umfang und Reichweite reproduktiver Entscheidungen bemessen und zugleich deren Grenzen erkennen.

3.1 Idee und Konzept der Autonomie

In moralphilosophischen Diskussionen wird Autonomie oft mit Kant assoziiert, der die „Autonomie des Willens als oberstes Princip der Sittlichkeit"[121] zu einer zentralen Idee der neuzeitlichen Philosophie werden ließ. Wenn aber von reproduktiver Autonomie gesprochen wird, ist damit nicht die sittliche Autonomie als Bedingung moralischer Handlungsfähigkeit gemeint, sondern die Freiheit, Fortpflanzungsentscheidungen selbstbestimmt treffen zu können. In diesem Sinne steht der freiheitsrechtliche Autonomiebegriff „weit mehr in der liberalen Tradition eines John Stuart Mill"[122], in dessen Fokus nicht die grundsätzliche Begründung von Moralität lag, sondern die moralische Rechtfertigung individuellen Handelns.[123]

---

119 Vgl. Rössler (2011).
120 Dworkin (1993), S. 167.
121 Kant, GMS, AA IV, S. 440.
122 Schöne-Seifert (2007), S. 40; vgl. auch Beauchamp (2007).
123 Jennings (2007), S. 72 f.

Die individuelle Handlungsfreiheit ist der zentrale Gedanke in Mills politischer Philosophie. Obwohl Mill mit der Verwendung des Begriffs *autonomy* sehr zurückhalten war (er nutzte eher den Ausdruck *moral freedom*), ist er in der Rezeption oft Ausgangspunkt für konzeptionelle Überlegungen des gegenwärtigen Autonomieverständnisses.[124] Dessen Erörterungen, insbesondere in „On Liberty", sind prägend für das heutige Verständnis der liberalen Idee, die im Folgenden skizziert werden.

Wenn Mill davon ausgeht, die Freiheit nach der Befriedigung von Grundbedürfnissen „is the first and strongest want of human nature"[125], meint er anders als Kant, nicht die Möglichkeit der Selbstgesetzgebung durch die Vernunft und der damit verbundenen Abkehr von den eigenen Neigungen und Begierden, sondern die persönliche Selbstbestimmung. Diese erachtet er als konstitutiv für das Menschsein, wodurch sich der Mensch zugleich vom Tier unterscheidet, welches nicht in der Lage ist, einen Lebensplan zu wählen: „He who lets the world, or his own portion of it, choose his plan of life for him, has no need of any other faculty than the ape-like one of imitation."[126]

Als Ausgangsthese seiner liberalen Idee nimmt Mill an, dass „the free development of individuality is one of the leading essentials of well-being"[127], womit er der persönlichen Selbstbestimmung einen instrumentellen Wert zuschreibt, die für die Ausbildung der Persönlichkeit wichtig ist. Jedoch hat Mill nicht nur die individuelle Freiheit im Auge, die zur Entwicklung der Individualität beiträgt, sondern erachtet sie zugleich als Ausdruck jener individuellen Selbstverwirklichung,[128] wodurch jedem Menschen die für ihn beste Lebensgestaltung ermöglicht wird.[129] Damit beschränkt er den Wert der persönlichen Selbstbestimmung nicht nur auf ihren Beitrag zur Entwicklung der Persönlichkeit, sondern schreibt ihr selbst einen intrinsischen Wert zu. Die Freiheit, persönliche Lebensentscheidungen selbstbestimmt treffen zu können, ist ein wesentliches Element, welches das menschliche Leben lebenswert macht.[130]

---

124 O'Neill (2002), S. 30. Ein Beispiel: „Mill in whose philosophy naturalism and the ideal of rational autonomy are the two deepest convictions, is particularly committed to the assumption that they are indeed reconcilable." Skorupski (2009), S. 43.
125 Mill, Subjection, CW XXI, S. 336.
126 Mill, On liberty, CW XVIII, S. 262.
127 Mill, On liberty, CW XVIII, S. 261.
128 Schramme (2015), S. 55.
129 Mill, On liberty, CW XVIII, S. 270.
130 Skorupski (2009), S. 21.

Indem Mill den Wert der Freiheit an den Wert der Individualität knüpft, dessen Entwicklung unabdingbar für das allgemeine Glück ist,[131] nimmt er eine politische bzw. gesellschaftstheoretische Perspektive ein, die es ihm ermöglichen soll, das Verhältnis zwischen Individuum und Gesellschaft zu regeln. Diese Überlegungen werden von einem zentralen Problem begleitet. Auf der einen Seite ist er dem demokratischen Prinzip verhaftet, das zugleich die politische Entsprechung individueller Selbstbestimmung ist. Auf der anderen Seite erkennt er (ähnlich wie Tocqueville[132]) die von einer demokratischen Mehrheit ausgehende Gefahr, die in der Lage ist, die individuelle Freiheit übergebührlich einzuschränken.

Die Annahme, dass Freiheit die einzige sichere Quelle des Fortschritts ist,[133] erlaubt ihm eine teleologische Rechtfertigung des instrumentellen Freiheitsbegriffs, zumindest in negativer Art. Nur durch die Abwesenheit von Zwang und die damit korrelierende Ausbildung der Individualität kann sich der Mensch in Mills naturalistischer Deutung[134] entfalten und sich die Menschheit als Gesamtes in ihrem eigenen Interesse entwickeln.[135] Davon ausgehend, dass die größtmögliche Individualität zum Fortschritt der Menschheit beiträgt und es daher grundsätzlich nicht vernünftig ist, die individuelle Handlungsfreiheit einzuschränken, grenzt er die Sphäre des Privaten von der Sphäre des Öffentlichen ab. Hierdurch entzieht er der Gesellschaft die Legitimationsgrundlage, sich in die Privatangelegenheit ihrer Mitglieder einzumischen. Den einzigen vernünftigen Grund zur Einschränkung individueller Freiheit sieht Mill im Schutz individueller Freiheit. Hiervon ausgehend bestimmt Mill ein Prinzip, um das Verhältnis von Individuum und Gesellschaft zu regeln:

> That principle is, that the sole end for which mankind are warranted, individually or collectively, in interfering with the liberty of action of any of their number, is self-protection. That the

---

131 Schramme (2015), S. 55; vgl. auch Höntzsch (2010).
132 de Tocqueville (1976 [1835/1840]).
133 Mill, On liberty, CW XVIII, S. 272.
134 Mill vergleicht den Menschen mit „a tree, which requires to grow and develope itself on all sides, according to the tendency of the inward forces which make it a living thing." (Mill, On liberty, CW XVIII, S. 263) Des Weiteren macht er in seiner Widmung zu „On Liberty" mit einem Zitat von Wilhelm von Humboldt auf das Ziel des Menschen aufmerksam: „The grand, leading principle, towards which every argument unfolded in these pages directly converges, is the absolute and essential importance of human development in its richest diversity." An anderer Stelle formuliert Humboldt: „Der wahre Zweck des Menschen, nicht der, welchen die wechselnde Neigung, sondern welchen die ewig unveränderliche Vernunft ihm vorschreibt – ist die höchste und proportionirlichste Bildung seiner Kräfte zu einem Ganzen." Humboldt (1851), S. 9.
135 Gräfrath (1992), S. 30.

only purpose for which power can be rightfully exercised over any member of a civilized community, against his will, is to prevent harm to others.[136]

Entgegen aktuellen medizinethischen Autonomiedebatten ist es nicht Mills Absicht, Kriterien anzugeben, die erfüllt sein müssen, damit Handlungen als autonom gelten.

> It is, perhaps, hardly necessary to say that this doctrine is meant to apply only to human beings in the maturity of their faculties. We are not speaking of children, or of young persons below the age which the law may fix as that of manhood or womanhood. Those who are still in a state to require being taken care of by others, must be protected against their own actions as well as against external injury.[137]

Dadurch wird der zentrale Gedanke seiner Überlegungen deutlich. Indem Mill die Fähigkeit zum rationalen Handeln voraussetzt, begründet er ein moralisches Recht, das jedem Menschen aufgrund seines Menschseins zukommt – auch jenen, die dieses Recht aufgrund ihrer eingeschränkten Fähigkeiten zur Selbstbestimmung nicht ausüben können, da sie (noch) nicht wissen, was gut für sie bzw. die Entwicklung ihrer Individualität ist.

Mit diesem Verständnis von Autonomie als moralisches Recht auf individuelle Selbstbestimmung legt er einen ideengeschichtlichen Grundstein für die Regulierung der Regierungsgewalt gegenüber Einzelpersonen, die einen Schutz von Minderheiten gegenüber einer „tyranny of the majority"[138] vorsieht. Durch die Trennung der privaten von der öffentlichen Sphäre räumt er der individuellen Handlungsfreiheit absoluten Vorrang ein: „Over himself, over his own body and mind, the individual is sovereign."[139] Zwar ist jeder Mensch frei, nach Belieben mit den Armen durch die Luft zu wedeln, doch wird diese Freiheit durch die Freiheit anderer Menschen begrenzt, die nicht von herumwedelnden Armen getroffen werden wollen.[140] Daher ist eine Gesellschaft nur befugt, die individuelle Freiheit ihrer Mitglieder zu beschränken, sofern es der Abwendung eines möglichen Schadens von anderen Mitgliedern dient. Dies gilt keineswegs nur für politische Autoritäten, sondern allgemein für gesellschaftliche Mehrheiten. Denn auch gesellschaftliche Zwänge, welche durch die öffentliche Meinung, religiöse Normen oder

---

136 Mill, On liberty, CW XVIII, S. 223.
137 Mill, On liberty, CW XVIII, S. 224.
138 Mill, On liberty, CW XVIII, S. 219.
139 Mill, On liberty, CW XVIII, S. 224.
140 Etwas geläufiger ist das unter anderem Mill nachgesagte (aber nicht belegte) und in unterschiedlichen Versionen existierende Sprichwort: ‚The right to swing my fist ends where the other man's nose begins.'

moralische Traditionen entstehen, sind geeignet, die Freiheiten unterrepräsentierter Bevölkerungsgruppen einzuschränken.

Daneben gibt es Situationen, in denen keine konkrete Schädigung erfolgt, die Handlung aber dennoch unmoralisch ist und ebenfalls verhindert werden sollte. Mill räumt ein, dass Handlungen, „which, if done publicly, are a violation of good manners, and coming thus within the category of offences against others, may rightfully be prohibited."[141] Da derartige Handlungen aber nur schwerlich als Schaden klassifiziert werden können, und sich die Vermeidung solcher Ärgernisse nicht notwendigerweise aus dem Schadensprinzip (*harm principle*) ableiten lässt, schlägt Feinberg vor, dieses um das Ärgernisprinzip (*offense principle*) zu ergänzen, welches „could provide reason for creating such ‚morals offenses' as open lewdness, solicitation, and indecent exposure, and for criminalizing the distribution or sale of pornography, activities and materials offensive to religious or patriotic sensibilities, and racial and ethnic slurs."[142]

Problematisch ist es indes, zu bestimmen, welche Handlungen ein solches Ärgernis darstellen. Während eine blutige Nase eindeutig ein Schaden ist, dessen Vermeidung eine Einschränkung der Freiheit, wild mit den Armen durch die Luft zu wedeln, rechtfertigen kann, ist es schwieriger zu bestimmen, ob eine Handlung gegen die guten Sitten verstößt. Es ist weit weniger klar, was als Ärgernis gilt und welches Ärgernis geeignet ist, eine Freiheitseinschränkung zu legitimieren. Schließlich kann immer jemand an einer Handlung Anstoß nehmen oder sich verärgert fühlen. Um aber nicht der freiheitlichen Idee zuwiderzulaufen, bedarf es einer konkreten Bestimmung, welches Ärgernis eine gesellschaftliche Intervention in die individuelle Handlungsfreiheit rechtfertigt und welches nicht.

Feinberg schlägt diesbezüglich vor, dass ein Ärgernis dann nicht gegeben ist, wenn die Vermeidung dieses wahrzunehmen im zumutbaren Bereich liegt. Wenn man unvermittelt mit pornografischer Straßenwerbung konfrontiert wird, kann man dieser nur schlecht ausweichen. Wenn sich pornografische Schriften in ausgewählten Buchläden hinter geschlossenen Buchdeckeln befinden hingegen schon.[143] Obwohl diese Abgrenzung zwar Fragen über die Bedeutung von Ärgernis und Zumutbarkeit aufwirft, wird klar, dass allein das Wissen von einer (im Sinne des Ärgernisprinzips) unmoralischen, aber nicht öffentlich begangenen Handlung nicht zur Einschränkung der Handlungsfreiheit ausreicht.

Eine weitere Schwierigkeit in der Anwendung des harm principle bereitet die Definition der privaten Sphäre. Diese aber ist wichtig, um zu bestimmen, von

---

141 Mill, On liberty, CW XVIII, S. 295.
142 Feinberg (1987), S. 13.
143 Feinberg (1988), S. 32.

welchen Handlungen andere in moralisch relevanter Weise betroffen sind. Um das verständlich zu machen, nutzt Feinberg eine Analogie. Ähnlich wie souveräne Staaten, die über ihr Territorium verfügen, kommt Autonomie eine räumliche Dimension zu, die mindestens den Körper eines Menschen umfasst. Da eine Autonomieverletzung aber auch ohne eine direkte körperliche Schädigung möglich ist, definiert er den das Individuum umgebenden Raum (*breathing space*) als Teil der Autonomie, dessen Grenzen bei Kontakt mit dem öffentlichen Raum verschwimmen.[144] Dieser Raum gewährt die Sicherheit, sich ohne Einschränkungen Dritter frei zu bewegen und nach eigenen Maßstäben zu leben. Ein Eindringen in diesen Raum hat zur Folge, dass „the individual will find himself in an area too narrow for even that minimum development of his natural faculties which alone makes it possible to pursue, and even to conceive, the various ends which man hold good or right or sacred."[145] Analog zur staatlichen Souveränität bezeichnet Feinberg den privaten Raum und die damit verbundene inhärente Entscheidungshoheit als „personal sovereignty"[146].

Die Staatenanalogie gibt Aufschluss, inwiefern sich private Räume voneinander abgrenzen, lässt aber das Verhältnis von individueller Handlungsfreiheit und öffentlichem Raum unbestimmt. Jeder Mensch bewegt sich im Kontext anderer Menschen. Die gesellschaftliche Umgebung ist ein maßgeblicher Teil der Individualität und bestimmt damit auch den Rahmen persönlicher Freiheit. Dort, wo sich private Räume überlappen, schwindet die Entscheidungshoheit des Individuums und sie werden Teil des öffentlichen Raums. „Autonomy means freedom to make one's own decisions in one's private sphere, and to take part on equal terms in the public sphere."[147]

Autonomie als moralisches Recht auf Selbstbestimmung beinhaltet die alleinige Handlungskompetenz über den eigenen Körper. Das beinhaltet prima facie auch das Recht, Fortpflanzungsentscheidungen selbstbestimmt, d. h. abseits staatlicher Regulierung zu treffen. Dieser Anspruch ist grundsätzlich nicht an eine Fähigkeit gebunden, sondern orientiert sich am idealen Zustand der persönlichen Souveränität. Nichtsdestotrotz ist die Fortpflanzung keine ausschließlich individuelle Angelegenheit, wodurch dieser Entscheidungshoheit gleichzeitig Grenzen gesetzt sind. Im Folgenden sollen der normative Rahmen reproduktiver Autonomie und dessen Grenzen ausgelotet werden.

---

144 Feinberg (1989), S. 54.
145 Berlin (1992), S. 124.
146 Feinberg (1989), S. 48.
147 Skorupski (2009), S. 355.

3.2 Autonomie und Reproduktion

3.2.1 Fortpflanzungsentscheidungen

Unter reproduktiver Freiheit versteht man grundlegend die Möglichkeit, sich entscheiden zu können, Vater oder Mutter zu werden. Jedoch beschränkt sich diese Entscheidung keineswegs auf die Frage, ob man ein Kind möchte, sondern umfasst ebenfalls die freie Entscheidung, wann, wo und mit wem man ein Kind bekommen möchte.[148] Weiterhin setzt eine selbstbestimmte Fortpflanzung über die Abwesenheit von Zwängen auch die Unabhängigkeit zu wählen voraus, was gleichfalls die Wahl der jeweiligen Partnerin einschließt.[149]

Diese Freiheit hat in der zweiten Hälfte des 20. Jahrhunderts deutlich an Handlungsoptionen gewonnen. Mit der Entwicklung pharmazeutischer Mittel zur Verhütung und zum Schwangerschaftsabbruch war Sex nicht mehr unmittelbar mit Fortpflanzung verbunden. Die weite Verbreitung und einfache Zugänglichkeit moderner Kontrazeptiva ermöglichte es, Fortpflanzungsentscheidungen aktiver treffen zu können. Kinder waren nicht mehr bloß ein Zufallsprodukt sexueller Handlungen und die Umsetzung des Kinderwunschs wurde planbar(-er). Etwas später entwickelte die moderne Reproduktionsmedizin Möglichkeiten, den Kinderwunsch unabhängig des sexuellen Akts erfüllen zu können. Edwards und Steptoes Durchbruch auf dem Gebiet der künstlichen Befruchtung ist nicht nur für Kinderwunschpaare mit Fertilitätsstörungen bedeutend. Das Hinzukommen weiterer Indikationsfelder in den darauffolgenden Jahren unterstreicht die gesellschaftliche Relevanz der vollständigen Entkopplung von Sex und Fortpflanzung.

Die Eizellspende ermöglicht vielen Frauen, ihren Kinderwunsch trotz vorhandener Ovarialinsuffizienz erfüllen zu können. Dabei spielt es keine Rolle, ob die Funktionsfähigkeit ihrer Eierstöcke alters- oder krankheitsbedingt erloschen ist oder niemals vorhanden war. Doch selbst bei gegebener Ovarfunktion kann sich die Eizellspende als Therapieoption anbieten, wenn beispielsweise die Weitergabe schwerer genetischer Krankheiten vermieden werden soll. Im Laufe der Jahre wurde die (ursprünglich medizinische) Indikation um eine soziale Dimension erweitert und der Weg für neue Beziehungsformen geebnet. Wie das Beispiel von Alexandra und Charlotte (Fall 3) zeigt, ermöglicht die Eizellspende einem lesbischen Paar, ein Kind zu bekommen, das mit beiden Frauen verwandt ist. Die Entwicklung der modernen Reproduktionsmedizin erweiterte die reproduktive Freiheit um die

---

148 Robertson (1983), S. 406 ; Buchanan et al. (2000), S. 209 – 211.
149 Unter den Bedingungen einer Zwangsheirat fällt es schwer, von Fortpflanzungsfreiheit zu sprechen. O'Neill (2002), S. 50.

Wahl der Mittel. Dadurch ist es nicht nur möglich, zu entscheiden, wann, wo und mit wem, sondern auch wie man ein Kind zeugen möchte.

Während die moderne Reproduktionsmedizin auf der einen Seite die Handlungsoptionen und damit die Fortpflanzungsfreiheit erweiterte, stellt sie auf der anderen Seite das Wesen der Fortpflanzung infrage. Die Begriffe Fortpflanzung und Reproduktion weisen einen reflexiven Bezug zum handelnden Subjekt auf, indem sie die Weitergabe von etwas Eigenem suggerieren. Schließlich heißt es ‚sich fortpflanzen'. Jedoch droht jener Rückbezug auf das Eigene durch einige Reproduktionsmethoden verloren zu gehen. Gerade durch die Nutzung fremder Eizellen (das betrifft analog die Samen- und Embryospende) wird die ursprünglich genetische Beziehung zwischen Mutter und Kind aufgehoben. Zwar bleibt immer noch die biologische Bindung, die das Verhältnis zwischen beiden entscheidend prägen kann, doch sind es nicht mehr die eigenen Gene, die in ihrem Kind fortbestehen sollen. Noch deutlicher wird das an folgendem Beispiel.

Angenommen ein Paar leidet an ungewollter Kinderlosigkeit, da sowohl die Frau als auch der Mann zeugungsunfähig sind. Unglücklicherweise ist die Frau zudem nicht in der Lage ein Kind auszutragen. Dennoch entschließen sie sich, ihren Kinderwunsch erfüllen zu wollen, und beauftragen eine Agentur, die Lösungen für Kinderwunschprobleme aller Art anbietet. Eine passende Eizellspenderin und ein passender Samenspender sind in der Datenbank schnell gefunden. Nach einiger Zeit findet die Agentur auch eine Frau, die sich bereit erklärt, das Kind für das Paar auszutragen.

Dieses Beispiel erweckt den Eindruck, dass die moderne Reproduktionsmedizin eine Art der Fortpflanzung ermöglicht, die den eigentlichen Fortpflanzungsgedanken konterkariert. Doch was ist eigentlich das Wesen der Fortpflanzung und inwiefern unterscheidet sich diese von einer Adoptiv- oder Pflegeelternschaft?

3.2.2 Wesen und Wert der Fortpflanzung

Um diese Fragen zu beantworten, lohnt sich ein genauerer Blick auf die Fortpflanzung, die sowohl eine biologische als auch eine soziale Dimension aufweist.[150] In biologischer Hinsicht beginnt die Fortpflanzung mit dem Zeugungsakt. Während die sexuelle Begegnung bewusst erlebt wird, findet das biologische Geschehen im Verborgenen statt. Die Eizelle wird im Eileiter von einer Samenzelle befruchtet. Nach einigen Stunden verschmelzen beide Zellkerne miteinander, woraus ein Embryo entsteht. Die embryonale Zelle verbleibt vorerst im Eileiter und beginnt, sich

---

150 Vgl. O'Neill (1979).

dort zu teilen. Etwa am fünften Tag ist daraus eine Blastozyste entstanden und die Trophoblasten bilden eine äußere Schicht um die embryonalen Zellen, aus denen sich später die Plazenta entwickelt. Ab diesem Zeitpunkt beginnt die Nidation, d. h. die Einnistung des Embryos in die Gebärmutter, die etwa am 14. Tag beendet ist. Mit der Nidation ist auch die Individuation abgeschlossen und eine Mehrlingsbildung nicht mehr möglich.

Das Erleben der Schwangerschaft kann zu sehr unterschiedlichen Zeitpunkten einsetzen. Manche Frauen nehmen sie sehr früh wahr, andere erst nach mehreren Monaten. Üblicherweise sprechen Schwangerschaftstests erst zwei Wochen nach der Befruchtung an. Diese wird meist von körperlichen Veränderungen wie Ausbleiben der Monatsblutung, morgendliche Übelkeit oder Erschöpfung begleitet. Die ersten Bewegungen des Embryos sind in der Regel im zweiten Trimeon spürbar. Dann beginnt die sichtbare Veränderung des Körpers. Ab diesem Zeitpunkt wird die Schwangerschaft nach außen wahrnehmbar, bis sie durch die Geburt beendet wird.

Während sich die biologische Dimension der Fortpflanzung auf die Zeugung und die Schwangerschaft beschränkt, erstreckt sich die soziale Dimension über einen sehr viel längeren Zeitraum. Dieser beginnt mit der Entscheidung, ein Kind bekommen zu wollen, die aber selbst nicht an den Zeugungsakt gebunden ist. Wenn Paare über einen längeren Zeitraum versuchen, ein Kind zu bekommen, sie über mögliche Namen nachdenken und eine Vorstellung ihres Elternseins entwickeln, beginnt die Beziehung zu ihrem Kind bereits durch die Narration und der Zeugungsakt findet gewollt statt. Dagegen sind die zahlreichen ungeplanten Schwangerschaften ein eindeutiger Hinweis darauf, dass die soziale Dimension auch nach der biologischen Zeugung beginnen kann, nämlich dann, wenn die Frau erfährt, dass sie schwanger ist. Erst ab diesem Moment kann sie entscheiden, ob sie die Beziehung zum Embryo annehmen und das Kind austragen möchte oder nicht.

Allerdings ist die Entscheidung, die Schwangerschaft anzunehmen, nicht notwendigerweise eine positive Entscheidung für das Kind. Die Schwangerschaft selbst kann Teil eines Entscheidungsfindungsprozesses sein, in dem die damit verbundenen Freuden, Sorgen und Belastungen gegeneinander abgewogen werden. Veränderungen der sozialen Umstände und unsichere Zukunftsaussichten (z. B. Trennung von der Partnerin, Verlust des Arbeitsplatzes) können bereits getroffene Fortpflanzungsentscheidungen nachträglich beeinflussen und zu einem Abbruch der Schwangerschaft führen.[151] Andere Frauen hingegen sehen sich aufgrund

---

151 In einer Berliner Studie hat sich gezeigt, dass etwa zwei Drittel der Schwangerschaften abgebrochen wurden, nachdem Trisomie 21 diagnostiziert wurde. Weichert et al. (2017).

rechtlicher Umstände oder sozialen Drucks gezwungen, ihre Schwangerschaft anzunehmen, ohne sich selbst frei für ein Kind entschieden zu haben.[152]

Das deutet darauf hin, dass die biologischen Komponenten Zeugung und Schwangerschaft von der sozialen Dimension der Fortpflanzung nicht erfasst werden. Das Erleben der Schwangerschaft ist keine notwendige Voraussetzung, um eine Beziehung zum Kind aufzubauen. Essenziell ist das initiale Moment der Fortpflanzung, nämlich die Entscheidung, eine Beziehung zu dem Kind eingehen und elterliche Verantwortung übernehmen zu wollen.

In den allermeisten Fällen sind die biologische und die soziale Dimension der Fortpflanzung jedoch eng miteinander verbunden. Viele Menschen können sich das eine nicht ohne das andere vorstellen. Davon zeugt auch die hohe Nutzung reproduktionsmedizinischer Angebote, statt eine Adoptiv- oder Pflegeelternschaft anzustreben. Das gilt ebenso für die Eizellspende, durch die zumindest eine biologische Verbindung zum Kind herzustellen versucht wird, um das Erlebnis von Schwangerschaft und Geburt erfahren zu können. Dies entspricht weitgehend unserem Alltagsverständnis von Fortpflanzung.

Dagegen fällt es eher schwer, von Fortpflanzung zu sprechen, wenn jemand ein Kind zeugt, aber keinerlei Intention aufweist, eine soziale Beziehung zu dem Kind eingehen zu wollen. Wie das oben genannte Beispiel gezeigt hat, fällt es aber nicht minder schwer, Fortpflanzung ohne biologische Dimension zu verstehen. Üblicherweise inkludiert der Terminus ‚sich fortpflanzen' sowohl eine genetische bzw. biologische als auch eine soziale Reproduktion des Selbst.

Diese Perspektive verdeutlicht zwar die deskriptive Verwendung des Begriffs Fortpflanzung im allgemeinen Sprachgebrauch, sagt aber nichts darüber aus, welcher normative Stellenwert diesen beiden Dimensionen zukommt. Um den normativen Gehalt zu eruieren und einen moralischen relevanten Begriff von Fortpflanzung zu erhalten, gilt es daher herauszufinden, was diese eigentlich bedeutsam macht.

Als einer der intimsten Momente überhaupt betrifft die Fortpflanzung das menschliche Leben im Kern seines Wesens. Sie ist maßgeblicher Teil des individuellen Lebensplans und sinnstiftendes Merkmal der eigenen Identität.[153] Hinter der Entscheidung zur Fortpflanzung verbergen sich tiefgehende Überzeugungen und Vorstellungen darüber, wie die Welt aussehen soll. Diese Vorstellungen werden durch die Familiengründung und Kindererziehung an zukünftige Generationen

---

152 2021 wurden in Deutschland 1.176 Kinder adoptiert, exkl. Stiefkind- und Verwandtenadoptionen (Statistisches Bundesamt (2022b), S. 5). Ferner zeigt auch die Nutzung der anonymen bzw. vertraulichen Geburt, dass das Austragen der Schwangerschaft nicht mit der Absicht verbunden sein muss, eine soziale Beziehung eingehen zu wollen.
153 Robertson (1994), S. 24.

weitergegeben. Für manche Menschen ist die Erfahrung, ein Kind aufzuziehen und damit einen Teil von sich weiterzugeben, eines der bedeutendsten Ereignisse ihres Lebens, durch das sie sich selbst verwirklichen können: „In connecting us with nature and future generations, reproduction gives solace in the face of death."[154]

Welchen Stellenwert die Fortpflanzung im Leben einnehmen kann, zeigt sich insbesondere dann, wenn sie nicht möglich ist. Sich nicht fortpflanzen zu können, egal ob natürlich oder sozial bedingt, kann einen großen Verlust im Leben bedeuten und mit einer emotionalen Krise sowie Veränderung der sexuellen Identität einhergehen.[155] Durch den Verlust der Fertilität wird man der Erfahrung von Familie und Elternschaft beraubt, was zugleich zum Verlust eines wesentlichen Bestandteils des eigenen Lebensplans führen und das psychische wie soziale Wohlergehen mindern kann. „Kinder zu haben ist eine kulturelle Norm, gibt der Ehe oder persönlichen Partnerschaft Bedeutung, ist eine Weise, sich selbst fortzusetzen oder den Wert des eigenen Lebens auszudrücken, ist Teilhabe am Leben und eine schöpferische Tätigkeit."[156] Ausschlaggebend ist hierbei nicht die Bedeutung der Entscheidung über die Fortpflanzung, sondern die Bedeutung eines Kindes für das eigene Leben.

Eine Bestimmung reproduktiver Autonomie allein aus biologischer Perspektive würde an unserem Alltagsverständnis vorbeigehen, da hierbei der wesentliche Teil der Fortpflanzung, nämlich der Aufbau einer sozialen Beziehung zu dem Kind, ausgeklammert wird. Reproduktive Autonomie ausschließlich als Freiheit zur Zeugung und Schwangerschaft zu definieren, wäre eine unzulässige Engführung unter Ausblendung der sozialen Wirklichkeit. Schließlich ist es nicht das Ziel der Fortpflanzung, bloß ein Kind in die Welt zu setzen (und es später zur Adoption freizugeben), sondern eine soziale Beziehung zum eigenen Kind aufzubauen. Der besondere Wert der Fortpflanzung speist sich nicht nur aus der Bedeutung individueller Selbstbestimmung, sondern maßgeblich aus der Bedeutung der Familie und ihrer besonderen Beziehungsstrukturen.

Hingegen wird die Bedeutung der genetischen oder biologischen Beziehung zum ‚eigenen' Kind individuell sehr unterschiedlich bewertet. Vielen Menschen ist es wichtig, mit dem Kind verwandt zu sein, weshalb für sie eine Samen- oder Eizellspende nur als letzte Option bzw. gar nicht infrage käme. Für manche Frauen wiederum ist das Erleben der Schwangerschaft selbst erstrebenswert, sodass sie sich nicht vorstellen können, ihr Kind von einer anderen Frau austragen zu lassen. Alexandra und Charlotte (Fall 3) war es wiederum wichtig, gleichermaßen Anteil an

---

154 Robertson (1994), S. 24.
155 Rohde/Dorn (2007), S. 113f.
156 Irrgang (1995), S. 209.

der Entstehung des Kindes zu haben, weshalb sie reproduktionsmedizinische Hilfe in Anspruch genommen haben. Diese Überlegungen deuten darauf hin, dass sich Fortpflanzung in unserem Alltagsverständnis nicht nur auf die soziale Dimension beschränkt, sondern die biologische Dimension ebenso bedeutsam ist.

Jedoch zeigt sich speziell bei Kinderwunschpaaren, die eine Samenspende nutzen, dass weder eine genetische noch eine biologische Verbindung zum Kind bestehen muss. Während Frauen sowohl die Option einer genetischen als auch einer biologischen Verbindung zum Kind haben, führt männliche Infertilität zwangsläufig zum Fehlen einer genetischen Verbindung, die sich nicht durch eine biologische Verbindung kompensieren lässt. Dies führt aber nicht dazu, dass Väter das Kind nicht als ihr Kind anerkennen und elterliche Verantwortung übernehmen.[157]

Es lässt sich an dieser Stelle nicht abschließend klären, ob sich reproduktive Autonomie allein auf die soziale Dimension der Familiengründung bezieht und die biologische Dimension außen vor lässt. Auch wenn der biologischen und genetischen Verbindung individuell sehr unterschiedliche Bedeutung beigemessen wird, fällt es schwer, es als genuine Fortpflanzung anzuerkennen, wenn, wie das Beispiel des Paares zeigt, darin zugleich eine Eizellspenderin, ein Samenspender und eine Leihmutter involviert sind. Da aber im Kontext der Eizellspende die biologische und soziale Dimension eng miteinander verbunden sind, lassen sich zwei wesentliche Punkte festhalten.

Erstens hat sich gezeigt, dass sich der essenzielle Wert der Fortpflanzung unabhängig von einer biologischen oder genetischen Verbindung durch den Aufbau einer sozialen Nahbeziehung definiert:

> It is not simply genetic heritance that establishes the importance of reproduction in people's lives. Rather it is the bonds of familial attachments, and the vulnerability and responsibility that they entail, in the variety of forms they take, that ensure the existential and ethical significance of reproduction.[158]

Die Grundlage der Fortpflanzung ist kein biologisches Verwandtschaftsverhältnis, sondern die Gründung einer Familie und die Weitergabe der eigenen Lebensweise.

Die Bedeutung der genetischen und biologischen Verbindung kann individuell variieren und hat großen Einfluss auf die Wahl der reproduktionsmedizinischen Mittel. Dies verändert aber nicht den Sinnzusammenhang der Familie. Daher ist es zweitens für die Familiengründung unerheblich, wie das Kind entstanden ist. Die

---

157 Hierbei ist allerdings nicht auszuschließen, dass die Abstammung von der Mutter eine indirekte Rolle spielt und die Eltern-Kind-Beziehung um jene biologische Komponente aufwertet.
158 Mills (2013), S. 643.

medizinisch unterstützte Fortpflanzung ist ebenso für den Aufbau einer Eltern-Kind-Beziehung geeignet wie die sexuelle Fortpflanzung. Die Wahl der Mittel zur Erreichung des Ziels ist dafür nicht ausschlaggebend. Insofern besteht per se kein moralisch signifikanter Unterschied zwischen der sexuellen und einer nichtsexuellen Fortpflanzung. Der Wert der Fortpflanzung bestimmt sich über das Ziel der Familiengründung, nicht über den Weg, der dahin führt. So lässt sich abschließend festhalten, dass reproduktive Autonomie grundsätzlich die Wahl der Mittel und damit auch die Entscheidung zur Familiengründung mittels Eizellspende umfasst.

3.2.3 Gibt es ein (moralisches) Recht auf Fortpflanzung?

Angesichts der enormen Bedeutung der Fortpflanzung für individuelle Lebenspläne und des daraus resultierenden hohen gesellschaftlichen Stellenwerts wird die Frage relevant, ob sich reproduktive Autonomie als Recht auf Fortpflanzung verstehen lässt. Zugegeben, diese Frage erscheint auf den ersten Blick mehr als merkwürdig und es ist offensichtlich, dass es weder ein legales noch ein moralisches Recht auf ein Kind geben kann. Solange der biologische Prozess der Fortpflanzung nicht kontrollier- und steuerbar ist, ist eine staatliche Garantie auf eine gelungene Fortpflanzung oder gar ein Kind schlichtweg unmöglich. Die Vorstellung eines solchen Rechts scheitert bereits daran, dass dieses nicht einklagbar wäre. Insofern kann dieses immer nur den Versuch der Fortpflanzung umfassen.

Doch selbst diese Interpretation eines Individualrechts ist nicht umsetzbar. Da für die biologische Fortpflanzung stets zwei Menschen nötig sind, diese in ihren Fortpflanzungsentscheidungen aber grundsätzlich gleichberechtigt sind, kann keine Person ihr Recht auf den Versuch einer Fortpflanzung gegenüber einer anderen Person geltend machen. Ein Recht, das einen Anspruch auf Fortpflanzung garantiert, kann es in dieser Art nicht geben. Insofern kann ein Recht auf Fortpflanzung, sowohl in moralischer wie rechtlicher Hinsicht, immer nur ein Abwehrrecht sein.

Der Unterschied zwischen Anspruchs- und Abwehrrechten geht auf die Unterscheidung positiver und negativer Freiheit zurück, wie sie beispielsweise Isaiah Berlin beschreibt.[159] Während er negative Freiheit als „area within which the subject – a person or group of persons – is or should be left to do or be what he is able to do or be, without interference by other persons"[160] definiert, beschreibt positive Freiheit die Freiheit zu etwas, aus der sich ein Anspruch ableitet, diese aktiv nutzen zu können. Danach garantieren Anspruchsrechte den Anspruch auf eine

---

159 Berlin (1992).
160 Berlin (1992), S. 121 f.

staatliche Leistung und Abwehrrechte dienen dem Schutz der individuellen Freiheit vor staatlicher Einmischung.

Reproduktive Autonomie beschreibt daher ein grundlegendes Recht, Fortpflanzungsentscheidungen selbstbestimmt, d. h. abseits von staatlicher Kontrolle und gesellschaftlichen Zwängen treffen zu können. Dies umfasst sowohl die Entscheidung für oder gegen ein Kind als auch die Entscheidungen, mit wem man wo und wann oder mit welchen Mitteln ein Kind zeugen möchte. Weil aber Fortpflanzungsentscheidungen und deren Folgen per definitionem über die eigene Freiheitssphäre hinausreichen, kann die Gesellschaft berechtigt sein, die individuelle Fortpflanzungsfreiheit zu reglementieren. Eine Einschränkung ist jedoch nur unter bestimmten Voraussetzungen möglich, wobei die Begründungslast aufgrund des in liberalen Gesellschaften geltenden Vorrangs der Freiheit stets auf der freiheitseinschränkenden Seite liegt. Weiterhin bedarf eine Einschränkung dieser Freiheit einer dem moralischen Gewicht angemessenen Rechtfertigung.

Sicherlich hat das individuelle Interesse an Fortpflanzung nicht den gleichen Stellenwert wie die Befriedigung existenzieller Grundbedürfnisse (saubere Luft, Trinkwasser, Gesundheit etc.), dennoch ist sie deutlich höherrangiger als ein Hobby. Die Entscheidung für oder gegen ein Kind ist von enormer Tragweite, die wegen der damit verbundenen sozialen Beziehung zum zentralen Gegenstand des eigenen Lebensentwurfs wird. Das Interesse sich fortzupflanzen ist nicht nur „a bare preference, like drinking coffee or playing tennis", sondern „has a serious claim to be a dimension of a fundamental human right."[161] John Harris erkennt Ähnlichkeiten zur Religionsfreiheit, da es beide Freiheiten ermöglichen „to choose one's own way of life and live according to one's most deeply held beliefs"[162], weshalb er reproduktive Selbstbestimmung in die Kategorie der Grundrechte einordnet. Aus diesem Grund, so argumentiert Harris weiter, erfordert die Einschränkung der reproduktiven Freiheit eine grundrechtsadäquate Begründung. Wer für die Einschränkung der individuellen Fortpflanzungsfreiheit argumentiert, „have to show not simply that it is unpopular, or undesirable, or undesired, but that it is seriously harmful to others or to society and that these harms are real and present, not future and speculative".[163]

Dieser Grundrechtscharakter zeigt sich auch im deutschen Recht. Der Schutz individueller Reproduktionsfreiheit ergibt sich bereits aus dem allgemeinen Persönlichkeitsrecht (Art. 2 Abs. 1 i.V.m. Art. 1 Abs. 1 GG). Ebenso lässt sich aus dem grundrechtlich garantierten Schutz der Familie (Art. 6 GG) ein originäres Abwehr-

---

161 Harris (2007), S. 75.
162 Harris (2007), S. 78.
163 Harris (2007), S. 74.

recht gegenüber staatlichen Einschränkungen der Reproduktionsfreiheit ableiten.[164] Obwohl das Grundgesetz dem Wortlaut nach nur eine bereits bestehende Familie bzw. die Erziehungsfreiheit der Eltern vor staatlichen Eingriffen schützt, lässt sich annehmen, dass dieses auch die Reproduktionsfreiheit umfasst. Denn „der Schutz der Familie wäre ein merkwürdiger, wenn nicht einmal die Gründung einer eigenen Familie davon erfasst wäre."[165]

Unabhängig der konkreten rechtlichen Ausgestaltung lässt sich festhalten, dass der besondere Wert der Fortpflanzung nicht vorrangig aus der genetischen oder gestationalen Beziehung resultiert. Von besonderem Wert, sowohl für das Individuum als auch die Gesellschaft, sind der Aufbau einer familiären Beziehung und die Übernahme elterlicher Fürsorge. In diesem Sinne muss das Recht auf Fortpflanzung ebenfalls die Wahl der Mittel, d. h. die reproduktionsmedizinische Unterstützung einschließen, sofern diese zur Familiengründung geeignet sind. Die Bedingung, ein Recht in Anspruch zu nehmen, welches die Freiheit zur Gründung einer Familie schützt, ist notwendigerweise die Intention, eine Familie gründen zu wollen. Das heißt, es muss ein Reproduktionsinteresse im engeren Sinne vorhanden sein. Hieraus ergibt sich auch der Adressatenkreis eines solchen Rechts.

Ein Reproduktionsinteresse lässt sich bei Kinderwunschpaaren klarerweise erkennen. Dafür ist es irrelevant, ob sie wie Anita (Fall 2) alleinerziehend sind, wie Alexandra und Charlotte (Fall 3) eine gleichgeschlechtliche Beziehung oder wie Gabi und Klaus (Fall 1) eine heterosexuelle Beziehung führen. Die Konstellation der Elternschaft bzw. das angestrebte Familienmodell ist grundsätzlich unerheblich für den Aufbau einer sozialen Beziehung. Dies gilt gleichermaßen für die Samen- und Embryospende. Hingegen zeigt sich ebenso klar, dass die Reproduktionsmedizinerin und das klinische Personal kein Fortpflanzungsinteresse aufweisen. Sicherlich haben sie ein berechtigtes Interesse, extrakorporale Befruchtungen durchzuführen, doch beschränkt sich dieses lediglich auf die technische Unterstützung und ist nicht von einem Recht auf Fortpflanzung erfasst. Sie verfolgen keine reproduktive Absicht. Ihr Interesse an der Behandlung ist vornehmlich geschäftlicher bzw. wissenschaftlicher Art.

Hinsichtlich der Spenderin zeigt sich ein differenzierteres Bild, wobei sich zwei Pole sehr klar herausstellen. Zum einen lässt sich bei Alexandra und Charlotte klarerweise ein Fortpflanzungsinteresse erkennen. Zwar ist Alexandra im technischen Sinne eine Spenderin, jedoch ist sie gleichzeitig auch intentionale Akteurin des Reproduktionsprozess, die selbst eine Elternrolle übernimmt. Ihre Eizelle

---

164 Coester-Waltjen (2013), S. 223 f.
165 Koppernock (1997), S. 141. Hingegen ist in der Rechtswissenschaft umstritten, inwiefern der Grundrechtsschutz auf die biologische Dimension abstellt und ob die Schutznorm des Art. 6 GG auch auf die medizinisch assistierte Fortpflanzung anwendbar ist. Coester-Waltjen (2013), S. 226.

wurde extrakorporal befruchtet und auf ihre Partnerin übertragen, damit beide ein gemeinsames Kind haben können. Zum anderen zeigt sich ebenso deutlich, dass unbekannte bzw. anonyme Spenderinnen kein Fortpflanzungsinteresse haben. In einigen Ländern, wie Tschechien oder Spanien, ist die anonyme Eizellspende gesetzlich vorgeschrieben. Dabei ist weder vorgesehen, dass Kinderwunschpaare identifizierbare Informationen über die Spenderinnen erhalten, noch können Spenderinnen erfahren, wer ihre Eizellen bekommt. Da der Spendeprozess vollständig anonymisiert abläuft, hat auch das Kind später keine Möglichkeit, zu erfahren, von wem es abstammt. Doch selbst wenn dem Kind die Möglichkeit eingeräumt wird, Informationen über die Spenderin zu erhalten, um ggf. Kontakt zu ihr aufzunehmen, geschieht dies in der Regel erst im fortgeschrittenen Jugendalter.[166] Eltern und Spenderin können sich nicht kennenlernen, solange das Kind keine Informationen über seine Herkunft wünscht. Weil der Aufbau einer familiären Beziehung ausgeschlossen ist, kann davon ausgegangen werden, dass die Spenderinnen keine reproduktiven Interessen verfolgen.

Etwas unklarer ist die Situation bei bekannten Spenderinnen aus dem Familien- oder Freundeskreis. Selbst wenn die Übernahme einer klassischen Elternrolle nicht geplant ist, kann eine Beziehung zum Kind entstehen, die vom Interesse begleitet ist, Anteil an dessen Leben nehmen zu wollen. Zwar lässt sich aus der Schilderung nicht feststellen, inwiefern Maries Schwester (Fall 5) dazu bereit ist, für das Kind zu sorgen, doch liegt zumindest bei nahen Verwandten und engen Freundinnen die Vermutung nahe, dass sie später eine stärkere soziale Bindung zu dem Kind entwickeln und ggf. soziale Verantwortung übernehmen werden.

Auch wenn die meisten (insbesondere fremden) Spenderinnen kein reproduktives Interesse im engeren Sinne verfolgen, gibt es auch Spenderinnen, die eine Familiengründung anstreben. Insofern sind sie auch vom Konzept der reproduktiven Autonomie erfasst und ihnen kommt das gleiche negative Recht auf Fortpflanzung zu wie allen anderen Wuncheltern. Ein mögliches Verbot der Eizellspende muss demnach nicht nur der Empfängerin (bzw. dem Paar), sondern in gleicher Weise auch der Spenderin gegenüber gerechtfertigt werden.

Ferner zeigt sich mit Blick auf die reproduktive Selbstbestimmung der Spenderin eine besondere Situation. Bisher wurde das im Konzept der reproduktiven Autonomie enthaltene Recht auf Fortpflanzung aufgrund des besonderen Werts der sozialen Beziehung lediglich unter dem Aspekt der Familiengründung thematisiert. Jedoch zeigt sich im Zusammenhang mit der Spende ein weiterer Aspekt, der nicht

---

[166] In Abgrenzung zur anonymen Spende wird diese Form häufig als offene Spende bezeichnet. Da die Nomenklatur aber nicht eindeutig ist, ist der Ausdruck *Open-Identity-Modell* besser geeignet. Diese Form ist in Deutschland für die Samenspende vorgeschrieben. Ab dem 16. Lebensjahr können Kinder selbstständig Auskunft über ihren genetischen Vater erhalten. Siehe dazu Kap. 5.4.2.

unmittelbar auf eine Familienbeziehung abstellt. Für einige Menschen ist die genetische Verbindung als materielle Basis der Fortpflanzung von großer Bedeutung, wodurch das zeitunabhängige Fortbestehen des eigenen Selbst verwirklicht werden soll. Ganz unverkennbar liegt darin ein reproduktiver Wert, dessen moralisches Gewicht aufgrund der individuellen und sozialen Bedeutung nicht mit dem Aufbau einer familiären Beziehung gleichzusetzen ist, aber dennoch stärker als ein einfaches Interesse ist.

Daher ist es Teil der reproduktiven Autonomie der Spenderin, die Kontrolle über die weitere Nutzung ihrer Eizellen zu behalten. Zwar kann sie darin einwilligen, dass ein Kinderwunschpaar ihre Eizellen zur Fortpflanzung nutzt, jedoch rechtfertigt das nicht zugleich die Nutzung zur Erfüllung weiterer Kinderwünsche oder gar die Weitergabe an ein anderes Paar. Das ergibt sich nicht nur aus dem individualethischen Anspruch auf die Kontrolle über den eigenen Körper und die informationelle Selbstbestimmung, sondern ebenso aus einer beziehungsethischen Perspektive. Schließlich können sie und ihre Kinder ein Interesse daran haben, zu erfahren, ob es Nachkommen oder Halbgeschwister gibt.

Abschließend stellt sich die Frage, inwiefern ein Recht auf Fortpflanzung auch mit einem positiven Anspruch gegenüber der Gesellschaft verbunden sein kann. In der liberalen Tradition stehend gelten Freiheitsrechte als Schutz- oder Abwehrrechte, die die Ausübung jener Freiheit gegen gesellschaftliche bzw. staatliche Interventionen garantieren. Es gibt aber einige besonders hochrangige Freiheitsrechte, die sich ohne gesellschaftliche Unterstützung kaum wahrnehmen lassen. Beispielsweise hätten nur wenige Menschen die Möglichkeit, ihr Recht auf Bildung ohne gleichzeitige Bereitstellung der benötigten Infrastruktur überhaupt wahrzunehmen. Insofern ist das Grundrecht auf Bildung nicht nur eine Ermöglichungsbedingung, sondern muss zugleich Verwirklichungsbedingung sein. Ganz Ähnliches lässt sich über das Recht auf Fortpflanzung feststellen.

Der hohe Stellenwert der Fortpflanzung suggeriert, dass reproduktive Autonomie neben einem Abwehrrecht auch ein Anspruchsrecht zur Verwirklichung der individuellen Reproduktionsfreiheit beinhalten muss. Dafür spricht unter anderem, dass allein aufgrund einer staatlichen Nichteinmischung kaum eine Familienbeziehung (dauerhaft) realisierbar wäre. Die gesellschaftliche Unterstützung trägt maßgeblich zur Erfüllung des Kinderwunschs bei. Allein schon die medizinische Hilfe vor und während der Geburt sowie die Nachsorge für Mutter und Kind können bei Nichtgewährung zum finanziellen Problem werden und dadurch autonomieeinschränkend wirken. Selbiges gilt auch für die erziehungsunterstützende Infrastruktur (Kindergärten, Schulen, Sportvereine u. a.), die in einer arbeitsteiligen Gesellschaft nicht mehr wegzudenken ist. Hinzukommen direkte Unterstützungsleistungen wie Kindergeld oder steuerliche Vorteile. Ohne diese staatlichen Unterstützungsmaßnahmen würden wahrscheinlich sehr viel weniger Kinder geboren werden.

Noch deutlicher zeigt sich die Situation für Frauen, die auf reproduktionsmedizinische Hilfe angewiesen sind. Für sie wäre ein ausschließlich negatives Recht auf Fortpflanzung wenig hilfreich. Da ein hohes Maß an negativer Freiheit nicht zwangsläufig mit einem hohen Maß an Möglichkeiten zur Selbstverwirklichung verknüpft ist, bedeutet die bloße Nichteinmischung des Staates nicht, dass sie ihr Recht auch ausüben können. Allein die Bereitstellung reproduktionsmedizinischer Infrastruktur ist eine genuin gesellschaftliche Aufgabe, die sich nicht privat organisieren lässt. Es hat sich außerdem gezeigt, dass die Kostenübernahme durch die gesetzliche Krankenkassen ein wichtiger Faktor für die Ausübung reproduktiver Freiheit ist. Als 2004 das GKV-Modernisierungsgesetz[167] in Kraft trat, wurde die Leistungspflicht der gesetzlichen Krankenkassen stark reduziert. Während vorher die Kosten für vier Behandlungen übernommen wurden, muss die gesetzliche Krankenversicherung fortan nur noch die Hälfte der Kosten für maximal drei Behandlungen tragen. Durch diese gesetzliche Neuregelung ist die Inanspruchnahme reproduktionsmedizinischer Behandlungen um mehr als die Hälfte zurückgegangen.[168]

Dies zeigt sehr deutlich, dass eine Interpretation des Rechts auf Fortpflanzung als reines Abwehrrecht unzulänglich ist. Insofern lässt sich ein schwaches positives Recht auf Bereitstellung der Mittel erkennen, das zumindest einen adäquaten Zugang zu reproduktionsmedizinischen Therapieangeboten gewährleistet.[169] Außerdem bedarf es einer weiteren Diskussion darüber, ob sich aus dem Recht auf Fortpflanzung aufgrund des ihr inhärenten individuellen und gesellschaftlichen Werts nicht sogar eine gesellschaftliche Pflicht zur vollständigen Kostenübernahme ableitet.

3.3 Grenzen reproduktiver Autonomie

Freilich kann das Recht auf reproduktive Selbstbestimmung nicht uneingeschränkt gültig sein. Das lässt sich bereits daran erkennen, dass die Ausübung der Fortpflanzungsfreiheit über die eigene Freiheitssphäre hinausreicht. Sind Interessenkonflikte absehbar, kann es im Sinne des harm principle bzw. des offense principle gerechtfertigt sein, die individuelle Handlungsfreiheit einzuschränken. Im Rahmen

---

167 Gesetz zur Modernisierung der gesetzlichen Krankenversicherung (GKV-Modernisierungsgesetz).
168 Deutsches IVF-Register (2005), S. 6.
169 Sparrow (2008), S. 280–282; Mills (2013), S. 644.

der Fortpflanzung sind unterschiedliche Schadensszenarien möglich. Das betrifft vordergründig das Kind, das unmittelbar von der Fortpflanzungsentscheidung betroffen ist und möglicherweise dadurch geschädigt wird, und zwar nicht nur im Sinne einer möglichen Schädigung durch den Fortpflanzungsakt, sondern auch durch die mangelnde Eignung, das Kind adäquat aufzuziehen. Darüber hinaus ist die Fortpflanzung mit gesellschaftlichen Kosten verbunden oder kann gar im Fall einer drohenden Überbevölkerung drastische Folgen haben. Letztlich ist auch die Eizellspenderin in den Prozess involviert, die zwar die gesundheitlichen Risiken trägt, aber nicht von der Behandlung profitiert. Vor dem Hintergrund des Spannungsfelds liberaler Ethik und kultureller Ordnung muss geprüft werden, was eine Schädigung ausmacht und von welcher Qualität diese sein muss, um eine Einschränkung reproduktiver Autonomie rechtfertigen zu können.

Die aktive Einschränkung der individuellen Fortpflanzungsfreiheit ist nur eine mögliche Grenze reproduktiver Autonomie. Daneben stellt sich außerdem die Frage, ob die erweiterten Handlungsmöglichkeiten die reproduktive Autonomie inhärent begrenzen. Auch wenn dies auf den ersten Blick paradox erscheint, ist es durchaus denkbar, dass durch die Ausweitung reproduktiver Freiheit gesellschaftliche Zwänge entstehen, die gerade nicht zu einem Mehr an Selbstbestimmung führen.

Darüber hinaus deutet sich eine konzeptionelle Grenze reproduktiver Autonomie an. Weil Fortpflanzung grundsätzlich darauf ausgerichtet ist, den Radius des eigenen Handlungsspielraums zu verlassen, bedarf es einer Überprüfung, inwiefern das Konzept der Autonomie geeignet ist, das Phänomen der Fortpflanzung angemessen zu erfassen. Schließlich ist die Gründung einer Familie nicht nur Ausdruck individueller Selbstbestimmung, sondern immer der Beginn einer Beziehung, die maßgeblich von Verantwortung und Fürsorge geprägt ist.

3.3.1 Die Schädigung anderer

Ein zentraler Streitpunkt in der öffentlichen und ethischen Debatte um reproduktionsmedizinische Maßnahmen ist die Sorge um das Kindeswohl, das auf mehrere Weisen gefährdet sein kann. Reproduktionsmedizinische Maßnahmen sind stets mit einem Risiko für die Schwangere verbunden und betreffen teils mittelbar, teils unmittelbar auch das Ungeborene. Gegenüber einer spontanen Konzeption weist eine künstliche Befruchtung höhere Risiken für Früh- und Fehlgeburten auf. Nur knapp ein Drittel der in Deutschland durchgeführten Embryonentransfers resultieren in einer Schwangerschaft, von denen wiederum etwa ein Fünftel im Abort endet.[170]

Die Ursachen hierfür sind sehr unterschiedlich und hängen häufig mit einer bestehenden Subfertilität bzw. bereits verminderten Eizellqualität zusammen. Zusätzlich können der technische Befruchtungsvorgang und das Kultivieren in einer Nährlösung zu epigenetischen Veränderungen und Störungen der genetischen Prägung (*imprinting disorders*) führen.[171] Weitere Risiken entstehen insbesondere durch die Mehrlingsbildung, die unter anderem zu einer Präeklampsie und postpartalen Blutungen führen können, oftmals mit einer verkürzten Schwangerschaftsdauer einhergehen und möglicherweise einen selektiven Fetozid erforderlich machen.[172] Im Rahmen der Eizellspende besteht außerdem die Gefahr, dass über die Eizelle Infektionskrankheiten und genetische Erkrankungen übertragen werden, die sich wiederum auf die Entwicklung der Schwangerschaft und des Kindes auswirken können.

Ferner betonen Kritikerinnen Risiken für die psychische und soziale Entwicklung des Kindes. Es ist denkbar, dass eine 60-jährige Frau aufgrund ihrer körperlichen Fitness nicht mehr in gleichem Maße in der Lage ist, ein Kind zu erziehen wie eine wesentlich jüngere Frau. Außerdem besteht aufgrund ihres fortgeschrittenen Alters eine höhere Wahrscheinlichkeit, dass sie die Volljährigkeit ihres Kindes nicht mehr erleben wird. In ähnlicher Weise kann die Familienkonstellation negative Auswirkungen auf das Kindeswohl haben. Geht man davon aus, dass eine langjährige stabile Beziehung zwischen Mann und Frau das Beste für die kindliche Entwicklung ist, liegt die Befürchtung nahe, dass lesbische Paare, Singles oder Mehrelternfamilien nicht geeignet sind, ebenso gut für das Kind zu sorgen. Als problematisch kann es auch angesehen werden, dass die Spenderin möglicherweise Einfluss auf die Erziehung nehmen möchte, was zu sozialen Konflikten führen kann, unter denen das Kind leidet. Andersherum ist es ebenfalls möglich, dass die Wunschmutter das Kind nach der Geburt nicht als ihr Kind annehmen möchte. Schließlich ist auch denkbar, dass die Kinder aufgrund der besonderen Eltern- bzw. Familiensituation gesellschaftlicher Stigmatisierung und Diskriminierung ausgesetzt sind.

Etwas weniger beachtet, aber dennoch nicht unbedeutend, sind mögliche negative Folgen für die Gesellschaft. Im Fokus stehen hier insbesondere medizinische Kosten, sei es durch die Fruchtbarkeitsbehandlung selbst oder die Nachsorge möglicher Komplikationen, welche von den Krankenkassen getragen werden. Die

---

170 Deutsches IVF-Register (2022), S. 23 und S. 25. Siehe auch FN 56.
171 Berntsen et al. (2019), S. 150 f.
172 Schröer/Weichert (2020), S. 335.

Bereitstellung der reproduktionsmedizinischen Infrastruktur, die unter anderem die ärztliche Ausbildung sowie die Erforschung und Weiterentwicklung klinischer Methoden umfasst, gilt als Teil der öffentlichen Daseinsfürsorge, die gesellschaftlich finanziert wird. Die hierdurch entstehenden Kosten, die von der Allgemeinheit getragen werden, sind zumindest als Opportunitätskosten zu bewerten, da sie gleichfalls in anderen medizinischen Bereichen eingesetzt werden könnten. Ferner wurden Befürchtungen geäußert, dass die Eizellspende das gängige Familienbild in einer Weise verändert, die zu einer spürbaren Veränderung der Gesellschaft führen und damit ihre moralische Stabilität gefährden kann. Dies ist insbesondere relevant, wenn die bestehende kulturelle Ordnung als moralisch schützenswert erachtet wird und mögliche Veränderungen als Schädigung wahrgenommen werden.

Trotz all dieser für Kind und Gesellschaft bestehenden Risiken ist offensichtlich, dass nicht jede Bedrohung oder jedes Risiko die Einschränkung reproduktiver Selbstbestimmung rechtfertigt. Daher soll im Folgenden untersucht werden, welche normativen Aspekte für eine solche Einschränkung relevant sind und worin mögliche Rechtfertigungsgründe bestehen.

3.3.1.1 Die Anwendung des harm principle

Das liberale Konzept der Autonomie baut auf der Idee einer sich entwickelnden Individualität auf, die durch das individuelle Selbstbestimmungsrecht, d. h. der Entscheidungshoheit über den persönlichen Raum gewahrt wird. Allerdings können Freiheitsrechte miteinander kollidieren, wenn die Ausübung des eigenen Selbstbestimmungsrechts mit einem anderen in Konflikt gerät. Um einen hobbesschen Naturzustand zu vermeiden, in dem das Ausleben der einen Individualität gleichzeitig zum Auslöschen einer anderen führt, können Einschränkungen erforderlich sein. Die Begrenzung des Selbstbestimmungsrechts über den eigenen Handlungsraum ergibt sich jeweils aus der Souveränität des anderen. Die Gewährung der eigenen Freiheit bedingt daher immer auch die Gewährung der Freiheit anderer.

Die Anwendung des harm principle hängt im Wesentlichen vom Begriff des Schadens ab. Dabei geht es nicht nur um physische Auswirkungen. Eine Verletzung der Psyche kann ebenso einen Schaden darstellen wie die Verletzung moralischer Gefühle oder soziale Benachteiligung, etwa durch die gesellschaftliche Meinung und Meidung. Ferner können Handlungen, die selbst nicht schädlich sind, mittelbar zu schädigenden Handlungen führen.[173] Diese Bandbreite ist sehr vielfältig. Daher

---

173 Mill nennt exemplarisch das Aufhetzen einer Menschenmenge durch eine Hassrede, infolgedessen Selbstjustiz verübt wird. Mill, On liberty, CW XVIII, S. 260.

bezieht sich das harm principle auf alle Handlungen, die für andere eine Last sind: „The liberty of the individual must be thus far limited; he must not make himself a nuisance to other people."[174]

In seiner Erklärung zum harm principle legt Mill diesem zwei Maxime zugrunde. Einerseits steckt darin die Aussage, dass jedem Menschen eine Willkürfreiheit bezüglich selbstbezogener Handlungen zusteht, die nicht durch gesellschaftliche Interventionen beschränkt werden darf (*liberty principle*). Andererseits rechtfertigt es gesellschaftliche Maßnahmen zur Einschränkung individueller Freiheit, sofern Handlungen ausgeübt werden, die den Interessen anderer abträglich sind und diese dem Schutz eines Individuums oder der Gesellschaft dienen (*social authority principle*).[175]

Wesentlich für die Anwendung des harm principle ist die Unterscheidung zwischen selbstbezogenen (*self-regarding*) und fremdbezogenen (*other-regarding*) Handlungen. Selbstbezogen sind Handlungen dann, wenn deren Folgen nur das handelnde Subjekts betreffen [„conduct which affect only himself"], aber keine direkte Schädigung anderer verursachen können [„directly, and in the first instance"].[176] Fremdbezogen sind Handlungen, durch die die Interessen Dritter oder der Gesellschaft direkt betroffen sind und durch welche es zu einer Schädigung kommen kann [„conduct affects prejudicially the interests of others"].[177] Da eine Gesellschaft nur berechtigt ist, sich in die Freiheiten der Einzelnen einzumischen, um Schaden von anderen oder von sich selbst abzuwenden, gehören erstere in den Bereich der individuellen Handlungsfreiheit, die sich der sozialen Kontrolle entziehen, während letztere dieser unterliegen. Bei näherer Betrachtung erweist sich die Unterscheidung zwischen selbst- und fremdbezogenen Handlungen als problematisch.

Die zentrale Schwierigkeit zeigt sich hinsichtlich der Deutung von Handlungsfolgen. Zwar erscheint Mills Aussage auf den ersten Blick sehr konkret. Jedoch schwindet diese Klarheit bei der Überlegung, welche Handlungen keine Auswirkungen auf andere haben. Die anfänglich überzeugende Darstellung selbstbezogener Handlungen verliert sich im gesellschaftlichen Kontext. Jede Handlung weist einen mehr oder weniger starken Bezug zu anderen auf, der von den jeweiligen Umständen abhängt. Mill räumt ein, dass kein Mensch isoliert von anderen lebt und ein Mensch, der seinen Körper zerstört, zwar vordergründig nur selbst davon betroffen ist,

---

174 Mill, On liberty, CW XVIII, S. 260.
175 Riley (1998), S. 111 f.
176 Mill, On liberty, CW XVIII, S. 225.
177 Mill, On liberty, CW XVIII, S. 276.

but disqualifies himself for rendering the services which he owes to his fellow-creatures generally; perhaps becomes a burthen on their affection or benevolence; and if such conduct were very frequent, hardly any offence that is committed would detract more from the general sum of good.[178]

Dennoch ist jedwedes Verhalten, so privat es auch sein mag, mit Folgen für andere verbunden. Ob jemand von einer Handlung direkt oder indirekt betroffen ist, hängt von der eingenommenen Perspektive ab. Im Hinblick auf die Fortpflanzung ist außerdem fraglich, inwiefern dieser Unterschied überhaupt aufrechterhalten werden kann, wenn das Kind selbst die Folge einer eigentlich selbstbezogenen Handlung ist.

Wenn aber alle eigentlich selbstbezogenen Handlungen Auswirkungen auf andere Menschen haben, ist die Unterscheidung zwischen selbst- und fremdbezogenen Handlungen tendenziell ungeeignet zur Bestimmung der Freiheitssphäre.[179] Wie aber lässt sich das harm principle begründen, welches die Ausübung gesellschaftlicher Kontrolle der individuellen Handlungsfreiheit legitimiert und begrenzt, wenn eine strikte Trennung von privater und öffentlicher Sphäre nicht möglich ist? Eine Lösung besteht darin, ein Kriterium zu formulieren, das angibt, von welcher Qualität der Einfluss bzw. die Beeinträchtigung anderer sein muss, damit die Einschränkung der Freiheit durch das harm principle gerechtfertigt sein kann.

Mill selbst bleibt in dieser Frage eher vage. Zwar unterscheidet er zwischen Handlungen, die anderen Schaden zufügen [„harm to others"], die die Interessen anderer berühren [„concern the interest of other people"] und schädlich für andere sind [„are hurtful to others"], doch bleibt er darüber hinaus unkonkret.[180] John Rees interpretiert diese Formulierungen als Chance, die schwierige Unterscheidung zwischen selbst- und fremdbezogenen Handlungen zu überwinden. Seiner Interpretation nach basiert die moralische Bewertung von Handlungen nicht darauf, ob sie sich auf andere auswirken, sondern inwiefern die Interessen anderer Menschen davon betroffen sind. Aufgrund der Annahme „that Mill was thinking of ‚interests' and not of merely ‚effects'", geht er davon aus, „that there is an important difference between just ‚affecting others' and ‚affecting the interests of others".[181] Dabei nimmt er Abstand von der pauschalen Unterscheidung zwischen direkten und indirekten Handlungsfolgen. Stattdessen erachtet er den Grad des Einflusses, den eine Handlung auf andere hat, als notwendige Grundlage zur Anwendung des harm

---

178 Mill, On liberty, CW XVIII, S. 280.
179 Derpmann (2014), S. 118.
180 Mill, On liberty, CW XVIII, S. 223 f.
181 Rees (1960), S. 118.

principle. Hierdurch zeigt er eine Sichtweise auf, nach der nicht jede Handlung, deren Folgen andere tangiert, auch gleichzeitig deren Interesse berührt. Im Unterschied zur ursprünglichen Lesart, die keine rein selbstbezogenen Handlungen kennt und damit jede individuelle Handlung der gesellschaftlichen Kontrolle unterstellt, ist nach Rees' Interpretation die Gesellschaft zur Limitierung der individuellen Handlungsfreiheit befugt, „only in cases where the interests of others are either threatened or actually affected."[182]

Trotz des unverkennbaren Vorteils erweist sich eine Interpretation des harm principle, welches die Interessen schützen soll, als defizitär. Dies wird schnell deutlich, wenn man die Frage zu beantworten versucht, welche Interessen überhaupt schützenswert sind. Auf der einen Seite kann die Bestimmung nicht aus der Perspektive des von der (vermeintlich) schädigenden Handlung betroffenen Individuums erfolgen, ohne zugleich den gewonnenen Vorteil wieder aufzugeben. Das würde zu einer sehr unübersichtlichen Lage von Interessenkonflikten führen, in der jedes Individuum sein Interesse als besonders schützenswert deklariert, wodurch eine Abwägung unterschiedlicher Individualinteressen unmöglich wird. Durch die schwindende Grenze zwischen selbst- und fremdbezogenen Handlungen lässt sich nahezu jede Handlung als Interessenschädigung definieren. Selbst die physische Anwesenheit eines Menschen kann dazu führen, dass sich ein anderer in seiner Bewegungsfreiheit eingeschränkt fühlt. Bei jeder demokratischen Abstimmung werden Interessen verletzt, die als Schaden geltend gemacht werden könnten. Eine weite Interpretation des Schadens als jedwede Art negativer Auswirkung auf andere oder als Beeinträchtigung eines Interesses würde eine Freiheitsermöglichung durch das harm principle verfehlen.

Wäre die Einordnung der Interessenverletzung auf der anderen Seite von deren sozialer Anerkennung abhängig, würde dies den Freiheitsbegriff historisch veränderbar machen.[183] Zudem wäre der Bereich individueller Freiheit kulturellen Normen und damit der Wertvorstellung der Mehrheit unterworfen, da „the extent to which the conduct of the individual may be interfered with now depends on what are recognized by the prevailing standards as the individual's interests."[184] Die Auslegung, welche Interessen schützenswert sind und durch welche Handlungen sie verletzt werden können, von der gesellschaftlichen Anerkennung abhängig zu machen, würde die ursprüngliche Idee des harm principle als Begrenzung der gesellschaftlichen Kontrolle, um eine Tyrannei der Mehrheit zu vermeiden, ad absurdum führen.

---

182 Rees (1960), S. 124.
183 Wollheim (1973), S. 6; Höntzsch (2010), S. 89.
184 Ten (1980), S. 12.

Ein Ausweg, beide Probleme zugleich zu umgehen, ist eine Einengung des Schadensbegriffs durch eine Einschränkung der legitimen Anwendung gesellschaftlicher Interventionen auf den Bereich vitaler Interessen, die anderen Interessen übergeordnet sind. Anlehnend an Mills Definition moralischer Rechte in „Utilitarianism" interpretiert John Gray Autonomie und Sicherheit als zentrale Aspekte menschlichen Lebens, die es zu schützen gilt. Indem er zugleich das Freiheits- mit dem Nützlichkeitsprinzip verbindet, verweist er die Frage nach der legitimen Einschränkung individueller Handlungsfreiheit in den Bereich der Gerechtigkeit.[185] Ein Recht auf etwas zu haben, so Mill, bedeutet nichts anderes als ein begründeter Anspruch auf etwas, für dessen Durchsetzung sich die Gesellschaft verpflichtet hat.[186] Wenn nun die Gesellschaft verbürgt, die Autonomie und Sicherheit ihrer Mitglieder zu schützen, kann es als ungerecht empfunden werden, wenn dieser Rechtsanspruch verletzt wird, dessen Einhaltung die Gesellschaft eigentlich garantieren soll.[187] Dahingehend fasst Gray zusammen: „„harm to others' is best construed as ‚injury to the vital interests of others', where these comprise the interests in autonomy and security."[188]

Einen ähnlichen Vorschlag unterbreitet Bernard Gert, der allerdings etwas konkreter wird und fünf Hauptübel nennt, die jeder rationale Mensch zu vermeiden sucht: „death, pain, disability, loss of freedom, and loss of pleasure."[189] Gert sieht in der Vermeidung dieser Übel die Grundlage allgemeinen moralischen Handelns, weshalb sie den Ausgangspunkt seiner Common-Sense-Moral bilden. Gegenüber Gray liegt der Vorteil in der Benennung der Übel auf der Hand. Zudem entgeht er dem Einwand, nur basale Interessen zu schützen, alle über einen Schwellenwert hinausgehenden jedoch der Öffentlichkeit preiszugeben. Obwohl Gerts Variante zugleich für einen bio- bzw. medizinethischen Autonomiebegriff anschlussfähig ist,[190] bleibt auch er vage genug, um in konkreten Situationen Interpretationsspielraum einzuräumen.

Um die reproduktive Autonomie im Sinne des harm principle einschränken zu können, muss grundsätzlich eine moralisch relevante Interessenverletzung vor-

---

185 Gray (1996), S. 51–54.
186 Mill, Utilitarianism, CW X, S. 250.
187 Den Zusammenhang zwischen Unrecht und Ungerechtigkeit führt Mill auf einen Vergeltungsdrang zurück, der Teil unseres Gerechtigkeitsgefühls ist. Einerseits ist es ein wichtiges Element der Gerechtigkeitsvorstellung, ungerechtes Handeln zu sanktionieren, andererseits identifiziert er den gleichen Vergeltungsdrang, der aufkommt, wenn moralische Rechte verletzt werden. Mill, Utilitarianism, CW X, S. 249 f.
188 Gray (1996), S. 57.
189 Gert (2004), S. 7.
190 Vgl. Gert/Culver/Clouser (2006).

liegen. Nicht jede potenzielle Gefährdung individueller Interessen legitimiert auch die gesellschaftliche Kontrolle bzw. Einschränkung individueller Handlungsfreiheit. Trotz des verbleibenden interpretativen Spielraums haben Gert und Gray aufgezeigt, dass einige Interessen aufgrund ihrer Bedeutung für das menschliche Leben einen besonderen Schutz genießen. Dieser Argumentation folgend lässt sich eine Kategorie menschlicher Interessen erkennen, die in moralischer Weise besonders schützenswert sind, nämlich jene, denen ein essenzieller Wert zukommt.

Dies trifft insbesondere auf die Fortpflanzung zu. Gerade der Kinderwunsch ist, an kulturellen Maßstäben gemessen, ein Eckpfeiler der Individualität. Die Einschränkung reproduktiver Autonomie ist daher nur gerechtfertigt, wenn das Fortpflanzungsinteresse mit einem gleichwertigen Interesse in Konflikt steht. Das könnte der Fall sein, wenn dadurch die Gesundheit, das Leben oder die Autonomie einer anderen Person gefährdet wird. Eine Schädigung liegt demnach dann vor, wenn die Fortpflanzung selbst dazu führt, dass das daraus entstehende Kind seine persönliche Souveränität nicht mehr wahren kann und es der Möglichkeit beraubt wird, das Leben nach eigenen Vorstellungen gestalten zu können.

3.3.1.2 Die Verhinderung sozialschädlichen Verhaltens

Dass sich individuelles Handeln nicht nur auf andere Menschen, sondern auch auf die Gesellschaft auswirken kann, beschreibt Joel Feinberg am Beispiel einer

> beleaguered garrison of settlers under attack from warlike Indians. Everyone is working furiously to repel the assault. [...] At the peak of the excitement, John Wayne becomes so bored and depressed, that he withdraws with the announced intention of killing himself.[191]

Dies ist zwar grundsätzlich seine persönliche Angelegenheit, doch kann John Waynes Freitod zu einem Ungleichgewicht führen, woraufhin sie den Kampf verlieren. In diesem Fall ist die Entscheidung keineswegs bloß eine individuelle Angelegenheit. Wenn die belagerten Siedlerinnen infolge ihrer personellen Unterlegenheit in Gefangenschaft geraten oder getötet werden, ist die ganze Gemeinschaft direkt von den Folgen individuellen Handelns betroffen.

Feinbergs Beispiel ist zweifelsohne sehr vereinfachend und es ist nicht besonders wahrscheinlich, dass das Handeln eines einzelnen Menschen in der Realität so gravierende Folgen für eine große Gemeinschaft bzw. eine Gesellschaft[192] hat (sofern man nicht der Bösewicht bei „James Bond" ist und die Weltherrschaft an sich reißen möchte), um als signifikante Schädigung bezeichnet werden zu können.

---

191 Feinberg (1989), S. 22.
192 Zur Unterscheidung vgl. Tönnies (2010 [1887/1935]).

Jedoch können auch individuelle Handlungen erkennbare Folgen für die Gesellschaft haben, wenn sie vielfach ausgeführt werden. In diesem Zusammenhang verweist Feinberg auf Drogenabhängige, die zwar einzeln kaum sichtbar sind, aber in ihrer Gesamtheit als gesellschaftliches Problem wahrgenommen werden können. Unterstellt man, wie Feinberg es annimmt, dass sie keine produktiven Mitglieder der Gesellschaft sind (keine Steuern zahlen, Gesundheitskosten verursachen, die Kriminalitätsrate erhöhen etc.), wäre eine große Anzahl deutlich spürbar.

> But when ten percent of the whole population choose to live that way, they become parasitical, and the situation approaches the threshold of serious public harm. When fifty percent choose to live that way it may become impossible for the remainder to maintain a community at all.[193]

Ähnlich wie bei der Kolonie der Siedlerinnen zeigt sich auch in diesem Beispiel, dass es einen Schwellenwert gibt, ab dem die kumulierten Folgen ursprünglich selbstbezogener Handlungen negative Konsequenzen für die gesamte Gesellschaft haben.

Feinbergs Beispiel demonstriert zwar, dass individuelle Handlungen negative Konsequenzen für eine Gesellschaft haben können, doch impliziert das nicht, dass die Gesellschaft selbst moralisch schützenswert ist, was sie berechtigen würde, individuelle Freiheiten zu beschränken. Mills Begründung des harm principle basiert im Wesentlichen auf dem Wert persönlicher Selbstbestimmung und dessen Beitrag zur Ausbildung der Individualität. Insofern ist unklar, inwiefern eine Gesellschaft, die weder über eine schützenswerte Individualität verfügt noch verletzbare Interesse verfolgt bzw. eine handelnde Akteurin ist, überhaupt in einer moralisch relevanten Weise geschädigt werden kann.

Obwohl Mill die Anwendung des harm principle darauf beschränkt, „to prevent harm to others"[194], wäre eine Interpretation des Schadens als ausschließlich direkte Beeinträchtigung anderer Individuen zu kurz gefasst. Der Mensch ist kein isoliertes Wesen, das unabhängig von anderen existiert. Er ist vielmehr ein soziales Wesen, d. h. Teil einer Gesellschaft, ohne die er selbst nicht in der Lage wäre zu überleben. Der Schutz dieser Gesellschaft dient nicht nur dem Schutz der kollektiven Freiheit, sondern ist zugleich Bedingung der individuellen Freiheit. Ohne sie gäbe es keine persönliche Handlungsfreiheit. Sich außerhalb einer Gesellschaft zu bewegen, hieße, aus allen Regelsystemen auszusteigen und sich der animalischen Natur zuzuwenden. Weil aber das Leben in der Gesellschaft und die Entwicklung sozialer Identität Teil des menschlichen Wesens sind, ist die Gesellschaft selbst eine Ermöglichungsbedingung individueller Handlungsfreiheit.

---

193 Feinberg (1989), S. 23.
194 Mill, On liberty, CW XVIII, S. 223.

> Der Schutz der kollektiv-sozialen Freiheit ist elementar nicht nur für die Entwicklung der
> sozialen Natur, sondern auch als Voraussetzung für den Schutz der Freiheit des Individuums,
> denn nur wenn die sozialen Angelegenheiten vor individueller Selbstsucht geschützt sind, lässt
> sich der Bereich individueller Angelegenheiten vor ungerechtfertigten Übergriffen durch Staat
> *und* Gesellschaft schützen.[195]

Nach dieser Interpretation ist die Abwehr gesellschaftsschädigender Maßnahmen originärer Bestandteil des harm principle.

Als Bedingung individueller und kollektiver Freiheit kommt der Gesellschaft ein instrumenteller Wert zu. Die Vergemeinschaftung des Menschen ist gleichzeitig die Bedingung seiner Existenz. Daher kann es unter Umständen nötig sein, gesellschaftsschädliche Handlungen zu unterbinden, um die existenziellen Grundlagen des menschlichen Daseins zu sichern. Es gibt zahlreiche freiheitseinschränkende Maßnahmen, die dem Schutz bzw. der Förderung des Gemeinwohls dienen sollen. Beispiele hierfür lassen sich auch im Kontext individueller Fortpflanzung finden. Besonders bekannt sind die rassenhygienischen Bestrebungen des Nationalsozialismus, die das Ziel verfolgten, eine aus sozialdarwinistischer Perspektive ‚reinere‘ und bessere Gemeinschaft zu etablieren. Dazu zählten vorrangig antinatalistische Maßnahmen wie Eheverbote, Zwangssterilisationen und -abtreibungen sowie Vernichtung. Aber auch in aktueller Zeit gibt es bevölkerungspolitische Maßnahmen. Während in China lange Zeit versucht wurde, der Überbevölkerung mit politischen Mitteln entgegenzuwirken, wurden in anderen Ländern (z. B. Iran, Singapur) Maßnahmen ergriffen, um die Bevölkerungszahl zu steigern.

Betrachtet man die Gesellschaft als System von moralischen, politischen und rechtlichen Regeln, kann der Schutz derselben mehr als nur die Abwehr äußerer Einflüsse erfordern. In diesem Zusammenhang hat Patrick Devlin[196] argumentiert, dass zahlreiche strafrechtliche Maßnahmen nicht dem Schutz der individuellen Handlungsfreiheit bzw. der Abwehr eines Schadens dienen und damit nicht auf das liberale Schadensprinzip zurückzuführen sind, sondern die Funktion des Rechts ebenso darin besteht, den inneren Zusammenhalt der Gesellschaft zu schützen. Jeder Gesellschaft liegen gemeinsame moralische Überzeugungen zugrunde, die wesentlich für eine innere Stabilität sind. Sie sind Teil einer Common-Sense-Moral, die nicht von einer demokratischen Mehrheit legitimiert ist, sondern vielmehr auf moralischen Gefühlen basiert.

---

195 Höntzsch (2010), S. 95 [Hervorhebung im Original].
196 Devlin (1977).

In den Mittelpunkt seiner Überlegungen stellt Devlin den *reasonable man* bzw. den *man in the jury box*, eine Art durchschnittliches Gesellschaftsmitglied.[197] Er geht davon aus, dass die grundlegenden Regeln des Zusammenlebens historisch gewachsen sind und jedes Mitglied der Gesellschaft diese verinnerlicht hat. Diesen liegt eine gemeinsame Idee des gesellschaftlichen Lebens und der politischen Organisation zugrunde. Das Befolgen der Regeln ermöglicht die moralische und politische Stabilität der Gesellschaft. Abweichungen von den geteilten Moralvorstellungen sind nur innerhalb eines bestimmten Toleranzrahmens möglich. Zwar können Verhaltensweisen und Lebensformen über die Zeit hinweg variieren, die moralischen Grundüberzeugungen sind jedoch nicht veränderbar. Andernfalls wäre der gesellschaftliche Zusammenhalt nicht mehr gewährleistet: „If the bonds were too far relaxed the members would drift apart. A common morality is part of the bondage. The bondage is part of the price of society; and mankind, which needs society, must pay this price."[198] Ausgehend von der fehlenden strukturellen Trennung zwischen privaten und öffentlichen Handlungen und der Angewiesenheit des Menschen auf eine soziale Umgebung, erachtet es Devlin als Notwendigkeit, die individuelle Handlungsfreiheit entsprechend der gesellschaftlichen Konventionen einzuschränken, um die Stabilität der Gesellschaft nicht zu gefährden.

Rückt man Devlin in einen liberalen Kontext, bedeutet dies umgekehrt, dass die gesellschaftlich ausgeübte Autorität zwar vordergründig die moralische Bande bewahren soll, aber deren eigentliche Funktion nicht dem Erhalt des gesellschaftlichen Zusammenhalts, sondern dem Schutz des Individuums zugutekommt, dessen Existenz von einer stabilen Gesellschaft abhängt. Sofern eine sozialschädliche Handlung den gesellschaftlichen Zusammenhalt bedroht, kann diese zugleich als Schädigung ihrer Mitglieder aufgefasst werden. Aus dieser Perspektive sind Devlins Ausführungen weniger ein rechtsmoralistisches Argument, welches die Bewahrung kultureller Traditionen begründen soll, als vielmehr ein mittelbares zum Schutz des Individuums vor dem Zerfall seiner sozialen Existenz. Geht man davon aus, dass eine Gesellschaft keinem Selbstzweck unterliegt, kann sich ihre Bedeutung auch nicht aus diesem ableiten. Ihre zu schützende Funktion muss daher in der Sicherung menschlicher Existenz und des Wohlergehens ihrer Mitglieder bestehen.

Diese Überlegungen haben gezeigt, dass sowohl die Schädigung anderer als auch die Schädigung einer Gemeinschaft bzw. einer Gesellschaft aus einer liberalen Perspektive hinreichend sein kann, um die Einschränkung individueller Hand-

---

197 Devlin (1977), S. 78. Seine Überlegungen basieren auf dem im englischen Recht gebräuchlichen Gedankenexperiment des *man on the Clapham omnibus*, als eine für die Gesellschaft typische und repräsentative Person. Im Deutschen entspricht das am ehesten dem Ausdruck *Otto Normalverbraucher.*

198 Devlin (1977), S. 74.

lungsfreiheit zu rechtfertigen, egal ob es sich um eine direkte Schädigung durch eine individuelle Handlung oder um eine die innere Ordnung zerstörende Gefahr handelt. Wesentlich ist allerdings, dass der zu verhindernde Schaden mindestens von ähnlichem moralischen Gewicht wie die zu verhindernde Handlung ist. Außerdem haben diese Ausführungen auch gezeigt, dass der anfangs so einfach scheinende, alltagssprachliche Begriff des Schadens weitaus schwieriger zu fassen ist, als es intuitiv zu erwarten wäre. Durch die ihm inhärenten Probleme erweist sich die auf den ersten Blick so leicht verständliche Rede vom Schaden bei näherer Betrachtung als äußerst komplex.

3.3.1.3 Der moralische Unterschied zwischen Schaden und Ärgernis

Diese Komplexität erhöht sich mit Blick auf mögliche Schadensereignisse zunehmend. Während materielle Schäden vergleichsweise einfach zu erfassen sind, zeigen sich erste Schwierigkeiten bei der Bestimmung, welche Handlungen schädlich für das psychische Wohlergehen sein können. Noch schwieriger ist die Kategorisierung des Schadens hinsichtlich diskriminierenden Verhaltens oder der Verletzung religiöser Gefühle. Sicherlich gibt es Handlungen, die von vielen Menschen als störend oder lästig empfunden werden, doch bedeutet das nicht, dass diese zugleich eine Schädigung darstellen. Darunter können beispielsweise Ängste, Ekel und Abscheu zählen.[199] Hingegen können die Verletzung religiöser Gefühle, Pietätlosigkeit oder strukturelle Diskriminierung einen so schweren Eingriff in die Persönlichkeitssphäre darstellen, dass sie zwar als Handlung an sich relativ harmlos erscheinen, aber dennoch so unerfreulich sind, dass unter Umständen eine gesellschaftliche Intervention in die individuelle Handlungsfreiheit in Betracht kommt. Wie aber lässt sich die Grenze zwischen einer Belästigung oder einem Ärgernis und einer Schädigung bestimmen und welche Bedingungen müssen erfüllt sein, um einen Eingriff in die individuelle Handlungsfreiheit zu rechtfertigen?

Um den ohnehin schwer zu greifenden Schadensbegriff nicht weiter aufzuweichen, schlägt Feinberg vor, das harm principle enger zufassen und parallel dazu das offense principle einzuführen, welches die Einschränkung der individuellen Handlungsfreiheit bei ernsthaft anstößigem Verhalten regelt. „It is always a good reason in support of a proposed criminal prohibition that it is probably necessary to prevent serious offense to persons other than the actor and would probably be an effective means to that end if enacted.“[200] Gültigkeitskriterium für das offense principle ist das Vorhandensein bestimmter Gefühlslagen, egal ob sie in den Augen anderer berechtigt sind oder nicht. Demnach ist es irrelevant, ob ärgerliche oder

---

199 Feinberg (1988), S. 10–13.
200 Feinberg (1987), S. 26.

anstößige Handlungen unmoralisch sind. Ausschlaggebend ist lediglich, dass sie geeignet sind, Gefühle zu verletzen:

> [I]n a country where deep religious significance is attached to monogamous marriage and to the act of solemnizing it, the law against bigamy should be accepted as an attempt to protect religious feelings from offence by a public act desecrating the ceremony.[201]

Das offense principle schafft eine Möglichkeit, aus Anstößigkeiten und Ärgernissen hervorgehende Interessenkonflikte nicht nur auf politischem, sondern auf moralischem Weg zu lösen. Bedingung dafür ist, dass eine Handlung unangenehme Gefühle (z. B. Angst, Scham, Ekel, Beleidigung) hervorruft. Hierbei sind Dauer, Schwere und Intensität des Ärgernis abzuwägen. Schließlich muss, um eine Einschränkung der Handlungsfreiheit rechtfertigen zu können, außerdem der Verhältnismäßigkeitsgrundsatz gewahrt sein. Um das zu beurteilen, müssen die Umstände der Handlung berücksichtigt werden. Hierunter fallen maßgeblich die Reichweite und Möglichkeiten der Vermeidbarkeit.[202] Sich nackt in der Innenstadt zu zeigen, hat ein größeres Anstößigkeitspotential als an einem FKK-Strand zu liegen. Während sich in der Innenstadt sehr viele Menschen gestört oder gar belästigt fühlen können und mitunter keine Möglichkeit haben, sich der Situation zu entziehen, lässt sich der Anblick eines FKK-Strands recht einfach vermeiden.

Sicherlich wird eine Belästigung oder eine Störung individuell sehr unterschiedlich wahrgenommen und die Bewertung einer Situation ist eher selten so einfach wie in dem gewählten Beispiel, zumal weitere Grundfreiheiten tangiert sein können. Nicht jede Religionskritik ist Blasphemie und nicht jedes ungebührliche Verhalten ist pietätlos. Dennoch bleibt festzuhalten, dass Handlungen, welche im engeren Sinn nicht schädlich sind, so ärgerlich sein können, dass die Einschränkung individueller Handlungsfreiheit zur Vermeidung eines Ärgernisses gerechtfertigt sein kann.

3.3.1.4 Schaden gegen sich selbst

Ein zentraler Streitpunkt liberaler Debatten ist die Einschränkung der individuellen Handlungsfreiheit, um zu verhindern, dass sich die handelnde Person selbst einen Schaden zufügt. Nun könnte man fragen, warum solche Freiheitseingriffe überhaupt zur Diskussion stehen, wenn doch jeder Mensch selbst am besten weiß, was gut und was schädlich ist. Dennoch gibt es Situationen, in denen es aus Sicht einer liberalen Ethik legitim sein kann, andere an der Ausübung einer Handlung zu

---

201 Hart (1982), S. 41.
202 Feinberg (1988), S. 34 f.

hindern. Mill beschreibt eine solche Situation am Beispiel einer Person, die über eine einsturzgefährdete Brücke gehen möchte:

> If either a public officer or any one else saw a person attempting to cross a bridge which had been ascertained to be unsafe, and there were no time to warn him of his danger, they might seize him and turn him back, without any real infringement of his liberty[203].

Obwohl offensichtlich eine Zwangshandlung vorliegt, erkennt Mill hierin keine Einschränkung der Handlungsfreiheit, denn „liberty consists in doing what one desires, and he does not desire to fall into the river."[204]

Wenn Mill eine Diskrepanz zwischen dem eigentlichen Willen und dem tatsächlichen Handeln feststellt, formuliert er (indirekt) zwei Bedingungen, die für die Ausübung der Handlungsfreiheit notwendig sind. Zum einen bedarf es der Fähigkeit, rationale Entscheidungen treffen zu können. Dazu gehört es, sich der Tragweite der Konsequenzen einer Handlung bewusst zu sein und Verantwortung dafür zu übernehmen. Zum anderen bedarf es der Fähigkeit, gemäß dem eigenen Willen zu handeln. In der Regel sind erwachsene Menschen in der Lage, die Tragweite der Konsequenzen einer Handlung abzusehen und für sich einzuschätzen, ob sie diese Handlung wirklich ausführen wollen.

Gelegentlich ist eine der beiden Bedingungen nicht erfüllt. Beispielsweise können Menschen aufgrund einer Erkrankung kognitiv beeinträchtigt sein oder aufgrund ihrer Unkenntnis die Situation falsch einschätzen (wie in Mills Beispiel). Würde die Person hingegen wissen, dass die Brücke einsturzgefährdet ist, und möchte dieses Risiko bewusst eingehen, wäre grundsätzlich niemand berechtigt, sie von der Überquerung abzuhalten. Obwohl paternalistische Handlungen grundlegend fürsorglich motiviert sind, richten sie sich gegen den Willen einer Person, indem Zwang gegen sie ausgeübt wird, um sie vor selbstschädigenden Handlungen zu schützen.

Mit Blick auf die Autonomiefähigkeit der handelnden Akteurin lassen sich zwei Varianten des Paternalismus unterscheiden. In einer starken Variante wird die Handlungsfreiheit einer Person eingeschränkt, obwohl sie in der Lage ist, rationale Entscheidungen zu treffen. Dies wäre der Fall, würde die Person in Mills Beispiel um die Einsturzgefahr der Brücke wissen, diese mit suizidalen Absichten betreten und trotzdem von der Überquerung abgehalten werden. Ist eine Person hingegen nicht hinreichend informiert oder nicht in der Lage, rationale Entscheidungen zu treffen, und kann die Tragweite der Folgen ihrer Handlung nicht überblicken, stellt das eine schwache Variante dar. Wird die Person aufgrund mangelnder Kenntnis

---

203 Mill, On liberty, CW XVIII, S. 294.
204 Mill, On liberty, CW XVIII, S. 294.

der Einsturzgefahr davon abgehalten, die Brücke zu überqueren, zielt der paternalistische Eingriff darauf ab, die eingeschränkte Selbstbestimmungskompetenz zugunsten des tatsächlichen Willens auszugleichen. In diesem Sinne lässt sich der Paternalismus in der starken Variante als autonomieverletzend, in der schwachen Variante als autonomieorientiert beschreiben.

Auf den ersten Blick lässt diese Beschreibung einen naheliegenden Schluss zu. Innerhalb eines liberalen Bewertungsrahmens lassen sich autonomieverletzende Maßnahmen nicht rechtfertigen. Hingegen können paternalistische Handlungen, die dem (geäußerten) Willen der Akteurin zuwiderlaufen, gerechtfertigt (und ggf. erforderlich) sein, wenn sie dazu dienen, ihre mangelnde Autonomiefähigkeit auszugleichen. Auf den zweiten Blick zeigen sich allerdings zwei grundlegende Probleme der Rechtfertigung eines autonomieorientierten Paternalismus.

Ein erstes Problem besteht in der Bewertung des eigentlichen Willens oder Interesses der Handelnden. Während die Verhinderung fremdschädigender Handlungen augenscheinlich der Betroffenen zugutekommt, ist es keineswegs eindeutig, dass selbstschädigendes Handeln nicht im eigentlichen Sinne der Betroffenen sein kann. Zum einen lässt sich aufgrund unterschiedlicher Auffassungen von Wohlergehen von außen kaum feststellen, was anderen Menschen gut tut und was nicht. Zum anderen umfasst das Recht auf Selbstbestimmung auch das Recht, Fehler zu machen. Ebenso ist die Freiheit zu uninformiertem oder dummem Verhalten ein genuiner Teil der Handlungsfreiheit. Die Autonomie eines Menschen zu respektieren, bedeutet, ihn in seiner ganzen Persönlichkeit anzuerkennen, mit den dazugehörigen ‚Fehlern‘, die Teil seiner Individualität sind. Andernfalls besteht die Gefahr, einem Menschen zwei Persönlichkeitsstrukturen zuzusprechen, die gegeneinander ausgespielt werden können.[205]

Ein zweites Problem zeigt sich in der Diskrepanz zwischen Theorie und Praxis, auf das die verhaltensökonomische Forschung mit dem Konzept der begrenzten Rationalität (*bounded rationality*) hingewiesen hat. Das aus der Ökonomie und Spieltheorie stammende Bild des Menschen als *homo oeconomicus*, der stets bestrebt ist, seinen Nutzen zu maximieren, alle Informationen sammelt, die Handlungsoptionen vollständig abwägt und letztlich jene wählt, die seinen Interessen am besten entspricht, ist ein theoretisches Konstrukt, das in der Realität nicht existiert. Unsicherheit, unvollständige und instabile Präferenzordnungen, fehlerhafte Risikobewertungen sowie konfligierende Interessen sind Posten einer Kalkulation, die nicht in die Theorie der rationalen Entscheidungsfindung passen. Ebenfalls können die Kosten des Risikos und der zu erwartende Nutzen gegen die Kosten der Infor-

---

205 Fateh-Moghadam (2010), S. 27 f.

mationsbeschaffung abgewogen werden.[206] Weil eine vollständig rationale Entscheidung, d. h. eine vollständig informierte Zustimmung nicht möglich ist, wird die begrenzte Rationalität Teil menschlicher Individualität und damit selbst ein Wertkriterium autonomer Lebensführung.

Sicherlich lässt sich eine Art Schwellenkompetenz festlegen, die erfüllt sein muss, um überhaupt zu autonomem Handeln fähig zu sein. Das ist in vielen Lebensbereichen üblich, wenn beispielsweise Kinder oder Demenzkranke nur als eingeschränkt autonomiefähig gelten. Hier ergibt sich die Rechtfertigung für einen schwachen Paternalismus bereits aus der Anerkennung ihrer Autonomie.[207] Angesichts dessen stellt sich allerdings die Frage, wie mit einem Recht auf Irrtum und Fehler umgegangen werden kann, das auf der einen Seite Ausdruck der individuellen Lebensgestaltung und Teil der Selbstbestimmung, auf der anderen Seite Teil einer irrationalen und uninformierten Willensbildung ist.

Angenommen eine paternalistische Maßnahme gilt als gerechtfertigt, wenn sie die Autonomie der Betroffenen befördert, dann muss sie notwendigerweise auch im Einklang mit ihren Interessen stehen. Das bedeutet, dass davon ausgegangen werden muss, dass die Person der paternalistischen Intervention grundsätzlich zustimmen würde, wenn ihre Autonomiefähigkeit nicht eingeschränkt wäre. Um zu einem solchen antizipierten Konsens zu gelangen, bedarf es guter Kenntnis des Gegenübers und einer soliden Vertrauensbasis. Hinsichtlich der menschlichen Individualität als zentrales Moment der Autonomie und unter der Voraussetzung, dass ein paternalistischer Eingriff immer auch dem authentischen Willen der Betroffenen entsprechen soll, ist eine Unvertretbarkeitsgrenze dort erreicht, wo nicht mehr der Schutz der individuellen Persönlichkeit, sondern eine allgemeine Vorstellung von Wohlergehen zur Rechtfertigung des Handelns wird.[208] Eine paternalistische Intervention ist nicht dann gerechtfertigt, wenn sie gesellschaftlichen Vorstellungen gerecht wird, sondern nur dann, wenn sie den Interessen der Betroffenen entspricht.

Dennoch ist zu bedenken, dass der Medizin aufgrund ihrer Bedeutung für die Gesundheit eine besondere moralische Relevanz zukommt. Medizinisches Handeln bewegt sich stets im Spannungsfeld zwischen dem Respekt vor der Autonomie und der gesundheitlichen Fürsorge, was zu Handlungskonflikten führen kann.[209] Dieses Spannungsfeld zeigt sich in der Praxis, wenn eine Behandlung ohne die Einwilligung der Patientin durchgeführt oder eine Behandlung gegen den Wunsch der Patientin abgelehnt wird. Eben jene Sonderrolle der Medizin und die damit ver-

---

206 Esser (2002), S. 350–357; Selten (2002).
207 Häyry (1991), S. 77; Dworkin (1972), S. 76.
208 Mayr (2010), S. 57f.
209 Vgl. Beauchamp/Childress (2001), bes. S. 176–194.

bundene ärztliche Verantwortung führen dazu, dass paternalistische Maßnahmen unter Umständen gerechtfertigt sein können.

Eine Möglichkeit, Menschen vor unreflektiertem oder zumindest vor uninformiertem Handeln zu bewahren, besteht in der ärztlichen Aufklärung. Wird diese verpflichtend durchgeführt, ist sie zweifelsohne als Eingriff in die Handlungsfreiheit (ähnlich wie Warnhinweise auf Zigarettenschachteln oder an Autobahnen) zu betrachten. Aber sie ist im Unterschied zu einer hart paternalistischen Maßnahme aufgrund ihrer geringen Eingriffstiefe in die individuelle Freiheit nicht zwingend rechtfertigungsbedürftig.[210] Sogenannte weiche paternalistische Maßnahmen können informieren und dazu einladen, die eigene Handlungssituation zu überdenken, ohne Handlungsentscheidungen aufzuzwingen. Dadurch wird die Akteurin weder gegen ihren Willen genötigt, eine Handlung zu unterlassen, noch dazu gedrängt, eine alternativlose Handlungsoption zu ‚wählen'. Sofern sie nur ein Angebot zum Überdenken und Abwägen unterschiedlicher Handlungsoption darstellen, fehlt ihnen der Zwangscharakter, der eine moralische Rechtfertigung verlangt. Stattdessen sind sie potenziell autonomiefördernd, indem sie, wie beispielsweise die ärztliche Aufklärungspflicht, informierte Entscheidungen ermöglichen.

3.3.1.5 Wem schadet die Eizellspende?

Nach diesen theoretischen Ausführungen soll nun geprüft werden, inwiefern eine Einschränkung der reproduktiven Freiheit gerechtfertigt sein kann, um mögliche Schäden oder Ärgernisse abzuwenden. Da das harm principle darauf abzielt, andere Menschen zu schützen, können alle aktiv an dem Handlungskomplex Eizellspende Beteiligten (vorerst) ausgeklammert werden. Das betrifft insbesondere die Kinderwunschpatientin und das medizinische Personal. Davon ausgehend, dass die Spenderin ihre Eizellen freiwillig für reproduktive Zwecke zur Verfügung stellt und sich der gesundheitlichen Risiken bewusst ist, wird sie nicht vom harm principle geschützt. Gleiches gilt für den Wunschvater und ggf. den Samenspender. Daher bedarf es hier nur eines besonderen Blickes auf das Kind und auf die Gesellschaft, die von den Folgen betroffen sind, ohne selbst an den Handlungen beteiligt zu sein.

Im vorangegangenen Kapitel wurden bereits mit der Eizellspendebehandlung einhergehende Risiken genannt, die sich direkt (z. B. niedriges Geburtsgewicht) oder indirekt (z. B. Schwangerschaftshochdruck) auf den Embryo auswirken können. Die Vermeidung dieser Risiken wird in der bioethischen Debatten immer wieder als Legitimationsgrundlage zur Einschränkung des Rechts auf reproduktive Selbstbestimmung angeführt. Dabei ist es nur sehr schwer möglich, diese Argumentation durch das harm principle zu begründen, dessen Anwendung maßgeblich

---

210 Häyry (1991), S. 64.

vom Begriff des Schadens abhängt. Versteht man Schaden als eine Herabsetzung von einem Zustand in einen schlechteren Zustand, d. h. eine Verschlechterung der eigenen Situation, stellt dieser kein tragfähiges Konzept zur Bewertung reproduktiver Entscheidungen dar. Die Zeugung ist die Grundvoraussetzung des Lebens und kann nicht zugleich eine Schlechterstellung bedeuten.[211] Sicherlich kann ich mir wünschen, niemals gezeugt worden zu sein, doch bedeutet das nicht, dass es mir besser ginge, wenn ich nicht gezeugt worden wäre.[212] Das Gleiche gilt, wenn man Schaden als eine Interessenverletzung betrachtet. Interessen, die noch nicht existieren, können weder verletzt noch geschützt werden. Auf die vermeintlich schädigende Handlung zu verzichten, bedeutet, das Kind nicht zu zeugen. Die Alternative wäre demnach kein besserer Zustand, sondern dessen Nichtexistenz.[213]

Unabhängig von den möglichen Folgen für das entstehende Kind stellt sich parallel die Frage, ob Eizellspendebehandlungen schädlich für die Gesellschaft sein können. Dabei drängt sich als erstes der Verdacht auf, die damit verbundenen finanziellen Kosten als Schaden aufzufassen. Da aber Kinder, die aus einer Eizellspendebehandlung entstanden sind, keine höheren Kosten verursachen als Kinder, die sexuell gezeugt wurden, trifft dieses Argument lediglich auf die reproduktionsmedizinischen Kosten zu. Selbst wenn die Behandlungskosten vollständig von der Patientin übernommen werden, entstehen der Gesellschaft Kosten für die Bereitstellung der Reproduktionsmedizin.

Dennoch sind diese Kosten kein Schaden im moralischen Sinn. Es gibt zwar gute Gründe, warum das Geld besser in die Kinderchirurgie oder Onkologie investiert werden sollte, doch ist das keine moralische, sondern ein politische Frage. Wenn sich eine Gesellschaft dazu entscheidet, sich die Reproduktionsmedizin als Teil der medizinischen Daseinsfürsorge leisten zu wollen, dann sind die damit verbundenen Kosten kein Schaden, sondern eher eine Investition in den Erhalt des hohen individuellen und sozialen Werts der Fortpflanzung.

Nach der Bedingung des offense principle könnte es unter Berücksichtigung des Verhältnismäßigkeitsgrundsatzes gerechtfertigt sein, in die individuelle Reproduktionsfreiheit einzugreifen, wenn die Ausübung dieser ein öffentliches Ärgernis darstellt. Doch was wäre in diesen Fall eigentlich der Stein des Anstoßes? Das Kind selbst kann es nicht sein. Einerseits kann man ihm nicht ansehen, wie es entstanden ist, andererseits kommt ihm der gleiche Würdeschutz wie jedem anderen Menschen zu. Der Zeugungsakt selbst kommt ebenso wenig infrage. Um in Feinbergs

---

211 Feinberg (1987), S. 99 f. Schaden ist häufig definiert als Verschlechterung der eigenen Situation. Kritisch zu diesem komparativen Schadensbegriff u. a. Shiffrin (1999); Harman (2004); Hanser (2009).
212 Meyer (2005), S. 44.
213 Zur weiteren Diskussion siehe Kap. 4.1.2.2.

Interpretation des öffentlichen Ärgernisses als solches wahrgenommen zu werden, muss dieses auch in der Öffentlichkeit stattfinden, was bei einer künstlichen Befruchtung nicht üblich ist.

Zwar ist es möglich, dass bereits das Wissen von einem anstößigen Verhalten Gefühle tief verletzt und bei der überwiegenden Mehrheit auf Abneigung stößt,[214] doch rechtfertigt dies aus einer liberalen Perspektive keine Freiheitseinschränkung. Eine solche ist nur gerechtfertigt, sofern es die soziale Freiheit in dem Maße beeinträchtigt, wie es das Verhältnis von Individuum und Gesellschaft tangiert. Dabei gilt zu beachten, dass sich die Verhältnismäßigkeit der Autonomieeinschränkung an der Zumutbarkeit bemisst, dem Ärgernis entgehen zu können. Da aber die Eizellspende weder im öffentlichen Raum stattfindet noch die soziale Freiheit gefährdet, genügt allein das Wissen darum nicht, die reproduktive Autonomie auf Grundlage des offense principle einzuschränken.

Unabhängig der Reichweite von harm und offense principle bleibt zuletzt noch zu prüfen, inwiefern ein besonderes Schutzbedürfnis der Spenderin bzw. der Kinderwunschpatientin besteht. Im Unterschied zu Mills Beispiel einer Person, die unwissentlich über eine einsturzgefährdete Brücke läuft, ist im Rahmen der Reproduktionsmedizin nicht davon auszugehen, dass Kinderwunschpatientinnen nicht wissen, was sie tun. Eine künstliche Befruchtung findet weder spontan noch zufällig statt. Allein die Planungs- und Entscheidungsphase erstreckt sich meist über mehrere Monate und vom Kinderwunsch bis zur erfolgreichen Schwangerschaft können mehrere Jahre vergehen. Setzt man also voraus, dass Kinderwunschpatientinnen fähig sind, rationale Entscheidungen zu treffen, und sie über die Risiken umfassend aufgeklärt worden sind, lässt sich in der Teilnahme an einer Eizellspendebehandlung kein unbeabsichtigtes Handeln erkennen.

Nichtsdestotrotz finden sich in der Literatur Zweifel an jener Autonomiefähigkeit. Gerade in der entstehungsgeschichtlichen Debatte des ESchG wurden wiederholt die Authentizität und Rationalität des Kinderwunschs angezweifelt. Peter Petersen und Alexander Teichmann äußerten Bedenken, „daß sterile Paare häufig dem Adoptionsgedanken vor allem deshalb völlig unzugänglich sind, weil in der Vorstellung eines eigenen Kindes der Wahn einer erbbiologischen Unsterblichkeit waltet: ‚Wir leben in unserem Kinde weiter'."[215] Wenn sie im Zusammenhang mit dem Kinderwunsch von einem „triebartigen Wunsch" und „unreflektierter

---

214 Dieter Birnbacher (2009), S. 85 f.) plädiert aus einer utilitaristischen Perspektive dafür, nicht-öffentliches Verhalten zu sanktionieren, wenn die Anstößigkeit von der überwiegenden Mehrheit geteilt wird. Das ist allerdings nur schwer mir dem Wert der Freiheit zu vereinbaren. Hart (1982), S. 46 f.

215 Petersen/Teichmann (1983), S. 92.

Wunscherfüllung"[216] sprechen, bringen sie offen ihre Zweifel zum Ausdruck, dass Kinderwunschpatientinnen in der Lage sind, rationale Entscheidungen zu treffen.

Eine solche Perspektive ist entschieden zurückzuweisen. Allen Frauen einen pathologischen Kinderwunsch zu unterstellen, den sie nur erfüllen möchten, weil sie ihre natürlichen Triebe nicht kontrollieren können oder eine gesellschaftliche Erwartungshaltung erfüllen wollen, zeugt von einer tiefsitzenden patriarchalen Grundhaltung, die davon ausgeht, dass männliche Ärzte besser wissen, was gut für Frauen ist als sie selbst. Auch wenn derart eklatante Äußerungen aus der öffentlichen Diskussion weitgehend verschwunden sind, lassen sich ähnliche – zwar weniger patriarchale, aber dennoch stark paternalistische – Muster erkennen. Hiervon betroffen sind insbesondere Frauen, die aufgrund bestimmter Merkmale (z. B. ihres Alters) von reproduktionsmedizinischen Behandlungen ausgeschlossen sind, sowie Spenderinnen, die sich vermeintlich von hohen finanziellen Anreizen verleiten lassen und vor unüberlegten Entscheidungen geschützt werden sollen.[217]

Es lässt sich zusammenfassend festhalten, dass ein Eingriff in die reproduktive Selbstbestimmung aufgrund möglicher selbstschädigender Folgen grundsätzlich nicht gerechtfertigt ist, sofern die betreffende Person in der Lage ist, hinreichend rationale Entscheidungen zu treffen. Eine Zuwiderhandlung gegen den Willen einer Person kann zwar fürsorglich motiviert sein, aber sie ist nur dann gerechtfertigt, wenn die paternalistische Intervention im tatsächlichen Interesse der Betroffenen ist. Jedoch steht eine Reproduktionsmedizinerin eher selten in einem solchen Verhältnis zu einer Kinderwunschpatientin, dass sie beurteilen kann, ob ihr Behandlungswunsch tatsächlich im Einklang mit ihrer Wert- und Präferenzordnung steht. Wenn nicht offensichtlich große Autonomiedefizite vorliegen, was im reproduktionsmedizinischen Kontext tendenziell nicht zu erwarten ist, ist eine Einschränkung nicht zulässig.

Dennoch tragen Ärztinnen eine besondere moralische Verantwortung für ihre Patientinnen. Gerade die Reproduktionsmedizin (als sogenannte wunscherfüllende Medizin) ist keine Dienstleistung, auf deren Erfüllung ein moralischer oder rechtlicher Anspruch erhoben werden kann. Daher kann diese Verantwortung unter anderem eine Aufklärungspflicht legitimieren. Diese ist an sich zwar eine weich paternalistische Maßnahme, da der Patientin die Entscheidungsfreiheit darüber abgenommen wird. Aufgrund ihrer geringen Eingriffstiefe lässt sich aber begründen, dass die gesundheitliche Fürsorge die Autonomieverletzung überwiegt.

Lehnt eine Ärztin eine Behandlung ab, weil diese mit besonders hohen Risiken für die Patientin verbunden ist, erfolgt dies ebenso aus fürsorglichen Motiven

---

216 Petersen/Teichmann (1983), S. 92.
217 Zur Problematik von finanziellen Anreizen siehe Kap. 6.2.3.

heraus. Dies ist allerdings nur gerechtfertigt, sofern sie hierbei den individuellen Gesundheitszustand berücksichtigt. Wird hingegen die Behandlung allein aufgrund einer statistisch ermittelten Altersgrenze abgelehnt, ist dies eine Freiheitseinschränkung, die sich nicht durch ärztliche Fürsorge begründen lässt, da die Entscheidung lediglich von statistischen Kennziffern abhängt, ohne die tatsächlichen Risiken zu berücksichtigen.

Anders verhält es sich, wenn Altersgrenzen mit Blick auf eine niedrigere Erfolgswahrscheinlichkeit begründet werden. Die Medizin ist ein Teil der Daseinsfürsorge, die von der Gesellschaft bereitgestellt wird. Wenn die Bereitstellung eines medizinischen Angebots an eine bestimmte Erfolgserwartung gekoppelt wird, ist das eine politische Entscheidung. Diese kann unter Umständen gegen den Gleichbehandlungsgrundsatz verstoßen und als diskriminierend wahrgenommen werden. Sie ist aber nicht notwendigerweise paternalistisch.

3.3.2 Autonomiegewinn durch erweiterte Handlungsmöglichkeiten?

Seit Beginn der modernen Reproduktionsmedizin wurden die Behandlungstechnologien stetig weiterentwickelt und das Spektrum reproduktiver Möglichkeiten erweitert. Besonders bemerkenswert ist die Tatsache, dass reproduktionsmedizinische Therapien keineswegs mehr pathologisch bedingt sein müssen. Die Eizellspende eröffnet Frauen, die aufgrund ihrer sozialen Situation keine Kinder bekommen können, die Möglichkeit, ihren Kinderwunsch nach ihren Vorstellungen zu erfüllen. Das gilt gleichfalls für Anita mit postmenopausalem Kinderwunsch (Fall 2) wie für Alexandra und Charlotte (Fall 3), die eine bestimmte Form der Elternschaft anstreben.

Obwohl die Reproduktionsmedizin eine grundlegende Zunahme reproduktiver Freiheit ermöglicht, muss das nicht bedeuten, dass mehr Handlungsoptionen auch zu einer Erweiterung der reproduktiven Autonomie führen. Michel Foucault hat in seiner Analyse gesellschaftlicher Machtstrukturen auf die Zunahme der medizinischen Deutungsmacht hingewiesen. Die moderne Medizin kennzeichnet eine „generelle Medikalisierung des Verhaltens, der Haltungen, Diskurse, Wünsche usw."[218], indem individuelle Lebensbereiche in den Fokus der Medizin und damit in einen gesellschaftlichen Kontext rückten. Aus der ursprünglich individuellen Beziehung zwischen Ärztin und Patientin wurde eine soziale Praxis, die auf viele Lebensbereiche einwirkt.[219] In ihrer Raumnahme auf gesellschaftliche Vorstellungen von

---

218 Foucault (1978), S. 94.
219 Laufenberg (2016).

Gesundheit und Normalität hat sie „eine Zugriffsmacht gewonnen, durch die [...] der Mensch technologisch überfremdet zu werden und seine Freiheit zu verlieren droht."[220]

Durch die Ausdehnung in alle Lebensbereiche und die Zunahme technischer Möglichkeiten bestehe demnach die Gefahr einer neuen Abhängigkeit von einem System, welches Lebensumstände wie Alterungsprozesse pathologisiert und gleichzeitig mit einem Heilsversprechen versieht. Verbunden mit einer Eigendynamik der Technologisierung lassen sich (aus Foucaults Perspektive) Normalisierungstendenzen erkennen, durch die neue gesellschaftliche Zwänge entstehen können, die das eigentliche Hilfsangebot alternativlos werden lassen.

Regine Kollek verortet speziell im Bereich der Reproduktionsmedizin derartige Tendenzen, die die Freiheit der Frau einschränken können.[221] In der technischen Herangehensweise erkennt Giovanni Maio zudem eine Normsetzung, dem technologischen Imperativ zu folgen, wodurch ein Machbarkeitsanspruch suggeriert wird: „Das Schwangerwerden ist – so der mitschwingende Glaubenssatz – jeder Frau eröffnet. Und sollte sie dennoch kinderlos bleiben, dann hat sie eben nicht genug investiert, ist nicht gut beraten gewesen oder hat es einfach nicht oft genug versucht."[222]

Es ist freilich nicht von der Hand zu weisen, dass neue (technische) Möglichkeiten nicht nur bestehende Bedürfnisse befriedigen, sondern darüber hinaus auch neue Bedürfnisse generieren können. Gäbe es die Möglichkeit der Eizellspende nicht, hätten Alexandra und Charlotte vielleicht ein Kind adoptiert und Anita wäre nicht auf die Idee gekommen, noch ein Kind zu wollen. Jedoch ist das allein kein Hinweis darauf, dass das medizinische Angebot zu Lasten individueller Freiheit geht. Stattdessen soll an dieser Stelle betont werden, dass die medizinische Entwicklung der letzten Jahrzehnte allgemein zu einer Erweiterung der Handlungsfreiheit geführt hat. Das gilt genauso für die Reproduktionsmedizin. Hierin einen unweigerlichen Zwang im Sinne einer Bedürfnisgenerierung zu vermuten, wäre nicht nur eine pauschale, sondern auch eine verkürzte Darstellung des ambivalenten Verhältnisses zwischen der Eigendynamik medizinischer Entwicklungen und einem auf Freiheit basierenden Konzept der Selbstbestimmung. Wenn Innovationen neue Bedürfnisse wecken, entstehen diese nicht im luftleeren Raum, sondern sind immer auch eine Antwort auf vorhergehende Bedürfnisse.

Die These, dass die medizinisch-technische Durchdringung der Fortpflanzung verbunden mit einer positiven Darstellung der damit zusammenhängenden Mög-

---

220 Kreß (2009), S. 45.
221 Kollek (2000), S. 165.
222 Maio (2014), S. 18.

lichkeiten zu einer Überfremdung des Individuums führt, basiert wesentlich auf der Annahme, dass die für eine autonome Handlung nötige Freiwilligkeit gefährdet ist und Fortpflanzungsentscheidungen dem sozialem Druck unterliegen. Nun ist gesellschaftlicher Druck allerdings schwer fassbar und keine geeignete normative Kategorie, um die einer Handlung zugrundeliegende Freiwilligkeit zu bewerten.[223] Das Angebot allein stellt noch keine Verengung der Handlungsoptionen dar. Dass die Entscheidung freiwillig ist, bedeutet freilich nicht, dass sie auch eine leichte Entscheidung sein muss. Es ist aber nicht ersichtlich, inwiefern dabei sozialer Druck aufgebaut wird, der die Wahl einer Handlungsoption zwingend erfordert. Wenn sich eine 65-jährige Frau dazu entschließt, schwanger werden zu wollen, führt das Angebot der Eizellspende nicht zum Autonomieverlust, sondern allenfalls zu einer Wertverschiebung. Stattdessen stellt es einen erheblichen Zugewinn an Autonomie dar, die reproduktiven Entscheidungen einer Frau anzuerkennen, ohne sie in Zweifel zu ziehen oder sie gar einem Rechtfertigungsdruck zu unterwerfen, der sich den gleichen Machtmechanismen des sozialen Normgefüges bedient, welche Kritikerinnen zufolge eigentlich hätten vermieden werden sollen.

Wenn Maio in diesem Zusammenhang von einem „Diktat technischer Möglichkeiten"[224] spricht und der Meinung ist, „Technik erzeugt mithin einen Machbarkeitssog, dem man sich nur schwer entziehen kann"[225], stellt er die Grundlage der Freiwilligkeit in Zweifel. Besteht der einzige Ausweg nun darin, einer ‚entgrenzten' Fortpflanzung Einhalt zu gebieten, wird damit die Kompetenz eigenverantwortlichen Handelns in Abrede gestellt. Angesichts dessen bliebe fraglich, ob dann überhaupt ein Konzept reproduktiver Selbstbestimmung nötig wäre.

Davon auszugehen, dass die menschliche Freiheit auf diese Weise beeinträchtigt werden kann, ignoriert die Bedingungen menschlicher Existenz als Subjekt innerhalb eins Gesellschaftssystems. „Die Idee der Freiheit ist also nicht außerhalb gesellschaftlicher Macht- und Herrschaftsverhältnisse situiert, sondern sie ist Teil von ihnen. Es gibt kein ‚unschuldiges' Außerhalb."[226] Die Aneignung gesellschaftlicher Normen ist maßgeblich prägend für unsere Vorstellung der Freiheit und ausschlaggebend für die Entwicklung der Handlungsfähigkeit des Subjekts. Es ist nicht möglich, die Dichotomie zwischen innerer Freiwilligkeit und äußerem Druck aufrechtzuerhalten und gleichzeitig den Menschen als Teil eines sozialen Gefüges anzuerkennen.

Nichtsdestotrotz weist diese Kritik auf einen nicht unbedeutenden Umstand hin, der mit dem zugrundeliegenden Menschenbild zusammenhängt. Wenn ge-

---

223 Gutmann (2017), S. 36.
224 Maio (2014), S. 18.
225 Maio (2014), S. 19.
226 Maihofer (2018), S. 38.

sellschaftliche Zwänge als Störelement autonomen Handelns wahrgenommen werden, deutet das auf eine individualistisch geprägte Autonomiekonzeption hin. Allein die Redeweise von Zwängen suggeriert ein negatives Merkmal des Interagierens in sozialen Zusammenhängen. Liberale Theorien basieren in ihrer Grundgestalt auf einem Bild vom Menschen, der idealerweise in der Lage ist, Handlungsentscheidungen unabhängig von äußeren Einflüssen zu treffen. Insofern das aber weit weg von jeder Wirklichkeit ist, muss das Konzept der Autonomie um eine sozialethische Dimension erweitert werden, nicht zuletzt, weil autonomes Handeln erst durch soziale Zusammenhänge möglich ist.

3.3.3 Konzeptionelle Grenzen reproduktiver Autonomie

Davon ausgehend, dass jeder Mensch ein grundlegendes Interesse hat, über seine Fortpflanzung selbstbestimmt entscheiden zu können, ergibt sich aus der Perspektive einer liberalen Ethik, dass jeder Mensch ein moralisches Recht hat, Fortpflanzungsentscheidungen selbstbestimmt zu treffen. Jedoch ist ein Konzept reproduktiver Autonomie, das auf einem Autonomiebegriff basiert, der nur individuelle Interessen und Rechte im Blick hat, nicht in der Lage, das Phänomen der Fortpflanzung angemessen zu erfassen, dem auch eine überindividuelle Dimension zukommt.

Liberale Theorien zeichnen sich dadurch aus, dass sie versuchen, Konflikte zwischen unabhängigen Individuen innerhalb eines politischen Gemeinwesens zu lösen.[227] Üblicherweise wird eine Situation angenommen, in der verschiedene Bürgerinnen (unabhängig voneinander) nebeneinander leben. Auf Grundlage ihrer Interessen und Rechte lassen sich Regeln des gesellschaftlichen Lebens ableiten, um die sich aus dem Zusammenleben ergebenden Konflikte zu lösen bzw. ihnen vorzubeugen. Indem aber die Beziehung der Menschen untereinander ausgeblendet wird und lediglich ihre Interessen gegeneinander abgewogen werden, sitzt eine solche Konzeption zwangsläufig einer idealisierten Vorstellung autonomer Subjekte auf.

Eine solche Vorstellung entspricht vielleicht dem Bild des „Marlboro Man", der angesichts grenzenloser Freiheit einen unabhängigen Lebensstil vermitteln soll, niemals nach vorn oder zurück schaut und einsam seiner Wege geht. Das hat aber wenig mit der Realität zu tun. Menschen sind keine isolierten Wesen, die im luftleeren Raum agieren und sich nicht um andere kümmern. Stattdessen stehen sie in sehr unterschiedlichen Beziehungen zueinander, welche aber in der klassischen

---

227 Wiesemann (2007), S. 58.

politischen Ethik kaum Berücksichtigung finden. Dabei sind soziale Beziehungen häufig Ausgangspunkt unseres moralischen Verhaltens. Viele Konflikte entstehen erst, weil wir uns auf andere Menschen beziehen.[228] Gleichfalls entwickeln wir aus diesen Beziehungen heraus auch Strategien, damit umzugehen und jene Konflikte zu lösen. „Unsere Identität als moralische Wesen bestimmt sich danach, wie wir unsere Beziehungen zu anderen Menschen gestalten und welche Verantwortung wir dafür übernehmen."[229]

Eine familiäre Beziehung ist kein distanziertes Anerkennungsverhältnis, wie bei untereinander Fremden.[230] Sie zeichnet sich nicht durch Unparteilichkeit, Reziprozität oder Privatsphäre aus. Ebenso wenig wie sich Eltern und Kinder auf Augenhöhe gegenüberstehen, sind elterliche Interessen und kindliches Wohlergehen zwei sich gegenüberliegende Pole. Beide sind vielmehr eng miteinander verwoben. Familiäre Beziehungen sind eine besondere Form der sozialen Nahbeziehung, die nicht auf Freiwilligkeit beruht, und daher nicht in den Kategorien einer liberalen Ethik erfasst werden kann.

Gerade mit Blick auf die Eltern-Kind-Beziehung wird schnell deutlich, dass sich klassische Autonomiekonzeptionen darauf nur bedingt anwenden lassen. In seiner Angewiesenheit ist das Kind maßgeblich von der elterlichen Fürsorge abhängig, die damit zu einem identitätsstiftenden Element in dessen Lebensgeschichte wird. Innerhalb dieser Beziehung ist das kindliche Wohlergehen nicht ohne die elterlichen Interessen denkbar, ebenso wie sich autonome Entscheidungen der Eltern aus ihrer Verantwortung für das Kind heraus ergeben.[231] Weil das Miteinander von Eltern und Kind nicht der idealisierten Symmetrie autonomer Individuen entspricht, erachtet Claudia Wiesemann die Beziehung zwischen Kindern und Eltern gar als „produktive[n] Störfaktor ethischer Theorien."[232] Um diese Beziehung erfassen zu können, bedarf es einer theoretischen Grundlage, die über die klassische Autonomiekonzeption hinaus Raum für moralische Urteile schafft, die sich an den Kategorien der Liebe, Fürsorge und Verantwortung bemessen.

Aufgrund der fehlenden Perspektive auf zwischenmenschliche Beziehungen, weist ein individualethischer Ansatz eine Schwachstelle auf. Er erfasst die moralische Bedeutung der Beziehungen für das Verhältnis der Menschen untereinander nicht adäquat und lässt die Beziehungseinheit Familie als moralische Akteurin außer Acht. Die Familie ist eine moralische Institution, die sich nach innen durch

---

228 Elisabeth Conradi prägte in diesem Zusammenhang den Begriff Interrelationalität. Conradi (2001), S. 175.
229 Wiesemann (2006), S. 11.
230 Wiesemann (2006), S. 10 f.
231 Shalev (2012), S. 151 f.; siehe auch Solberg (2009).
232 Wiesemann (2011), S. 242.

ein eigenes Regelsystem definiert und nach außen als eigenständige Einheit innerhalb des gesellschaftlichen Normensystems agiert.

3.4 Freiheit zur Verantwortungsübernahme

Die bisherigen Überlegungen haben gezeigt, dass der reproduktiven Autonomie aus Sicht einer liberalen Ethik kaum Grenzen gesetzt sind. Vielmehr verlangt eine Einschränkung des Rechts auf reproduktive Selbstbestimmung eine erhöhte Legitimationserfordernis, die der individuellen und sozialen Bedeutung der Fortpflanzung angemessen ist. Demnach ist die Fortpflanzung mittels Eizellspende ebenso legitim wie mittels Samen- oder Embryospende. Aus Sicht einer liberalen Ethik ist es unerheblich, wie man sich fortpflanzt, da die Frage nach der Art der Fortpflanzung grundsätzlich in den Bereich der reproduktiven Autonomie fällt.

Dennoch ist nicht davon auszugehen, dass jede Form der Fortpflanzung gesellschaftlich akzeptiert werden kann. Gerade technologische Entwicklungen wie Klonen und Keimbahneingriffe zeigen sehr deutlich die Grenzen sozialer Akzeptanz auf, die zugleich auch Grenzen einer liberalen Perspektive auf die Fortpflanzung verdeutlichen.

Die Familiengründung ist keine rein individuelle Angelegenheit. Die meisten Kinder entstehen innerhalb einer Partnerschaft, in der zwei Menschen gemeinsam entscheiden, ein Kind bekommen zu wollen. Im Kontext der Eizellspende wird dies noch um die Position der Spenderin ergänzt. Dies setzt bereits auf der Entscheidungsebene eine Bündelung individueller Interessen voraus, die in einer kollektiven Entscheidung mündet. Darüber hinaus ist die Fortpflanzung darauf ausgerichtet, eine fundamentale Abhängigkeitsbeziehung zu erzeugen, innerhalb derer die Interessen von Eltern und Kind keine unabhängigen und gegeneinander abzuwägenden Posten einer moralischen Kalkulation sind. Die Eltern sind Teil der kindlichen Identität. Die Fortpflanzung ist ein Ereignis, bei dem nicht bloß ein neuer Mensch, sondern auch eine Beziehung entsteht. Durch die Verschiebung des Fokus von der eigenen Fortpflanzungshandlung auf die Entstehung eines neuen Menschen kommt eine neue moralische Kategorie ins Spiel: die Kategorie der Verantwortung. Hierin zeigt sich das Spannungsfeld zwischen einem liberal-demokratischen Gesellschaftssystem und dessen kultureller Ordnung, in die es eingebettet ist. Wenn soziale (Nah-)Beziehungen einen wesentlichen Teil unserer Moral ausmachen, müssen diese auch in ethischen Überlegungen angemessen berücksichtigt werden.

Ferner gehört es zur Grundlage unseres Normensystems, dass Menschen für ihr Handeln in einem moralischen Sinne verantwortlich sind. Das gilt im Besonderen für die Fortpflanzung, wenn dadurch nicht bloß ein neuer Mensch entsteht, sondern eine Beziehung, deren Wesensmerkmal die Übernahme elterlicher Verantwortung ist. Daher meint die Freiheit, sich für ein Kind zu entscheiden, immer auch die Freiheit, Verantwortung übernehmen zu können. Diese Verantwortung ist verbunden mit moralischen Pflichten, die sich aus dem Wesen der Beziehung selbst ergeben. Umgekehrt ist Freiheit auch eine notwendige Voraussetzung, um Verantwortung übernehmen zu können. Bereits Aristoteles führte aus, dass wir andere für ihr Handeln nur loben oder tadeln können, wenn sie die Freiheit haben, sich für ihre Handlung zu entscheiden, und zugleich die Möglichkeit besteht, anders entscheiden zu können.[233]

Aufgrund der engen Verbindung von reproduktiver Freiheit und reproduktiver Verantwortung ist es erforderlich, den ursprünglich individualethischen Ansatz um eine sozialethische Dimension zu erweitern. Um Fortpflanzungsentscheidungen angemessen bewerten zu können, müssen daher zwei Beziehungsstrukturen berücksichtigt werden: (1) die innerfamiliäre Beziehung mit der ihr inhärenten Verantwortung für das Kindeswohl sowie (2) die im kulturellen Rahmen verankerte Stellung der Familie innerhalb der Gesellschaft.

---

[233] Aristoteles, NE III 1, 1109b30–1110a19.

4 Verantwortung für das Kind

Kindern genießen in unserer Gesellschaft einen besonderen Status. Niemand möchte das Wohlergehen von Kindern versehentlich oder absichtlich verletzen. Daher kommt dem Kindeswohl eine handlungsleitende Funktion zu. Es ist ein rational begründbares und daher für viele Menschen nachvollziehbares Kriterium zur moralischen Bewertung elterlichen Handelns. Insofern ist es naheliegend, reproduktive Handlungen und damit auch die Eizellspende hinsichtlich ihrer Folgen für das Kindeswohl zu bewerten. Allerdings bestehen konzeptionelle Unklarheiten. Es ist weder eindeutig, was das Kindeswohl umfasst, noch wodurch es gefährdet wird. Darüber hinaus besteht eine große Schwierigkeit darin, die moralische Schutzwürdigkeit zukünftiger, d. h. noch nicht gezeugter Kinder zu begründen. Damit das gelingen kann, bedarf es einer normativen Analyse der besonderen Struktur familiärer Beziehungen, die zugleich Ausgangspunkt ist, um Bedeutungsgehalt und Geltungsbereich elterlicher Verantwortung zu bestimmen.

4.1 Die Sorge um das Kindeswohl

In gleichem Maß wie das Wohlergehen von Kindern unser alltägliches Handeln beeinflusst, kommt diesem auch in rechtlicher Hinsicht eine tragende Rolle zu. Es ist ein hohes Gut, das dem Gesetzgeber erlaubt, im Falle einer Verletzung in die grundgesetzlich garantierte Erziehungsfreiheit der Eltern einzugreifen.[234] Das Kindeswohl ist sowohl Eingriffslegitimation als auch Entscheidungsmaßstab.[235] Dennoch kennt das deutsche Recht keine Legaldefinition. Es ist weder klar formuliert, worin es besteht, noch wodurch es gefährdet wird. Das Kindeswohl ist ein unbestimmter Rechtsbegriff, der je nach Sachlage durch die Rechtsprechung ausgelegt werden muss. Dabei gilt das Eingriffsrecht des Staates keineswegs nur bei bereits begangen Verletzungen, sondern ist auch geeignet, diesen vorzubeugen. Dies setzt voraus, dass eine konkrete Gefahr besteht, von der ausgegangen werden kann, dass sie mit annähernder Sicherheit zu einer nachhaltigen und schwerwiegenden Schädigung des Kindes führt.[236]

Dementsprechend nimmt die Kindeswohlgefährdung eine wichtige Rolle im Strafrecht ein und kommt insbesondere als Begründung einzelner Fortpflanzungsverbote zum Tragen. Unter anderem wird das strafrechtlich verankerte In-

---

234 § 1666 BGB.
235 Coester (1985), S. 35.
236 Götz in: Grüneberg (2022), § 1666, Rn. 8.

zestverbot mit einem Verweis auf den Schutz des Kindeswohls begründet, wenn dadurch eine genetische Schädigung des Nachwuchses verhindert werden soll.[237] Darüber hinaus wird in der Gesetzesbegründung zum ESchG „der Wahrung des Kindeswohles [...] besondere Beachtung geschenkt"[238], dessen vordringliches Ziel es (zumindest dem Titel nach) ist, Embryonen zu schützen. Um einer Kindeswohlgefährdung vorzubeugen, wurde ein Verbot der (experimentellen) Keimbahntherapie[239] und der postmortalen Samenspende[240] installiert. Aus den gleichen Gründen ist es nicht erlaubt, eine Eizelle auf eine andere Frau zu übertragen,[241] was unweigerlich ein Verbot der Eizellspende und der Leihmutterschaft nach sich zieht.

Die mögliche Gefährdung des Kindeswohls durch eine gespaltene Mutterschaft ist eines der zentralen Argumente für das Verbot der Eizellspende in Deutschland.[242] Allerdings wurde dem Kindeswohl in der damaligen Debatte so viel Gewicht beigemessen, dass allein die Aussicht auf negative Konsequenzen genügt hat, um die Eizellspende als Fortpflanzungsmethode moralisch zu disqualifizieren. Der Gesetzgeber erachtete das Kindeswohl als ein so hohes Rechtsgut, dass er das Risiko einer möglichen Gefährdung nicht in Kauf nehmen wollte und somit die Eindeutigkeit der Mutterschaft unter Strafrechtsschutz stellte.[243] Positive Aspekte wurden kaum oder gar nicht berücksichtigt, sodass in diesem Zusammenhang nicht von einer echten folgenorientierten Bewertung gesprochen werden kann.[244] Dabei ist die Bewertung der Handlungsfolgen ein wesentlicher Bestandteil der moralischen Urteilsfindung. Das Ziel dieses Kapitels ist es daher, mögliche Folgen für das Kindeswohl zu beleuchten und sie unter Berücksichtigung individual- und beziehungsethischer Aspekte moralisch zu bewerten.

4.1.1 Mögliche Auswirkungen der Eizellspende

Viele der in der Debatte um die Eizellspende vorgetragenen Argumente beziehen sich auf eine mögliche Kindeswohlgefährdung, von denen sich drei Typen unter-

---

237 BVerfG, 26.02.2008, 2 BvR 392/07, BVerfGE 120, 224, Rn.10.
238 Bundesregierung (1989), BT-Drs. 11/5460, S. 6.
239 Bundesregierung (1989), BT-Drs. 11/5460, S. 11.
240 Taupitz in: Günther/Taupitz/Kaiser (2014), §4 Abs.1 Nr.4 Rn.27f.
241 Bundesregierung (1989), BT-Drs. 11/5460, S. 7.
242 Ausführlicher in Heyder (2011).
243 Keller in: Keller/Günther/Kaiser (1992), §1 Abs.1 Nr.1 Rn.4; Taupitz in: Günther/Taupitz/Kaiser (2014), §1 Abs.1 Nr.1 Rn.1; Braun in: Prütting (2022), ESchG §1 Rn.9; Müller-Terpitz in: Spickhoff (2022), ESchG §1 Rn.6.
244 Vgl. Hektor-Reinshagen (1994), Kap. I.3; Heyder (2011), Kap. 3.

scheiden lassen. Das sind erstens gesundheitliche Risiken infolge der reproduktionsmedizinischen Behandlung, zweitens eine Beeinträchtigung der psychischen Gesundheit durch die Aufspaltung der Mutterschaft und drittens eine Beeinträchtigung des Kindeswohl aufgrund der sozialen Situation.

(1) Assistierte Reproduktionstechniken sind gegenüber der sexuellen Fortpflanzung mit höheren prä- und perinatalen Risiken verbunden.[245] Hierzu zählen insbesondere Frühgeburtlichkeit und niedriges Geburtsgewicht, woraus unterschiedliche Folgeerkrankungen resultieren können.[246] Darüber hinaus gibt es Anzeichen dafür, dass reproduktionsmedizinische Techniken Einfluss auf die gesundheitliche Entwicklung der Kinder haben können. Gegenwärtige Daten deuten auf ein erhöhtes Risiko für eine Zerebralparese und kardiovaskuläre Erkrankungen hin.

Das zentrale Problem von IVF-Behandlungen ist die Mehrlingsbildung, die mit einer erhöhten Mortalität und Morbidität für Mutter und Kind einhergeht. Je höhergradiger die Schwangerschaft, desto höher sind die Risiken. Im ungünstigsten Fall kann ein Fetozid erforderlich sein, um die Überlebenswahrscheinlichkeit der verbleibenden Föten zu erhöhen. Es wird davon ausgegangen, dass sowohl das ovarielle Alter sowie reproduktionsmedizinische Techniken für einen Anstieg der Mehrlingsschwangerschaften verantwortlich sind.[247] Die Wahrscheinlichkeit erhöht sich zusätzlich, je mehr Embryonen in die Gebärmutter transferiert werden. In Deutschland dürfen bis zu drei Embryonen eingesetzt werden.[248] In anderen Ländern gibt es diese Beschränkung nicht, weswegen mit steigendem Alter der Frau auch vier, fünf oder mehr Embryonen transferiert werden können, um eine höhere Schwangerschaftswahrscheinlichkeit zu erreichen.[249]

Je weniger Embryonen in die Gebärmutter transferiert werden, umso geringer ist zwar das Risiko möglicher Schwangerschafts- und Geburtskomplikationen. Desto geringer ist aber auch die Wahrscheinlichkeit, ein Kind zur Welt zu bringen. Eine Möglichkeit, dieses Risiko zu minimieren, ohne die Erfolgsaussichten signifikant zu schmälern, besteht darin, lediglich den Embryo mit den besten Entwicklungschancen in die Gebärmutter zu transferieren (elektiver Singleembryotransfer – eSET). Da dieses Verfahren in Deutschland nicht zulässig ist, gibt es die Tendenz, maximal zwei Embryonen zu transferieren, um eine angemessene Erfolgswahr-

---

245 Siehe dazu auch Kap. 2.2.
246 Unter anderem bronchopulmonare Dysplasien, Hirnblutungen, Retinopathien sowie neurologische Störungen, die wiederum mit unterschiedlichen Langzeitfolgen verbunden sein können. Tucher/Heinrich (2020), S. 165.
247 Ludwig/Ludwig (2020), S. 313.
248 §1 Abs.1 Nr.3 ESchG.
249 Masschaele et al. (2012).

scheinlichkeit bei moderatem Mehrlingsrisiko zu gewährleisten. Von dieser Möglichkeit sind allerdings Frauen ab dem 45. Lebensjahr ausgeschlossen. Ohne gleichzeitig fünf oder mehr Embryonen transferieren zu wollen, ist die Aussicht auf eine Schwangerschaft so gering, dass eine künstliche Befruchtung mit eigenen Eizellen nicht mehr indiziert ist.[250]

Die Erfolgswahrscheinlichkeit einer künstlichen Befruchtung ist relativ gering. Trotz erfolgreicher Befruchtung nistet sich der Embryo häufig nicht in der Gebärmutter ein. Nach dem Deutschen IVF-Register betrug die Schwangerschaftsrate 2020 nach einem Embryotransfer 31,6 %. Doch selbst wenn eine Schwangerschaft zustande kommt, ist das keine Garantie für die Geburt eines Kindes. Etwa ein Fünftel der Schwangerschaften mündete im Abort. Insgesamt beträgt die Wahrscheinlichkeit ein Kind zu bekommen 22,5 % pro Embryotransfers bzw. 16,4 % pro Behandlungszyklus.[251] Diese geringe Erfolgswahrscheinlichkeit unterscheidet sich aber nur bedingt von der natürlichen Fortpflanzung. Es wird geschätzt, dass die Abortrate nach einer Spontankonzeption mindestens 50 % beträgt, wobei sich der Embryo in den meisten Fällen gar nicht in der Gebärmutter einnistet bzw. während oder kurz nach der Einnistung verloren geht.[252]

Ein wichtiger Faktor für einen erfolgreichen Schwangerschaftsverlauf und das neonatale Outcome ist die Qualität der Eizellen, die vornehmlich von deren Alter abhängig ist.[253] Die Wahrscheinlichkeit, mit reproduktionsmedizinischer Hilfe schwanger zu werden, beträgt bei einer 45-jährigen Frau etwa 2–3 % pro Behandlungszyklus, wobei das noch nicht das erfolgreiche Austragen der Schwangerschaft garantiert.[254] Vielmehr hat sich gezeigt, dass die Chance, ein eigenes Kind zur Welt zu bringen, ab dem 46. Lebensjahr auch mit medizinischer Unterstützung quasi ausgeschlossen ist.[255] Während bei einer sexuellen Fortpflanzung im höheren Alter oft gar keine Befruchtung stattfindet bzw. sich die befruchtete Eizelle nicht in der Gebärmutter einnisten kann, erklären sich die höheren Abortraten infolge einer IVF durch eine forcierte Befruchtung und die vermehrte Diagnostizierung biochemischer statt klinischer Schwangerschaften.[256]

---

250 Cabry et al. (2014), S. 18.
251 Deutsches IVF-Register (2022), S. 23 und S. 25. Siehe auch FN 56.
252 Lasch/Fillenberg (2017), S. 176.
253 Steel/Sutcliffe (2009); Ludwig/Ludwig (2018).
254 Ludwig et al. (2020), S. 392.
255 Spandorfer et al. (2007).
256 Nawroth/Ludwig/Keck (2015), S. 76. Eine biochemische Schwangerschaft liegt vor, wenn ein erhöhter Wert des Schwangerschaftshormons hcG im Blut oder Urin nachweisbar ist. Ist der Embryo im Ultraschallbild zu erkennen (etwa ab der 6. Woche), handelt es sich um eine klinische Schwangerschaft.

Unter Berücksichtigung der altersabhängigen Qualität der Eizellen ist davon auszugehen, dass sich Fehlbildungs- und Fehlgeburtsrisiken durch die Nutzung jüngerer Eizellen senken und damit die Schwangerschafts- und Lebendgeburtrate signifikant steigern lassen. Britische Daten von 2019 zeigen, dass die Lebendgeburtrate bei einer IVF-Behandlung mit eigenen Eizellen gegenüber einer IVF-Behandlung mit fremden Eizellen bei 43–44-Jährigen 5 % zu 35 % und bei über 44-Jährigen 4 % zu 31 % beträgt.[257] Im europäischen Mittel beträgt die Chance, nach einer Eizellspendebehandlung ein Kind zu Welt zu bringen 30,4 %, wobei sich große Unterschiede zwischen den einzelnen Ländern zeigen. Während diese in Rumänien mit 13,8 % angegeben wird, liegt sie in Österreich bei 61,6 %.[258] In den USA beträgt die Lebendgeburtrate durchschnittlich etwa 50 %.[259] Diese Daten zeigen sehr deutlich, dass die Verwendung fremder Eizellen die Erfolgsrate einer künstlichen Befruchtung signifikant verbessert und den medizinischen Nutzen immens steigert.

Wenngleich es aufgrund der hohen Komplexität des Fortpflanzungsgeschehens schwer ist, Kausalitäten zu ermitteln, lässt sich ein Zusammenhang zwischen der Subfertilität und dem Alter der Eizelle erkennen. Es ist daher anzunehmen, dass (zumindest im fortgeschrittenen Alter) die Fortpflanzung mit fremden Eizellen gegenüber der Verwendung eigener Eizellen eher geeignet ist, die gesundheitlichen Risiken für das Kind zu senken. Sofern im fortgeschrittenen Alter nicht auf den Kinderwunsch verzichtet werden soll, ist eine Eizellspendebehandlung hinsichtlich des neonatalen Outcomes die deutlich bessere Option.

(2) Im Vorfeld des ESchG wurde insbesondere betont, dass die Trennung von genetischer und biologischer Mutterschaft (wenn das Kind von einer anderen Frau abstammt als von der, die es geboren hat) zu einer Störung der Identifikationsfindung des Kindes während der Pubertät und damit zusammenhängend zu einer Beeinträchtigung des psychosozialen Wohlergehens führen kann.[260] Unter anderem begründete die Bundesregierung das Verbot der Eizellspende in dem von ihr vorgelegten Gesetzesentwurf mit einer möglichen Kindeswohlgefährdung, indem sie

---

257 HFEA (2021b), Fig. 6. Entgegen der häufig angegebenen Rate pro Embryotransfer beziehen sich die britischen Angaben auf die Gesamtzahl der transferierten Embryonen. Bezogen auf die durchgeführten Embryotransfers liegt die Lebendgeburtrate etwas höher (siehe den dazugehörigen Datensatz, Tab. 12).

258 Häufig lassen sich solche Unterschiede auf soziodemografische Faktoren zurückführen (Altersstruktur, Einkommen, Bildung, medizinische Infrastruktur etc.). Unklar ist allerdings, inwiefern sich die mangelnde oder unzureichende Weitergabe der Daten auf die Statistik auswirkt. Die hier angeführten Daten beziehen sich auf das Jahr 2016. Wyns et al. (2020), Datensatz, Tab. SVIII.

259 Centers for Disease Control and Prevention (2021), S. 26.

260 Bundesregierung (1989), BT-Drs. 11/5460, S. 7.

annimmt, dass das Wissen über die eigene Entstehung die psychische Entwicklung des Kindes beeinträchtigen kann:

> So wird das Kind entscheidend sowohl durch die von der genetischen Mutter stammenden Erbanlagen als auch durch die enge während der Schwangerschaft bestehende Bindung zwischen ihm und der austragenden Mutter geprägt. Unter diesen Umständen liegt die Annahme nahe, daß dem jungen Menschen, der sein Leben gleichsam drei Elternteilen zu verdanken hat, die eigene Identitätsfindung wesentlich erschwert sein wird.[261]

Weiterhin wurde befürchtet, dass sich mögliche Beziehungskomplikationen negativ auf die psychische Gesundheit auswirken können, weil die Spenderin möglicherweise „Anteil an dem Schicksal des von der anderen Frau geborenen Kindes zu nehmen sucht und damit erhebliche seelische Konflikte auslöst."[262]

Obwohl die Sorge um eine mögliche Identitätsfindungsstörung in der rechtswissenschaftlichen und politischen Debatte zahlreich vorgetragen wurde und auch gegenwärtig noch zur Rechtfertigung des Verbots der Eizellspende herangezogen wird,[263] lässt sich heute nicht eindeutig nachvollziehen, wie diese Vermutung zustande kam. Es ist anzunehmen, dass Erkenntnisse von Samenspendekindern und Adoptivkindern übertragen wurden. Peter Petersen[264] verweist in diesem Zusammenhang auf eine in den USA durchgeführte Studie, in der eine Identitätsfindungsstörung bei Kindern festgestellt wurde, die erst im Jugendalter erfahren haben, dass sie durch eine Samenspende gezeugt wurden. Ähnliche Störungen sind Petersen zufolge auch aus der Adoptivkinderforschung bekannt.[265]

Entwicklungspsychologisch betrachtet hat das Jugendalter eine besondere Bedeutung für die Ausbildung der eigenen Identität. Nach Erik Erikson findet der Identitätsfindungsprozess etwa zwischen dem 12. und 18. Lebensjahr statt. Das ist die Zeit, in der sich Jugendliche ein Bild des eigenen Selbst machen und die Balance zwischen der Ichidentität und ihrer Rolle in der Gemeinschaft finden. Im Prozess der Identitätsentwicklung werden die Informationen gebündelt, die zur Findung eines kohärenten und kontinuierlichen Selbst nötig sind.[266] Für Kinder nach einer Gametenspende (ebenso wie für Adoptivkinder) kann dieser Prozess erschwert werden, wenn sie nicht über alle Informationen (über ihre genetischen Eltern)

---

261 Bundesregierung (1989), BT-Drs. 11/5460, S. 7.
262 Bundesregierung (1989), BT-Drs. 11/5460, S. 7.
263 Bundesregierung (2019), BT-Drs. 19/12407, S. 1 f.
264 Petersen leitete zu dieser Zeit den Arbeitsbereich Psychotherapie und Gynäkologische Psychosomatik an der Frauenklinik der Medizinischen Hochschule Hannover und war Mitglied der sogenannten Benda-Kommission, die wesentliche Vorarbeit für das ESchG leistete.
265 Petersen (1985a), S. 79. Die erwähnte Studie wird jedoch nicht belegt.
266 Vgl. Erikson (1968).

verfügen. Eine dauerhafte Identitätsdiffusion oder -krise kann die Persönlichkeitsentwicklung beeinträchtigen.

Petersen ging davon aus, dass es zu einer „erheblichen Identitätsstörung" kommen kann, wenn dem Kind die Chance genommen wird, seine genetischen Eltern kennenzulernen, die „gleichbedeutend mit einer Störung der psychosomatischen Gesundheit des Kindes"[267] sei. Hierin sah er einen Widerspruch zur ärztlichen Verantwortung, da die Verschleierung der genetischen Herkunft eine potenzielle Gesundheitsschädigung darstellt. „Es ist aus der Familiendynamik bekannt, daß familiäre Lebenslügen die Familienatmosphäre erheblich belasten und eine gesunde seelisch-leibliche Entfaltung der Persönlichkeit des Kindes verhindern."[268] Darüber hinaus hat Petersen auch angenommen, dass bereits die extrakorporale Befruchtung schädliche Folgen für die psychische Entwicklung haben kann, da Kinder vermehrt neurotische Störungen aufweisen, wenn diese mithilfe einer hormonellen Fertilitätstherapie gezeugt wurden.[269] In diesem Zusammenhang ist allerdings anzumerken, dass sich Petersen in seiner Einschätzung hinsichtlich der Identitätsstörung explizit auf Ergebnisse der anonymen Samenspende stützte und dabei außer Acht gelassen hat, dass Eizellspenderinnen keineswegs anonym bleiben müssen und ebenso elterliche Verantwortung übernehmen können.[270]

Obwohl die erste erfolgreiche Eizellspendebehandlung mittlerweile über 35 Jahre zurückliegt, gibt es bisher nur wenige Untersuchungen über die jugendliche Entwicklung. Die meisten der durchgeführten Studien beziehen sich auf die künstliche Befruchtung im Allgemeinen oder die Samenspende.[271] Zu den konkreten Folgen der Eizellspende existieren neben einzelnen kleineren Studien lediglich zwei Langzeitstudien, die die sozioemotionale Entwicklung und das psychosoziale Wohlergehen des Kindes sowie die Qualität der Eltern-Kind-Beziehung untersuchen.[272] In beiden werden Familien unterschiedlicher Entstehungsart (Eizellspende, Samenspende, künstliche Befruchtung und sexuelle Zeugung) miteinander verglichen.

Die befürchtete Gefährdung des Kindeswohls durch die Eizellspende lässt sich anhand der aktuellen Datenlage nicht bestätigen. Die bisherigen Langzeituntersuchungen zeigen vielmehr, dass keine signifikanten Auffälligkeiten hinsichtlich der kindlichen Entwicklung oder der Beziehung zwischen Mutter und Kind bestehen.

---

267 Petersen (1985a), S. 79.
268 Petersen (1985a), S. 80.
269 Petersen (1985b), S. 61f.
270 Petersen (1985a), S. 79.
271 Zur Übersicht siehe Ilioi/Golombok (2015).
272 Eine Übersicht der Studienlage bieten Imrie/Golombok (2018).

Zwar konnten leichte Unterschiede mit Blick auf die Entstehungsart festgestellt werden, doch haben sich diese weder im Querschnitt bestätigt noch liegen sie außerhalb des Normbereichs.[273] Ebenso zeigen sich bei Kindern im Heranwachsendenalter keine Unterschiede zwischen den Familientypen bezüglich ihrer sozialen und emotionalen Entwicklung bzw. ihres psychosozialen Wohlergehens.[274] Selbst der Annahme, dass Kinder, die durch Keimzellspende oder Leihmutterschaft entstanden sind, sich mit zunehmendem Alter negativ auf ihre Herkunft beziehen werden, konnte widersprochen werden.[275]

Wenngleich sich keine signifikanten Unterschiede hinsichtlich des Kindeswohls gezeigt haben, lassen sich mögliche negative Folgen nicht grundsätzlich ausschließen, zumal sich aufgrund des recht homogenen Settings der beiden Studien keine verallgemeinerbaren Aussagen ableiten lassen.[276] Das gilt ebenso für die vom Gesetzgeber befürchteten Beziehungskomplikationen zwischen den leiblichen und den sozialen Eltern. Zwar kann das ebenfalls auf Adoptiv- und Stieffamilien zutreffen, doch lässt sich nicht ausschließen, dass mögliche Konflikte durch die Ambiguität der Mutterschaft noch verschärft werden.

(3) Ein letzter Argumentationstyp bezieht sich auf die sozialen Folgen der Reproduktionsmedizin, die neue Formen der Elternschaft ermöglicht. Wenn Eizellspendekinder zwei Mütter haben, weicht das von dem Bild der Norm(-al-)familie ab. Davon ausgehend, dass es das Beste für das Kind ist, wenn es genau einen Vater und eine Mutter hat, befürchten Kritikerinnen durch das Aufbrechen klassischer Elternschaftskonzeptionen eine Beeinträchtigung des Kindeswohls.

Gewiss sagt die Art der Fortpflanzung nichts über die Qualität der Elternschaft aus. Ob Eltern bessere oder schlechtere Eltern sind, hängt nicht davon ab, wie das Kind entstanden ist. Dennoch lassen sich spezifische Probleme erkennen, die auf die abweichende Familienkonstellation zurückzuführen sind. Ein wesentliches Problem im Zusammenhang mit derartigen Normalvorstellungen sind Diskriminierungserfahrungen, die sich sehr unterschiedlich auswirken können. Diese können persönlicher Art sein, wenn das Kind in der Schule gehänselt oder die

---

273 Imrie/Golombok (2018), S. 1190 f.
274 Murray/MacCallum/Golombok (2006); Golombok et al. (2017).
275 Zadeh et al. (2018).
276 Die meisten Ergebnisse stammen von Kindern aus Großbritannien, die nicht über ihre Herkunft aufgeklärt wurden. Außerdem weisen die befragten Eltern große Ähnlichkeiten untereinander auf (heterosexuelle Paare, Alter, sozioökonomischer Status, Bildung, Ethnizität), weshalb sich die Ergebnisse nur bedingt auf andere Bevölkerungsgruppen übertragen lassen (Imrie/Golombok (2018), S. 1191). Ganz allgemein hat die Familienforschung in Reproduktionsfamilien jedoch gezeigt, dass das elterliche bzw. familiäre Umfeld wichtiger ist als die bloße Familienzusammensetzung. Das heißt, es ist wichtiger, wie statt von wem das Kind aufgezogen wird (Golombok (2017)).

Familie aus sozialen Kontexten ausgegrenzt wird. Daneben kann sich eine institutionelle Diskriminierung indirekt auf das Kindeswohl auswirken, wenn beispielsweise Alexandra und Charlotte (Fall 3) weder gesellschaftlich noch rechtlich als Familie anerkannt werden.

Eine andere Kritik richtet sich konkret gegen die Erfüllung des postmenopausalen Kinderwunschs. Wenn argumentiert wird, dass ältere Frauen weniger gute Eltern sind, wird das Alter der Mutter in Relation zum Kindeswohl gesetzt. Dabei ist dieser Zusammenhang stark umstritten. Auf der einen Seite gelten junge Menschen allgemein als körperlich fitter und sind besser für die physischen Belastungen der Elternschaft gewappnet. Auf der anderen Seite verfügen Ältere über mehr Lebenserfahrung und vielleicht auch mehr Zeit. Bei näherer Betrachtung erweisen sich solche Diskussionen als wenig zielführend und sind eher uninteressant für die ethische Diskussion. Schließlich sind die zugrundeliegenden Parameter weder verallgemeinerbar noch operationalisierbar und können daher nur schlecht gegeneinander abgewogen werden.

Dennoch kann das Alter entscheidenden Einfluss auf die Qualität der sozialen Elternschaft haben. Geht man davon aus, dass es das Beste für ein Kind ist, bei seiner Mutter aufzuwachsen, besteht ein Risiko für das kindliche Wohlergehen, wenn nicht sicher ist, dass die Mutter überhaupt die Volljährigkeit ihres Kindes erleben wird. Sicherlich können Menschen jederzeit erkranken oder versterben und ein junges Alter ist kein Garant guter Elternschaft. Allerdings ist die Sterbewahrscheinlichkeit einer 65-Jährigen signifikant höher ist als die einer 35-Jährigen. Den Tod der eigenen Mutter zu erleben, ist ohnehin eine leidvolle Erfahrung, von der man sich normalerweise wünscht, sie nicht erleben zu müssen. Wenn dadurch die möglicherweise wichtigste Bezugsperson des Kindes wegfällt, kann dies doppelt leidvoll sein.

4.1.2 Der Schutz des Kindeswohls aus normativer Sicht

Es lässt sich nicht von der Hand weisen, dass die Eizellspende als reproduktionsmedizinische Technologie Auswirkungen auf das Wohlergehen des zukünftigen Kindes hat. Während auf der einen Seite die Verwendung fremder Eizellen insbesondere im fortgeschrittenen Alter ausgesprochen positive Effekte hat, indem Fehlbildungs- und Fehlgeburtsrate gesenkt werden und damit die Lebendgeburtrate signifikant erhöht wird, sind reproduktionstechnologische Verfahren auf der anderen Seite mit gesundheitlichen Risiken behaftet, die insbesondere im Fall einer Mehrlingsschwangerschaft zu einer höheren Morbidität und Mortalität führen können. Weiterhin ist unklar, welche Folgen sich für die psychische Gesundheit der Kinder ergeben können. Wenngleich die bisherigen Studien den Verdacht einer möglichen Identitätsfindungsstörung nicht bestätigen konnten und auch darüber hinaus keine Anhaltspunkte ergeben haben, die darauf hindeuten, dass die Zeugung mit einer fremden Eizelle die kindliche Entwicklung beeinträchtigt, lassen sich mögliche negative Auswirkungen nicht ausschließen. Das gilt insbesondere unter Berücksichtigung psychosozialer Aspekte, wenn im Zusammenhang mit der Familienzusammensetzung individuelle Diskriminierungserfahrungen verbunden sind.

Angesichts der unterschiedlichen negativen und positiven Effekte stellt sich die Frage, wie diese gegeneinander abgewogen werden können und, daran anschließend, inwiefern sich mögliche Folgen für das Kindeswohl auf die moralische Bewertung von Fortpflanzungsentscheidungen auswirken. Im Mittelpunkt der folgenden Betrachtung stehen individual- und sozialethische Zugänge, die unter Berücksichtigung bestehender Gemeinsamkeiten mit andere Fortpflanzungsmöglichkeiten hinsichtlich ihrer normativen Tragweite diskutiert werden.

4.1.2.1 Eine verantwortungsethische Position: better safe than sorry

In der zweiten Hälfte des 20. Jahrhunderts wurden (bio-)technologische Neuerungen hervorgebracht, die ein enormes Risikopotential aufwiesen. Auf der einen Seite standen Sorgen vor einem drohenden Atomkrieg und der zivilen Nutzung der Atomenergie, den ökologischen Folgen der industriellen Entwicklung und der Aussicht auf eine wachsende Weltbevölkerung. Auf der anderen Seite machten die Erfolge auf dem Gebiet der künstlichen Befruchtung deutlich, wie greifbar die Manipulation menschlichen Lebens ist. Wenngleich Hans Jonas' heuristische Furcht ethisch nicht immer überzeugen kann, mag es in Anbetracht dessen, was auf dem Spiel stand, nur menschlich sein, „der Unheilsprophezeiung mehr Gehör zu geben [...] als der Heilsprophezeiung"[277].

Im Gegensatz zum Klonen und zur Keimbahnintervention tangiert die Eizellspende zwar weniger unser Verständnis vom Menschsein und ist damit keine gravierende gesellschaftliche Bedrohung, dennoch übernahm der Gesetzgeber Verantwortung für zukünftige Generationen. Aufgrund der unvorhersehbaren Folgen für das in besonderer Weise schützenswerte Kindeswohl entschied er sich nach dem Motto ‚better safe than sorry', mögliche Risiken zu vermeiden und die Eizellspende neben anderen reproduktionsmedizinischen Verfahren zu verbieten.

Diese Handlungsstrategie folgt dem Vorsichtsprinzip (*precautionary principle*), das in der philosophischen Ethik als verantwortungsethisches Entscheidungskriterium zur Risikooptimierung bekannt ist. Da es vor allem in politischen Entscheidungssituationen Anwendung findet, ist es mehr ein Entscheidungsprozess als

---

277 Jonas (1984), S. 70 [Hervorhebung entfernt].

ein Entscheidungsprinzip, dessen Einsatz immer dann sinnvoll sein kann, wenn Entscheidungen unter maximaler Unsicherheit getroffen werden müssen.[278]

Obwohl die Vermeidungsstrategie im Sinne eines verantwortungsethisch begründeten Verbots der Eizellspende auf den ersten Blick gerechtfertigt erscheint, ist die Anwendung des Vorsichtsprinzips nicht unproblematisch. Die aufgrund des Vorsichtsprinzips implementierten Risikomaßnahmen basieren im Wesentlichen auf Unsicherheit, d. h., sie sind grundsätzlich provisorisch und nur so lang gültig, wie die Unsicherheit anhält. Gibt es neue Erkenntnisse, ist es nötig, die Maßnahmen anzupassen. Wenn nun aber das Vorsichtsprinzip in seiner starken Variante angewendet wird und alle Handlungsfolgen rigoros vermieden werden, wie es beim Verbot der Eizellspende der Fall ist, ist es nicht möglich, weitere Erkenntnisse zu gewinnen.[279] Dabei trägt eine Risikovermeidungsstrategie, die auf maximaler Unsicherheit basiert, maßgeblich dazu bei, die bestehende Unsicherheit aufrechtzuerhalten, wenn neue Erkenntnisse nicht zugelassen und Anpassungen systematisch verunmöglicht werden. Das birgt die Gefahr, mögliche positive Entwicklungen neuer Technologien dauerhaft einzudämmen.[280]

In der Zeit, in der das Embryonenschutzgesetz diskutiert wurde, gab es kaum Erkenntnisse über mögliche psychosoziale Folgen der künstlichen Befruchtung. Als das ESchG in Kraft trat, war Louise Brown gerade elf und das erste Eizellspendekind sechs Jahre alt. Mögliche Auswirkungen auf die Entwicklung der Kinder konnten nur erahnt werden, sodass spekulative Annahmen über die Folgen der gespaltenen Mutterschaft zur verantwortungsethischen Ausgangsbasis wurden. Der Gesetzgeber hatte sich angesichts des auf dem Spiel stehenden Kindeswohls für eine sehr vorsichtige Strategie zur Bewältigung unbekannter Risiken entschieden. Doch trotz der heutigen Erkenntnisse wurde das ESchG hinsichtlich der Eizellspende nicht überarbeitet. Dass das Verbot weiterhin besteht und nach wie vor damit begründet wird, dass sich die gespaltene Mutterschaft negativ auf das Kindeswohl auswirken könnte,[281] steht in eklatantem Widerspruch zum Vorsichtsprinzip.

Maßnahmen, die aufgrund mangelnden Wissens etabliert wurden, sind grundsätzlich provisorischer Art und müssen sich am aktuellen Kenntnisstand orientieren. Stattdessen deutet das Ignorieren der neuen Erkenntnisse darauf hin, dass das durch das ESchG zu schützende Rechtsgut nicht das Wohlergehen zukünftiger Kinder ist. Auch wenn es als gerechtfertigt erscheint, dass angesichts des auf dem Spiel stehenden Kindeswohls die neuen Technologien der Fortpflanzungsmedizin aus einer eher pessimistischen bzw. vorsichtigen Perspektive be-

---

278 Vgl. auch Nida-Rümelin/Rath/Schulenburg (2012), S. 107–122.
279 Nida-Rümelin/Rath/Schulenburg (2012), S. 120.
280 Graham/Hsia (2002), S. 379.
281 Bundesregierung (2019), BT-Drs. 19/12407, S. 1f.

trachtet worden sind, ist nicht nachvollziehbar, inwiefern die Auflösung der biogenetischen Mutterschaft psychische Störungen hervorrufen kann, die (aus heutiger Sicht) so gravierend sind, dass man zukünftige Kinder lieber davor beschützen
möchte.

4.1.2.2 Der Schutz zukünftiger Menschen und das Nicht-Identitätsproblem

Indem der Gesetzgeber explizit das Wohlergehen zukünftiger Kinder in den Blick
genommen hat, die zwar von der reproduktiven Handlung direkt betroffen sind,
aber ihre Interessen nicht selbst vertreten können, folgt dieser dem Grundgedanken
einer liberalen Ethik. Das harm principle rechtfertigt, die Handlungsfreiheit einer
Person einzuschränken, um Schaden von einer anderen Person abzuwenden. Interpretiert man eine Beeinträchtigung des Kindeswohls als Schaden, kann ein
Verbot einer reproduktionsmedizinischen Technik ein legitimes Mittel sein, um
eine gespaltene Mutterschaft zu verhindern.

Allerdings lassen die bisherigen Überlegungen Zweifel aufkommen, dass eine
Beeinträchtigung des Kindeswohls überhaupt ein moralisch relevanter Schaden ist,
dessen Verhinderung die Gesellschaft berechtigt, die reproduktive Autonomie ihrer
Mitglieder einzuschränken. In diesem Zusammenhang drängt sich zugleich der
Verdacht auf, dass die vermeintliche Absicht, Kinder vor seelischen Konflikten und
psychischen Störungen schützen zu wollen, nicht aus liberalen Motiven heraus
erfolgte. Der Gesetzgeber hat weder definiert, worin das Kindeswohl besteht, noch
wodurch es gefährdet wird. Dies erschwert maßgeblich die Abwägung zwischen
kindlichen und elterlichen Interessen, die wiederum notwendig ist, um die Angemessenheit einer Freiheitseinschränkung beurteilen zu können. Schließlich sind
freiheitseinschränkende Maßnahmen nur soweit legitimiert, wie die dadurch entstehenden Kosten nicht höher sind als der andernfalls entstehende Schaden. In
diesem Zusammenhang lässt sich aber nicht erkennen, dass die aus einer Eizellspendebehandlung resultierende Beeinträchtigung des Kindeswohls derart gravierend ist, um eine Einschränkung reproduktiver Autonomie zu rechtfertigen.

Die Idee, das Kindeswohl durch ein Verbot schützen zu wollen, ist von einem
konzeptionellen Problem begleitet, das als Nicht-Identitätsproblem (*nonidentity
paradox*) bekannt ist und davon ausgeht, dass die Identität eines Menschen wesentlich von seiner genetischen Konstitution und damit von den konkreten Bedingungen seiner Zeugung abhängt.[282] Ausschlaggebend ist die Verschmelzung einer
konkreten Eizelle und einer konkreten Samenzelle. Würden stattdessen andere
Keimzellen miteinander verschmelzen, wäre die gezeugte Person nicht mehr P,
sondern P' und es würde sich um eine andere Person handeln. Des Weiteren ist eine

---

282 Vgl. Parfit (1984), Kap. 16.

Schädigung definiert als ein Übergang von einem besseren zu einem schlechteren Zustand. Um von einer Schädigung sprechen zu können, müsste die Person P durch ein Schadensereignis schlechter gestellt sein, als wenn dieses ausbliebe.[283]

Im Hinblick darauf erweist sich die Begründung des Gesetzgebers zum Verbot der Eizellspende als problematisch. Eine Handlung, die eine notwendige Bedingung für die Existenz eines Menschen ist, kann nicht zugleich eine Schädigung sein. Im Fall der Eizellspende und der Leihmutterschaft wird das vermeintliche Schadensereignis, nämlich die Übertragung der Eizelle auf eine andere Frau, selbst zur Existenzbedingung. Die Zeugung eines Kindes mit der Eizelle einer Spenderin verschlimmert dessen Situation nicht. Würde es hingegen nicht mit der Eizelle einer Spenderin gezeugt werden, wäre es nicht besser gestellt, sondern würde gar nicht existieren.

Insofern ist es paradox anzunehmen, die Interessen zukünftiger Menschen ließen sich schützen, indem deren Zeugung verhindert wird. Existenz und Nichtexistenz sind keine gleichwertigen Zustände. Sie sind schlichtweg inkommensurabel.[284] Interessenschutz ist nicht das Gleiche wie Interessenvermeidung. Aus diesem Grund kann die dem harm principle inhärente moralische Pflicht, niemandem Schaden zuzufügen, durch eine Eizellspende nicht verletzt werden.[285]

Ein Grundproblem des Nicht-Identitätsproblems stellt der zugrunde gelegte Identitätsbegriff dar. Identität bezieht sich auf die genetische Disposition infolge der Verschmelzung einer konkreten Eizelle mit einer konkreten Samenzelle. Daraus entsteht genau dieser eine Embryo. Würde auf die Zeugungshandlung verzichtet werden, würde jener Embryo nicht existieren. Weil nun die Nichtexistenz keinen intrinsischen Wert hat, wäre ein Vergleich mit dem Zustand der Existenz moralisch nicht zielführend, da sich diese nicht als abwägbare Optionen gegenüberstehen.[286]

Möglicherweise ließe sich das Problem unter Verwendung eines dynamischen Identitätsbegriffs lösen, wenn sich Identität nicht mehr auf die einmalige genetische Ausstattung, sondern auf den Beziehungskontext bezieht.[287] Das käme der Realität

---

283 Siehe Kap. 3.3.1.5.

284 Heyd (1992), S. 32.

285 Siehe auch Heyder (2012), S. 302–307.

286 Die Wertlosigkeit der Nichtexistenz zeigt sich darin, dass dieser Wert keiner Person zugeschrieben werden kann, weshalb der Wert der Nichtexistenz nicht null (oder negativ) sein kann, sondern Nichtexistenz keinen Wert hat. Meyer (2005), S. 44.

287 Ein Einwand gegen diese Auffassung des Nicht-Identitätsproblems lautet, dass die Identität eines Menschen mehr als nur dessen genetische Identität bzw. unabhängig von dessen genetischer Konstitution ist. „If a person were given a genetic therapy that changed the DNA in each of his cells but left other of his characteristics unchanged, we would not regard him as having become a different person. Genetic therapy of this sort would not, for example, imply that the resultant individual no longer owned property that was owned by the person who chose to undergo the proce-

etwas näher. Schließlich sprechen Eltern immer von ‚ihrem' Kind, unabhängig davon, aus welcher Samen- und Eizelle es tatsächlich entstanden ist. Entsprechend lässt sich das Interesse des Kindes nicht bloß als konkretes Interesse des konkreten zukünftigen Kindes, sondern als ein aus dieser Beziehung heraus entstehendes Interesse verstehen. Davon ausgehend, dass jedes Kind ein berechtigtes Interesse hat, ein selbstbestimmtes Leben führen zu können, definiert das einen möglichen Schadensbereich. Demnach wäre es gerechtfertigt, die reproduktive Freiheit der Eltern zu begrenzen, wenn deren Ausübung, das Leben, die Gesundheit oder die Autonomie ihres Kindes aufs Spiel setzen würde.

Hierbei genügt es aber nicht anzunehmen, Kinder haben das Interesse, nur eine Mutter zu haben und in klassischen Familienverhältnissen aufzuwachsen. Erstens würde eine Verletzung dieses Interesses (sofern es das überhaupt gibt) weder zu einer signifikanten Beeinträchtigung des Lebens führen, noch wird ihnen die Chance genommen, ein selbstbestimmtes Leben zu leben. Zweitens wäre es aus einer konsequentialistischen Perspektive verkürzt, sich lediglich auf dieses Interesse zu beschränken. Das würde bedeuten, andere Interessen zu ignorieren, die deutlich schwerer wiegen (z. B. das Interesse geboren zu werden) als das Interesse, nur eine Mutter zu haben.

Von moralischer Relevanz hingegen sind die mit den reproduktionsmedizinischen Behandlungen einhergehenden gesundheitlichen Risiken. Ein geringes Geburtsgewicht, Frühgeburtlichkeit und Mehrlingsschwangerschaften können dem Fortpflanzungsinteresse grundsätzlich entgegenstehen, indem sie die Aussicht auf ein selbstbestimmtes Leben schmälern. Unter der Voraussetzung, der Verletzung vitaler Interessen zukünftiger Kinder vorzubeugen, kann ein Verbot der Eizellspende gerechtfertigt erscheinen, wenn diese mit derart gravierenden Risiken für die Entwicklung des Kindes verbunden ist bzw. die Fortpflanzung selbst gefährdet.

Auf der Interessenebene muss dem Einwand sicherlich zugestimmt werden. Das bedeutet aber nicht, dass die Zeugung eine unmoralische Handlung ist, die legitimerweise unterbunden werden darf. Fortpflanzung, ob natürlich oder medizinisch assistiert, ist immer mit gesundheitlichen Risiken verbunden, die von vielen Faktoren abhängen. Obwohl reproduktionsmedizinische Techniken zur Erhöhung einiger Risiken beitragen, lässt sich daraus nicht ableiten, dass die sexuelle Fortpflanzung grundsätzlich weniger risikoreich ist. Ganz im Gegenteil: Durch eine Eizellspende lassen sich altersbedingte Risiken minimieren. Eine 40-jährige Frau

---

dure, or that the person who left the operation would not be contractually bound to pay for it (since another person chose to undergo it!)" (Wolf (2009), S. 100). In ähnlicher Weise argumentiert Nils Holtug (2009) für einen weiten Begriff personenbezogener Identität. Unabhängig davon, ob das gesündere oder kränkere Kind zur Welt kommt, hat jedes potenzielle Kind, das in dieser Beziehung stehen wird, das Interesse, gesund zur Welt zu kommen.

hat deutlich höhere Chancen, ein gesundes Kind zur Welt zu bringen, wenn sie die Eizellen einer 23-jährigen Spenderin verwendet, als wenn sie versucht, auf natürliche Weise schwanger zu werden. Ausschlaggebend für den Erfolg von Zeugung und Schwangerschaft ist nicht das Alter der Frau, sondern das Alter der Eizellen.

Darüber hinaus kann eine Risikobewertung, die lediglich medizinische Risiken berücksichtigt, nicht genügen. Wird ein Kind während einer sozial ungünstigen Situation (z. B. während einer Hungersnot oder eines Kriegs) geboren, kann das eine weitaus größere Interessenverletzung sein als die mit der Zeugung einhergehenden Risiken. Letztlich ist aufgrund der hohen Abortrate sogar die Zeugung selbst ein erheblicher Risikofaktor für das Gelingen des Lebens. Nichtsdestotrotz ist sie eine notwendige Bedingung, um überhaupt eine Chance zum Leben zu erhalten.

Da sowohl bei einer natürlichen wie auch bei der medizinisch unterstützen Fortpflanzung das Risiko einer Fehlgeburt, einer schweren Infektion oder eines schwerwiegenden genetischen Defekts besteht, wäre eine einseitige Limitierung reproduktionsmedizinischer Hilfe zur Fortpflanzung ein Verstoß gegen den Grundsatz der Gleichbehandlung. Zudem kann allein das der Fortpflanzung inhärente Risiko keine Legitimationsbasis zur Einschränkung reproduktiver Autonomie sein. Wenn bereits die Aussicht auf eine mögliche Gefährdung vitaler Interessen die Zeugung eines Kindes zu einer unmoralischen Handlung macht, wäre eine Fortpflanzung nicht mehr möglich.

4.1.2.3 Das Prinzip der Leidvermeidung

Eine große Schwierigkeit, die unmittelbaren Folgen der Fortpflanzung und damit verbundene Beeinträchtigungen des Kindeswohls normativ zu erfassen, besteht darin, dass diese an die konkrete Identität des von der Fortpflanzungshandlung betroffenen Kindes gebunden sind. Das Nicht-Identitätsproblem ließe sich jedoch unter Einnahme einer identitätsunabhängigen Perspektive umgehen. Statt die konkreten Folgen für das konkrete Kind zu betrachten, ist es möglich, das dadurch verursachte Leid selbst in den Blick zu nehmen und den allgemein akzeptierten ethischen Grundsatz in den Mittelpunkt zu rücken, nachdem (unnötiges) Leiden zu vermeiden ist. Im Unterschied zum harm principle ist das Gebot der Leidvermeidung nicht personenbezogen. Wenn es eine moralische Pflicht gibt, (unnötiges) Leid zu vermeiden, bezieht sich diese auf das potenzielle Leiden jedes Menschen.

Dieser Leitsatz ist in zwei Varianten interpretierbar. In der ersten Lesart steht das Vermeiden unnötigen Leidens im Fokus. Danach ist von zwei gleichwertigen Handlungsoptionen jene vorzuziehen, die weniger Leiden hervorbringt. Obwohl diese Regel intuitiv zu überzeugen vermag und in der Moraltheorie weithin anerkannt ist, ist sie auf Fortpflanzungsentscheidungen nur selten anwendbar. Wenn im Rahmen einer Fertilitätsbehandlung mehrere Embryonen erzeugt werden, könnte jener mit den besten Aussichten ausgewählt werden, um das Risiko möglicher Fehlbildungen oder Mehrlingsschwangerschaften zu schmälern.

Dass hingegen ein Kind unter den sozialen Folgen der Eizellspende leidet, lässt sich nur vermeiden, indem auf dessen Zeugung verzichtet wird. Das ist jedoch keine gleichwertige Handlungsoption, da es nur es eine Option für das Kind und eine Option gegen das Kind gibt. Entweder wird ein Kind gezeugt, das möglicherweise unter seiner Entstehung leidet, oder es wird kein Kind gezeugt. Damit kann zwar das (eventuelle) Leiden des Kindes vermieden werden, was durch den Verzicht wiederum zu einem Leiden der Wunscheltern führen kann. Hierfür bedarf es eines zusätzlichen Kriteriums, welches angibt, wie unterschiedliche Leiden gegeneinander abgewogen werden können und wann ein Leiden unnötig ist.

In einer zweiten Lesart lässt sich das Prinzip der Leidvermeidung in einem absoluten Verständnis interpretieren, wonach eine Handlung moralisch falsch ist, wenn diese überhaupt Leiden erzeugt. Was auf den ersten Blick recht plausibel erscheint, erweist sich mit Blick auf die Fortpflanzung als äußerst problematisch. Weil das Leben von Leiden charakterisiert ist, ist es insgesamt nicht lebenswert, wie Schopenhauer in „Nachträge zur Lehre vom Leiden der Welt" formuliert:

> Man denke sich ein Mal, daß der Zeugungsakt weder ein Bedürfniß, noch von Wollust begleitet, sondern eine Sache der reinen vernünftigen Ueberlegung wäre: könnte wohl dann das Menschengeschlecht noch bestehn? würde nicht vielmehr Jeder so viel Mitleid mit der kommenden Generation gehabt haben, daß er ihr die Last des Daseyns lieber erspart, oder wenigstens es nicht hätte auf sich nehmen mögen, sie kaltblütig ihr aufzulegen?[288]

Eine ähnliche Sichtweise moderner Art führt David Benatar an, der eine Asymmetrie zwischen Glück (*pleasure*) und Leiden (*pain*) erkennt. Zwar ist Glück allgemein gut und Leiden allgemein schlecht, doch gilt das nur für bereits bestehende Zustände. Während die Abwesenheit von Leiden grundsätzlich gut ist, ist die Abwesenheit von Glück nicht notwendigerweise schlecht „unless there is somebody for whom this abscence is a deprivation."[289] Wenn es jedoch eine moralische Pflicht gäbe, keine unglücklichen Menschen in die Welt zu setzen, aber keine Pflicht glückliche Menschen zu gebären, dann wäre es insgesamt besser, überhaupt keine Kinder mehr zu bekommen.[290]

Aus dieser Perspektive scheint es tatsächlich besser zu sein, keine Kinder zu bekommen. Das gilt jedoch nur unter Anerkennung der Asymmetrie, dass das Vorhandensein von Leiden grundsätzlichen moralisch schwerer wiegt als das

---

288 Schopenhauer, Parerga und Paralipomena II, Kap. 12, § 156.
289 Benatar (2006), S. 30.
290 Vgl. Benatar (2006).

Nichtvorhandensein von Glück und dass Glück bestehendes Leiden nicht aufwiegen kann. Wie aber Schopenhauer schon feststellte, ist der Zeugungsakt keine leidenschaftslose Angelegenheit. Er ist eng mit Emotionen und Präferenzen verbunden, die nur schwerlich einsehen lassen, dass das Glück aktuell lebender weniger wiegen soll als das Leid zukünftiger Menschen. Doch selbst wenn man dieser Asymmetrie zustimmen würde, vermag ein ethischer Antinatalismus nicht zu überzeugen. Ein Grund hierfür liegt darin, dass Leiden ein subjektiver Zustand ist. Wenn wir unter etwas leiden, dann ist das die Beschreibung eines grundsätzlich unerwünschten Zustands, weil es für uns unangenehm ist und uns nicht gefällt. Daraus folgen zwei Dinge.

Erstens bedingt der Zustand des Leidens die Fähigkeit, bewusste Erfahrungen machen zu können. Leiden lässt sich nur leidensfähigen Entitäten zuordnen, nicht aber einer befruchteten Eizelle. Dementsprechend kann das Argument der Leidvermeidung auch nur auf bewusst erfahrbare Zustände angewendet werden, was wiederum bedeutet, dass die meisten der oben genannten medizinischen Risiken gar nicht davon erfasst werden. Im Rahmen einer reproduktionsmedizinischen Behandlung ist es zweifelsohne nicht wünschenswert, wenn sich der Embryo nicht in der Gebärmutter einnistet, jedoch kann dieser nicht darunter leiden. Eine niedrige Schwangerschaftsrate ist daher kein Argument gegen die Nutzung reproduktiver Technologien. Und selbst ein erhöhtes Fehlgeburtsrisiko könnte die Argumentation nicht stützen, sofern der Embryo nicht leidensfähig ist.[291]

Zweitens impliziert das, dass es sich nicht um einen übertragbaren oder anderweitig objektivierbaren Zustand handelt. Wenn eine Person einen Zustand als Leiden empfindet, gilt das nicht notwendigerweise auch für andere. Nur weil die Auswirkungen der Eizellspende auf das Kind gegenwärtig negativ konnotiert sind, folgt daraus nicht, dass diese von dem zukünftigen Kind als Leiden wahrgenommen werden. Selbstverständlich können sich Menschen vorstellen, dass sie es als unangenehm oder belastend empfinden würden, wenn sie eine sehr alte Mutter oder gar zwei Mütter hätten. Eine derartige Urteilsbildung unterstreicht allerdings den subjektiven Charakter des Leidens. Es ist nicht möglich, aus der eigenen Perspektive heraus einen allgemeinen Bewertungsmaßstab des Leidens abzuleiten, ohne einen Kompositionsfehlschluss zu begehen. Insofern lässt sich die Bewertung zukünftiger Menschen über eine heute als unangenehm empfundene Situation aufgrund des subjektiven Charakters des Leidens nicht vorwegnehmen.

---

291 Vielmehr lässt sich im fortgeschrittenen Alter mittels Eizellspende die Schwangerschaftswahrscheinlichkeit erhöhen und das Fehlgeburtsrisiko senken. Insofern wäre das Argument der Leidvermeidung eher ein Argument für die Nutzung der Eizellspende.

Ferner gibt es Übel in der Welt, die die sozialen Folgen der Eizellspende redundant erscheinen lassen. Kriege, Hungersnöte, kapitalistische Ausbeutung und der fahrlässige Umgang mit der Natur sind sehr gute Gründe, keine Kinder zu bekommen. Jedoch ist es nur schwer zu vermitteln, dass es moralisch falsch sei, unter den gegebenen Umständen überhaupt Kinder zu bekommen. Es gibt mitunter gute Gründe, die für eine antinatalistische Position sprechen. Jedoch ist ein ethischer Antinatalismus grundsätzlich blind gegenüber einzelnen Fortpflanzungsarten und bezieht sich stets auf die Fortpflanzung im Allgemeinen. Wenn es angesichts der bestehenden Übel gerechtfertigt ist, ein Kind in die Welt zu setzen, dann kann es aus dieser Perspektive nicht falsch sein, ein Kind mittels gespendeter Eizellen zu zeugen. Eine Begrenzung auf die medizinisch unterstützte Reproduktion oder gar die Eizellspende kann nicht überzeugen.

4.2 Was ist kindliches Wohlergehen?

Es liegt in der Natur der Sache, dass Zeugung und Schwangerschaft mit gesundheitlichen Risiken für das Kind verbunden sind. Jedoch wird die Inkaufnahme höherer physischer und psychischer Risiken, die durch die Anwendung reproduktionsmedizinischer Techniken entstehen, von einem intuitiven Unbehagen begleitet, welches sich moralphilosophisch nur schwer fassen lässt. Zwar haben die bisherigen Überlegungen gezeigt, dass diese Risiken weder ein Schaden im Sinne des harm principle sind noch ein moralisch unnötiges Leid hervorrufen, doch trägt diese Erkenntnis nicht dazu bei, jenes Unbehagen zu beseitigen.

Wenngleich Intuitionen für moralphilosophische Überlegungen nur begrenzt nutzbar sind, sind sie dennoch ein wichtiges Instrument. Sie sind ein Maßstab, an dem sich moralisches Handeln überprüfen lässt. Daher ist es nunmehr die Aufgabe, sich den Intuitionen anzunehmen und diesem Unbehagen auf anderem Weg zu begegnen.

Es ist an dieser Stelle erforderlich, nicht mehr bloß mögliche Folgen für das Kindeswohl zu betrachten, sondern das Kindeswohl selbst in den Blick zu nehmen und dessen normative Implikationen herauszuarbeiten. Geht man davon aus, dass unser Umgang mit Kindern besonderen moralischen Regeln folgt (die es im Umgang mit Erwachsenen nicht gibt), schließt sich unmittelbar die Frage an, ob die Risiken der Eizellspendebehandlung mit unserer moralischen Verantwortung für Kinder vereinbar sind. Schließlich sind wir ihnen aufgrund ihrer Vulnerabilität, d. h. aufgrund der mangelnden Fähigkeit, ihre Interessen selbst vertreten zu können, zum besonderen Schutz verpflichtet.

Jener Schutz des Kindeswohls findet auch Ausdruck im deutschen Recht. Wenn „das körperliche, geistige oder seelische Wohl des Kindes oder sein Vermögen gefährdet"[292] ist, ist der Staat dazu verpflichtet, entsprechende Maßnahmen einzuleiten, um diese Gefahr zu beenden oder abzuwenden. Das geschieht in der Regel, wenn Eltern physische oder psychische Gewalt gegenüber ihrem Kind ausüben oder ihre elterliche Verantwortung nicht übernehmen (können) und es vernachlässigen. Besteht eine akute Gefährdung oder ist eine konkrete Gefährdung abzusehen, können Maßnahmen zum Schutz des Kindeswohls ergriffen werden. Selbst wenn das Rechtssubjekt noch gar nicht existiert, ist es aus rechtswissenschaftlicher Perspektive möglich, das Kindeswohl als Teil des allgemeinen Persönlichkeitsrechts aufzufassen, dem wiederum Menschenwürdegehalt zukommt und damit ein vorwirkendes Schutzrecht begründet.[293]

Problematisch ist allerdings die Unschärfe des Kindeswohlbegriffs. Das deutsche Recht kennt weder eine substanzielle Definition des Kindeswohls noch werden konkrete Gefahren benannt, die erkennen lassen, wann und in welchem Umfang eine Kindeswohlgefährdung vorliegt. Die Bewertung beruht vielmehr auf subjektiven Erfahrungslagen, die sich an fundamentalen Grundrechten orientieren, wie sie unter anderem in der UN-Kinderrechtskonvention aufgeführt werden. Wenngleich auch darin keine Definition des Kindeswohls enthalten ist, werden zumindest konkrete Rechte formuliert: z. B. das Recht auf Leben, Umgang mit den Eltern, Privatsphäre und Berücksichtigung des Kindeswillens.

Die Unbestimmtheit des Kindeswohlbegriffs erschwert eine einfache Handhabung und verhindert, mögliche Gefährdungssituationen anhand einer Checkliste zu prüfen. In der Praxis erweist sich ein gewisser Interpretationsspielraum für die Bewertung einer Kindeswohlgefährdung allerdings als Vorteil. Dadurch lässt sich das Kindeswohl in seiner Gesamtheit erfassen und die begleitenden Umstände

---

292 §1666 BGB.

293 Hieb (2005), S. 145 f. Es besteht Uneinigkeit darüber, inwiefern die Menschenwürde als Grundrecht unabhängig vom Individuum auf die menschliche Gattung anwendbar ist. Hieb betont, dass der Würdeschutz nicht völlig losgelöst von der Subjektqualität betrachtet werden kann. Wenn dieses Recht die individuelle Würde eines Menschen und nicht bloß ein bestimmtes Menschenbild schützen soll, muss der Würdeschutz immer an ein konkretes Individuum gebunden sein. Das schließt zwar einen vorwirkenden Würdeschutz nicht aus, doch kann dieser nicht die Unterlassung einer Zeugung begründen, da die Würde eines Menschen nicht geschützt wäre, wenn dessen Existenz verhindert wird ((2005), S. 95–103). Insofern entfaltet sich zwar eine vor- und nachgeburtliche Schutzwirkung des Kindeswohls, jedoch bedarf es einer konkreten Zeugung. Daher lassen sich Bedingungen der Sorge für das zukünftige Kind formulieren (z. B. Recht auf Leben, Recht auf Kenntnis der Abstammung). Hingegen kann ein Verbot reproduktionsmedizinischer Verfahren nicht aufgrund eines vorwirkenden Grundrechtsschutz begründet werden, wenn dies dazu führt, dass das Kind dadurch nicht gezeugt wird. Hieb (2005), S. 146; Schlüter (2008), S. 226 f.

angemessen berücksichtigen.[294] Schließlich geht es nicht bloß darum, eine mögliche Kindeswohlgefährdung einzuschätzen, sondern vornehmlich darum, mögliche Alternativen gegeneinander abzuwägen.[295] Dafür eignen sich Empathie und praktische Urteilskraft eher als ein starrer Normenkatalog.

Um die Frage zu beantworten, inwiefern sich die Eizellspende in moralisch relevanter Weise auf das Kindeswohl auswirkt, ist es allerdings sehr schwierig, mit einem nur wenig konturierten Begriff umzugehen. Angenommen, es kommt zu einem Konflikt zwischen der Spenderin und der Wunschmutter, der für das Kind möglicherweise belastend ist, ist damit noch nicht angegeben, wie stark die Beeinträchtigung des Kindeswohls ist, wie sie gegen andere Güter abgewogen werden kann und welche moralischen Konsequenzen daraus folgen. Um dies verlässlich beurteilen zu können, bedarf es qualitativer Kriterien, die angeben, wann eine Gefährdungssituation vorliegt, sowie quantitativer Kriterien, die eine Messbarkeit ermöglichen. Die Herausforderung besteht nun darin, Kriterien anzugeben, die nicht nur einen Allgemeingültigkeitsanspruch erfüllen und sich auf andere Menschen übertragen lassen, sondern zeitlich nicht kontingent sind und es ermöglichen, das Wohlergehen zukünftiger Menschen zu antizipieren. Eine philosophische Betrachtung des Wohlergehens soll helfen, einen Lösungsweg aufzuzeigen.

4.2.1 Objektives und subjektives Wohlergehen

In der philosophischen Debatte werden traditionell drei Zugänge unterschieden, nach denen sich die Bestimmung des Wohlergehens entweder an Gefühls- bzw. Gemütszuständen (*hedonistic theory*), an individuellen Wünschen, Interessen und Präferenzen (*desire-fulfilment theory*) oder an objektiven Fähigkeiten und Bedürfnissen (*objective list theory*) orientiert.[296]

(1) Hedonistische Wohlergehenstheorien stellen die Wahrnehmung von Glück oder Zufriedenheit in den Mittelpunkt. Sie gehen davon aus, und das beschert ihnen eine hohe Anfangsplausibilität, dass Freude etwas ist, was Menschen empfinden wollen und Leid etwas ist, das sie vermeiden wollen. Freude und Glück sind etwas

---

294 „Statt dessen könnte der gesetzliche Kindeswohlbegriff als heuristisches Prinzip bezeichnet werden, das gerichtet ist auf das Auffinden und wechselseitige Zuordnen von wesentlichen Seinselementen und Wertmaßstäben innerhalb des allgemeinen Rahmens des Rechts." Coester (1985), S. 40 [Hervorhebung entfernt].
295 Ein Beispiel: Es ist zweifellos nicht gut für ein Kind, wenn dessen Eltern sehr viel rauchen. Das bedeutet aber nicht, dass es besser wäre, in einer Pflegefamilie aufzuwachsen.
296 Parfit (1984), S. 493.

Gutes, Schmerz und Leid hingegen etwas Schlechtes. Wohlergehen bemisst sich demnach am Maß, in welchem die Freude das Leid überwiegt.

Diese Art des Hedonismus ist bereits aus der griechischen Antike bekannt und auch Jeremy Bentham machte sie zur Grundlage seines Utilitarismus: „Nature has placed mankind under the governance ob e sovereign masters, *pain* and *pleasure*. It is for them alone to point out what we ought to do, as well as to determine what we shall do."[297] Weil aber Bentham alle Freuden auf eine Stufe stellt, egal ob es sich um animalische Freuden sexuellen Vergnügens oder höhere Freuden ästhetischer Wertschätzung handelt, wurde er schnell mit dem Vorwurf der ‚Pig Philosophy‘[298] konfrontiert, den auch Mill aufgriff: „To suppose that life has […] no higher end than pleasure – no better and nobler object of desire and pursuit – they designate as utterly mean and grovelling; as a doctrine worthy only of swine".[299] Während Bentham die Freude nur quantitativ bestimmte, erkannte Mill einen qualitativen Unterschied zwischen den einfachen Lüsten eines Tieres und den entwickelten Freuden des Menschen und kam zu dem Schluss, dass es besser sei, „to be a human being dissatisfied than a pig satisfied; better to be Socrates dissatisfied than a fool satisfied."[300]

Ein weiteres Problem hedonistischer Theorien besteht in der Messbarkeit der Freude. Solange Menschen unterschiedliche Freuden unterschiedlich bewerten, stellt sich die Frage, wie daraus eine vergleichbare Größe wird, die eine externe Bestimmung des Wohlergehens ermöglicht. Darüber hinaus hat Robert Nozick in seinem Gedankenexperiment der *experience machine* darauf hingewiesen, dass permanente Freude für die meisten Menschen gar nicht erstrebenswert ist und es andere Dinge gibt, die für unser Wohlergehen bedeutend sein können.[301]

(2) Diese Kritik berücksichtigend ist es möglich, Wohlergehen nicht mehr hinsichtlich des Grads der Freude, sondern der Erfüllung von Wünschen und Interessen zu bestimmen. Das Erleben von Freude ist nur ein Aspekt des Wohlergehens, ebenso wie Freundschaft, Liebe oder das Erreichen von Zielen. Den einzelnen Präferenzen kann unterschiedliches Gewicht beigemessen werden, wodurch sich die wesentlichen Probleme hedonistischer Theorien umgehen lassen.

Problematisch ist allerdings, dass Wunscherfüllung nicht zwingend zur Steigerung des Wohlergehens beiträgt. Aufgrund der Zukunftsbezogenheit besteht eine

---

297 Bentham, Introduction, I 1 [Hervorhebung im Original].

298 Thomas Carlyle (1850) kritisierte damit eine zu dieser Zeit verbreitete Annahme, nach der menschliches Wohlbefinden auf die Befriedigung der Begierde reduziert wird. Siehe auch Welch (2006).

299 Mill, Utilitarianism, CW X, S. 210.

300 Mill, Utilitarianism, CW X, S. 212.

301 Nozick (1974), S. 42 – 45.

grundlegende Unsicherheit darüber, ob die Erfüllung überhaupt dem eigenen Wohlergehen dient. Es kann vorkommen, dass die eigenen Erwartungen nicht erfüllt werden und man sich gar nicht über etwas freut, obwohl man es sich von Herzen gewünscht hat. Wer sich schon mal den Bauch mit Süßigkeiten vollgeschlagen und hinterher über Bauchschmerzen geklagt hat, weiß, dass diese Unsicherheit nicht nur epistemischer Art ist, sondern schlichtweg der Divergenz zwischen rationaler und emotionaler Bewertung aktualer Präferenzen unterliegen kann.

Daher bietet es sich an, Wohlergehen auf die Erfüllung informierter Präferenzen zu beschränken, d. h. jenen Präferenzen, denen man unter voll informierten Bedingungen zustimmen würde. Jedoch ist auch bekannt, dass die vollständige Informiertheit eher ein theoretisches Ideal als eine lebensweltliche Praxis darstellt. Allein der Versuch, alle Informationen einzuholen, die für die Abschätzung der Handlungsfolgen relevant sind, wäre schnell überfordernd. Zudem ist es nur schwer möglich, alle Folgen einer Handlung abzusehen. Gerade langfristige Folgen sind kaum vorhersehbar. Sofern die Anwendung des Konzepts informierter Präferenzen schon für Erwachsene schwierig ist, scheint dieses noch weniger für die Bestimmung des Kindeswohls geeignet zu sein, da es die Fähigkeit zur Bewertung der Präferenzerfüllung voraussetzt, über die Kinder in der Regel (noch) nicht verfügen.[302]

Kindern fällt es oftmals schwer, zwischen kurz- und langfristigen Freuden oder Präferenzen zu unterscheiden. Insbesondere die Berücksichtigung des Kindeswillens stellt eine Herausforderung dar, zum Beispiel wenn es um den täglichen Schulbesuch oder eine Zahnarztbehandlung geht. Möglicherweise lassen sich Präferenzen retrospektiv evaluieren, indem Erwachsene rational auf ihre Kindheit zurückblicken. Doch wäre das stets eine verzerrte Wahrnehmung und es würde dem kindlichen Wohlergehen nicht gerecht werden, sie nur auf dem Weg zum Erwachsenwerden, aber nicht als Kinder wahrzunehmen.[303] Eine Wohlergehenstheorie, die den Kindeswillen ausklammert und Kinder nur als zukünftige Erwachsene betrachtet, ist nicht umfassend.

Wenn Kinder auch als Kinder und nicht nur als zukünftige Erwachsene wahrgenommen werden sollen, stellt sich die Frage nach der Messbarkeit des Wohlergehens. Wenngleich es möglich ist, subjektives Wohlergehen empirisch zu erheben, ist es nicht ohne Weiteres möglich, operationalisierbare Kriterien aufzustellen, die individuelle Unterschiede der subjektiven Wohlergehensbewertung

---

302 Das ist schließlich der Grund für zahlreiche Altersbeschränkungen (z. B. Wahlen, Fahrerlaubnis, Schuldfähigkeit). Raghavan/Alexandrova (2015), S. 895.
303 Raghavan/Alexandrova (2015), S. 893 f.

egalisieren. Dies wäre aber nötig, um eine evaluative Bestimmung des Wohlergehens normativ verwertbar zu machen. Noch stärker zeigt sich das Problem der subjektiven Perspektive im Zuge der Anwendung auf zukünftige Menschen, da unklar ist, wie sich deren subjektive Interessen bestimmen lassen, wenn sie noch nicht einmal gezeugt sind.

(3) Im Unterschied dazu stellen objektive Wohlergehenstheorien nicht das subjektive Empfinden einer Person in den Fokus, sondern basieren auf der Annahme, dass es Güter gibt, deren Verwirklichung das Wohlergehen jedes Menschen befördert. Kernpunkt dieses Zugangs ist eine Theorie des Guten, die sich auf anthropologische Annahmen über menschliche Bedürfnisse stützt. Jeder Mensch hat aufgrund seiner biologischen Eigentümlichkeit Bedürfnisse, deren Befriedigung sich nicht in den Kategorien subjektiven Lustempfindens verorten lassen.

Ansätze objektiver Wohlergehenstheorien lassen sich bereits in der griechischen Antike erkennen. Aristoteles' Konzeption der Eudaimonia beruht auf einem ethischen bzw. anthropologischen Naturalismus, der den natürlichen Eigenschaften des Menschen eine wesentliche Rolle bei der Bestimmung des guten Lebens zuordnet. Eine moderne Variante, die an diese Tradition anknüpft, ist der Fähigkeitenansatz von Martha Nussbaum. Davon ausgehend, dass sich Wohlergehen durch die Möglichkeiten des Menschseins auszeichnet, lassen sich Fähigkeiten benennen, die notwendig sind, um ein gutes Leben führen zu können.[304] Eine alternative Konzeption ist der Grundgüteransatz von John Rawls, der davon ausgeht, dass bestimmte materielle und immaterielle Ressourcen für ein gutes Leben notwendig sind: „The primary social goods, to give them in broad categories, are rights and liberties, opportunities and powers, income and wealth. [...] It seems evident that in general these things fit the description of primary goods."[305]

Weil aber objektive Theorien auf anthropologischen Annahmen beruhen, schließen sie subjektives Empfinden aus der Bewertung des guten Lebens aus. Aufgrund der mangelnden Berücksichtigung individueller Wertvorstellungen kann dies zu einer Diskrepanz zwischen individuellem Wohlbefinden und objektivem Wohlergehen und damit zu einer paternalistischen Bevormundung führen. Das spricht aber nicht zwingend gegen die Nutzung einer objektiven Theorie, da die Freiheit von Kindern ohnehin zugunsten der Beförderung ihres Wohlergehens eingeschränkt wird. Dahinter verbirgt sich immer auch eine erzieherische Funktion, weswegen jene Beförderung grundlegend auf das Erwachsenwerden ausgerichtet ist und nicht immer mit dem subjektiven Empfinden des Kindes überein-

---

304 Dazu gehören unter anderem die Fähigkeiten ein volles Leben zu führen, sich guter Gesundheit zu erfreuen und alle fünf Sinne benutzen zu können. Nussbaum (2006), S. 76 f.
305 Rawls (1971), S. 92.

stimmt. Auch die beste Erziehung kommt nicht ohne leidvolle Momente aus. Insofern kommt der Anwendung einer objektiven Erfassung des Wohlergehens auf das Kindeswohl zumindest eine „Prima-facie-Plausibilität"[306] zu, die sich noch dadurch verstärkt, dass sich subjektive Interessen zukünftiger Menschen nicht bestimmen lassen und stattdessen von einem verallgemeinerten Interesse ausgegangen werden muss.

4.2.2 Das Kindeswohl als bestes Interesse des Kindes

Objektive Wohlergehenskonzeptionen eignen sich besonders gut als theoretische Basis fundamentaler Rechte, weil sie in einem hohen Maß abstrakt sind. Grundrechte basieren nicht auf subjektivem Empfinden, sondern auf verallgemeinerbaren Annahmen über das gute Leben. Man geht beispielsweise davon aus, dass alle Menschen ein grundlegendes Interesse haben, gesund zu sein, für sich sorgen zu können und nicht wegen ihres Glaubens diskriminiert zu werden. Hieraus leiten sich unter anderem die Grundrechte auf Gesundheit, Bildung und Religionsfreiheit ab.

Derartige Annahmen können auch im Alltag eine wichtige Rolle spielen, nämlich immer dann, wenn Entscheidungen über Menschen getroffen werden müssen, die sich selbst nicht dazu äußern können. Angenommen, eine Joggerin findet im Park eine Spaziergängerin, die bewusstlos auf dem Boden liegt. Als sie näher kommt, stellt sie fest, dass die Spaziergängerin nicht atmet, und überlegt, ob sie eine Herzdruckmassage vornehmen sollte. Sie möchte ihr zwar helfen, aber zögert, da sie Angst hat, ihr dabei eine Rippe zu brechen.

Um die theoretischen Überlegungen objektiven Wohlergehens für die Praxis fruchtbar zu machen, wurde das Prinzip des *best interest standard* entwickelt. Dieses besagt, dass in Situationen, in denen der Wille der Betroffenen nicht zu bestimmen ist, jene Handlungsoption zu wählen ist, die nach allgemeiner Auffassung im besten Interesse ist.[307] Geht man davon aus, dass jeder Mensch ein größeres Interesse hat, mit einer gebrochenen Rippe weiterzuleben, als mit einer heilen Rippe zu sterben, ist es im besten Interesse der bewusstlosen Spaziergängerin, mit der Herzdruckmassage zu beginnen.

---

306 Bagattini (2019), S. 131.
307 President's Commission (1983), S. 134–136.

4.2.2.1 Best Interest Standard

Da der best interest standard ein Instrument ist, Entscheidungen für andere zu treffen, die selbst nicht in der Lage sind, rationale Entscheidungen treffen zu können, lässt sich dieses auch auf Kinder anwenden. Entsprechend lautet es in der englischsprachigen Version der UN-Kinderrechtskonvention: „the best interests of the child shall be a primary consideration."[308] Aufgrund der Orientierung an objektiven Wohlergehenskategorien eignet sich der best interest standard aber nicht nur zur Anwendung für jene Situationen, in denen der Wille des Kindes keine hinreichende Entscheidungsgrundlage ist,[309] sondern lässt sich auch auf zukünftige Menschen und damit auch im Kontext der Eizellspende anwenden. Dennoch sind mit einer diesbezüglichen Bewertung des Kindeswohls zwei Schwierigkeiten verbunden.

Eine erste Schwierigkeit geht mit der Unbestimmtheit eines objektiven Kindeswohlbegriffs einher. Wenn nicht hinreichend klar ist, wodurch sich das Kindeswohl definiert, ist ebenso wenig klar, wodurch es gefährdet wird. Sicherlich gibt es unstrittige Fälle gravierender Kindesmisshandlung, in denen die Gesundheit oder das Leben in akuter Gefahr sind. Solche Fälle bieten nur wenig Interpretationsspielraum und es ist unwahrscheinlich, dass es zu widerstreitenden Positionen kommt. Inwiefern eine Eizellspende dem allgemeinen Interesse des Kindes entgegensteht, ist hingegen sehr umstritten. Es besteht keineswegs Einigkeit darüber, ob (zukünftige) Kinder ein Interesse daran haben, nur eine Mutter zu haben. Wenn sich dies aber nicht anhand allgemein anerkannter Kriterien feststellen lässt, handelt es sich um eine Art Grauzone, innerhalb jener nicht eindeutig zu definieren ist, was gut oder schlecht für das Kind ist.[310]

Hieran schließt sich eine zweite Schwierigkeit an. Selbst wenn die Bewertungskriterien hinreichend konkret wären, und sich bestimmen ließe, ob eine Handlung im Interesse des Kindes ist oder nicht bzw. ob deren Folgen gut oder schlecht für das Kind sind, wäre das Problem der Grauzone nicht gelöst. Letztlich bedarf es im Fall gegenläufiger Interessen eines Kriteriums, das angibt, welches

---

308 Art. 3 Abs. 1 UN-KRK.

309 Wenn das Jugendamt der Überzeugung ist, dass Eltern nicht mehr in der Lage sind, sich um ihr Kind zu kümmern, greifen sie im besten Interesse des Kindes in die elterliche Erziehungsfreiheit ein. Muss ein Gericht im Rahmen eines Sorgerechtsstreits entscheiden, bei welchem Elternteil das Kind leben soll, kann es zwar das Kind anhören, wird aber die Entscheidung nicht allein vom geäußerten Kindeswillen, sondern auch vom besten Interesse des Kindes abhängig machen.

310 Bei der Bestimmung objektiver Interessen von Kindern besteht eine zusätzliche Schwierigkeit darin, diese nicht nur aus einer Erwachsenenperspektive zu betrachten. Das Kind muss sowohl als Kind als auch als zukünftiger Erwachsener wahrgenommen werden. „A good childhood is valuable not only because it leads to successful adulthood, but also for its own sake." Raghavan/Alexandrova (2015), S. 897.

Interesse stärker wiegt und was im besten Interesse des Kindes ist. Während die Anwendung des best interest standard im Fall der bewusstlosen Joggerin recht eindeutig ist, ist das hinsichtlich des Kindeswohls oft viel schwieriger. Wenn beispielsweise eine Richterin im Fall eines Sorgerechtsstreits das Kind der Mutter zusprechen würde, könnte eine andere Richterin unter gleichen Voraussetzungen zu einer anderen Entscheidung kommen, einfach nur, weil sie die vorhandenen Interessen (z. B. das Interesse bei der Mutter zu wohnen und das Interesse bei dem Vater zu wohnen) anders bewertet. Hierin zeigt sich, dass die Anwendung des best interest standard eine hohe Interpretationsleistung erfordert, die umso größer wird, je weniger eindeutig die Interessen des Kindes sind. Daher ist der best interest standard nicht objektiv anwendbar und erfordert immer die Berücksichtigung des sozialen Kontexts.

Sicherlich kann es als Vorteil anerkannt werden, wenn ein solcher Standard sozialen und kulturellen Bedingungen anpassbar bleibt, damit besondere Umstände angemessen berücksichtigt werden können.[311] Schwierig wird es jedoch, wenn Menschen aufgrund ihrer eigenen Wertvorstellungen und Interessen das beste Interesse eines Kindes unterschiedlich beurteilen, zumal dann fraglich ist, ob der best interest standard innerhalb dieser Grauzone ein zuverlässiges Instrument ist, um daraus verallgemeinerbare Regeln für zukünftige Kinder ableiten zu können.

Trotz der genannten Schwierigkeiten schmälert das nicht die Plausibilität des best interest standard als Basis zur Bewertung des Kindeswohls. Selbst wenn nicht immer Einigkeit über die konkrete Ausgestaltung besteht oder die Anwendung einer hohen Interpretationsleistung bedarf, scheint es besser, Entscheidungen über das Kindeswohl an einem hohen Standard zu orientieren, auch wenn dieser vielleicht nicht immer eingehalten werden kann. Schließlich liegen Kinder den meisten Menschen sehr am Herzen und rufen starke emotionale Reaktionen hervor, die wiederum mit normativen Vorstellungen verbunden sein können.

4.2.2.2 Das beste Interesse als Ideal

Um den best interest standard nicht aufgeben zu müssen und ihn stattdessen praxistauglich zu machen, schlägt Loretta Kopelman vor, ihn als ein Ideal zu betrachten, aus dem sich prima facie Pflichten ableiten lassen:

> Ideals can be like lighthouses when we are at sea, giving us perspective and helping us steer our course. Considering what is ideal for someone or some group from one point of view can be an important part of deliberation about our actual duties. It does not mean that what is ideal can always be followed. In short, a legitimate part of the deliberation about what actions should be

---

311 Dörries (2003), S. 128.

taken may be to consider our *prima facie* duties or what would be ideal. The best-interests standard employed in this way does not entail [sic!] absolute obligations, since often it is not possible to enact the best policy, or provide the ideal treatment, schooling, opportunities, or parenting.[312]

Die Interpretation des best interest standard als Ideal bietet genügend Spielraum für persönliche Wertvorstellungen und kulturelle Besonderheiten. Hierbei ist es nicht wichtig, dass alle Menschen zum gleichen Urteil kommen. Wenn unterschiedliche Menschen in der gleichen Situation zu unterschiedlichen Bewertungen kommen, was im besten Interesse des Kindes ist, mag das auf den ersten Blick eigenartig erscheinen und das Konzept des best interest standard in seiner wörtlichen Bedeutung infrage stellen. Hingegen wäre es ziemlich realitätsfremd, ein superlatives Verständnis des besten Interesses anzunehmen. Obwohl der best interest standard auf einer objektiven Theorie des Wohlergehens basiert, gibt es das objektiv allerbeste Interesse des Kindes nicht. Die Bewertung, was das beste Interesse des Kindes ist, erfolgt immer vor dem Hintergrund der eigenen Wertperspektive und der Berücksichtigung unterschiedlicher Interessen des Kindes.

Angenommen, die Eltern eines kleinen Kindes sind starke Raucherinnen und das Jugendamt muss entscheiden, ob die gesundheitliche Gefährdung des Kindes so gravierend ist, dass es in einer Hilfeeinrichtung oder Pflegefamilie besser untergebracht wäre. Dass sowohl das gesundheitliche Wohlergehen als auch das Aufwachsen in einer familiären Umgebung wesentlich zum Kindeswohl beitragen und im besten Interesse des Kindes sind, ist unstrittig. Strittig ist hingegen, wie diese beiden Interessen gegeneinander abgewogen werden können. Es ist möglich, dass unterschiedliche Personen die Interessen unterschiedlich gewichten und somit zu unterschiedlichen Entscheidungen gelangen, obwohl sie alle im besten Interesse des Kindes handeln. Was im besten Interesse des Kindes ist, hängt wesentlich davon ab, wer die Frage stellt und in welcher Beziehung die Person zu dem Kind steht. Möglicherweise würden die Eltern hier zu einem anderen Urteil kommen als eine Mitarbeiterin des Jugendamts oder eine Richterin.

Wenn das beste Interesse des Kindes aus unterschiedlichen Perspektiven unterschiedlich bewertet werden kann, bedeutet das aber nicht, dass der normative Anspruch, im besten Interesse des Kindes zu handeln, wegfällt. Es bedeutet lediglich, dass nicht eindeutig bestimmt werden kann, welche Handlung moralisch richtig ist. Macht man den normativen Anspruch objektiver Wohlergehenstheorien nicht von der von ihr beanspruchten Objektivität abhängig (was für die Praxis kaum möglich ist), sondern bindet diese daran, was nach allgemeiner Ansicht dem Wohlergehen dient, kann es mehrere moralisch richtige Handlungen zugleich ge-

---

312 Kopelman (1997), S. 278 f. [Hervorhebung im Original].

ben. Werden die Interessen eines Kindes innerhalb dieser Grauzone unterschiedlich interpretiert, ist nicht mehr nur diejenige Handlung moralisch richtig, die im
besten Interesse des Kindes ist, sondern all jene Handlungen, die hinreichend gut
für das Kind sind. Die Erweiterung des Interpretationsspielraums wirft allerdings
die Frage nach den normativen Implikationen des Kindeswohls auf. In diesem Sinne
lautet die ethisch spannende Frage nicht ‚Was ist im besten Interesse des Kindes?‘,
sondern ‚Sollte man tun, was im besten Interesse des Kindes ist?‘.

4.2.2.3 Ist der best interest standard ein geeignetes Handlungskriterium?

Es gibt zwei gute Gründe, die für ein handlungsleitendes Prinzip sprechen, das sich
am besten Interesse des Kindes orientiert. Zum einen sind Kinder in besonderer
Weise abhängig und verletzlich, weshalb sie in besonderer Weise geschützt werden
müssen. Zum anderen spielt Wohlergehen moraltheoretisch eine wichtige Rolle. Es
ist ein zentraler Aspekt des menschlichen Lebens, sodass angenommen werden
kann, dass sich die moralische Bewertung des Umgangs mit Kindern am Beitrag zu
ihrem Wohlergehen orientiert. Hiervon ausgehend lässt sich ein Prinzip formulieren, wonach eine Handlung dann moralisch richtig ist, wenn sie zum größt-
möglichen Wohlergehen des Kindes beiträgt.

Obwohl ein solches Prinzip einer gewissen Anfangsplausibilität nicht entbehrt,
offenbart es auch eine problematische Seite. Wenn nämlich die moralische Rich-
tigkeit einer Handlung nur anhand ihres Beitrags zur Wohlergehensmaximierung
beurteilt wird, spielt es keine Rolle mehr, wie dieser erlangt wird. Dass aber ein
moralisches Prinzip, das nur auf einer Theorie des (außermoralisch) Guten basiert
und eine Theorie des Rechten ausblendet, keineswegs überzeugen kann, macht John
Rawls deutlich:

> Thus if men take a certain pleasure in discriminating against one another, in subjecting others
> to a lesser liberty as a means of enhancing their selfrespect, then the satisfaction of these
> desires must be weighed in our deliberations according to their intensity, or whatever, along
> with other desires. [...] The pleasure he takes in other's deprivations is wrong in itself: it is a
> satisfaction which requires the violation of a principle to which he would agree in the original
> position. The principles of right, and so of justice, put limits on which satisfactions have value;
> they impose restrictions on what are reasonable conceptions of one's good.[313]

Überdies ist eine strikte Anwendung des best interest standard moralisch nicht
erstrebenswert. Handlungsentscheidungen im besten Interesse des Kindes zu
treffen, kann nicht bedeuten, eine Handlung bloß danach auszurichten, das

---

[313] Rawls (1971), S. 31.

Wohlergehen des Kindes zu maximieren.[314] Das würde nicht nur eine überfordernde Situation schaffen. Eine solche Regel würde grundsätzliche moralische Standards verletzen, wenn das beste Interesse des Kindes jegliche Interessen und Rechte von Dritten überwiegt. Das eigene Handeln am besten Interesse des Kindes auszurichten, soll aber nicht dazu führen, die Interessen anderer zu ignorieren oder auf die Erfüllung eigener Interessen zu verzichten.

Diese Interpretation des best interest standard würde zudem suggerieren, dass das Kindeswohl unabhängig vom Wohlergehen der Eltern oder der Gesellschaft wahrgenommen werden kann.[315] Dabei sind Individualinteressen stets in einen sozialen Kontext eingebettet. Das gilt umso mehr für Kinder, deren Wohlergehen eng mit den elterlichen Interessen verwoben ist. Um zu einer bestmöglichen Handlungsentscheidung im Interesse des Kindes zu gelangen, ist es unerlässlich, die Interessen vor dem Hintergrund ihres sozialen Umfelds zu betrachten und diese gegen andere Interessen abzuwägen.

Wenngleich sich der best interest standard in dieser Hinsicht als interpretationsbedürftig und mehrdeutig erweist, folgt daraus nicht, dass dieser nicht mehr als Instrument zur Entscheidungsfindung herangezogen werden kann. Um das noch einmal in Erinnerung zu rufen: Die hohe Attraktivität objektiver Wohlergehenstheorien besteht darin, dass sich allgemeingültige Kriterien benennen lassen, die es erlauben, das Wohlergehen zukünftiger Menschen zu evaluieren. Eine Handlung ist dann moralisch richtig, wenn sie unter Berücksichtigung der Begleitumstände aus Sicht der entscheidenden Person im besten Interesse des Kindes erfolgt. Das heißt, bei unterschiedlichen Handlungsoptionen ist jene vorzuziehen, die zum größten Wohlergehen des Kindes führt. Mit Blick auf die Probleme der Eizellspende stellt sich nun die Frage, inwiefern sich das Prinzip der Wohlergehensmaximierung als handlungsleitendes Prinzip für individuelle Fortpflanzungsentscheidungen anwenden lässt.

In einer strengen Lesart dieses Prinzips ist es moralisch falsch, Kinder unter nicht idealen Voraussetzungen in die Welt zu setzen. Das würde auf jede reproduktionsmedizinische Fortpflanzung zutreffen, weil sie grundsätzlich mit Risiken behaftet ist. Im Übrigen trifft das auf die Fortpflanzung im Allgemeinen zu. Allein die Abhängigkeit von der genetischen Disposition der Eltern zu bestimmten Krankheiten (niemand ist vollständig gesund) lässt sich keineswegs als Idealzustand beschreiben. Doch selbst wenn die Entstehungsbedingungen ausgeklammert werden, geht ein Prinzip, welches ideale Voraussetzungen verlangt, an der Realität vorbei und würde geradewegs in einen Antinatalismus führen. Darüber hinaus

---

314 Kopelman (1997), S. 283 f.
315 Ruddick (1989), S. 226 f.

kann diese Lesart wegen der inhaltlichen Unbestimmtheit des Kindeswohls nicht überzeugen. Aufgrund der hohen Komplexität menschlichen Wohlergehens und Berücksichtigung individueller Beurteilungsspielräume ist es nicht möglich, einen Idealzustand zu bestimmen. Einen solchen kann es genauso wenig geben wie das allerbeste Interesse des Kindes.

In einer abgeschwächten Version müsste dieses Prinzip aber nicht an einem absoluten Ideal ausgerichtet sein, sondern könnte nur auf die beste aller Möglichkeiten abzielen.[316] Hat man die Wahl zwischen zwei Handlungsoptionen, dann ist diejenige zu wählen, die zu einem größeren Wohlergehen führt. Wenn man die Möglichkeit hat, unter anderen Umständen ein glücklicheres Kind zu bekommen, dann wäre es richtig, mit der Fortpflanzung zu warten.[317]

Solche Überlegungen sind in der Realität überhaupt nicht abwegig. Die Suche nach der richtigen Partnerin, einem sicheren Arbeitsplatz und ökonomischer Stabilität sind gute Gründe, den Kinderwunsch um ein paar Jahre zu verschieben. Viele Menschen möchten sicher sein, dass sie selbst in der Lage sind, ein Kind großziehen und ihm ein nach ihren Vorstellungen gutes Leben ermöglichen zu können. Dabei spielen berufliche, partnerschaftliche und finanzielle Aspekte eine große Rolle. Die Entscheidung, den Kinderwunsch zu verschieben, ist von der Idee getragen, dem Kind ein bestmögliches Leben zu gewähren. Derlei Motivationen haben in Deutschland dazu geführt, dass die Erfüllung des Kinderwunschs häufig in die vierte Lebensdekade verschoben wird.[318]

Wenn man aber aufgrund des fortgeschrittenen Alters auf reproduktionsmedizinische Hilfe angewiesen ist, ist das in der Regel die einzige Möglichkeit, den Kinderwunsch überhaupt noch zu erfüllen. Die einzigen Alternativen bestehen darin, ein Kind zu adoptieren oder auf ein Kind zu verzichten. Das sind freilich keine gleichwertigen Handlungsoptionen (allein schon deswegen nicht, weil sie nicht zur Maximierung des Wohlergehens beitragen). Wenn es aber keine Alternative gibt, den Wunsch nach einem eigenen Kind zu erfüllen, und die Nutzung reproduktionsmedizinischer Technologien die einzige Handlungsoption ist, dann ist sie notwendigerweise auch die bestmögliche Handlungsoption.

Darin zeigt sich ein Problem der schwachen Lesart des Prinzips der Wohlergehensmaximierung. Entweder kann es im Fall der Eizellspende nicht angewendet werden, weil es keine echten Handlungsalternativen gibt, oder es orientiert sich am bestmöglichen Wohlergehen und ist inhaltlich nicht ausreichend definiert. In bei-

---

316 Da hier ebenfalls zu erwarten ist, dass es aufgrund unterschiedlicher Präferenzen und Wertvorstellungen divergierende Ansichten über die beste Möglichkeit gibt, soll der Einfachheit halber angenommen werden, dass es mehrere beste Möglichkeiten gibt, die gleichermaßen gut genug sind.
317 Pennings (1999), S. 1147.
318 Bertram/Bujard/Rösler (2011).

den Fällen ist die Antwort auf den moralischen Konflikt infolge einer Beeinträchtigung des Kindeswohls eindeutig: Wenn sich Anita (Fall 2) mit 65 Jahren entscheidet, noch ein Kind bekommen zu wollen, ist das moralisch zulässig, weil es die einzige und damit bestmögliche Option darstellt. Diese Antwort scheint mir allerdings nur wenig befriedigend zu sein.

Nach diesen Überlegungen zeigt sich, dass das Prinzip der Wohlergehensmaximierung kein geeignetes Prinzip zur Bewertung von Fortpflanzungsentscheidungen ist. Ein Prinzip, das an einem Idealzustand orientiert auf die absolute Maximierung ausgerichtet ist, ist in der Realität nicht umsetzbar. Ein Prinzip, das auf die relative Maximierung ausgerichtet ist, d. h. sich an einem bestmöglichen Zustand orientiert, kann nur eine Aussage darüber treffen, welche Handlungsoption die moralisch bessere ist, nicht aber, ob sie moralisch gut ist.

Eine Möglichkeit, Wohlergehen als moralisches Kriterium zu erhalten, besteht in der Idee minimaler Standards. In diesem Fall geht es nicht darum, die beste oder die bestmögliche Handlungsoption zu wählen. Die moralische Bewertung orientiert sich daran, ob eine Handlung gut genug ist. Ein typischer Anwendungsfall ist die Entziehung des Sorgerechts. Wenn das Jugendamt erkennt, dass eine Gefahr für das Leben oder die Gesundheit eines Kindes besteht, und daraufhin die elterliche Sorgeberechtigung entzieht, orientiert sich die Entscheidung an einem Mindestmaß des Wohlergehens, indem bestimmt wird, was nicht mehr gut genug ist. Dieses Prinzip lässt sich gleichfalls auf Fortpflanzungsentscheidungen anwenden. Demnach ist es nur dann moralisch gerechtfertigt, ein Kind zu bekommen, wenn diesem ein minimales Wohlergehen garantiert ist.

Der Vorteil besteht darin, dass es nicht nötig ist, einen gesellschaftsübergreifenden Konsens für einen minimalen Standard zu finden. Dieser ergibt sich bereits aus den Bedingungen des Lebens. Eine nicht unterschreitbare Schwelle bieten sogenannte *wrongful life*-Konzeptionen: Ein Leben, welches so schlecht ist, dass man sich wünschen würde, niemals geboren worden zu sein. Demnach wäre eine Fortpflanzungsentscheidung dann moralisch falsch, wenn das Kind ein äußerst leidvolles Leben erwarten würde. Obwohl das ein aus normativer Sicht sehr überzeugendes und universelles Kriterium ist, liegt die Schwelle so tief, dass diese kaum unterschritten werden kann und damit für eine Bewertung irrelevant wird. Die Fortpflanzung mittels Eizellspende führt grundsätzlich nicht zu einem äußerst leidvollen Leben, von dem man sich wünscht, lieber nicht zu existieren. Das gilt gleichermaßen für andere Fortpflanzungstechniken wie Leihmutterschaft und Embryospende (und möglicherweise auch für Keimbahnveränderungen und Klonen, wenn sie über das experimentelle Stadium hinweg sind). Jedoch ist kaum zu erwarten, dass es gesellschaftlich anerkannt wird, die moralische Zulässigkeit der Fortpflanzung einzig daran zu bemessen, ob das Kind ein Leben erwartet, das besser ist als der Tod.

Angesichts der Tatsache, dass ein Maximierungsprinzip nicht praktikabel ist und ein Minimalprinzip nicht weit genug geht, schlägt Guido Pennings einen Mittelweg vor: „The provision of medical assistance in procreation is acceptable when the child born as a result of the treatment will have a reasonably happy life".[319] Fortpflanzungsentscheidungen sollen daran gemessen werden, ob es dem Kind möglich ist, ein normales und lebenswertes Leben zu führen. Diese Idee eines angemessenen Standards scheint in Anbetracht der Ausgangssituation ein sinnvoller Ausweg zu sein und ist in der Debatte um das Kindeswohl keinesfalls neu: Carson Strong formuliert „a right to a decent minimum opportunity for development"[320] und Joel Feinberg ein „right to an open future". Während Laura Purdy argumentiert, „we ought to try to provide for every child a normal opportunity for a good life"[321], erachten es Bonnie Steinbock und Ron McClamrock als unfair, wenn ein Kind nicht „a decent chance to a good life"[322] hat. Selbst Mill nennt es „a crime against that being", wenn einem Kind nicht „at least the ordinary chances of a desirable existence"[323] gegeben sind.

Wenngleich diese Ansätze sehr unterschiedlich begründet werden, eint sie das Problem der Unbestimmtheit. Die Interpretation der Angemessenheit dem Common Sense zu unterstellen, ist keine verwertbare Antwort auf die Frage, was ein menschliches Leben gut oder wertvoll macht – insbesondere dann nicht, wenn es um die moralische Zulässigkeit einer Fortpflanzungsmethode geht, die gesellschaftlich umstritten ist. Zum einen gibt es keine einheitliche Vorstellung eines guten Lebens, zum anderen ist nicht ausgeschlossen, dass ein Kind, welches unter schlechten Ausgangsbedingungen geboren wurde, ein glückliches Leben führen kann.

Objektive Wohlergehenstheorien eignen sich zur Herleitung normativ verbindlicher Minimalstandards, die sich aus der Bedingung des Menschseins ergeben. Darüber hinausgehende allgemeingültige Kriterien bedürfen immer der sozialen Anerkennung, um normativ wirksam zu werden, wie es beispielsweise bei Grundrechten erfolgt. Diese basieren auf menschlichen Interessen, die, weil sie allgemein anerkannt sind, jedem Menschen verbindlich zukommen. Doch bereits dabei zeigt sich das Problem der Unbestimmtheit. Grundrechte sind formal gehalten und können in spezifischen Situationen unterschiedlich ausgelegt werden. Dieses Problem wird umso größer, je stärker die soziale Anerkennung abnimmt. Die Grundrechte auf Gesundheit, Obdach und Bildung sind wenig umstritten, weil es

---

319 Pennings (1999), S. 1148.
320 Strong (2005), S. 507.
321 Purdy (1978), S. 28.
322 Steinbock/McClamrock (1994), S. 17.
323 Mill, On liberty, CW XVIII, S. 304.

weitgehend anerkannt ist, dass dadurch grundlegende menschliche Interessen geschützt werden sollen, deren Befriedigung elementar für das menschliche Wohlergehen ist (auch wenn Uneinigkeit darüber besteht, was sich aus diesen Rechten konkret ableitet). Schwieriger wird es hingegen, wenn unterschiedliche Vorstellungen des guten Lebens zu unterschiedlichen Annahmen darüber führen, was gut für den Menschen ist.

Wenn eine Theorie allgemeingültige Aussagen über das menschliche Wohlergehen machen möchte, deren Verbindlichkeit auf sozialer Anerkennung basiert, lassen sich keine normativen Aussagen für einen Graubereich treffen, der sich durch einen hohen Interpretationsspielraum auszeichnet. Eventuell besteht weitgehend Einigkeit darüber, dass es gut für ein Kind ist, wenn es Eltern hat, aber solange es nicht ebenso anerkannt ist, dass es schlecht für ein Kind ist, wenn es nicht genau einen Vater und eine Mutter hat, lässt sich die moralische Unzulässigkeit einer Fortpflanzungstechnologie, die davon abweicht, nicht durch einen möglichen negativen Einfluss auf das Kindeswohl begründen. Daher eignet sich eine Theorie objektiven Wohlergehens nicht als moralischer Bewertungsmaßstab für Fortpflanzungsentscheidungen, sofern nicht die menschliche Existenz garantierende Minimalstandards verletzt werden.

Angesichts der einerseits hohen Akzeptanz des Kindeswohls als moralisches Kriterium einer folgenorientierten Handlungsbewertung und der andererseits schwierigen Bestimmung eines Bewertungsmaßstabs, stellt sich die Frage zum weiteren Umgang mit dem Kindeswohl. Wenn das Kindeswohl als Handlungskriterium nicht fallen gelassen werden soll, besteht eine andere Möglichkeit darin, den Blickwinkel zu wechseln und das Kindeswohl im Kontext der familiären Beziehung zu betrachten.

4.2.3 Kindeswohl im Kontext von Autonomie und Familie

In den bisherigen Überlegungen wurde versucht, das Kindeswohl als unabhängige Größe zu beschreiben. Dies ist angesichts einer fehlenden objektiven Wertgrundlage nicht möglich. Die Bestimmung des Kindeswohls bietet einen Interpretationsspielraum, der von der subjektiven Perspektive der Betrachterin und zugleich vom Kontext und den Lebensumständen abhängt.

Allerdings wird das kindliche Wohlergehen nicht nur von äußeren Faktoren (z. B. dem Handeln der Eltern) beeinflusst, es lässt sich gar nicht ohne den familiären und sozialen Kontext verstehen. Wenn es heißt, Eltern wissen am besten, was gut für ihr Kind ist, liegt das einerseits daran, dass sie die Wünsche und Interessen ihres Kindes besser kennen als alle anderen. Andererseits liegt dieser Einschätzung ein Wohlergehensbegriff zugrunde, der über den üblichen Interpretationsrahmen

objektiver Kriterien hinausgeht. „Das Kindeswohl ist keine objektiv von außen be-
stimmbare Größe, sondern entwickelt sich im sozialen Kontext."[324] Durch die familiäre Nähe werden Eltern selbst zum definierenden Faktor. Kinder werden in
eine Abhängigkeitsbeziehung hineingeboren, deren Ziele durch elterliche Interessen und ihren Vorstellungen eines guten Lebens bestimmt werden. Wenn Eltern im
Interesse ihrer Kinder entscheiden und handeln, treffen sie diese Entscheidung vor
dem Hintergrund ihrer eigenen Wertvorstellungen. Sie richten ihr Handeln nicht
danach aus, was das Beste für das Kind ist, sondern was sie für das Beste für ihr
Kind halten. Die Eltern schaffen damit nicht nur die Grundlage für den weiteren
Lebensweg des Kindes, sondern sind Teil der kindlichen Willensbildung und konstitutiv für das Kindeswohl.[325]

An dieser Stelle zeigt sich die bereits angesprochene theoretische Schwachstelle
einer liberalen Ethik, die auf der wechselseitigen Achtung der Individualität und
dem daraus resultierenden Respekt für die Selbstbestimmung basiert.[326] Wenn dem
Konzept der Autonomie ein politisches Verhältnis der Menschen untereinander
zugrunde liegt, lässt es sich kaum angemessen auf die Eltern-Kind-Beziehung anwenden. Die Familie ist kein Ort, an dem sich einander Fremde begegnen und
versuchen, möglichst auskömmlich nebeneinander zu leben, indem sie ihre Interessen und Rechte gegeneinander verhandeln. Sie ist ein Miteinander sich sehr
nahestehender Personen.[327] Mit der Übernahme der Verantwortung für das Kind
wird das kindliche Wohlergehen zum elterlichen Interesse und die elterliche Fürsorge wird Teil der kindlichen Identität.

Weil in Nahbeziehungen andere moralische Regeln gelten als zwischen einander Fremden,[328] ist ein Ansatz, der die Individualität des moralischen Subjekts in
den Mittelpunkt ethischer Reflexion rückt, kaum fruchtbar. Erst durch eine Fokussierung auf das Verhältnis zwischen Eltern und Kind lassen sich die Besonderheiten jener Beziehung erfassen, die sich weniger durch Gerechtigkeit und Fairness

---

324 Wapler (2017), S. 46.
325 Wie stark der Einfluss subjektiver Wertvorstellungen ist, zeigt sich anhand einer Gegenprobe.
Wenn man andere Menschen an die Stelle der Eltern setzen würde, bedeutet das nicht, dass sie
ähnliche oder gar die gleichen Lebensentscheidungen treffen würden.
326 Siehe Kap. 3.3.3.
327 Wiesemann (2007).
328 Wie sehr sich soziale Beziehungen auf unsere Moralität auswirken, zeigt sich an folgendem
Beispiel: Wenn man von zwei Ertrinkenden nur eine Person retten kann, könnte man, um eine faire
Entscheidung zu treffen, eine Münze werfen. Wäre allerdings eine der beiden Ertrinkenden ein
nahestehender Mensch, würde man es vermutlich nicht als unfair bezeichnen, diese Person vorzuziehen. Williams (1981), S. 17 f. Siehe auch LaFollette (1996), Kap. 13.

als vielmehr durch Sorge und Abhängigkeit auszeichnet.[329] Ist die Art einer Beziehung Ursprung moralischer Probleme, muss sie ebenso Ausgangspunkt ethischer Reflexion sein und die Lösung in selbiger gesucht werden.[330]

Das Verhältnis zwischen Eltern und Kind ist eine auf Dauer angelegte und von Fürsorge getragene Beziehung, die sich durch eine radikale Abhängigkeit des Kindes auszeichnet.[331] Die Liebe und Sorge der Eltern sind wesentliche Elemente kindlichen Wohlergehens. Aristoteles beschreibt die Liebe der Mutter zu ihrem Kind als eine besondere, die um ihrer selbst willen besteht und sich dadurch auszeichnet, dass die Mutter Anteil an ihrem Kind nimmt.[332] In dieser Form ist die Mutterliebe erwiderungslos, denn Mütter können ihre Kinder lieben, auch wenn sie keinen Kontakt zu ihnen haben „und sie lieben sie, auch wenn jene nichts, was der Mutter zukommt, zurückgeben, da sie sie nicht kennen."[333] Die Beziehung zwischen Mutter und Kind wird oft als ursprünglichste Beziehung und elementarste Form der Liebe beschrieben. Gleichzeitig ist es auch eine Beziehung fundamentaler Abhängigkeit, da das Kind auf elementare Weise auf die Sorge der Mutter bzw. der Eltern angewiesen ist und auf ihre Fürsorge vertraut.[334]

Die Mutter-Kind-Beziehung zeichnet sich häufig durch eine emotionale Tiefe und besondere Innigkeit aus. Wenn Aristoteles darin allerdings ein Anzeichen für eine „Freude der Mütter am Lieben"[335] erkennt, ist das mehr ein romantisiertes Ideal als ein Zeichen des Selbstwerts ihrer Beziehung. Das Kindeswohl ausschließlich durch Attribute der Liebe und Fürsorge zu beschreiben, würde zu einer moralischen Überhöhung sozialer Nahbeziehungen führen.[336] Kinder stehen nicht nur in Beziehung zu ihren Eltern, sondern bewegen sich in einem komplexen Beziehungsgeflecht, von dem die Familie nur ein Teil ist, die wiederum selbst Teil anderer Beziehungen ist. Trotz ihrer engen familiären Beziehung sind Eltern und Kind verschiedene Individuen, deren Interessen miteinander konfligieren können. Das lässt sich deutlich an zahlreichen Missbrauchsfällen erkennen. „Die Einbettung des Kindeswohls in intersubjektive Zusammenhänge rechtfertigt es daher nicht,

---

329 „The family, in its ideal conception and often in practice, is one place where the principle of maximizing the sum of advantages is rejected. Members of a family commonly do not wish to gain unless they can do so in ways that further the interests of the rest." Rawls (1971), S. 105.

330 Heyder (2016), S. 51.

331 Wiesemann (2006), S. 99.

332 Aristoteles sieht hierin Parallelen zur freundschaftlichen Liebe, die in dieser Hinsicht allerdings weniger stark ausgeprägt ist. Aristoteles, NE IV 4, 1166a1 – 9.

333 Aristoteles, NE XIII 9, 1159a32 – 33.

334 Wiesemann (2015).

335 Aristoteles, NE XIII 9, 1159a28 – 29.

336 Wapler (2017), S. 34 f.

seine Individualität in kollektiven Bezügen aufgehen zu lassen."[337] Eltern und Kind bleiben als moralische Subjekte erhalten, auch wenn die Familie als eigenständige moralische Einheit betrachtet wird.

Aufgrund der besonderen Ambivalenz dieser Beziehung, in der das Kind sowohl als Teil dieser und zugleich als Individuum wahrgenommen werden muss, genügt es für eine moralische Bewertung nicht, das Kindeswohl ausschließlich innerhalb der Eltern-Kind-Beziehung zu betrachten. Es sind darüber hinaus objektive (bzw. allgemein anerkannte) Standards des Wohlergehens nötig. Ebenso wie die Eltern ist das Kind Teil einer liberalen und demokratischen Gesellschaft, die wesentlich auf der Idee der Individualität aufbaut und der grundlegende moralische Standards zu eigen sind, die unter anderem die Einhaltung der Grundrechte garantieren.

In diesem Sinne steht es Eltern frei, ob sie ihr Kind eher liberal oder autoritär erziehen, auf welche Schule sie es schicken und welches Instrument es lernt. Jedoch gilt der hohe Wert der Individualität in gleicher Weise für das Kind, wodurch sich die elterliche Erziehungsfreiheit begrenzt. Diese muss stets die Möglichkeit einer sich entwickelnden Individualität zulassen. Letztlich ist das Kind auch ein politisches Wesen, welches von der Gesellschaft mit fundamentalen Rechten ausgestattet wird, die nicht nur dessen Individualität schützen, sondern zugleich dessen Entwicklung ermöglichen sollen.

4.2.4 Was bedeutet das für die Bewertung der Eizellspende?

Zusammenfassend lässt sich feststellen, dass weder ausschließlich objektive noch subjektive Wohlergehenstheorien in der Lage sind, das Kindeswohl adäquat zu erfassen. Während sich subjektive Theorien auf aktuale Befindlichkeiten konzentrieren und daher kaum verallgemeinerbar bzw. nicht auf zukünftige Menschen anwendbar sind, umgehen objektive Theorien dieses Problem, indem sie operationalisierbare allgemeingültige Kriterien zur Bestimmung des Wohlergehens anbieten. Problematisch ist hingegen die Ausblendung subjektiver Befindlichkeiten sowie die Benennung, welche Kriterien tatsächlich als Maßstab dienen sollen. Angesichts dessen gibt es keine Möglichkeit, normative Grenzwerte für das Kindeswohl festzulegen, anhand derer individuelle Reproduktionsentscheidungen bzw. Reproduktionstechnologien bewertet werden können. Einzig die Festlegung eines Schwellenwerts als Mindestanforderung kann aus normativer Sicht überzeugend begründet werden. Jedoch stellt diese Schwelle nur eine Minimalanforderung dar,

---

337 Wapler (2017), S. 36.

nach der eine Fortpflanzung dann moralisch zulässig ist, sobald das Kind ein Leben erwartet, das besser ist als der Tod. Weder die mit der Eizellspende verbundenen physischen noch psychischen Risiken sind so groß, dass sie zu einer solchen Bewertung führen können. Aus diesem Grund ist das Kindeswohl als moralisches Kriterium nicht geeignet, um die Einschränkung der reproduktiven Freiheit zu begründen.

Hieraus folgt allerdings nicht, dass das Konzept des Kindeswohls redundant oder gar irrelevant ist. Hinsichtlich der einerseits sehr hohen Akzeptanz des Kindeswohls als folgenorientiertes Kriterium zur moralischen Bewertung von Fortpflanzungsentscheidungen und der andererseits äußerst schwierigen Bestimmung eines konkreten Bewertungsmaßstabs bietet es sich an, die Perspektive auf das Kindeswohl zu verändern und die beziehungsethische Dimension in den Blick zu nehmen. In diesem Sinne ist es weniger sinnvoll zu fragen, ob es mögliche kindliche Interessen gibt, die gegen das elterliche Fortpflanzungsinteresse sprechen, sondern vielmehr, ob die Familiengründung mittels Eizellspende im Rahmen einer guten Elternschaft verantwortet werden kann. Um das herauszufinden, wird im nächsten Schritt untersucht, welche moralischen Verpflichtungen mit der elterlichen Verantwortung einhergehen und wodurch sich gute Eltern auszeichnen.

4.3 Elemente guter Elternschaft

Kindeswohl und die Qualität der Elternschaft sind eng miteinander verbunden und nehmen aufeinander Bezug. Einerseits geht es dem Kind gut, wenn Eltern ihre Aufgabe gut gemacht haben – andererseits haben Eltern ihre Aufgabe gut gemacht, wenn es dem Kind gut geht. Was gute Eltern ausmacht, ist abhängig von den jeweiligen Ansichten über das Kindeswohl, die wiederum von gesellschaftlichen Vorstellungen über Familie und Elternschaft geprägt sind. Solche Vorstellungen nehmen einen wichtigen Platz in der Debatte um reproduktionsmedizinische Techniken ein.

Die entstehungsgeschichtliche Debatte um das ESchG war stark von der Idee geprägt, dass es das Beste für das Kind ist, wenn es bei seinen biogenetischen Eltern aufwächst, weshalb man davon ausging, dass sich Eizell- und Samenspende grundsätzlich negativ auf das zukünftige Kindeswohl auswirken. Dies ist eine Vorstellung, die auch heute noch von vielen Menschen geteilt wird und sich u. a. in der Debatte um das Adoptionsrecht gleichgeschlechtlicher Ehepaare wiederfindet. Wenn Gegnerinnen argumentieren, Vater und Mutter seien wichtig für die Erziehung, ist das zwar kein Heilsversprechen für das kindliche Wohlergehen, jedoch wird suggeriert, dass es einem Kind mit gleichgeschlechtlichen Eltern nicht so gut gehen könne wie einem Kind mit gegengeschlechtlichen Eltern. In ähnlicher Weise wird auch gegen die Adoptionsmöglichkeit von Alleinerziehenden argumentiert, wenn man annimmt, dass es besser für ein Kind ist, zwei Elternteile zu haben.

Anders als in den 50er und 60er Jahren gibt es heute kein vorherrschendes Familienbild mehr. Mit der gesellschaftlichen Liberalisierung in der zweiten Hälfte des letzten Jahrhunderts nahmen autoritäre Gesellschaftsvorstellungen ab. Die klassische Rollenverteilung und konservative Erziehungsmodelle verloren zunehmend ihre Leitfunktion.[338] Dagegen gewannen unterschiedliche Lebensweisen und Familienformen an Bedeutung, die wiederum gesellschaftliche Vorstellungen von Familie und Elternschaft beeinflussten. Angesichts dieser Entwicklung stellt sich die Frage, was gute Elternschaft ausmacht. Eine erste Möglichkeit, diese zu beantworten, besteht darin, Eltern anhand der Erfüllung ihrer elterlichen Rechte und Pflichten zu beurteilen.

4.3.1 Von Rechten, Pflichten und Verantwortung

Das moralische Recht auf Fortpflanzung beinhaltet das Recht, über wichtige Erziehungsfragen selbst entscheiden zu können, was sich im grundgesetzlich garantierten Schutz der Familie wiederfindet. Diesem Recht korreliert aber auch eine Pflicht, sich um das Kind zu kümmern. Eine Verletzung der Elternpflichten liegt dann vor, „wenn die Erziehungsberechtigten versagen oder wenn die Kinder aus anderen Gründen zu verwahrlosen drohen."[339] Dahinter verbirgt sich die Idee, dass auch Kinder Individuen mit eigenständigen Belangen und Interessen sind, deren Schutz rechtlich verankert ist.

Gegenüber Erwachsenen sind die Rechte von Kindern stark eingeschränkt. Das begründet sich schon aus der mangelnden Fähigkeit, rationale Entscheidungen treffen und für sich selbst Sorge tragen zu können. Gerade kleine Kinder sind in besonderem Maße auf Erwachsene angewiesen. Jenes Defizit führt aber auch dazu, dass Kindern aufgrund ihrer Vulnerabilität besondere Rechte zukommen. Erkennt man Rechte als Ausdruck schützenswerter Interessen an, gelten Kinder ebenso als Rechtssubjekte wie Erwachsene, die lediglich in ihrer Ausübung eingeschränkt

---

338 Im Zuge der Reform des Ehe- und Familienrechts 1977 wurde das sogenannte Einverdienermodell zugunsten eines partnerschaftlichen Ehemodells aufgehoben, welches Ehefrauen die Erwerbstätigkeit ohne Einverständnis des Mannes ermöglichte: „Die Ehegatten regeln die Haushaltsführung in gegenseitigem Einvernehmen. [...] Beide Ehegatten sind berechtigt, erwerbstätig zu sein." § 1356 BGB.

339 Art. 6. Abs. 3 GG.

sind.[340] Diese Rechte beinhalten in der Regel einen Anspruch auf ein Tun oder Unterlassen gegenüber den Eltern (oder der Gesellschaft) und finden häufig Ausdruck in elterlichen Pflichten. Daher sind nach dem Grundgesetz Pflege und Erziehung der Kinder nicht nur „das natürliche Recht der Eltern", sondern auch „die zuvörderst ihnen obliegende Pflicht."[341]

Dass Eltern besondere Rechte und Pflichten gegenüber ihren Kindern haben und diese auch haben sollen, ist bisweilen unstrittig. Dabei ist nicht zu übersehen, dass sich die hier verhandelten Rechte und Pflichten nicht aus dem Status des Kindes, sondern aus der Beziehung zum Kind ableiten. Nicht jeder Erwachsene ist verpflichtet, für ein Kind zu sorgen. Von elterlichen Fürsorgepflichten kann erst im Rahmen einer Eltern-Kind-Beziehung sinnvoll gesprochen werden.

Umstritten ist hingegen, wie weitreichend diese Pflichten sind und welche Rolle altruistische Motive einnehmen. Zweifelsfrei haben Kinder ein Recht auf existenzielle Versorgung (z. B. die Befriedigung ihrer Bedürfnisse nach Essen, Trinken, Kleidung und Obdach) sowie angemessenen Zugang zu medizinischer Versorgung und Bildung. Die Erfüllung dieser Grundbedürfnisse ist jedoch kein Merkmal guter Elternschaft, sondern vielmehr ein notwendiger Mindeststandard, um die kindliche Existenz zu sichern und ein eigenständiges Leben zu ermöglichen. Hingegen haben Kinder auch ein Bedürfnis nach Liebe und Anerkennung, welches sich wiederum nur schlecht als Recht ausdrücken oder gar einklagen lässt.

Diesbezüglich argumentiert Onora O'Neill, dass die Sprache von Rechten (*rhetoric of rights*) nicht einfach auf die Situation der Eltern-Kind-Beziehung angewendet werden kann. Rechte sind ein Element der politischen Philosophie, welche dazu dienen, gesellschaftliche Machtverhältnisse auszugleichen. Hingegen ist die Abhängigkeitsbeziehung zwischen Kindern und Eltern gänzlich anderer Art, die aufgrund der Asymmetrie – in Anlehnung an Kant – besser durch unvollkommene Pflichten beschrieben werden kann.[342]

Sie bringt damit zum Ausdruck, dass es kindliche Interessenbereiche gibt, die nicht durch Rechte geschützt werden können (z. B. das Bedürfnis nach Liebe und Anerkennung). Sein Kind zu lieben und es liebevoll zu behandeln, ist zweifelsohne ein Merkmal guter Elternschaft. Jedoch kann ein emotionaler Ausdruck der Zusammengehörigkeit nicht rechtlich eingefordert werden.[343] Ohnehin würde die

---

340 Dies setzt die Anerkennung der Interessentheorie als Grundlage subjektiver Rechte voraus, wie sie beispielsweise Joseph Raz beschreibt: „X has a right' if and only if X can have rights, and, other things being equal, an aspect of X's well-being (his interest) is a sufficient reason for holding some other person(s) to be under a duty." Raz (1988), S. 166.
341 Art. 6 Abs. 2 GG.
342 O'Neill (1988), S. 459–463.
343 Entgegen Liao (2006).

praktische Umsetzung eines solchen Rechts an der elterlichen Doppelrolle scheitern: Zwar sind sie die unmittelbaren Adressatinnen, wenn es um die Ausübung und Verteidigung der Rechte des Kindes geht, allerdings sind es genau jene Rechte, die Forderungen gegen sie selbst darstellen. Hierin zeigt sich eine Kuriosität, die Eltern-Kind-Beziehung ausschließlich als eine Beziehung von Rechten und Pflichten beschreiben zu wollen.[344]

Gänzlich auf die Sprache der Rechte zu verzichten, würde der Sache allerdings nicht gerecht werden. Kinder sind grundsätzlich gleichberechtigte Akteurinnen innerhalb der politischen Gemeinschaft und damit auch Trägerinnen von (Grund-) Rechten. Um dies zu würdigen, ist die grundrechtlich garantierte Absicherung für Kinder eine notwendige Bedingung des Kindeswohls.[345] Sie nur als Objekte der elterlichen Fürsorge zu betrachten, ließe zudem die Anerkennung als moralische Subjekte vermissen.

Zweifelsohne kann es mit Blick auf das Verursacherprinzip als moralische Pflicht aufgefasst werden, „den Act der Zeugung als einen solchen anzusehen, wodurch wir eine Person ohne ihre Einwilligung auf die Welt gesetzt und eigenmächtig in sie herüber gebracht haben", weswegen „auf den Eltern nun auch eine Verbindlichkeit haftet, sie, so viel in ihren Kräften ist, mit diesem ihrem Zustande zufrieden zu machen."[346] Wenn Kant in diesem Zusammenhang zugleich das elterliche Recht auf Erziehung anmerkt, rekurriert er dabei auf eine Rechtsinhaberschaft, die vom moralischen Status einer Person qua Vernunft definiert ist. In diesem Sinne besteht die Pflicht darin, der Fürsorge im Rahmen fundamentaler Rechte nachzukommen.

Jedoch lässt sich hieraus keine Verbindlichkeit zu guter Elternschaft ableiten. Denn so wenig das Handeln innerhalb der Eltern-Kind-Beziehung an Rechten und Pflichten orientiert ist, so wenig lassen sich diese als Eichpunkte für einen moralischen Kompass festlegen. Pflichtbewusstsein oder Pflichtgefühl sind keine handlungsleitenden Motive elterlicher Fürsorge. Zweifelsfrei ist es moralisch gut, das eigene Kind zu lieben, jedoch kann das keine moralische Pflicht sein. Eltern, die ihr Kind nicht lieben, handeln nicht notwendigerweise moralisch falsch.

---

344 Barbara Arneil kritisiert darüber hinaus die Auffassung der Eltern-Kind-Beziehung als liberales Verhältnis. Rechte sind ein Ausdruck der politischen Ethik, die zwar Ausdruck eines Kräfteungleichgewichts sind, aber von einer grundsätzlichen Gleichberechtigung der moralischen Akteure ausgeht. Hingegen stellt die Eltern-Kind-Beziehung eine Abhängigkeitsbeziehung dar, in der es nicht darum geht, ein solches Kräftegleichgewicht herzustellen. Arneil (2002), S. 88.

345 Wapler (2015), S. 463 f. Mit Blick auf körperliche Strafen zum Wohle des Kindes wird sogar vorgeschlagen, gänzlich auf den Begriff des Kindeswohls zu verzichten. Steindorff (1994), S. 4.

346 Kant, MdS, AA VI, S. 281.

An dieser Stelle zeigt sich ein Desiderat der Anwendung einer an individuellen Interessen ausgerichteten Ethik auf das Phänomen der Fortpflanzung. Claudia Wiesemann schlägt daher vor, eine beziehungsethische Perspektive einzunehmen und das „Gelingen menschlicher Beziehungen"[347] in den Mittelpunkt zu rücken. Dass das Gelingen der Eltern-Kind-Beziehung nicht von der Erfüllung von Rechten und Pflichten abhängt, ist offenkundig. Gute Elternschaft zeichnet sich nicht dadurch aus, dass das Kind alles zum Leben Nötige bekommt, sondern dass elterliches Handeln durch eine von Liebe getragene Fürsorge motiviert ist, der zugleich moralische Relevanz zukommt.

Statt die Eltern-Kind-Beziehung als ein Konzept von Rechten und Pflichten zu beschreiben, ist es besser, ein Konzept der Verantwortung zu nutzen. Hans Jonas beschreibt die elterliche Fürsorge als ‚Ur-Verantwortung', die jeder Mensch einmal im Leben erfahren hat, die zugleich notwendige Bedingung des menschlichen Seins ist.[348] Die Beziehung, mit der das menschliche Leben beginnt, basiert nicht auf einem elterlichen Pflichtgefühl, sondern vielmehr auf einem Gefühl der Verantwortung gegenüber dem Kind, das sich aus dem „Bewußtsein der eigenen totalen Urheberschaft", „der anrufenden totalen Hilfebedürftigkeit des Kindes" und der „spontane[n] Liebe" der Eltern speist.[349] Eine ähnliche Idee entwickelte Hannah Arendt. In ihrem Konzept der Natalität interpretiert sie Handeln als eine zweite Geburt, durch das der Neuankömmling Initiative ergreift und durch das aktive In-Erscheinung-Treten zugleich seine Beziehung zur Welt aufnimmt, in die er hineingeboren wurde. Handeln ist die Aktion, „in der wir die nackte Tatsache des Geborenseins bestätigen, gleichsam die Verantwortung dafür auf uns nehmen."[350] Die aktive Übernahme dieser Verantwortung ist konstitutiv für die Beziehungszusammenhänge, deren Grundlage das Handeln bildet.[351]

Arendts Konzept der Natalität aufgreifend, identifiziert Wiesemann im geburtlichen Ausgeliefertsein des Kindes ein besonderes moralisches Problem, auf das auf zukünftige Autonomie ausgerichtete Rechte keine adäquate Antwort geben können. Stattdessen erfordert Natalität eine Antwort, die nur in der Elternschaft als Versprechen, Verantwortung für das Gegenüber zu übernehmen, liegt.[352] Im Unterschied zur sexuellen Fortpflanzung sind reproduktionsmedizinische Fortpflanzungsentscheidungen wohlüberlegt und basieren auf der bewussten Entscheidung, Verantwortung für ein zukünftiges Leben übernehmen zu wollen. Moralischer

---

347 Wiesemann (2006), S. 107.
348 Jonas (1984), S. 184 f.
349 Jonas (1984), S. 192 f.
350 Arendt (1981), S. 165.
351 Schües (2016), S. 452 f.
352 Wiesemann (2015), S. 222.

Orientierungspunkt des elterlichen Handelns ist daher nicht die Erfüllung elementarer Rechte des Kindes, sondern die Bereitschaft, Verantwortung für ein Kind zu übernehmen, die sich an der Vorstellung guter Elternschaft bemisst.[353]

4.3.2 Normative Grundlagen elterlicher Verantwortung

Wenn Eltern eine Vorstellung davon haben, wie sie als Eltern sein wollen und welche Erziehungsziele sie erreichen möchten, liegen dieser gesellschaftliche Erwartungen und Vorstellungen von guter Elternschaft zugrunde. Allerdings sind gesellschaftliche Leitbilder von guter Elternschaft zu divergent, um eine Aussage darüber zu treffen, ob eine Eizellspende mit guter Elternschaft vereinbar ist. Es gibt derzeit keinen Konsens darüber, ob drei Eltern gute Eltern sein können, wie alt die Mutter sein darf oder welche Verantwortung die Spenderin tragen soll.

Aus diesem Grund bedarf es einer Perspektive, in deren Mittelpunkt nicht gesellschaftliche Vorstellungen stehen, sondern die Beziehung selbst steht. Wenn sich der moralische Kompass guter Elternschaft am Gelingen der Beziehung zwischen Eltern und Kind orientiert, stellt sich unweigerlich die Frage, wie diese Beziehung gelingen kann und wie ein solches Ideal der Elternschaft aussieht. Um eine Antwort auf diese Fragen geben zu können und herauszufinden, was die Bedingungen einer gelingenden Eltern-Kind-Beziehung sind, lohnt sich ein phänomenologischer Blick auf die Beziehung selbst.

Die Eltern-Kind-Beziehung ist die fundamentalste zwischenmenschliche Beziehung schlechthin – jeder Mensch ist Kind seiner Eltern. Als biografischer Eckpfeiler ist diese lebenslange und nicht auflösbare Beziehung prägend für die eigenen Identität. Sie ist von einer großen Dynamik gekennzeichnet und kann individuell unterschiedlich verlaufen. In der Regel beginnt die Beziehung zu dem Kind mit der Entscheidung, diese Beziehung anzunehmen. Das ist oftmals der Zeitpunkt, wenn eine Frau erfährt, dass sie schwanger ist und sich entscheidet, das Kind austragen zu wollen. Ein wichtiges Ereignis ist zudem die Geburt, wenn das Kind zu einem eigenständigen körperlichen Wesen wird. Damit beginnt auch für den Vater eine greifbare Beziehung, der die leibliche Beziehung während der Schwangerschaft nur passiv erleben konnte. Nach und nach treten Geschwister, Großeltern und Freunde in Beziehung mit dem Kind, das nicht nur Teil der Eltern-Kind-Beziehung, sondern Teil eines komplexen Beziehungsgeflechts ist.

Die Geburt ist eine besondere Situation, die eines dialektischen Verständnisses bedarf. Das (vermeintliche) Geschenk der Geburt ist der initiale Moment einer

---

[353] Wiesemann (2007), S. 61.

beginnenden Freiheit und zugleich der Beginn einer Unfreiheit, die ihrerseits radikal ist, „weil sie sämtliche Lebensbedingungen des Geborenen betrifft."[354] Das Kind wird unfreiwillig in eine Situation hineingeboren, dessen Bedingungen es nicht selbst zu verantworten hat. Es kann sich weder Zeit, Ort noch seine Eltern aussuchen. Es hat keinen Einfluss darauf, ob es Rockefeller oder Flodder heißt, ebenso wenig, ob es in einer gut situierten Umgebung oder im Kriegsgebiet zur Welt kommt. Die Umstände der Entstehung entziehen sich vollständig der eigenen Einflussnahme. Die Geburt ist eine Situation des existenziellen Ausgeliefertseins, die einen moralischen Status des Kindes innerhalb der Beziehung generiert. Indem es in ein dialogisches Verhältnis tritt, ist das Kind nicht mehr bloßes Objekt elterlicher Fürsorge, sondern wird zum Subjekt der Beziehung.[355] Das Neugeborene ist weder in der Lage, die Welt um sich herum zu verstehen, noch für sich selbst zu sorgen. Erst langsam entwickelt sich die Beziehung zu den Eltern, wenn es diese als solche wahr- und annimmt.

Hier zeigt sich zugleich die hohe Dynamik der Eltern-Kind-Beziehung. Während das Kind zu Beginn denjenigen vertrauen muss, die sich um es kümmern, entwächst es im Laufe des Lebens dem Status des Ausgeliefertseins, bis die anfänglich vollständige Angewiesenheit auf die Fürsorge anderer durch Selbstsorge abgelöst wird und aus dem Kind ein selbstbestimmter erwachsener Mensch geworden ist.

4.3.2.1 Autonomie als Ziel der Erziehung

Obwohl die Beziehung zwischen Eltern und Kind ein Leben lang anhält und von vielen unterschiedlichen Phasen gekennzeichnet ist, wird unter einer Eltern-Kind-Beziehung meist das erste Lebensviertel verstanden. Das ist der Abschnitt, in dem Kinder (sehr vereinfacht ausgedrückt) noch nicht in der Lage sind, ihr Leben nach eigenen Vorstellungen zu leben. Diese Unterscheidung zwischen Erwachsenen und Kindern ist insbesondere aus normativer Sicht relevant, da sie zugleich eine Ungleichbehandlung rechtfertigt. Kinder sind nur eingeschränkt geschäftsfähig und strafmündig, weil sich die Fähigkeit, das eigene Handeln zu verantworten und selbstbestimmte Entscheidungen treffen zu können, erst im ersten Lebensviertel ausbildet.

In diesem Abschnitt spielen die Eltern eine besondere Rolle. Aufgrund der mangelnden Fähigkeiten und der damit zusammenhängenden Verletzlichkeit sind Kinder in besonderem Maße auf ihre Fürsorge angewiesen. Sie begleiten sie durch die Phase der Kindheit, bis aus ihnen erwachsene Menschen geworden sind, die ihr Leben selbst meistern können. Es ist Teil der elterlichen Verantwortung, ihr Kind

---

354 Wiesemann (2015), S. 214.
355 Wiesemann (2015), S. 234.

auf diesem Weg zu begleiten und ein selbstbestimmtes Leben zu ermöglichen. Das ist ein zentrales Ziel der Eltern-Kind-Beziehung.

In Debatten wird diese Beziehung oft in sehr vereinfachter Weise skizziert. Auf der einen Seite stehen die rationalen Erwachsenen, die ihre Lebensentscheidungen selbst treffen können, auf der anderen Seite das Kind, das aufgrund der fehlenden Fähigkeit rationale Entscheidungen zu treffen, auf die Fürsorge der Eltern angewiesen ist. Diese schematische Darstellung verkennt allerdings, dass diese Beziehung sehr unterschiedliche Phasen durchläuft. Die Beziehung zu einem Säugling ist von anderer Art als die Beziehung zu einem Teenager oder jungen Erwachsenen. Jede Phase zeichnet sich durch ihr eigene Merkmale aus und ist von sehr unterschiedlichen Anforderungen an die Elternschaft gekennzeichnet.

Die Eltern-Kind-Beziehung ist von einer hohen Dynamik geprägt und Autonomie ist nicht als ein Alles-oder-Nichts-Konzept zu verstehen, welches einfach vom Himmel fällt, sondern sich über viele Jahre hinweg entwickelt. Neugeborene besitzen gerade einmal vitale Fähigkeiten und sind gänzlich auf die Fürsorge ihrer Eltern angewiesen. Und auch Kleinkindern mangelt es an ausreichenden rationalen und evaluativen Fähigkeiten, als dass sie in einem umfassenden Sinn als autonom gelten können. Dennoch können sie eigene Entscheidungen treffen. Ein Kindergartenkind muss nicht verstehen, warum es zweimal täglich Zähneputzen muss, und kann trotzdem selbst entscheiden, welchen Pullover es anziehen möchte. Mit zunehmendem Alter wird den Kindern zunehmend Mitspracherecht über ihre Lebensführung eingeräumt.[356]

Die Eltern-Kind-Beziehung ist von einem abflachenden Machtgefälle geprägt. Anfangs liegt die Entscheidungskompetenz ganz auf Seiten der Eltern. Im Laufe des Lebens werden dem Kind eigene Kompetenzen in bestimmten Lebensbereichen eingeräumt, die sich immer weiter ausdehnen, bis es schließlich auf eigenen Beinen steht. Aus dieser Perspektive lässt sich dieser zentrale Abschnitt der Eltern-Kind-Beziehung als eine regressive Abhängigkeitsbeziehung beschreiben, die mit einer gewollten Fremdbestimmung beginnt und mit selbstbestimmten Menschen endet. Demnach ist es ein Ziel der Fortpflanzung, eine Beziehung zu schaffen, aus der ein

---

[356] Anfangs handelt es sich um eher banale Entscheidung, etwa welchen Pullover es anziehen, mit wem es spielen oder welches Instrument es lernen möchte. Im Laufe der Zeit kommen Entscheidungen mit immer größerer Tragweite hinzu, wenn es beispielsweise um die Glaubenszugehörigkeit geht oder sich das Kind nach einer Trennung entscheiden muss, bei welchem Elternteil es leben möchte. Ab dem 14. Lebensjahr ist für eine Adoption sogar die Zustimmung des Kindes nötig. Vgl. LaFollette (1998).

Mensch hervorgeht, der in der Lage ist, selbstbestimmte Entscheidungen treffen zu können.[357]

Bei näherer Betrachtung fällt auf, dass diese Beziehung von einer besonderen Ambivalenz gekennzeichnet ist. Zentrale Aspekte sind der Geltungsanspruch und die Reichweite elterlicher Erziehungsfreiheit. Sicherlich ist es für viele Menschen wünschenswert, wenn das eigene Kind irgendwann auf eigenen Beinen steht, einen Lebensplan für sich gewählt hat und möglicherweise eine eigene Familie gründet. Jedoch ist umstritten, inwiefern Autonomie, d. h. die Fähigkeit einen Lebensplan selbst wählen zu können, tatsächlich ein universelles Erziehungsziel ist. Es gibt Eltern, die einen streng religiösen Lebensplan verfolgen und ihr Kind in diesen einbeziehen. Es ist unbestritten, dass es moralisch falsch ist, wenn Eltern dem Kind ihre Vorstellungen eines guten Lebens aufzwingen. Unklar ist hingegen, wie es sich verhält, wenn die elterlichen Wertvorstellungen eine nahezu abgeschlossene Lebensumgebung vorsehen, in der Kinder entsprechend den eigenen Idealen heranwachsen und diese nachleben.[358]

Auf der einen Seite ist es Teil der elterlichen Autonomie, das eigene Kind entsprechend den eigenen Vorstellungen zu erziehen und dadurch den eigenen Wertvorstellungen Ausdruck zu verleihen. Das ist ein wesentlicher Teil liberaler Freiheiten, die wiederum den besonderen Stellenwert der Fortpflanzung ausmachen.[359] Davon zeugt ebenfalls die gesellschaftliche Anerkennung des hohen Werts der Familie, der als Einheit eine besondere moralische Qualität zukommt und deren Schutz Grundrechtscharakter hat. Auf der anderen Seite ist auch eine liberal-demokratische Gesellschaft mit moralischen Verbindlichkeiten ausgestattet, die insbesondere in der Wertschätzung der Individualität und der damit verbundenen

---

357 Es gibt zweifelsohne Menschen, die aufgrund genetischer Defekte oder Erkrankungen niemals in der Lage sein werden, ein selbstbestimmtes Leben zu führen und ihr Leben lang von ihren Eltern abhängig sind. Ich möchte an dieser Stelle nicht sagen, dass es keine (oder nur eine schlechte) Eltern-Kind-Beziehung wäre, wenn diese nicht mit der Unabhängigkeit des Kindes endet. Allerdings ist das nicht das Ziel, welches Menschen vor Augen haben, wenn sie sich fortpflanzen, sondern eine Abweichung des üblicherweise geplanten Verlaufs einer Eltern-Kind-Beziehung, die sich erst ergibt, wenn diese bereits begonnen hat.

358 Sicherlich sind diese Fälle selten. Dennoch lässt sich dies beispielsweise bei den Amish, der Kelly Family oder anderen ‚Aussteigergruppen' beobachten. Selbst eine streng religiöse oder anderweitig autoritäre Erziehung kann dazu führen, dass Kinder die elterlichen Wertvorstellungen adaptieren und reproduzieren.

359 Einige liberale Bioethiker erachten das Recht auf Fortpflanzung als fundamentales Freiheitsrecht, das auf einer Stufe mit der Meinungs- und Religionsfreiheit steht. Harris (1998), S. 34; Harris (2007), S. 75 f.; Dworkin (1993), S. 166 f.; Robertson (1994), S. 22 f. Siehe auch Kap. 3.2.2.

Selbstbestimmung zum Ausdruck kommen. Kindern kommt ein eigenständiger moralischer Status zu, der es nicht erlaubt, ihre Erziehung ausschließlich den elterlichen Interessen folgen zu lassen. Zwar haben die Eltern das Recht, ihr Leben entsprechend ihren Interessen zu gestalten, jedoch können diese privaten Interessen nicht unmittelbar in die Elternrolle übernommen werden, wenn sie zugleich die Verantwortung für einen anderen Menschen tragen.[360]

Eine dogmatische Weitergabe der elterlichen Vorstellungen guten Lebens beraubt Kinder der Möglichkeit, ihren Lebensplan bestimmen zu können. Das wiederum stellt eine unzulässige Instrumentalisierung des Kindes als Mittel zur Erfüllung der elterlichen Interessen dar.[361] Indem dem Kind ein Lebensweg derart vorgezeichnet wird, dass es nicht die Möglichkeit hat, Alternativen kennenzulernen und persönliche Ziele nicht mehr wählbar, sondern vorherbestimmt sind, wird ihm die Entscheidungshoheit über seinen Lebensplan genommen. Das verstößt gegen ein liberales Grundverständnis des Respekts vor individueller Autonomie.

Das Ziel einer Eltern-Kind-Beziehung muss es freilich nicht sein, dem Kind alle möglichen Vorstellungen des guten Lebens näher zu bringen und zur Auswahl zu stellen. Es muss aber letztlich in der Lage sein, selbst darüber zu entscheiden, inwiefern es Autonomie als wertvoll erachtet, und einen für sich kohärenten Lebensweg zu beschreiten. Das Kind auf dem Weg dahin zu begleiten, ist ein wesentliches Merkmal guter Elternschaft. Jedoch ist diese nicht darauf beschränkt. Es geht nicht nur darum, das Kind mit allem zu versorgen, um ein erwachsener Mensch zu werden. Eine solche Ansicht würde dazu führen, nur die Interessen und Bedürfnisse des zukünftigen autonomen Menschen anzuerkennen, nicht aber die des gegenwärtigen Kindes. Die elterliche Fürsorge ist nicht nur auf die zukünftige Autonomie gerichtet, sondern berücksichtigt immer auch das noch nicht autonome Kind.[362]

Darüber hinaus bedeutet Elternschaft mehr als das bloße Aufziehen des Kindes. „Dieses existenzielle Ausgeliefert-Sein des Neugeborenen wird nicht ausreichend mit der Pflicht zu einzelnen Fürsorge-Leistungen beantwortet, denn sonst würden Eltern sich nicht von professionell Pflegenden unterscheiden."[363] Der moralische Gehalt der Elternschaft besteht nicht darin, das Kind zu füttern, es zu windeln oder in die Schule zu bringen. Er erweist sich erst in der Bedeutung der Elternschaft für das Kind, das nicht nur ein in die Beziehung eingebundenes hilfloses Wesen ist.

---

360 Giesinger (2015), S. 120. Ganz ähnlich argumentiert Onora O'Neill, wenn sie meint, ein Kind zu haben, sei nicht Ausdruck individueller Selbstbestimmung, weil nicht die Individualität, sondern die Beziehung zum Kind ausschlaggebend ist. O'Neill (2002), S. 61 f.

361 Clayton (2006), S. 103 f.

362 Wiesemann (2015), S. 221 f.

363 Wiesemann (2015), S. 223.

Wiesemann argumentiert daher, indem das Kind auf seine ursprüngliche Angewiesenheit mit blindem Vertrauen reagiert, wird Vertrauen selbst zur moralischen Praxis.[364] Mit der Erwiderung dieses Vertrauens erkennen die Eltern das Kind als moralisches Wesen innerhalb der Beziehung an, welches diese aktiv mitgestaltet.[365]

Da es normalerweise moralisch falsch ist, Vertrauen zu enttäuschen, lautet die moralisch richtige Antwort der Eltern, dieses Vertrauen nicht zu enttäuschen, und diesem mit persönlicher Fürsorge und Zuneigung zu begegnen. Das Ziel der Elternschaft ist daher neben dem Erreichen zukünftiger Autonomie auch der Aufbau einer persönlichen Beziehung zu dem Kind.[366]

4.3.2.2 Liebevolle Fürsorge als Modus der Erziehung

Die Eltern-Kind-Beziehung ist – genau wie Freundschaften und romantische Beziehungen – eine soziale Nahbeziehung, deren Wesen in der besonderen Zuneigung zum Gegenüber besteht, die allgemein als Liebe beschrieben wird. Jedoch unterscheiden sie sich in der Art der Beziehung und der Form der Liebe. Nahbeziehungen unter Erwachsenen stellen in der Regel ein reziprokes Verhältnis dar, das auf gegenseitiger Liebe und Anerkennung basiert. Die in Beziehung Stehenden begegnen sich auf Augenhöhe und stehen füreinander ein. Die Eltern-Kind-Beziehung hingegen ist eine asymmetrische Beziehung. Das existenzielle Ausgesetztsein des Neugeborenen erfordert die persönliche Zuwendung der Eltern, die mit Fürsorge auf das ihnen entgegengebrachte Vertrauen antworten.[367] Die gleiche Asymmetrie zeigt sich auch in der Form der Liebe.

„Und jedem Anfang wohnt ein Zauber inne, Der uns beschützt und der uns hilft, zu leben."[368] Dieser Zauber ist die Liebe zum Kind, die zugleich zentrales Motiv elterlicher Fürsorge ist. Im Unterschied zur Liebe zu den Eltern, die sich erst im Laufe der Zeit entwickelt, ist die Liebe der Eltern nicht abhängig von der weltlichen Existenz des Kindes. Die Beziehung beginnt meist während der Schwangerschaft und manchmal sogar vor der Zeugung – mit der Bereitschaft, Verantwortung für das Kind übernehmen zu wollen. Es ist ein Akt der Fürsorge, wenn werdende Eltern Vorsorgeuntersuchungen wahrnehmen, das Kinderzimmer einrichten und die ersten Kleider besorgen.

---

364 Wiesemann (2016).

365 Auch wenn die Zuwendung durch die Eltern oft als biologischer Reflex wahrgenommen wird, ist es eine moralische Leistung, indem durch das Vertrauensverhältnis eine moralische Anerkennung erfolgt, die nicht auf dem Konzept der Autonomie basiert. Wiesemann (2015).

366 Vgl. Wiesemann (2015).

367 Wiesemann (2016), S. 75 f.

368 Hesse, Stufen (2002, S. 366).

Hierin zeigt sich der besondere Charakter bedingungsloser Liebe, die nicht an die konkrete Person bzw. ihre Individualität gebunden ist. Die Liebe unter Erwachsenen basiert darauf, dass sie genau so sind wie sie sind. Die Liebe zum Kind ist unabhängig von Wesensmerkmalen. Eltern lieben ihr Kind, weil es ihr Kind ist. Jene Zuneigung kann sich auch generationsübergreifend auf die Enkelkinder erstrecken. Die enge emotionale und räumliche Verbundenheit ist ein typisches Merkmal der Eltern-Kind-Beziehung, die sich auch in gesellschaftlichen Leitbildern widerspiegelt.

Die UN-Kinderrechtskonvention geht davon aus, „dass das Kind zur vollen und harmonischen Entfaltung seiner Persönlichkeit in einer Familie und umgeben von Glück, Liebe und Verständnis aufwachsen sollte" und „dass der Familie als Grundeinheit der Gesellschaft und natürlicher Umgebung für das Wachsen und Gedeihen aller ihrer Mitglieder, insbesondere der Kinder, der erforderliche Schutz und Beistand gewährt werden sollte"[369]. Hierbei liegt ein Verständnis elterlicher Liebe zugrunde, das stark von der biologischen Bindung abhängt, welches sich ebenfalls im deutschen Recht wiederfindet.[370] Diese Korrelation ist zentrales Merkmal des europäischen Abstammungs- und Verwandtschaftssystems.

Während die Eltern-Kind-Beziehung auf der einen Seite als Ort innigster Emotionalität und bedingungsloser Liebe beschrieben wird, stehen auf der anderen Seite zahlreiche Beispiele von Kindesmisshandlungen im familiären Umfeld. Wenn Eltern mit körperlicher Gewalt auf die Bedürfnisse ihrer Kinder reagieren, ihnen die medizinische Versorgung verweigern, sie vom sozialen Leben abschotten oder keine Schule besuchen lassen, widerspricht das gängigen Vorstellungen eines guten Lebens. Wie aber ist das miteinander vereinbar?

Diese Diskrepanz löst sich erst auf, wenn die elterliche Liebe nicht mehr als biologische Konstante, sondern als gesellschaftliche Konstituente betrachtet wird. Die Zuneigung, die Eltern für ihr Kind empfinden, erfordert keineswegs eine biogenetische Verbindung. Das zeigt sich sehr deutlich am Beispiel der Mutterliebe. Die leibliche Verbundenheit während der Schwangerschaft suggeriert eine naturgegebene innige Beziehung, der zugleich eine tiefe emotionale Verbundenheit zum Kind folgt, die der Vater nie erreichen kann. Werden die Mühen der Schwangerschaft als Beweis einer instinktiven Aufopferungsbereitschaft gedeutet, die mit einer emotionalen Nähe einhergeht, verstärkt sich der Eindruck einer natürlichen Zuneigung. Kurz gefasst: Die beste Amme ersetzt keine Mutter.

Jedoch hat die sozial- und kulturhistorische Forschung aufgezeigt, dass die Vorstellung einer instinktiven Mutterliebe noch recht jung und keineswegs als

---

369 Präambel UN-KRK.
370 Vgl. Dethloff (2018), § 10.

biologische Disposition an die leibliche Mutter gebunden ist.[371] Stattdessen wurde das Bild der Mutter bzw. der Mutterliebe durch normative Vorstellungen aufgeladen und ein kulturelles Deutungsmuster geschaffen, das nunmehr seit 200 Jahren besteht.[372] Durch den Rekurs auf die Natur kommt diesem eine Normalisierungsfunktion zu, wodurch Regeln entstehen, wie sich eine Mutter zu ihrem Kind verhalten soll. Die naturgestiftete Mutterliebe muss hingegen als Mythos betrachtet werden.[373]

Weder die elterliche noch die spezifisch mütterliche Liebe sind natürliche Phänomene. Beides sind kulturelle Konstrukte, denen gesellschaftliche Vorstellungen der Elternschaft zugrunde liegen. Zu diesen Vorstellungen gehört auch, dass (gute) Eltern ihr Kind lieben. Die von Wiesemann angesprochene moralische Notwendigkeit, dem entgegengebrachten Vertrauen des Kindes mit Verantwortung und Zuneigung zu begegnen,[374] deckt sich weitgehend mit gesellschaftlichen Vorstellungen. Eltern handeln aus Liebe zu ihrem Kind, nicht aus Pflichtgefühl oder Mitleid. Hierin zeigt sich ein wesentlicher Unterschied zwischen Elternschaft und professioneller Pflege und Pädagogik.

Gute Eltern ziehen ihr Kind nicht nur auf, sondern gehen eine liebevolle Fürsorgebeziehung ein. Dafür ist es prinzipiell unerheblich, ob die Eltern mit ihrem Kind genetisch verwandt sind. Indem Eltern dem Kind das Gefühl geben, akzeptiert zu werden, schaffen sie ein Gegengewicht zur Unfreiwilligkeit. Indem sie das Kind entsprechend seiner Persönlichkeit und Bedürfnisse großziehen, schaffen sie ein Gegengewicht zur Machthierarchie. Es ist die Liebe, die Eltern ihrem Kind durch die Annahme als ihr Kind und der damit verbundenen Bereitschaft zu persönlicher Fürsorge entgegenbringen. Diese macht sie zu guten Eltern.[375]

4.3.2.3 Bedingungen (guter) Elternschaft: Wollen – Können – Sollen

In der Diskussion um reproduktionsmedizinische Fortpflanzungsmethoden wird regelmäßig bezweifelt, dass Kinderwunschpaare die erforderlichen Voraussetzungen erfüllen, um verantwortungsvolle Eltern zu sein. Diese Zweifel wachsen, je größer die Abweichung von der ‚normalen' Fortpflanzung ist. Wenngleich auf den ersten Blick nicht ersichtlich ist, inwiefern die Art der Fortpflanzung die Qualität der Elternschaft beeinflussen kann, zeigt sich bei genauerem Hinsehen doch, dass

---

371 Badinter (1981).
372 Schütze (1986), S. 7.
373 Zynisch ausgedrückt: Wer Mutterliebe für eine unverfälschte und innigste Form der Liebe hält, wurde nie von der eigenen Mutter geohrfeigt.
374 Wiesemann (2016).
375 Hoffmann (2014), S. 204.

es kleine Unterschiede gibt, die aus ethischer Perspektive bedeutend sein können. Wenn beispielsweise in der Begründung des ESchG eine mögliche psychische Störung des Kindes vorhergesagt wird, impliziert das zugleich Zweifel an der Eignung der Mutterschaft, wenn eine Frau dieses Risiko zur Erfüllung ihres Kinderwunschs in Kauf nimmt.

Am Beispiel von Anita (Fall 2) lassen sich drei zentrale Aspekte erkennen, die ihre Eignung zur verantwortungsvollen Elternschaft infrage stellen. Das ist erstens die Frage, ob Alleinstehende überhaupt verantwortungsvolle Eltern sein können, und zweitens, für wie viele Kinder elterliche Verantwortung übernommen werden kann. Drittens stellt sich die Frage nach einer möglichen Altersgrenze. Um eine Antwort auf diese Fragen geben zu können, ist es erforderlich, die moralischen Rahmenbedingungen verantwortungsvoller Elternschaft abzustecken. Aufgrund der besonderen sozialen Stellung der Familie ist es naheliegend, gesellschaftliche Vorstellungen von Familie und Elternschaft als Ausgangspunkt zu nutzen.

Unter dem Begriff *verantwortete Elternschaft* beschrieb Franz Xaver Kaufmann ein Familienleitbild, welches die elterliche Verantwortung grundlegend kausal begründet, indem es sich an einer Norm orientierte, „Kinder nur dann zur Welt zu bringen, wenn man glaubt, dieser Verantwortung tatsächlich gerecht werden zu können."[376] Das Leitbild wird als gesellschaftliche Erwartungshaltung an die Eltern wahrgenommen, dessen Akzeptanz wiederum Anforderungen an das Wie der Elternschaft impliziert, die wesentlich auf die Entwicklung und Sicherheit kindlichen Wohlergehens ausgerichtet sind.[377]

Um diesem Leitbild entsprechend die Aufgabe der Elternschaft verantwortungsvoll erfüllen zu können, müssen einige Voraussetzungen erfüllt sein, die sich als eine Art Rahmenbedingung der Elternschaft auffassen lassen. Ein zentrales Element ist eine feste und zukunftsstabile Partnerschaft. Die Eltern sollten beide zusammenwohnen und über genügend Wohnraum für das Kind verfügen. Weiterhin sollten sie finanziell so aufgestellt sein, dass sie dem Kind ein entsprechend gutes Leben bieten können. Um die Elternschaft verantworten zu können, wird eine gewisse persönliche Reife vorausgesetzt.[378]

Neben derlei Rahmenbedingungen sind mit dem Leitbild auch Anforderungen an das Verhalten der Eltern gegenüber dem Kind verbunden. Ein allgemeiner Verzicht auf Drogen und übermäßige körperliche Anstrengung während der

---

376 Kaufmann (1988), S. 395.
377 Ruckdeschel (2015). Auffällig ist dabei, dass individuelle Einstellungen teils stark von den wahrgenommenen Erwartungen abweichen. Während beispielsweise lediglich 15 % der Meinung sind, dass es das Beste für Kleinkinder ist, nur von der Mutter betreut zu werden, gehen 57 % davon aus, dass dies eine gesellschaftliche Erwartung darstellt (Ruckdeschel (2015), S. 198).
378 Schneider/Diabaté/Lück (2014), S. 22 f.

Schwangerschaft sind heutzutage ebenso selbstverständlich, wie dem Kind eine gesunde Ernährung und Zugang zu medizinischer Versorgung zu bieten. Weiterhin gehört es dazu, das Kind in schulischen und sozialen Belangen zu fördern, um es auf das spätere Berufsleben und zukünftige Partnerschaften vorzubereiten. Ein zentrales Merkmal guter Elternschaft ist außerdem, dass die Eltern genügend Zeit aufbringen, um wesentliche Erziehungsfunktionen übernehmen zu können, und gleichzeitig in beruflicher Hinsicht Sorge tragen, einen gewissen Lebensstandard zu erhalten. „Das Leitbild einer guten Eltern-Kind-Beziehung sieht – ähnlich wie das einer Partnerschaft – verlässliche emotionale, praktische und materielle Unterstützung vor."[379]

Obwohl die hier aufgeführten Merkmale des Leitbilds verantwortungsvoller Elternschaft auf den ersten Blick so normal erscheinen, dass sie wenig Diskussionspotential bieten, erfolgt deren Umsetzung weniger einheitlich, als man vermuten könnte. Das liegt zum einen daran, dass in unterschiedlichen Bevölkerungsgruppen teils sehr unterschiedliche Vorstellungen von guter Elternschaft bestehen und es vielfältige Leitbilder gibt. Zum anderen sind die hier aufgeführten Merkmale so allgemein gehalten, dass sie hinsichtlich der daraus abzuleitenden Verhaltensaufforderungen einen großen Interpretationsspielraum lassen und sich eine Diskrepanz zwischen der damit verbundenen Erwartung und der realen Umsetzung zeigt.[380]

Für die Bewertung persönlicher Voraussetzungen sind gesellschaftliche Vorstellungen guter Elternschaft nicht geeignet. Sie sind zu divers und zu wenig konkret, um daraus einen allgemeinen Bewertungsmaßstab zur Beurteilung der elterlichen Voraussetzungen ableiten zu können. Darüber hinaus zeichnet sich eine liberale Gesellschaft gerade durch die Möglichkeit pluraler Lebensweisen aus. Selbst wenn es einen weitreichenden Konsens darüber gäbe, wäre eine verbindliche Ausrichtung der Lebensweisen an den gesellschaftlichen Vorstellungen mit der liberalen Idee nicht vereinbar.

Unter Berücksichtigung der beziehungsethischen Dimension der Fortpflanzung bietet es sich stattdessen an, das Gelingen der Eltern-Kind-Beziehung als Orientierungspunkt zu setzen und davon ausgehend zu überprüfen, welche persönlichen Voraussetzungen erfüllt sein müssen. Unter Anerkennung der Prämisse, dass Eltern in einer besonderen moralischen Beziehung zu ihrem Kind stehen – sowohl in Bezug auf die enge emotionale Verbindung, die zwischen ihnen besteht, als auch in

---

379 Schneider/Diabaté/Lück (2014), S. 23.
380 Dies lässt sich als Ergebnis der vom Bundesinstitut für Bevölkerungsforschung durchgeführten Studie Familienleitbilder 2015 festhalten. Siehe hierzu insbesondere die Beiträge von Ruckdeschel (Verantwortete Elternschaft), Diabaté (Mutterleitbilder), Lück (Vaterleitbilder) und Diabaté/Lück/ Schneider (Leitbilder der Elternschaft) in Schneider/Diabaté/Ruckdeschel (2015).

Bezug auf die besondere persönliche Verantwortung, die Eltern für ihr Kind haben –, lassen sich hinsichtlich der moralischen Rahmenbedingungen drei Elemente formulieren: Wollen, Können und Sollen.[381]

(1) Eine wesentliche Bedingung zur Übernahme elterlicher Verantwortung ist so trivial, dass sie leicht zu übersehen ist, nämlich die Bereitschaft, diese Verantwortung übernehmen zu *wollen*. Fortpflanzungsentscheidungen sind intentionale Entscheidungen. Sie können weder delegiert noch aufgeschoben werden. Selbst die oftmals als passiv wahrgenommene Entscheidung, sich nicht fortzupflanzen, ist von einer Handlungsintention gekennzeichnet. Zwar kann man sich selbstbestimmt und freiwillig für oder gegen ein Kind entscheiden, die Entscheidung selbst wird aber stets aufs Neue getroffen. Insofern sind Fortpflanzungsentscheidungen von einem grundlegenden Wählenmüssen geprägt.[382]

Das gilt umso mehr für die medizinisch unterstützte Fortpflanzung. Diese setzt notwendigerweise eine aktive Entscheidung voraus, die in der Regel mit einer langen Zeit des Versuchens und Planens einhergeht. Zeit, Kosten und Mühen in teils beträchtlichem Ausmaß auf sich zu nehmen, ist ein deutliches Zeugnis der Bereitschaft, Verantwortung für ein Kind übernehmen zu wollen.

(2) Daneben ist ebenso wichtig, dass man in der Lage ist, die Verantwortung für ein Kind übernehmen zu *können*. Gute Elternschaft setzt zumindest die Fähigkeit voraus, selbstbestimmte Entscheidungen treffen zu können. Nur wer hinreichend kompetent ist, die Tragweite reproduktiver Entscheidungen zu erkennen und deren Folgen abzuwägen vermag, kann eine gewollte Verantwortungsbeziehung eingehen.[383] Darüber hinaus sollten Eltern über eine persönliche und emotionale Reife verfügen, um die mit der Elternschaft verbundenen Aufgaben zu bewältigen und eine stabile von Zuneigung getragene Beziehung zum Kind aufzubauen.

Angesichts vieler gescheiterter Eltern-Kind-Beziehungen wäre es denkbar, die Eignung zur Elternschaft zu überprüfen und zu lizensieren, wie es in vielen anderen Lebensbereichen gehandhabt wird. Ebenso wie eine Fahrerlaubnis zum Autofahren nötig ist, müssen Ärztinnen approbiert sein und Lehrerinnen ihre

---

381 Heyder (2016), S. 55.
382 Haker (2002), S. 84.
383 Dies setzt nicht zwingend voraus, dass es moralisch falsch ist, ein Kind zu bekommen, wenn man nicht vollständig autonom ist. Autonomiefähigkeit ist kein Alles-oder-nichts-Konzept, nach dem man entweder fähig ist, autonome Entscheidungen zu treffen oder nicht. Das gilt auch für die Fähigkeit, Verantwortung zu übernehmen. Ebenso wie ein ganzes Dorf nötig ist, um ein Kind großzuziehen, treffen wir (Fortpflanzungs-)Entscheidungen nicht unabhängig von anderen, sondern werden vielmehr von anderen darin unterstützt. Dies erweist sich als Desiderat der gegenwärtigen Debatte. Es bedarf daher eines zukünftigen Nachdenkens über die Einbeziehung des Konzepts relationaler Autonomie, um das moralische Kriterium des Könnens mit Blick auf Inklusion näher zu bestimmen.

Kenntnisse durch ein Referendariat nachweisen. Warum sollten sich zukünftige Eltern nicht ebenfalls einer Eignungsprüfung unterziehen, um das Kind vor unsachgemäßer Erziehung zu schützen? Das wäre zumindest eine angemessene Wertschätzung angesichts des hohen Status des Kindeswohls. Und wenn es als richtig empfunden wird, dass werdende Adoptiveltern hinsichtlich ihrer Eignung überprüft werden,[384] wäre es folgerichtig, dies für alle Eltern zu fordern. Eine solche Überprüfung könnte in die Kinderwunschbehandlung eingebunden und zugleich mit einer psychosozialen Beratung verbunden werden.[385]

Was zwar einerseits plausibel erscheint, weil wir eine solche Prüfung in vielen gesellschaftlichen Bereichen für sinnvoll erachten, erweist sich andererseits als nicht praktikabel. Selbst wenn Hugh LaFollette davon ausgeht, dass es dadurch möglich wäre, zu verhindern, dass Eltern ihre Kinder vernachlässigen oder gar misshandeln,[386] bleibt fraglich, inwiefern sich diesbezüglich eine konkrete Vorhersage treffen ließe. Zwar ist es aufgrund möglicher Verhaltensveränderungen oder veränderter sozialer Umstände schwierig, unkontrolliertes Verhalten vorherzusagen. Allerdings kann bezweifelt werden, dass sich willentliches Fehlverhalten überhaupt erkennen lässt.[387] Darüber hinaus ist fraglich, ob Kriterien, wie sie bei der Adoptionsvermittlung angewendet werden (z. B. Mindestalter, stabile Partnerschaft, ökonomische Sicherheit, körperliche und geistige Gesundheit), Auskunft über die Befähigung zur Elternschaft geben. Sicherlich ist die Erfüllung dieser Kriterien kein Nachteil. Es ist aber nicht ersichtlich, warum Menschen, die diese Kriterien nicht erfüllen, keine guten Eltern sein sollen. Das Gelingen einer persönlichen Beziehung ist von anderen Faktoren abhängig, als bei einer Lizensierung überprüfbar wären.

Gegen diese Form der Lizensierung spricht noch ein weiterer Grund. Wenn im Grundgesetz ein natürliches Recht der Erziehung durch die Eltern festgeschrieben ist,[388] betont das zugleich die kulturelle Bedeutung der Fortpflanzung. Ihr kommt ein identitätsstiftendes Moment zu, das darin besteht, die persönliche Vorstellung eines guten Lebens umsetzen und weitergeben zu können. Wenn Individualität der Fortpflanzung von derart großer kultureller Bedeutung ist, ist es kaum möglich, spezifische Eigenschaften anzugeben, die Eltern besitzen müssen. Aufgrund des

---

384 Bundesarbeitsgemeinschaft Landesjugendämter (2019), Kap. 7.4.2.
385 In ähnlicher Weise wurde dies in Deutschland praktiziert. Nach der (mittlerweile überarbeiteten) Musterrichtlinie der Bundesärztekammer standen Kinderwunschbehandlungen lediglich heterosexuellen Paaren „in einer festgefügten Partnerschaft" offen. Bundesärztekammer (2006), 3.1.1.
386 LaFollette (1980).
387 Frisch (1982), S. 175 f.
388 Art. 6 Abs. 1 GG.

hohen Werts der Individualität gibt es keine gesellschaftlich verbindliche Vorstellung guter Elternschaft, zumindest nicht in normativer Hinsicht. Daher lassen sich auch keine spezifischen Kriterien guter Elternschaft angeben.

Man kann davon ausgehen, dass eine Person, die zu einer autonomen Lebensführung in der Lage ist, über die notwendigen ökonomischen, emotionalen und intellektuellen Ressourcen verfügt, die ihrem eigenen Leben Stabilität verleihen, in der Lage ist, für ein Kind zu sorgen. Für das Gelingen einer Eltern-Kind-Beziehung ist es unerheblich, ob die Eltern über besondere, darüber hinausgehende Ressourcen verfügen. Es ist ebenfalls unerheblich, ob sie verheiratet sind oder in einer Partnerschaft leben. Noch weniger relevant ist die sexuelle Orientierung der Eltern. Alexandra und Charlotte (Fall 3) können ebenso gute Eltern sein wie die alleinstehende Anita (Fall 2). Der Maßstab ist ihr eigenes Können, das sich an ihren Vorstellungen eines guten Lebens bemisst. Letztlich entscheiden sich die werdenden Eltern nicht für irgendein Kind, sondern für ihr Kind, für das sie Verantwortung tragen. Nur sie selbst können beurteilen, ob sie unter den gegebenen Umständen und im Rahmen ihrer Möglichkeiten in der Lage sind, eine Eltern-Kind-Beziehung aufzubauen und ein Familienleben nach ihren Vorstellungen zu leben.[389]

Ein besonderes Problem stellt das Alter der Eltern dar. Wenn die Autonomiefähigkeit des Kindes ein wesentliches Ziel der Fortpflanzung ist, ist es zumindest naheliegend, dass die Eltern noch lange genug leben sollten, um ihre elterliche Aufgabe erfüllen zu können. Sicherlich ist das Leben in dieser Form nicht planbar und auch junge Eltern können eine schwere Krankheit erleiden oder durch einen Unfall ums Leben kommen. Dagegen ist niemand gefeit. Wie sich aber am Beispiel der alleinstehenden Anita zeigt, könnte sich die Fortpflanzung im hohen Alter als problematisch erweisen, wenn es wahrscheinlich ist, dass die Mutter als alleiniger Elternteil die Volljährigkeit ihres Kindes nicht mehr erleben wird. Das widerspricht dem Wunsch nach Elternschaft und dem Ziel der Fortpflanzung, das Kind auf dem Weg zu einem selbstbestimmten Menschen zu begleiten.

(3) Zwar sind Wollen und Können wesentliche Voraussetzungen, doch damit eine Eltern-Kind-Beziehung gelingen kann, bedarf es außerdem des Aspekts des *Sollens*, um das ganze Phänomen der Elternschaft zu erfassen. Mit Übernahme der Verantwortung obliegt den Eltern die moralische Pflicht, ihr Wollen entsprechend ihrem Können zum Gelingen einer Eltern-Kind-Beziehung umzusetzen. Wenngleich die Beziehung ein wichtiger Bestandteil im Leben des Kindes ist, ist es kein Wesen, das nur als Teil einer Beziehung existiert bzw. dessen Interessen vollständig in der Beziehung aufgehen. Es ist sowohl innerhalb der familiären Beziehung als auch als

---

389 Wiesemann (2006), S. 102.

Mitglied der Gesellschaft ein Individuum, das in seiner Individualität respektiert werden muss.

Hierin zeigt sich eine Ambivalenz der Eltern-Kind-Beziehung bzw. der Familie. Einerseits stellt sie durch ihre besondere Binnenstruktur eine moralische Einheit dar, die eigenen moralischen Regeln folgt. Andererseits sind sowohl die einzelnen Mitglieder als auch die Familie als Ganzes Teil eines politischen Systems mit anderen moralischen Regeln. Die Widersprüchlichkeit besteht in der parallelen Existenz zweier Regelsysteme, die miteinander in Konflikt geraten können. Während früher stärker zwischen dem Privaten und dem Politischen unterschieden wurde, wird das Privatleben heute eher als Teil des politischen Systems verstanden.

> Begreift man die Grund- und Menschenrechte als Ausdruck universal gültiger Mindestbedingungen für das Zusammenleben in einer politischen Gemeinschaft, so bedürfen die Individuen des Schutzes nicht nur gegenüber staatlichen Übergriffen, sondern auch gegen Verletzungen durch nichtstaatliche Akteure.[390]

Dementsprechend ist das Kindeswohl nicht nur im Kontext der familiären Beziehung, d. h. vor dem Hintergrund elterlicher Interessen bestimmbar, sondern auch durch fundamentale Rechte geschützt. Die in liberalen und demokratischen Gesellschaften geltenden Menschen- und Grundrechte gelten gleichermaßen für Kinder, für deren Gewährleistung die Eltern aufgrund ihrer sozialen Verantwortung moralisch verpflichtet sind. Das ist Teil der elterlichen Verantwortung, wodurch sich zugleich ihre Erziehungsfreiheit begrenzt. Eltern, die nicht in der Lage sind, grundlegende Bedürfnisse ihres Kindes zu befriedigen, oder dem Kind keine Fürsorge zukommen lassen wollen, handeln außerhalb des moralischen Rahmens verantwortungsvoller Elternschaft.[391]

---

390 Wapler (2017), S. 41. Ähnlich argumentieren Wiesemann ((2006), S. 108–111) und Beier/Wiesemann ((2010), S. 866–868) dafür, individualethische und beziehungsethische Aspekte komplementär zu denken ebenso wie Haker ((2002), Kap. 5.1), die sollensethische Mindestanforderungen der Elternschaft gegenüber strebensethischen Elementen einer guten Elternschaft hervorhebt.
391 In Wiesemanns Vertrauenskonzeption lässt sich grundsätzlich eine moralische Pflicht erkennen, eine stabile körperliche und seelische Grundversorgung des Kindes zu gewährleisten. Auch wenn Vertrauen eine soziale Praxis ist, die mit moralischen Erwartungen einhergeht und es grundsätzlich gut ist, das Vertrauen nicht zu enttäuschen, ist die Erwiderung keine Pflichterfüllung. Es ist Teil der Vertrauensbeziehung, anderen einen Ermessensspielraum einzuräumen und ihnen soweit zu vertrauen, dass sie das Vertrauen angemessen erwidern (Hartmann (2011), S. 219). Dennoch lässt sich kritisieren, dass die moralische Praxis des Vertrauens eine intentionale Handlung voraussetzt, indem man sich aussucht, wem man sein Vertrauen schenken möchte (Hartmann (2011), S. 71), was bei Kindern regelmäßig nicht der Fall ist.

Obwohl die Eltern-Kind-Beziehung grundsätzlich nicht aufkündbar ist, kann es dennoch vorkommen, dass sich Eltern nicht mehr um ihr Kind kümmern können oder wollen. In solchen Fällen übernimmt die Gesellschaft die Erziehungsaufgabe, indem staatliche Institutionen die Versorgung des Kindes sicherstellen. Es ist sicherlich moralisch nicht wünschenswert, wenn Eltern die Verantwortung für ihr Kind aufgeben, es kann aber nicht moralisch falsch sein, die Beziehung aus guten Gründen aufzukündigen. Allerdings ist es aufgrund der besonderen Hilfsbedürftigkeit des Kindes Teil der moralischen Verantwortung, bei Beendigung der Fürsorgebeziehung dafür zu sorgen, diese in angemessener Weise zu übertragen und das Kind nicht wie Romulus und Remus in einem Körbchen auf dem Fluss auszusetzen.

4.3.3 Wer trägt die Verantwortung?

Nachdem nun geklärt ist, worin sich die elterliche Verantwortung begründet, eröffnet sich ein weiterer zentraler Aspekt, der nicht nur die Debatte um die Eizellspende oder andere reproduktionsmedizinische Verfahren betrifft, sondern wesentlich für unser Verständnis von Familie ist. Üblicherweise geht man davon aus, dass diejenigen, die das Kind gezeugt haben, auch diejenigen sind, die es aufziehen werden. Diese biogenetische Verbindung ist tief in unserem Alltagsverständnis verwurzelt. Darin kommt einerseits die Idee zum Ausdruck, dass jeder Mensch für die Folgen seines Handelns verantwortlich ist. Wer das Kind gezeugt hat, muss (oder besser darf) sich auch darum kümmern. Andererseits wird durch die Aussage „Das ist mein Kind." eine Art genetisch bedingter Zugehörigkeits- und Verfügungsanspruch ausgedrückt. In unserem kulturellen Verständnis ist die leibliche Elternschaft fest mit elterlichen Rechten und Pflichten verankert.

In der europäischen Kultur stellt die Blutsverwandtschaft ein konstitutives Element der Familie dar. Sie gilt als grundsätzlicher Nachweis der Zugehörigkeit und begründet rechtliche Ansprüche und Pflichten gegenüber anderen Familienmitgliedern. Im Unterschied zur Freundschaft ist Familie keine Angelegenheit der Wählbarkeit, wie sich im Familienrecht zeigt. Allein aufgrund ihres direkten Abstammungsverhältnisses besteht eine Unterhaltsverpflichtung nicht nur der Eltern gegenüber ihren Kindern, sondern auch der Kinder gegenüber ihren Eltern, die sich sogar auf die Enkel erstreckt.[392]

Allerdings wird durch die Eizellspende, ähnlich wie bei der Adoption, die sonst übliche biosoziale Einheit der Elternschaft aufgelöst und es zeigt sich, dass Ab-

---

392 §1601 BGB.

stammung und soziale Verantwortung keineswegs untrennbar miteinander verbunden sind. Dies erweist sich darüber hinaus als problematisch, da im Kontext der Eizellspende keineswegs klar ist, wer die eigentliche Mutter ist und wem welche Verantwortung zukommt. Obwohl das Kind mit drei Menschen verwandt ist, übernehmen meist nur zwei von ihnen die soziale Elternrolle. Aus diesem Grund bedarf es einer näheren Betrachtung der moralischen Begründung der Elternschaft und der damit zusammenhängenden Verantwortlichkeiten. In der Literatur lassen sich vier unterschiedliche Strategien der moralischen Begründung der Elternschaft ausmachen.[393]

(1) Blickt man auf die biologischen Grundlagen der Familie, ist es naheliegend, einen genetischen Ansatz zu favorisieren. Schließlich bestehen die Kinder aus den kombinierten Genen der Eltern, die, geht man davon aus, dass sie grundsätzlich die alleinige Verfügbarkeit über ihr Körpermaterial inne haben, dadurch eine Art Eigentumsrecht an ihren Kindern erwerben. Ganz ähnlich argumentiert Barbara Hall, wenn sie auf John Lockes Eigentumstheorie verweist, nach der jeder Mensch das Eigentum an einer Sache erwirbt, die durch eigene Arbeit entstanden ist.[394] „Yet the child derived from the male and female would, by the principle of self-ownership, belong to that couple."[395]

Die Idee, Familie als Eigentumsverhältnis zu beschreiben, ist keineswegs neu. Solche Modelle sind als *kyrios* und *patria potestas* bereits aus der griechischen bzw. römischen Antike bekannt. Dass ein solches Verständnis des elterlichen Besitzanspruchs über ihre Kinder heute nicht mehr gängig ist und auch keine probate Lösung für die Zuschreibung der Elternschaft im Kontext der Eizellspende darstellt, zeigt sich sehr deutlich am daraus entstehenden Widerspruch zwischen dem von den Eltern erworbenen Eigentumsanspruch am Kind gegenüber dem Eigentumsrecht des Kindes am eigenen Körper.[396]

Spätestens durch die Aufklärung hat sich der moralische Status von Personen soweit verändert, dass dieser nicht mit der Eigentumstheorie vereinbar ist. Mit Kant gesprochen, sind Kinder immer auch Selbstzweck und Eltern

> können ihr Kind nicht gleichsam als ihr Gemächsel (denn ein solches kann kein mit Freiheit begabtes Wesen sein) und als ihr Eigenthum zerstören oder es auch nur dem Zufall überlassen, weil an ihm nicht bloß ein Weltwesen, sondern auch ein Weltbürger in einen Zustand herüber gezogen, der ihnen nun auch nach Rechtsbegriffen nicht gleichgültig sein kann.[397]

---

393 In der Darstellung folge ich Brake/Millum (2021).
394 Locke, Treatises II, Kap. V.
395 Hall (1999), S. 79.
396 Archard (1990), S. 186.
397 Kant, MdS, AA VI, S. 281.

Darüber hinaus vermag dieser Zugang die eigentliche Zugehörigkeitsfrage zwischen der genetischen und der biologischen Mutter nicht zu lösen. Einerseits wäre das Kind nicht ohne das genetische Material der Spenderin entstanden, andererseits hätte es sich auch nicht ohne die räumliche Umgebung der Gebärmutter entwickeln können – hieraus lässt sich nicht entscheiden, ob die genetische oder die biologische Abstammung konstitutiv für das Eigentum sein soll.

(2) Alternativ schlägt Anca Gheaus vor, Elternschaft nicht (mehr) auf eine materielle Basis zu gründen, und rückt stattdessen die produktive Tätigkeit in den Mittelpunkt. Sie argumentiert, dass die mit der Schwangerschaft verbundenen Anstrengungen eine Art Investition darstellen, wohingegen der genetische Anteil der Fortpflanzung eher gering ausfällt und die Kosten und Mühen einer Schwangerschaft nicht überwiegen kann.

> The costs of pregnancy are varied: physical, emotional, social and financial. They consist in the actual pain of childbearing and childbirth, in pregnant women's reduced autonomy, in the health risks women take in order to carry their babies, in the worries about the mother's and the baby's health, and in the daunting risk of miscarriage.[398]

Die Vorzüge des Investitions- gegenüber dem Eigentumsmodell liegen auf der Hand. Hätte Leonardo da Vinci die Farben für seine berühmte Mona Lisa gestohlen, würde man kaum behaupten, dass das Bild rechtmäßig der Farbenhändlerin gehöre. In ähnlicher Weise ist die durch die Schwangerschaft verrichtete Arbeit ein guter Grund, der biologischen Mutter einen vorrangigen Anspruch einzuräumen.

Obwohl Gheaus' Ansatz durch die Fokussierung auf die Schwangerschaft prädestiniert für die Anwendung auf die Eizellspende zu sein scheint, bleiben wesentliche Fragen der Elternschaft offen. Wenn der biologischen Mutter ein primäres Recht zur Elternschaft zukommt, ist unklar, welche Bedeutung die Vaterschaft einnimmt. Sicherlich können Väter Anteil an der Schwangerschaft nehmen, indem sie mit Liebe, Zeit und Mühe ihren Beitrag zum Wohlergehen der Schwangeren leisten, doch verharren sie in einer passiven Rolle. Wäre die genetische Abstammung normativ irrelevant für die Begründung der Elternschaft, würde die moralische Verantwortung für die Fortpflanzung allein der Frau zukommen.[399]

Nichtsdestotrotz wird Erzeugern, die sich der elterlichen Verantwortung entziehen, die Missachtung ihrer väterlichen Pflichten vorgeworfen. Das bedeutet wiederum, dass es zumindest eines zusätzlichen Kriteriums bedarf, um die Rolle von Vätern angemessen erfassen zu können, was sich allerdings als problematisch erweist, da nicht ersichtlich ist, warum die Vaterschaft anders begründet werden

---

[398] Gheaus (2012), S. 447.
[399] Bayne/Kolers (2003), S. 231 f.

sollte als die Mutterschaft. Würde die Vaterschaft aufgrund der genetischen Beziehung entstehen, müsste das prima facie ebenso für die Mutterschaft gelten, wodurch das vorgeschlagene Investitionsmodell obsolet wäre.

(3) Da es ein Wesensmerkmal der Moral ist, dass jeder Mensch für die Folgen seines Handelns verantwortlich ist, ist es naheliegend, für eine moralische Begründung der Elternschaft nicht die biologischen Merkmale, sondern die reproduktive Handlung selbst in den Blick zu nehmen. Entsprechend lassen sich diejenigen als Eltern definieren, die die Entstehung des Kindes verursacht haben. Die soziale Verantwortung liegt demnach bei Mutter und Vater, die beide gleichermaßen an der Entstehung des Kindes mitgewirkt haben. Was aber im Rahmen sexueller Fortpflanzung sehr klar scheint, ist im reproduktionsmedizinischen Kontext gar nicht so einfach.

Werden im Rahmen einer reproduktionsmedizinischen Behandlung Eizellen von einer anderen Frau verwendet, trägt die Spenderin ebenso zur Entstehung des Kindes bei und ist ebenso verantwortlich für das Kind. Dies ist aber insofern problematisch, da dies nicht mit gängigen Vorstellungen von Elternschaft vereinbar ist. Weder gesellschaftliche Konventionen noch rechtliche Vorgaben sehen vor, dass ein Kind von drei gleichberechtigten Elternteilen großgezogen wird. Obwohl nicht-konventionelle Familienvorstellungen in den letzten Jahren zugenommen haben, besteht das Familienideal weiterhin aus einem (meist heterosexuellen) Paar mit einem oder mehreren Kindern. Es ist daher kaum zu erwarten, dass Wunscheltern die Spenderinnen in ihr Projekt Elternschaft einbeziehen möchten oder die Eizellspenderinnen selbst ein Teil des Projekts Elternschaft sein möchten. Dieses Konzept von Elternschaft hätte überdies zur Folge, dass Samenspender die rechtliche Vaterschaft zugesprochen bekommen, während die Wunschväter aufgrund mangelnder Ursächlichkeit außen vor blieben. Geht man stattdessen davon aus, dass Eizellspenderinnen und Samenspender in den meisten Fällen kein Interesse daran haben, soziale Verantwortung zu übernehmen, würde eine solche Regelung sehr wahrscheinlich zu einem Rückgang der Spendebereitschaft führen.

Darüber hinaus wären bei korrekter Anwendung des Kausalprinzips ohnehin nicht die Eltern verantwortlich, sondern die ausführende Ärztin, die den Embryo in die Gebärmutter transferiert hat, bzw. die Biologin, die den Befruchtungsvorgang durchgeführt hat. Die Elternschaft dem Klinikpersonal zuzuschreiben, wäre aber nicht nur realitätsfern, sondern weist ein theoretisches Problem transitiver Relationen kausaler Beziehung auf. Wenn A die Ursache von B ist und B die Ursache von C ist, dann ist A notwendigerweise auch die Ursache von C. Auf das Beispiel der Fortpflanzung bezogen, lässt sich eine eindeutige Beziehung zwischen Ursache (Laborbiologin injiziert Samenzelle in Eizelle) und Wirkung (Eizelle wird befruchtet) erkennen. Jedoch lassen sich auch weitere eindeutige Kausalbeziehungen identifizieren. Wäre die Laborbiologin an jenem Morgen nicht mit dem Auto gefahren, wäre sie aufgrund des spontanen Bahnstreiks gar nicht zur Arbeit gekommen. Das Auto hat sie sich von ihrer Nachbarin geliehen, die selbst nicht zur Arbeit fahren konnte, weil sie sich am Tag zuvor das Bein gebrochen hat, als sie ihrem entflogenen Wellensittich nachlaufen wollte. Wenn die jeweiligen Einzelereignisse untereinander in eindeutiger Kausalrelation zueinander stehen, weisen auch das erste und letzte Ereignis einen kausalen Zusammenhang auf: Weil der Wellensittich entflogen ist, wurde die Eizelle befruchtet.

Obwohl der kausale Zusammenhang dieser Ereignisse offensichtlich ist, fällt es aus einer Alltagsperspektive heraus ziemlich schwer, die beiden Ereignisse miteinander in Verbindung zu bringen. Niemand würde der Nachbarin die soziale Verantwortung für das Kind zuschreiben. Das wäre ähnlich absurd, als wären Patrick Steptoe und Robert Edwards für alle in vitro gezeugten Kinder unterhaltspflichtig. Der Grund hierfür liegt darin, dass kausale Verantwortung und moralische Verantwortung nicht identisch sind. Die Kausalbeziehung selbst lässt nicht erkennen, welche moralischen Implikationen damit verbunden sind.

(4) Um aber das Prinzip der Handlungsverantwortung nicht aufgeben zu müssen, bietet es sich an, statt des verursachenden Ereignisses die initiale Intention als Grundlage heranzuziehen. Damit lässt sich nicht nur das Problem der transitiven Kausalität umgehen. Man vermeidet zugleich das Problem der fehlenden Verbindung kausaler und moralischer Verantwortung – zumal es ohnehin plausibler ist, moralische Verantwortung aus der Handlung und nicht aus der Kausalität abzuleiten.[400] Nach dieser Position obliegt die soziale Verantwortung für das Kind den jeweiligen Wunscheltern. Ihr Wille bzw. ihre Entscheidung sich fortzupflanzen, ist das initiale Moment, aus dem heraus ein Kind entsteht. „What is essential to parenthood is not the biological tie between parent and child but the preconception *intention* to have a child, accompanied by undertaking whatever action is necessary to bring a child into the world."[401]

Es ist nicht von der Hand zu weisen, dass auch die Spenderin und das medizinische Personal entscheidend zur Existenz des Kindes beitragen. Dennoch haben die Wunscheltern den Plan gefasst, ohne deren Anstrengung es kein Kind gäbe. Sie sind diejenigen, die aufgrund ihres Wunsches, Verantwortung für ein Kind übernehmen zu wollen, das Projekt Elternschaft ins Rollen gebracht haben. Die Ärztin und die Spenderin nehmen nur eine Rolle ein, deren Besetzung (in den meisten Fällen) kontingent ist. Sie sind nicht die Initiatorinnen, sondern nur Mitwirkende eines Plans, zu dessen Erfüllung sie von den Wunscheltern ausgewählt wurden.[402]

---

400 Fuscaldo (2006), S. 67 f.
401 Hill (1991), S. 414 [Hervorhebung im Original].
402 Hill (1991), S. 415.

Diese hätten genauso gut eine andere Ärztin oder Spenderin auswählen können, ohne dass dies Auswirkungen auf die Elternschaft gehabt hätte.

Mit Blick auf die reproduktionsmedizinische Praxis zeichnet sich diese Begründung der Elternschaft durch drei Vorteile aus. Erstens steht die Berücksichtigung der initialen Handlung deutlich näher am allgemeinen Verständnis moralischer Verantwortung als die reine Kausalbeziehung oder eine Abstammungsbeziehung. Zweitens zeichnet sich dieser Zugang durch eine besondere Praxisnähe zur Reproduktionsmedizin aus, der es zugleich ermöglicht, individuelle Bedürfnisse der Elternschaft zu berücksichtigen. Dadurch ist es möglich, soziale Elternschaft abseits traditioneller Vorstellungen und statusrechtlicher Voraussetzungen zuzuschreiben. Drittens geht der intentionalen Entscheidung zur Umsetzung eines reproduktionsmedizinischen Fortpflanzungsvorhaben eindeutig der Wille zur Übernahme elterlicher Verantwortung voraus, der zugleich deren moralische Bedingung ist. Diese Bedingung ist genau dann erfüllt, wenn die Elternschaft denjenigen zufällt, die die soziale Verantwortung auch übernehmen wollen, was in den meisten Fällen weder die Spenderin noch die Ärztin sind.

Obwohl die Handlungsintention, die den Willen zur Elternschaft kaum deutlicher ausdrücken kann, aus ethischer Sicht eine überzeugende Begründung der Elternschaft im Rahmen der Familiengründung mittels Eizellspende darstellt, bedarf dieser Zugang einer Ergänzung. Üblicherweise sind wir nicht nur für Handlungen verantwortlich, die wir willentlich ausgeführt und deren Folgen wir intendiert haben. Die moralische Verantwortung erstreckt sich ebenso auf nichtintendierte Folgen einer Handlung, sofern diese vorhersehbar sind. Damit sind jene Folgen gemeint, von denen die handelnde Akteurin erwarten kann, dass sie eintreten werden.[403]

In diesem Sinne wäre es verkürzt, allein auf die Handlungsintention der Fortpflanzung abzustellen und die Urheberschaft aus den Augen zu verlieren. Nun könnte man meinen, dass dieser Punkt zwar wichtig für die Zuschreibung elterlicher Verantwortung bei ungeplanten Schwangerschaften ist, nicht jedoch für die Eizellspende, da Urheberschaft und Intention grundsätzlich zusammenfallen.[404] Dennoch können sich auch ungeplante Konsequenzen ergeben, beispielsweise durch eine Mehrlingsschwangerschaft. In diesem Fall können sich die Wunscheltern nicht darauf berufen, dass sie nur ein Kind wollten und entsprechend auch nur

---

403 Fuscaldo (2006), S. 70 f.
404 Im Rahmen der reproduktionsmedizinischen Fortpflanzung lässt sich davon ausgehen, dass die Entscheidungen wissentlich und willentlich getroffen werden und es nicht zu ungeplanten Schwangerschaften kommt. Aus diesem Grund genügt es, Verantwortung an die intentionale Urheberschaft einer Handlung zu binden. Das bedeutet, dass stets diejenigen für das Kind verantwortlich sind, die das Projekt Elternschaft angestoßen und dessen Umsetzung initiiert haben.

die soziale Elternschaft für ein Kind übernehmen. Davon ausgehend, dass weder die Spenderin noch die Ärztin ein Fortpflanzungsinteresse haben und die Mehrlingsbildung ein vorhersehbarer Nebeneffekt ist, obliegt ihnen – ganz analog zur natürlichen Fortpflanzung – die elterliche Verantwortung für alle Kinder.[405]

4.4 Verantwortliche Elternschaft als Schlüssel zum Kindeswohl

Im ersten Teil dieses Kapitels hat sich gezeigt, dass das Kindeswohl ein sehr problematischer Begriff ist, der sich nicht derart operationalisieren lässt, um reproduktive Entscheidungen bewerten zu können. Subjektive Wohlergehenstheorien berücksichtigen die individuellen Belange des Kindes, doch lassen sich diese nicht in einer Weise antizipieren, dass sie als universeller Bewertungsmaßstab für vorgeburtliche Entscheidungen geeignet sind. Dagegen weisen objektive Wohlergehenstheorien den Vorteil auf, sich an grundlegenden Bedingungen menschlicher Existenz zu orientieren, weshalb sich aus ihnen normative Mindeststandards menschlichen Wohlergehens ableiten lassen. Weil aber solche Standards auf einer Theorie des Guten basieren, deren normative Verbindlichkeit von sozialer Anerkennung abhängig ist, beschränkt sich ihr Allgemeingültigkeitsanspruch lediglich auf minimale Standards. Es ist zwar allgemein unstrittig, dass ein Kind Nahrung, Obdach und Kleidung benötigt, jedoch differieren Vorstellungen des guten Lebens so stark voneinander, dass sich über die Befriedigung basaler Bedürfnisse hinaus keine allgemeingültigen Regeln zur Bewertung des Kindeswohls ableiten lassen. Gerade in gesellschaftlich umstrittenen Bereichen wird es schwierig, einzelne Merkmale übereinstimmend zu konkretisieren (z. B. ob es das Beste für das Kind ist, wenn es natürlich gezeugt wird bzw. einen Vater und eine Mutter hat).

Allerdings sind Minimalstandards für die Bewertung der Eizellspende nicht ausreichend. Erstens ist nicht zu erwarten, dass Eizellspendekinder ein so schlechtes Leben führen werden, dass minimale Bedingungen des Wohlergehens nicht erfüllt werden. Zweitens ist eine Ethik, die auf individuellen Interessen und Rechten beruht, nicht in der Lage, familiäre Beziehungen adäquat zu erfassen. Es

---

405 An dieser Stelle sei angemerkt, dass die hier angestrengten Überlegungen lediglich ein moralischer Serviervorschlag für den Umgang mit der Eizellspende sind, aber keine Universallösung für die moralische Begründung der Elternschaft darstellen. Ein intentionales Verständnis von Elternschaft ist sicherlich eine gute Ausgangsbasis für die Zuschreibung elterlicher Verantwortung. Doch gerade mit Blick auf Mehrelternfamilien, ungeplante Schwangerschaften oder die Leihmutterschaft weist ein Zugang, der lediglich auf die Fortpflanzungsintention abstellt, Schwächen auf. Hierfür bedarf es eher eines pluralistischen Zugangs, wie ihn u. a. Bayne/Kolers (2003) und Wiesemann ((2006), S. 145) vorgeschlagen haben.

geht nicht um einander Fremde, deren Interessen gegeneinander verhandelt werden müssen, sondern um einander Nahestehende, deren Interessen sich erst aus dem Kontext der Beziehung ergeben. Elternschaft ist eine moralische Praxis, die darin besteht, das ihnen entgegengebrachte Vertrauen nicht zu enttäuschen und eine persönliche Fürsorgebeziehung aufzubauen. Hierfür ist es unerheblich, ob die Eltern genetisch oder biologisch mit dem Kind verwandt sind. Die elterliche Verantwortung für das Kind liegt beim Kinderwunschpaar, das die Fortpflanzung intendiert hat. Nur das Paar selbst kann im Rahmen seiner Möglichkeiten bestimmen, wie die Eltern-Kind-Beziehung am besten gelingen kann.

Jedoch beschränkt sich die soziale Verantwortung nicht auf die Eltern. Kindererziehung ist eine sehr komplexe Angelegenheit, die sich durch eine Reihe von Verantwortlichkeiten auszeichnet. Dies betrifft die soziale Verantwortung, die vom persönlichen Umfeld (z. B. Großeltern, Geschwistern, Freundinnen) übernommen wird. Ohne gesellschaftliche Unterstützung (z. B. Kita, Schule, Gesundheitsversorgung, Kindergeld) wären die meisten Eltern nicht in der Lage, ihr Kind nach ihren Lebensentwürfen großzuziehen. Es gehört zudem in den Verantwortungsbereich der Gesellschaft, grundrechtliche Standards (z. B. Zugang zu Bildung und Gesundheitsversorgung) zu definieren und Kinder vor Missbrauch oder Verwahrlosung zu schützen.

Letztlich trägt auch die Spenderin aufgrund ihrer intentionalen Beteiligung am reproduktiven Geschehen eine moralische Verantwortung, die zumindest darin besteht, aufrichtig zu sein. Nur dadurch können die Wunscheltern, welche die Auswahl der Spenderin verantworten müssen, eine informierte Entscheidung treffen. Unklar ist hingegen, welche Rolle der Spenderin innerhalb der Familie zukommt und ob sich aus dem biografischen Bezug eine besondere Verantwortung gegenüber dem Kind ableitet.

5 Die Beziehung zwischen Spenderin und Familie

Die Abläufe einer Eizellspendebehandlung werden in gesellschaftspolitischen und selbst in fachlichen Debatten häufig in einer schematischen Einfachheit wiedergegeben, die den Eindruck erweckt, als wäre sie mit einer Autoreparatur vergleichbar. Ein unfruchtbares Paar geht in eine Reproduktionsklinik, sucht sich eine nach ihren Wünschen passende Spenderin aus, aus deren Eizellen ein Embryo entsteht, der anschließend in den Uterus der Kinderwunschpatientin transferiert wird. Eine derartige Erzählweise vermittelt eine Unbeschwertheit, die beiläufig suggeriert, Eizellen wären ein beliebiges Ersatzteil, das man bloß aus dem Regal nehmen muss. Dabei wird regelmäßig ignoriert, dass die Eizellen von einer Frau stammen, die in einem biografischen Bezug zu dem Kind stehen wird.

In der Fachdebatte wird der Beziehung zur Spenderin eher wenig Platz eingeräumt. Die deutschsprachige Debatte um die Eizellspende konzentriert sich vornehmlich auf die reproduktive Freiheit der ungewollt kinderlosen Paare und auf das Kindeswohl. In Bezug auf die Spenderin werden meist nur Probleme der Kommodifizierung und einer dadurch drohenden Ausbeutung thematisiert. Wenn Kritikerinnen ein grundsätzliches Verbot der Eizellspende als geeignetes und gerechtfertigtes Mittel zum Schutz potenzieller Spenderinnen fordern,[406] treffen sie damit zwar den Nerv der aktuellen Spendepraxis, jedoch hemmt das zugleich die Debatte und nimmt die Möglichkeit darüber zu sprechen, welche Rolle der Spenderin innerhalb des Familiengefüges zukommt und welche soziale Verantwortung daraus resultiert.

Die genetische Beziehung zwischen zwei Menschen gilt individuell und kulturell als bedeutsam, was die Frage aufwirft, ob hieraus möglicherweise eine eigene moralische Verantwortung für die Spenderin resultiert. Um dieses Feld zu erhellen, bedarf es einer näheren Betrachtung, was eine Spende ausmacht und wie sich diese zu den kulturellen Konzepten von Mutterschaft und Familie verhält. Erst unter Berücksichtigung der Qualität dieser Beziehung und ihrer moralischen Implikationen lassen sich zentrale Aspekte der Debatte klären, zu denen insbesondere die Möglichkeit der anonymen Eizellspende und die Aufklärung des Kindes gehören.

5.1 Die Familie: ein kulturelles Erbe im Wandel

Mater semper certa est – die Mutter ist immer sicher. So lautet ein römischer Rechtsgrundsatz, der auch im deutschen Recht Anwendung findet. §1591 BGB de-

---

406 Graumann (2008); fem*ini (2020).

finiert die Mutter als diejenige Person, die das Kind gebärt. Zweifel an der Mutterschaft sind damit ausgeschlossen. Im Gegensatz zum Vater gilt allein die Mutter als sichere Bezugsperson des Kindes und wichtige Stütze der kindlichen Identität. Daher ist es nur wenig verwunderlich, wenn der Gesetzgeber angenommen hat, „daß dem jungen Menschen, der sein Leben gleichsam drei Elternteilen zu verdanken hat, die eigene Identitätsfindung wesentlich erschwert sein wird."[407]

Allerdings basiert diese Annahme nicht auf empirischen Daten, sondern auf einer kulturell geprägten Mutterrolle. Rolf Keller betont in diesem Zusammenhang die zentrale, „nicht selten mystisierte Bedeutung" der Rolle der Mutter in vielen Gesellschaften. „Dies gilt auch ganz besonders für unseren Kulturkreis."[408] Wenn zwei Frauen zugleich Anteil an der Entstehung eines Kindes haben, müssen traditionelle Vorstellungen der Mutterschaft aufgegeben werden, wie bereits im Vorfeld des ESchG befürchtet wurde: „Die Eispende mit der Folge der in biologisch-genetischer Hinsicht gespaltenen Mutterschaft bedeutet einen tiefen Einbruch in das menschliche und kulturelle Selbstverständnis, zu dem auch die Eindeutigkeit der Mutterschaft gehört."[409]

Dieses Verständnis entspricht der im euro-amerikanischen Raum vorherrschenden Vorstellung von Verwandtschaft als Blutsverwandtschaft, deren Wurzeln sich in der Entwicklung des Christentums finden lassen. Jack Goody identifiziert die von der Kirche erlassenen Heirats- und Erbschaftsregeln als Ausgangspunkt eines Verwandtschaftssystems, das auf Konjugalität und Filiation basiert. Indem festgelegt wurde, dass Blutsverwandte untereinander nicht mehr heiraten durften, wurden konsanguine und affinale Verwandtschaften konzeptuell unterschieden. Daraus entwickelte sich ein System der Blutsverwandtschaft, das weitläufigere Beziehungen ausschloss.[410]

Dies ist die Grundlage unseres heutigen vornehmlich biologistisch geprägten Familienbilds, nach dem jedes Kind notwendigerweise eine Mutter und einen Vater hat. Die biologische Einheit, die sich nach innen durch Blutsverwandtschaft und nach außen durch familiäre Ähnlichkeit definiert, stiftet soziale Anerkennung.[411] Dementsprechend erstreckt sich der grundgesetzlich garantierte Schutz der Familie auf die Beziehung zweier Menschen zu ihren leiblichen Kindern. Ausnahmen sind nur vorgesehen, wenn andere Menschen an die Stelle der leiblichen Eltern treten und sozial-familiäre Aufgaben übernehmen (z. B. Adoptiveltern, Großeltern).[412]

---

407 Bundesregierung (1989), BT-Drs. 11/5460, S. 7.
408 Keller (1989), S. 720.
409 Bund-Länder-Arbeitsgruppe ‚Fortpflanzungsmedizin' (1989), S. 21.
410 Vgl. Goody (2002), bes. Kap. 3.
411 Mense (2004), S. 155.
412 Badura in: Dürig/Herzog/Scholz (Stand: 2022), Art. 6 Rn. 99.

Wenngleich die Familie als „tatsächliche Lebens- und Erziehungsgemeinschaft zwischen Kindern und Eltern"[413] grundsätzlich unabhängig von der biologischen Abstammung ist, sind nichtbiologische Familienbeziehungen wie Adoptiv- und Stieffamilien eher die Ausnahme, welche die Regel bestätigen.[414]

Das auf Blutsverwandtschaft basierende Verständnis spiegelt sich in der Legaldefinition der Elternschaft wider. Die rechtliche Mutter ist diejenige Frau, die das Kind geboren hat.[415] Als rechtlicher Vater gilt automatisch derjenige Mann, der zum Zeitpunkt der Geburt mit der Mutter verheiratet ist.[416] Dies ist zwar kein sicheres Zeichen der Blutsverwandtschaft, kann aber unter der Voraussetzung der ehelichen Monogamie als höchstwahrscheinlich gedeutet werden.[417] Wie stark die Vaterschaft am Konzept der Blutsverwandtschaft orientiert ist, zeigt sich im Unterschied zu gleichgeschlechtlichen Ehen. Die Ehefrau der Mutter ist – anders als der Ehemann – nicht automatisch Elternteil im rechtlichen Sinne, sondern muss ein Adoptionsverfahren durchlaufen, selbst wenn kein Mann als Vater bekannt bzw. eingetragen ist.

Indem das Konzept der Blutsverwandtschaft konstituierend für die Verwandtschaftsvorstellung ist, wird die Elternschaft maßgeblich vom Prozess der biologischen Zeugung abhängig gemacht und zugleich eine Natürlichkeitsvorstellung generiert. Der Geschlechtsverkehr ist Ausdruck der sozialen Verbindung eines Paares und gleichzeitig die biologische Verbindung zum Kind. Dadurch entsteht nicht nur eine innere Einheit, sondern ein Distinktionsmerkmal, das die Familie von anderen kulturellen Einheiten abgrenzt:

> Father is the genitor, mother the genetrix of the child which is their offspring. Husband and wife are in sexual relationship and theirs is the only legitimate and proper sexual relationship. Husband and wife are lovers and the child is the product of their love as well as the object of their love; it is in this sense that there are two kinds of love which define family relationships, one conjugal and the other cognatic, and it is in this sense that love is a synonym for sexual intercourse.[418]

---

413 BVerfG, 09.04.2003, 1 BvR 1493/96, BVerfGE 108, 82, Rn. 90.
414 Die sehr emotional geführte Diskussion um die Öffnung der institutionellen Ehe für homosexuelle Paare lässt einen fundamentalen Stellenwert der biologischen Fortpflanzung als Grundlage des Familienverständnisses erahnen.
415 §1591 BGB.
416 §1592 BGB.
417 Bereits seit Inkrafttreten des BGB am 01.01.1900 gilt der Ehemann als Vater des Kindes. Sofern es nicht offensichtlich ausgeschlossen werden kann, „wird vermuthet, daß der Mann innerhalb der Empfängnißzeit der Frau beigewohnt habe." §1591 Abs. 2 BGB a. F.
418 Schneider (1980), S. 43.

Auf diese Weise wird Verwandtschaft an biologische Fortpflanzung gekoppelt. Der körperliche Prozess der Zeugung gilt als natürliches Ereignis, infolgedessen die Natürlichkeit der Beziehung anerkannt wird. Mutter- und Vaterschaft sind soziale Sachverhalte, die auf einer biologischen Verbindung gründen, aus der sich wiederum eine Hierarchisierung ableitet. Indem die soziale Anerkennung auf natürlichen Fakten beruht, ist sie der biologischen Elternschaft nachgeordnet.[419] Auf dieser Vorstellung basiert die Überzeugung, dass die reproduktive Verbindung zugleich eine identitätsstiftende Verbindung ist,[420] wie sie auch der Gesetzgeber in der Begründung zum ESchG teilte, wenn er annahm, dass das Kind auch durch die von der genetischen Mutter stammenden Erbanlagen geprägt wird.[421]

Vor dem Hintergrund des euro-amerikanischen Familienbilds ist die bürgerliche Kleinfamilie, die sich durch die Eindeutigkeit der Mutter auszeichnet, aufgrund ihrer sozialen Struktur einer positiven Kindeswohlentwicklung zuträglich. Das lässt aber keinesfalls den Schluss zu, dass dies eine eineindeutige oder eine notwendige Bedingung ist. Ebenso wenig wie der Bezug zur Mutter eine ungestörte Kindeswohlentwicklung garantieren kann, ist ein fehlender Bezug notwendigerweise ein Störfaktor der kindlichen Identität. Dennoch birgt die Entkopplung von Zeugung und Schwangerschaft die Gefahr, gesellschaftliche Annahmen über die Beziehung von Mutter und Kind und damit auch Vorstellungen von Familie und Verwandtschaft zu verändern.[422]

Während in der vorindustriellen Zeit das Familienleben und das Arbeitsleben eng miteinander verknüpft waren, entwickelte sich im Laufe des 19. Jahrhunderts das Modell der romantischen Liebe als Basis partnerschaftlichen Zusammenlebens, aus der die bürgerliche Kleinfamilie hervorging. Die 1950er und 60er Jahre galten als *golden age of marriage*, in denen das „Hohelied der Familie"[423] gesungen wurde. Diese bestand aus einer Einheit von Vater-Mutter-Kind und zeichnete sich durch Generationendifferenz und Geschlechterpolarität aus.

In dieser Zeit war die Kernfamilie sowohl in quantitativer als auch in normativer Hinsicht das vorherrschende Familienbild. Sie war (zumindest in der BRD)

---

419 Schröder (2003), S. 30. „On the one hand, kin relations are regarded as ultimately founded on procreation as a biological necessity. On the other hand, the social arrangements that provide the living, daily context for the procreation of children are given justification by reference to the natural facts. Their distinctive nature is represented in terms of universal and inevitable process. The biological facts of life thus serve to ground particular values associated with kinship." Strathern (1999), S. 23 f.
420 Strathern (1999), S. 23 f.
421 Bundesregierung (1989), BT-Drs. 11/5460, S. 7.
422 Mense (2004), S. 150.
423 Beck-Gernsheim (1998), S. 9.

eine „kulturelle Selbstverständlichkeit und ein millionenfach fraglos gelebtes Grundmuster"[424]. Die romantische Liebe war sinnstiftendes Element der Ehelichkeit und Ausgangspunkt der Familiengründung. Entsprechend bestand die Kleinfamilie aus einem verheirateten heterosexuellen Paar und ihren leiblichen Kindern. Dabei war die partnerschaftliche Verbindung eine auf Dauer angelegte, exklusive und verbindliche Beziehung.[425]

Bis in die beginnenden 70er Jahre galt die Familie mehr als eine auf biologischer Bindung basierende soziale und rechtliche Institution denn als Lebensform. Zu diesem Bild der Familie gehörte auch die Vorstellung, dass die Frau sozial und wirtschaftlich vom Mann abhängig war. Die Rollenverteilung war gesetzlich geregelt: Während der Mann für die wirtschaftliche Versorgung der Familie zuständig war, kümmerte sich die Frau um Haushalt und Erziehung. Dieses Modell war das normative Leitbild der Familie. Abweichungen wurden nicht zugelassen. „Der Schutz der Institution stand über der Wahrung individueller Rechte der Familienmitglieder."[426]

Im Laufe der 70er Jahre wandelte sich dieses Bild und es lässt sich ein kontinuierlicher Rückgang der institutionalisierten Kernfamilie erkennen. „Die für die bürgerliche Ehe- und Familienordnung geltende institutionelle Verknüpfung von Liebe, lebenslanger Ehe, Zusammenleben und gemeinsamen Haushalten, exklusiver Monogamie und biologischer Elternschaft lockert sich, wird unverbindlicher."[427] Ehe und Elternschaft wurden optional(-er). Die zunehmende Individualisierung veränderte die Lebensrealität vieler Menschen. Während die kulturelle Bedeutung der Ehe als Grundlage von Partnerschaft und Elternschaft allmählich abnahm, stieg die Anzahl nichtkonventioneller Lebensformen, wie nichteheliche Lebensgemeinschaften, Alleinerziehende oder gleichgeschlechtliche Partnerschaften. Es kam zu einer Pluralisierung der Lebensformen,[428] denen eine Reihe familienpolitischer bzw. -rechtlicher Veränderungen folgten (z. B. Abschaffung der sog. Hausfrauenehe).[429] Durch die Entstehung anderer Formen der Gemeinschaftsbildung verlor das Bild der Normalfamilie ihre Dominanz als Lebensstiltypus.[430]

---

424 Peuckert (2019), S. 12.
425 Burkart (2008), S. 172.
426 Schneider (2015), S. 26.
427 Peuckert (2019), S. 24.
428 Pluralisierung darf in diesem Zusammenhang nicht dahingehend verstanden werden, dass tatsächlich neue Formen des Zusammenlebens entstanden sind. Nahezu alle Lebensformen lassen sich in der Geschichte wiederfinden. Pluralisierung bezieht sich vielmehr auf den Umstand, dass alternative Formen angesichts der Dominanz der Kernfamilie in den 1950/60er Jahren deutlich zugenommen haben (Peuckert (2019), S. 137). Wirklich neu sind lediglich Familienformen, die durch Eizellspende und Leihmutterschaft entstanden sind.
429 Zur Geschichte der deutschen Familienpolitik siehe Gerlach (2017).
430 Peuckert (2019), S. 24.

Als Merkmal dieses sich über Jahrzehnte erstreckenden Wandlungsprozesses identifiziert Elisabeth Beck-Gernsheim eine „Normalität der Brüchigkeit"[431], unter der nicht nur eine „Normalisierung der Scheidung"[432] von ehelichen und nicht-ehelichen Partnerschaften zu verstehen ist. Eine erhöhte Trennungs- und Wieder-bindungsrate ist nicht bloß eine kontingente Erscheinung einer sich wandelnden Gesellschaft. Hierin lässt sich eine Tendenz erkennen, dass temporäre Partner-schaften bewusst einer lebenslangen Bindung vorgezogen werden. Das Ende einer Beziehung war nicht mehr zwangsläufig das Ende des Lebens, sondern lediglich das „Ende der Emotionen."[433] Neben der klassischen Familie entwickelten sich neue Formen des Zusammenlebens, die weniger dauerhaft oder verbindlich sind.[434]

Durch den Wandel und das Aufbrechen traditioneller Strukturen änderte sich zwar das Erscheinungsbild der bürgerlichen Kleinfamilie, nicht aber ihre gesell-schaftliche Bedeutung. Ihr Wesen bleibt davon unberührt. Wenngleich die Familie nicht mehr lebenslang unveränderlich ist, bildet sie weiterhin eine soziale Einheit innerhalb des bestehenden kulturellen Rahmens. Die Familienmitglieder stehen nach wie vor in einem besonderen Solidaritätsverhältnis, durch die sich die Familie von anderen sozialen Beziehungen unterscheidet. Neue Konzepte von Vater- und Mutterschaft beziehen sich lediglich auf die Bedingung der Zeugung und die sich daraus ergebende Veränderung der biogenetischen Herkunft des Kindes. In dieser Form stellen sie eine technologische Veränderung dar, sind aber keine sozialen Ereignisse, die den materiellen Gehalt der Elternschaft verändern.[435]

Insofern lässt sich diesbezüglich nicht von einer Krise der Familie sprechen. Auch wenn sich in den letzten Jahrzehnten beobachten lässt, dass Partnerschaften weniger auf Dauer angelegt sind, Familienprojekte planbarer und Lebensformen wählbarer werden, ist nicht ersichtlich, dass dies den Sinnzusammenhang fami-liärer Lebensformen entwertet oder deren gesellschaftliche Bedeutung schmälert. Ohnehin beträgt der Anteil an Familien, die mit reproduktionsmedizinischer Hilfe entstanden sind, weniger als 3%[436] und es ist nicht zu erwarten, dass dieser im Falle einer Zulassung der Eizellspende sprunghaft ansteigen wird.[437]

---

431 Beck-Gernsheim (1998), S. 35.

432 Beck-Gernsheim (1998), S. 46.

433 Haker (2002), S. 86.

434 Vgl. Peuckert (2019), Kap. 6.

435 Schneider/Rosenkranz/Limmer (1998), S. 133 f.

436 In Deutschland wurden 2020 insgesamt 773.144 Kinder geboren, davon 22.209 mit reprodukti-onsmedizinischer Hilfe. Deutsches IVF-Register (2022), S. 41.

437 Einer Untersuchung der European Society of Human Reproduction and Embryology (Shenfield et al. (2010)) zufolge reisen pro Jahr etwa 11 – 14.000 Kinderwunschpatientinnen ins europäische Ausland. Ca. 14 % stammen aus Deutschland – von denen etwa 45 % eine Eizellspendebehandlung in Anspruch nehmen. Hieraus errechnet sich ein jährlicher Bedarf von ca. 700 – 900 Eizellspendebe-

Doch unabhängig davon lässt sich Familie auch als Teil einer kulturellen Tradition verstehen, die möglicherweise nicht mit der Eizellspende in Einklang zu bringen ist. Hat ein Kind drei oder mehr Elternteile, bringt das die Idee der Familie ins Wanken. An dieser Stelle zeigt sich eine besondere Schwierigkeit. Auf der einen Seite kann der biogenetische Einheit der Mutterschaft ein kultureller Wert beigemessen werden, der als besonders schützenswert gilt. Auf der anderen Seite konfligiert diese Vorstellung mit dem Wert der individuellen Freiheit. Gerade liberale Gesellschaften, in denen unterschiedliche Wertvorstellungen nebeneinander existieren, scheinen für eine derartige Begründung nicht zugänglich zu sein – zumindest nicht, sofern diese nicht weitgehend anerkannt ist. An dieser Stelle offenbart sich ein Konflikt zwischen zwei kulturell fest verankerten Faktoren: der tradierten Vorstellung der Familie und der selbstbestimmten Familienplanung.

Das Auflösen der biogenetischen Mutterschaft erfordert eine Auseinandersetzung darüber, was eine Familie (in moralischer Hinsicht) ausmacht und welche Bedeutung die genetische Bindung für die soziale Verantwortung hat. Angesichts der Zunahme von Alleinerziehenden- und Patchworkfamilien ist diese Frage zwar keinesfalls neu, dennoch ist es notwendig, auch mit Blick auf die besondere kulturelle Bedeutung der Mutterschaft, den Zusammenhang zwischen genetischer, biologischer und sozialer Mutterschaft zu reflektieren und in den Kontext familiärer Beziehungen einzuordnen.

5.2 Die ambivalente Bedeutung genetischer Beziehungen

Die traditionelle Kleinfamilie kennt nur eine Mutter. Sie ist diejenige, die das Kind zeugt, austrägt und aufzieht. Erst im Zuge einer erhöhten Scheidungs- und Wiederbindungsrate entwickelte sich ein Bewusstsein, dass dies keine Notwendigkeit sein muss und allmählich etablierte sich das Modell der sozialen Elternschaft. Obwohl häufiger die väterlichen Bezugspersonen wechseln und Kinder eher bei ihrer leiblichen Mutter aufwachsen,[438] ist es keine Seltenheit mehr, dass die soziale Mutterrolle von einer anderen Frau als der biologischen Mutter übernommen wird und die neue Freundin des Vaters elterliche Verantwortung übernimmt.

---

handlungen. Der tatsächliche Bedarf dürfte etwas höher liegen, da davon auszugehen ist, dass nicht alle Frauen mit eingeschränkter Ovarfunktion für eine Eizellspendebehandlung ins Ausland reisen. Kentenich und Griesinger ((2013), S. 274) schätzen, dass pro Jahr bei 1.000–3.000 Frauen eine Indikation zur Eizellspende vorliegt. Angesichts der Zunahme reproduktionsmedizinischer Behandlungen ist davon auszugehen, dass auch dieser Bedarf in den letzten Jahren leicht gestiegen ist.
438 Statistisches Bundesamt (2022a), Kap. 3.4.

Die erhöhte Bereitschaft zur Trennung und Wiederbindung sorgte insgesamt für eine Zunahme sogenannter Stieffamilien, in denen die elterliche Verantwortung von mindestens einem nichtverwandten Elternteil übernommen wird. Weil sich häufig beide Elternteile wieder verpartnern, ist es nicht ungewöhnlich, dass ein Kind sowohl eine Stiefmutter als auch einen Stiefvater hat und in zwei Haushalten lebt. Neben einfachen Stieffamilien gibt es auch komplexere Formen, in denen leibliche und nicht leibliche Kinder zusammen in einer Familie leben.[439]

Dennoch ist die Kernfamilie ist nach wie vor der häufigste Familientyp, deren Anteil in Deutschland etwa 75 % beträgt. Knapp ein Viertel der Familientypen besteht aus Stieffamilien und Ein-Eltern-Familien.[440] Einen sehr geringen Anteil machen Adoptiv- und Pflegefamilien aus, die sich ausschließlich durch eine soziale Eltern-Kind-Beziehung definieren.[441]

Trotz der hohen Dynamik und der unterschiedlichen kulturellen Ausgestaltung identifiziert Rosemarie Nave-Herz drei universelle Eigenschaften der Familie: Dazu gehört erstens die „biologisch-soziale Doppelnatur", wonach der Familie eine Reproduktions- und eine Sozialisationsfunktion zukommt. Zweitens ist sie von einem besonderen „Kooperations- und Solidaritätsverhältnis" gekennzeichnet, das mit festen Rollen und entsprechende Rollenerwartungen verbunden ist. Als drittes Merkmal nennt sie die Generationsdifferenzierung, die sowohl die Beziehung Eltern-Kind als auch Großeltern-Kind umfasst.[442]

Dagegen interpretiert Rüdiger Peuckert die Häufigkeit, mit der das Prinzip der Filiation aufgebrochen wird, d. h. Blutsverwandtschaft und Familienbeziehung auseinanderfallen als „Erosion der bio-sozialen Doppelnatur der Familie"[443]. Zwar findet die Reproduktion meist im familiären Kontext statt, dennoch ist diese nicht mehr an die aktuelle Familie gebunden. Zusätzlich sind Familienformen nicht auf einen Typ begrenzt, sodass mehrere Familienbeziehungen durchlebt werden kön-

---

439 Darüber hinaus können Stieffamilien auch mehrfach fragmentiert sein, wenn es zur erneuten Trennung und neuen Verpartnerungen kommt. Eine Übersicht bieten Entleitner-Phlebs/Rost (2017), S. 34.

440 Die Zahlen der Familienformen schwanken je nach Datengrundlage und Berechnung. Zur Übersicht siehe Kuhnt/Steinbach (2014), S. 53.

441 In den letzten Jahren haben sich weitere Familientypen herausgebildet, die zwar hinsichtlich der Kriterien biologische und soziale Elternschaft eigentlich der Stief- bzw. Adoptivfamilie zugeordnet werden können, in der Literatur jedoch zunehmend als eigenständige Formen berücksichtigt werden. Darunter zählen Regenbogen- und Queerfamilien sowie ein großer Teil der Inseminationsfamilien. In der Regel ist ein Elternteil mit dem Kind verwandt. Dagegen bietet die Reproduktionsmedizin außerdem die Möglichkeit, Kinder zu bekommen, mit denen keinerlei verwandtschaftliche Beziehung besteht.

442 Nave-Herz (2015), S. 15 f.

443 Peuckert (2019), S. 19 [Hervorhebung entfernt].

nen. Aufgrund der vielfältigen Möglichkeiten der Familiengründung und der daraus entstehenden Komplexität von Familienbeziehungen wird in der familiensoziologischen Forschung von einer Segmentierung der Elternrolle[444] bzw. von multiplen Elternschaften[445] gesprochen. Diese Perspektive ermöglicht es, die Familie nicht mehr als geschlossene Einheit wahrzunehmen, sondern einzelne Elemente der Familie separat betrachten und zwischen einer sozialen und biologischen Familie differenzieren zu können.

Mit dieser Unterscheidung geht ein verändertes Verständnis der Familie einher, nachdem sich diese nicht mehr notwendigerweise durch Ehe und Blutsverwandtschaft auszeichnet. Es bedarf weder einer Liebesbeziehung zur Fortpflanzung noch der Fortpflanzung zur Familiengründung. Außerdem ist das Konzept der geschlechterbasierten Rollenverteilung zunehmend brüchig geworden, was dazu führt, dass die Grenzen zwischen Erwerbsarbeit und Familie weniger stark ausgeprägt sind. Im Zuge dessen verändern sich die Rahmenbedingungen von Familiengründung und Familienleben. „Viele Modernisierungsschübe – z. B. flexiblere Arbeitswelten, aktivierender Sozialstaat, beschleunigte Kommunikations- und Transporttechnologien, erhöhte Bildungsanforderungen sowie veränderte Geschlechterverhältnisse stellen neue Herausforderungen an die Gestaltung des Familienalltags."[446]

Angesichts der Diversifizierung familialer und nichtfamilialer Formen des Zusammenlebens sowie der veränderten gesellschaftlichen Rahmenbedingungen stellt Karin Jurczyk fest, dass Familie einer aktiven Gestaltung bedarf, um diesen Herausforderungen zu begegnen und weiterhin gelingen zu können. Sowohl konventionelle als auch nichtkonventionelle Familienmodelle sind keine gegebene Ressource, die aufgrund eines traditionellen Rollen- und Beziehungsverständnisses funktionieren, sondern auf einer alltäglichen, gelebten Herstellungsleistung basieren. Diese Herstellungsleistung zeigt sich insbesondere auf einer organisatorischen Ebene (*Balancemanagement*), indem die individuellen Bedürfnisse und Interessen der einzelnen Familienmitglieder ausgeglichen werden. Weiterhin erkennt Jurczyk Strategien zur Festigung der Familie, die sowohl eine Innen- als auch eine Außenorientierung aufweisen. Durch die *Konstruktion von Gemeinsamkeiten* gelingt es, sich selbst als Familie zu definieren. Dies umfasst sowohl kooperations- wie identitätsstiftende Elemente, d. h. die Herstellung sozialer Bindung untereinander und eines Wir-Gefühls, das gleichsam Orientierung nach innen und Abgrenzung nach außen schafft. Darüber hinaus ist es gerade für nichtklassische Familienmo-

---

444 Vaskovics (2009).
445 Bergold et al. (2017).
446 Jurczyk (2014), S. 53.

delle, die nicht unmittelbar als solche wahrgenommen werden, ebenfalls wichtig, sich nach außen als Familie zu erkennen zu geben (*Displaying Family*).[447]

Jurczyk hebt Routinen und Rituale als Form einer alltäglichen Praxis hervor, mit denen Familien auf die veränderten gesellschaftlichen Bedingungen reagieren und sich in ihrem Handeln als Familie verstehen. Auffällig ist dabei die gesteigerte Bedeutung, die alltäglichen Praktiken als Reaktion darauf zukommt, dass „die Herstellung von Familie unter heutigen Arbeits- und Lebensbedingungen immer bewusster und gezielter betrieben werden muss."[448] Jedoch ist das freilich keine Innovation der letzten Jahre. Die Familie ist traditionell eine soziale und emotionale Sorgebeziehung, der eine soziale Praxis inhärent ist. Durch das vermehrte Vorkommen unterschiedlicher Familienformen ist jene Praxis verstärkt in den Fokus der Familienwissenschaft getreten, innerhalb der durch einen neuen methodischen Zugang zugleich der Blick dafür geschärft wurde.[449]

Aus dieser Perspektive ist die Unterscheidung zwischen genetischer und sozialer Elternschaft durchaus irreführend, wenn hierdurch der Eindruck entsteht, dass es sich dabei um zwei gleichwertige Konzeptionen der Elternschaft handelt. Das Aufkommen nichtkonventioneller Familienformen und die veränderten Bedingungen zur Herstellung familialen Lebens, die insbesondere Kernfamilien betreffen, machen deutlich, dass die genetische Beziehung keine Voraussetzung für eine funktionierende Eltern-Kind-Beziehung ist. Allein die biologische Verbindung garantiert kein gutes Zusammenleben. Ausschlaggebend ist das tägliche Kümmern um das Kind.[450] Es ist ein Wesensmerkmal sozialer Elternschaft, dass sie sich nicht durch die von außen wahrgenommene biologische Zugehörigkeit, sondern durch eine soziale Praxis definiert, die sich aus der nach innen gerichteten Verantwortungsübernahme für die alltägliche Sorge ergibt, die für die Erziehung eines Kindes nötig ist.[451]

Hinsichtlich der Bedeutung genetischer Bindungen für die Familienbeziehung zeigt sich ein ambivalentes Bild. Obwohl zahlreiche Beispiele belegen, dass diese für eine gelingende Eltern-Kind-Beziehung nicht notwendig ist, gibt es Hinweise darauf, dass die genetische Verbindung bereits eine besondere Beziehung zwischen Menschen stiften kann. Zu weit entfernten Verwandten besteht häufig ein vertrauensgeprägtes Verhältnis. Selbst wenn wir sie kaum kennen, gehen wir auf sie anders zu als auf fremde Menschen. Zudem ist aus Untersuchungen bekannt, dass ein Großteil

---

447 Jurczyk (2014), S. 61f.
448 Jurczyk (2014), S. 63.
449 Jurczyk (2018), S. 144f.
450 Willekens (2016).
451 Eggen (2018), S. 190. Die Herstellung von Familie am Beispiel zweier Regenbogenfamilien illustrieren Buschner/Bergold (2017), S. 157–165.

der Samen- und Eizellspendekinder ihre genetischen Eltern und genetischen Geschwister kennenlernen bzw. mehr über ihre Herkunft und Familiengeschichte erfahren möchte.[452]

Nicht zuletzt zeigt sich die besondere Bedeutung genetischer Beziehungen auch im reproduktionsmedizinischen Kontext. Obwohl die reproduktionsmedizinische Verwendung gespendeter Keimzellen in den letzten Jahren kontinuierlich gestiegen ist, wurden 2016 nur ca. 8 % der europäischen IVF-Behandlungen mit gespendeten Eizellen und etwa ein Viertel der Inseminationsbehandlungen mit gespendeten Samen durchgeführt.[453] Das lässt vermuten, dass sich die meisten Menschen eine genetische Beziehung zu ihrem Kind wünschen und die Nutzung fremder Keimzellen lediglich die letzte Therapieoption darstellt. Jedoch legt die gestiegene Anzahl von Samen- und Eizellspendebehandlungen nahe, dass jene Beziehung auf individueller Ebene eine wichtige Rolle spielen kann, aber kein universelles Kriterium zur Erfüllung des Kindeswunschs ist.

Dieses ambivalente Verhältnis bestätigt sich angesichts der hohen Nachfrage nach anonymen Eizell- und Samenspenden. Wenngleich ein Wunsch nach genetischer Bindung innerhalb der Familie besteht, sind die Spenderinnen in den meisten Fällen kein Teil der Familie. Daher kann angenommen werden, dass dieser Wunsch weniger ausgeprägt ist als der Wunsch nach einer elterlichen Paarbeziehung. Ebenso lässt das hohe Angebot anonymer Spenden vermuten, dass der Wunsch, soziale Verantwortung für das Kind zu übernehmen, bei den Spenderinnen nicht besonders ausgeprägt ist. Dies unterstreicht die Annahme, dass der moralische Kern der Elternschaft nicht in der genetischen Beziehung besteht.

> Entscheidend sind die Sinnzusammenhänge, in denen sich heute Elternschaft kulturell begründet. Sie sind zu beobachten, wenn Eltern sich um ihre Kinder kümmern, wie sie ihre Verantwortung und Befugnisse bei der Erziehung handhaben und sich dadurch von einer Erziehung durch die soziale Umwelt semantisch unterscheiden.[454]

Familie ist eine Sorgebeziehung, die die zeitliche und räumliche Anwesenheit der Beteiligten erfordert. Dennoch bedeutet das nicht, dass der Spenderin keine moralische Verantwortung zufällt, insbesondere da sie sehr unterschiedliche Rollen innerhalb der Familie einnehmen kann.

---

452 Jadva et al. (2010); Beeson/Jennings/Kramer (2011).
453 Wyns et al. (2020), S. 3.
454 Eggen (2018), S. 191.

5.3 Die Rolle der Spenderin und ihre Verantwortung

5.3.1 Reproduktive Autonomie und soziale Verantwortung

Eine Eizellspende bietet Frauen nicht nur die Möglichkeit, Kinder zu bekommen, die über keine funktionsfähigen Eizellen verfügen, sie ist zugleich eine Chance, Konzeptionen von Elternschaft und Familie leben zu können, die ohne Verwendung fremder Eizellen nicht möglich wäre. Wie unterschiedlich die Beziehung zwischen der Spenderin und der Familie bzw. dem Kind sein können, veranschaulichen die Beispielfälle.

Alexandra und Charlotte (Fall 3) wünschten sich wie viele andere Paare ein eigenes Kind, das mit beiden verwandt ist. Um ihren Wunsch zu erfüllen, entschieden sie sich für eine medizinisch unterstützte Fortpflanzung. Alexandras Eizelle wurde mit dem Sperma eines Spenders befruchtet und Charlotte hat das Kind ausgetragen. Auf diese Weise stammt das Kind von den beiden Frauen ab, mit denen es aufwachsen wird. Im Grunde entsprechen sie damit den üblichen Vorstellungen von einem traditionellen Elternpaar – mit der einzigen Ausnahme, dass sie gleichen Geschlechts sind. Sofern sie bereit und in der Lage sind, das Kind nach ihren Vorstellungen großzuziehen, spielt es keine Rolle, ob es sich um einen Mann und eine Frau oder eben zwei Frauen handelt. Sie haben eine gemeinsame Fortpflanzungsentscheidung getroffen, das Projekt Elternschaft gemeinsam initiiert und übernehmen gemeinsam die elterliche Verantwortung für das Kind.

Im krassen Gegenteil dazu steht die Geschichte von Jule (Fall 4), die sich zusammen mit ihrem Freund für eine anonyme Eizellspende entschieden hat. Diese Entscheidung erfolgte im Bewusstsein, dass es keinen Kontakt zwischen ihnen und der Spenderin gibt und das Kind auch nicht die Möglichkeit haben wird, seine genetische Mutter kennenzulernen. Nachdem sie ihre Spende abgegeben hatte, hat sie die Bühne des Reproduktionsgeschehens verlassen. Obwohl die Spenderin einen wichtigen Teil zur Fortpflanzung beiträgt, trifft sie selbst keine Fortpflanzungsentscheidung. Ihre Rolle beschränkt sich allein auf den materialen Beitrag zur Reproduktion. Um die Anonymität der Spenderin zu gewährleisten, erhalten die Wunscheltern nur sehr wenige persönliche Informationen. Die Auswahl erfolgt meist durch die Reproduktionsklinik. Weder die Eltern noch das Kind stehen in einer sozialen Beziehung zur Spenderin. Hierdurch ist sie in ihrer Rolle fungibel und austauschbar. Für die Eltern und für ihre Beziehung zum Kind ist es unerheblich, von welcher konkreten Person die Eizellen stammen.

Dies gilt im Allgemeinen für unbekannte Spenderinnen, die nicht immer anonym sein müssen. So ist die Eizellspende u. a. in Großbritannien und Österreich lediglich pseudonymisiert, d. h., es werden (ähnlich wie bei der Samenspende in Deutschland) persönliche Daten der Spenderin gespeichert, die eine spätere Identifikation und Kontaktaufnahme durch das Kind ermöglichen. Die Wunscheltern hingegen erhalten keinerlei identifizierbare Informationen über die Spenderin, die ebenso wenig erfährt, wer wann wie viele Kinder mit ihren Eizellen gezeugt hat. Sowohl bei diesem Open-Identity-Modell als auch der anonymen Spende ist die Spenderin eine Fremde, die kein Teil der sozialen Familieneinheit ist.

In diesen beiden Fällen ist die Rolle der Spenderin und ihre Verantwortung einfach zu erkennen. Während es eher schwer fällt, Alexandra (Fall 3) überhaupt als Spenderin zu bezeichnen, ist die Spenderin im Beispiel von Gabi und Klaus (Fall 1) von der familiären Beziehung und einer möglichen Verantwortungsübernahme ausgeschlossen. Schwieriger wird diese Unterscheidung, wenn Wunscheltern und Spenderin miteinander bekannt oder befreundet sind. So ist es in einigen Ländern förderlich, wenn Eizellen knapp und die Wartelisten lang sind, sich selbst eine passende Spenderin zu organisieren. Unter diesen Umständen ist es verbreitet, dass Wunscheltern eine fremde Spenderin über eine Kontaktanzeige in einschlägigen Portalen oder den sozialen Medien suchen. Daneben gibt es zahlreiche Paare, die lieber eine Spenderin aus dem Bekannten- oder Verwandtenkreis suchen, wie es Marie (Fall 5) getan hat. Mit Blick auf die Zuschreibung sozialer Verantwortung scheint das insbesondere problematisch, da die Fortpflanzungsentscheidung der Wunscheltern von der Auswahl der Spenderin abhängen können. In solchen Fällen ist die Spenderin möglicherweise nicht austauschbar.

Die Grenzen sozialer Verantwortung verschwimmen umso mehr, je enger die Beziehung zwischen Wunscheltern und Spenderin ist und je wahrscheinlicher sie Sorge für das Kind tragen wird. Das bedeutet aber nicht, dass der Spenderin eine soziale Verantwortung allein aufgrund ihres reproduktiven Beitrags zukommt. Auch wenn sich ein Paar gegen ein Kind entscheiden würde, weil es keine passende Spenderin gefunden hat, wäre die (unpassende) Spenderin zwar Teil der Fortpflanzungsentscheidung gewesen, was aber nicht gleichbedeutend damit ist, dass sie diese Entscheidung verantwortet.

Erstens lässt sich nicht feststellen, dass die Fortpflanzungsentscheidung von Marie ohne die Spendebereitschaft ihrer Schwester anders ausgefallen wäre. Es ist unklar, ob sie auf ein Kind verzichtet oder ihre andere Schwester gefragt hätte. So wenig wie es primär ihre Entscheidung ist, so wenig trägt sie die primäre elterliche Verantwortung. Die Spenderin ist als Schwester zwar Teil, nicht aber Urheberin der Entscheidung. Zweitens ist davon eine mögliche Verantwortung zu unterscheiden, die aus der sozialen Nahbeziehung heraus resultiert. Es ist üblich, dass enge Verwandte (z. B. Geschwister, Großeltern) und gute Freunde Sorgearbeit für das Kind übernehmen. Dass die Spenderin gleichzeitig die Schwester ist, bedeutet nicht, dass sie Teil der Eltern-Kind-Beziehung ist. Es ist nicht ungewöhnlich, dass sich die Tante um das Kind kümmert (ohne dass dieses aus ihrer Eizelle entstanden ist). Wenngleich das auch eine Art sozialer Verantwortung ist, unterscheidet sich diese doch wesentlich von der elterlichen Verantwortung als primäre Sorge für das Kind. Um Unklarheiten zu vermeiden, sollte die Einbeziehung der Spenderin in die Eltern-Kind-Beziehung und die damit verbundene Übertragung elterlicher Verantwortung im Vorfeld abgeklärt werden.

Unter Annahme der Prämisse, dass die Übernahme reproduktiver Verantwortung immer auch reproduktive Autonomie voraussetzt und diejenigen die sozialen Eltern sind, die das Projekt Elternschaft ins Leben gerufen haben, lässt sich zusammenfassen, dass die Spenderin für die Fürsorge des Kindes nur soweit verantwortlich ist, wie sie die Fortpflanzungsentscheidung zu verantworten hat. Doch selbst wenn die Spenderin nicht Teil der familiären Beziehung ist, besteht die Möglichkeit, dass ihr abseits der alltäglichen Sorge eine moralische Verantwortung zukommt, die nicht an die Wunscheltern übertragen werden kann. Schließlich wäre das Kind ohne ihr Zutun nicht entstanden und beide stehen in einem biografischen Bezug zueinander. Denkbar sind in diesem Zusammenhang gegenseitige erb- und unterhaltsrechtliche Ansprüche oder die Offenlegung der eigenen Identität. Ebenso denkbar wäre, dass im Fall des Todes der Wunscheltern, die Verantwortung für das Kind auf die Spenderin übergeht.

5.3.2 Erweiterte Handlungsverantwortung

Es wäre unplausibel davon auszugehen, dass mit der Übergabe der Eizellen auch jegliche Verantwortung für das Kind übergeben wird. Eine solche Annahme würde die grundsätzliche Geltung des Prinzips moralischer Verantwortung infrage stellen. Wäre es möglich, die Verantwortung für die Folgen des eigenen Handelns auf andere zu übertragen, würde das bedeuten, sich selbst nicht mehr für das eigene Handeln verantworten zu müssen. Auch wenn die Spenderin nicht im engeren Sinne an der Fortpflanzungsentscheidung beteiligt ist, leistet sie einen aktiven Beitrag zur Erfüllung eines Kinderwunschs. Schließlich spendet sie ihre Eizellen, damit daraus ein Kind entstehen kann.

Das Gewicht dieser Verantwortung lässt sich an folgendem Beispiel illustrieren: Angela bittet ihre Freundin Beate, sich einen Revolver von ihr ausleihen zu dürfen. Beate ist sehr hilfsbereit und willigt ein, nichts ahnend, dass Angela damit eine Bank ausrauben will. Begeht Angela nun diesen Bankraub, bei dem vielleicht ein Mensch ums Leben kommt, würde man kaum mehr behaupten können, Beate sei nicht mitverantwortlich. Obwohl sie letztlich nichts mit der eigentlichen Tat zu tun hat, trägt sie die Verantwortung für die Herausgabe des Revolvers. Diese wiegt noch stärker, wenn sie um Angelas Pläne weiß und ihr trotzdem den Revolver übergibt.

Dieses Beispiel macht deutlich, dass es möglich ist, auch ohne konkrete Beteiligung an einer Handlung für diese verantwortlich sein zu können. Das gilt insbesondere für Waffen, deren Besitz mit besonderen Sorgfaltspflichten einhergeht. Aufgrund ihres Risikopotentials darf man sie nicht irgendwo liegen lassen oder jemandem einfach aushändigen. Dies lässt sich in ähnlicher Weise auf Keimzellen übertragen, deren Umgang ebenso mit einer besonderen Verantwortung einhergeht. Angesichts dessen stellt sich die Frage, ob die Verantwortung überhaupt vollständig übertragen werden kann, wenn eine Spenderin ihre Eizellen zielgerichtet zum Zweck der Fortpflanzung spendet.

Für die Beantwortung dieser Frage ist es hilfreich, zwischen der Übertragung und der Übernahme der Verantwortung, d. h. zwischen einem aktiven und reaktiven Übergang zu unterscheiden.[455] Als Eigentümerin des Revolvers trägt Angela die Verantwortung dafür, dass niemand durch dessen Gebrauch zu Schaden kommt. Da diese Verantwortung an den Besitz gekoppelt ist, kann sie ebenso auf andere Menschen übertragen werden. Übergibt Angela den Revolver an Beate, dann überträgt sie zugleich die Verantwortung dafür. In dieser Hinsicht müssen allerdings drei Situationen unterschieden werden.

Im ersten Fall versichert Beate, dass sie am nächsten Schützenfest teilnehmen, aber keinesfalls eine Bank ausrauben möchte, und Angela hat gute Gründe ihr das zu glauben (weil sie ihr vertraut und weil Beate in ihrer Jugend eine begeisterte Sportschützin war). In diesem Fall wird die Verantwortung von Angela übertragen und von Beate angenommen. Sollte sich nun ein Unfall durch unsachgemäße Handhabung ereignen, liegt die Verantwortung allein bei Beate. In einem zweiten Fall sind Beates Absichten nicht bekannt und Angela übergibt ihr den Revolver in dem Glauben, dass sie keinen Unfug damit anstellen wird. Begeht Beate nun einen Banküberfall, würde man vermutlich dazu tendieren, Angela dafür in die Verantwortung zu nehmen. Sie glaubt zwar, dass sie die Verantwortung für den Umgang mit dem Revolver an Beate übergeben hat, welche von ihr aber nicht angenommen wurde. Hier ist es naheliegend, Angela eine Mitverantwortung an dem Überfall zuzuschreiben, da sie sich Beates Absichten nicht hinreichend versichert hat und damit ihrer Verantwortung als Eigentümerin nicht gerecht geworden ist. Noch deutlicher zeigt sich das in einem dritten Fall, wenn Angela um Beates Absichten wusste und ihr dennoch den Revolver ausgehändigt hat.

Nun ließe sich an dieser Stelle schlussfolgern, dass die Benutzung von Keimzellen ähnlich wie die Benutzung von Revolvern so folgeträchtig sein kann, dass die Verantwortungsübertragung mit besonderen Sorgfaltspflichten einhergeht. Im zweiten Fall würde man Angela berechtigterweise vorwerfen, dass sie verantwortungslos gehandelt hat, als sie Beate den Revolver ausgehändigt hat, ohne sich ihrer Absichten zu vergewissern. Analog ließe sich eine ähnliche Sorgfaltspflicht für die

---

455 Heidbrink (2017), S. 12.

Spenderin konstruieren. Zur Verantwortung im Umgang mit Keimzellen gehört es auch, sich der Absichten und Kompetenzen der Wunscheltern zu versichern. Andernfalls wäre die Verantwortungsübergabe nicht vollständig erfolgt und die Spenderin zumindest teilweise für die Fortpflanzung verantwortlich. Dahingehend identifiziert David Benatar eine gravierende Diskrepanz zwischen dem besonderen Gewicht der im Umgang mit Keimzellen verbundenen moralischen Verantwortung und der Sorglosigkeit, mit der sie an andere übertragen werden.[456] Er kritisiert in diesem Zusammenhang, dass gerade Samenspender (die Kritik trifft auf Eizellspenderinnen analog zu) keine Kenntnis haben, an wen sich ihre Spende richtet oder wie viele Kinder daraus entstehen. Dabei gehört es zur Verantwortung von Samenspendern und Eizellspenderinnen, sich der guten Absichten der Wunscheltern zu versichern. Weil dies in der Regel nicht geschieht bzw. im Rahmen einer anonymen Spende gar nicht möglich ist, ist „gamete donation [...] almost always morally deficient."[457]

Gerade mit Blick auf die Praxis der Samenspende lässt sich der Kern Benatars Kritik rasch erkennen. Hin und wieder wird von Samenspendern berichtet, die sehr viele Kinder gezeugt haben. Da wäre beispielsweise Niels, der seinen Samen bereits mehr als 100 Mal gespendet hat, woraus seinen Schätzungen zufolge über 50 Kinder hervorgegangen sein sollen.[458] Ein ähnliche Geschichte erzählt Robert, der davon ausgegangen ist, entsprechend der gesetzlichen Regelungen nicht mehr als 25 Kinder gezeugt zu haben, tatsächlich aber 36 Kinder hat.[459] Ähnliche Fälle finden sich auf der Website donorsiblingregistry.com, auf der betroffene Kinder berichten, dass sie über 30 Halbgeschwister gefunden haben.[460]

Obwohl das im Umgang mit der Samenspende ein wichtiger Aspekt ist, ist dies für die Eizellspende weniger relevant. Erstens ist die Anzahl der Nachkommen schon aufgrund der physiologischen Gegebenheiten beschränkt, wenn bei einer Hormonbehandlung etwa 10 bis 15 Eizellen heranreifen. Außerdem werden die Eizellen einer Spenderin in der Regel nur an eine Kinderwunschpatientin vermittelt. Aus dieser Perspektive lässt sich nicht erkennen, dass es sich um einen verantwortungslosen Umgang mit reproduktivem Material handelt. Zweitens sind die Eizellentnahme und die IVF-Behandlung deutlich aufwendiger als die Samenspende und eine Inseminationsbehandlung (die als Heiminsemination sogar selbst durchgeführt kann). Für eine Eizellspende ist stets ein reproduktionsmedizinisches Setting, d. h. ärztliche Hilfe erforderlich, was die Überlegungen zur Verantwortungs-

---

456 Benatar (1999), S. 176.
457 Benatar (1999), S. 179.
458 Demirci (2018).
459 Fischer (2017).
460 Donor Sibling Registry (2010); Donor Sibling Registry (2012).

übergabe erheblich erleichtern. Allein die Belastungen und Kosten, die Wunscheltern auf sich nehmen, sind so enorm, dass sie kaum Zweifel an der Aufrichtigkeit ihres Kinderwunsches entstehen lassen. Weiterhin ist davon auszugehen, dass es sich um einen wissentlichen und willentlichen Akt handelt und sie die Verantwortung für die Folgen der Fortpflanzung übernehmen wollen. Zudem kommt der Reproduktionsmedizinerin (und ggf. der Vermittlungsagentur) eine Art Gatekeeper-Funktion zu, sich von den ernsten Absichten der Wunscheltern zu überzeugen. Hierdurch erhalten die Wunscheltern einen Vertrauensvorsprung, der die Überprüfung der Verantwortungsannahme durch die Spenderin obsolet werden lässt.

Diese Überlegungen deuten darauf hin, dass die Spenderin mit Übergabe ihrer Eizellen auch die gesamte Verantwortung dafür überträgt, wenn diese von der Empfängerin angenommen wird. Dennoch ist es nicht ausgeschlossen, dass aus der kulturellen und sozialen Bedeutung genetischer Beziehungen Verantwortlichkeiten resultieren, die nicht übertragen werden können oder ersatzweise auf die Spenderin zurückfallen, wenn die sozialen Eltern diese nicht mehr übernehmen können. Hierbei sind drei Verantwortungsbereiche denkbar: ersatzweise Übernahme der Erziehung, Unterhaltspflichten und Auskunft über die Krankheitsgeschichte.

Auf den ersten Blick erscheint es naheliegend, der Spenderin eine Art Ersatzverantwortung zur *Übernahme der sozialen Elternschaft* zuzuschreiben, falls die Wunscheltern im Falle des Todes oder einer schweren Krankheit ihrer Aufgabe nicht mehr nachkommen können. Indem sie ihre Eizellen für reproduktive Zwecke zur Verfügung gestellt hat, hat sie einen intentionalen Beitrag zur Reproduktion geleistet, für den sie im Sinne ihres Handelns grundsätzlich moralisch verantwortlich ist. Allerdings wird schnell deutlich, dass eine solche Forderung ziemlich abwegig ist. Wenn keinerlei soziale Beziehung zwischen der Spenderin und dem Kind besteht, könnte es unter Umständen fatale Konsequenzen haben, wenn diese plötzlich die Sorge für das Kind übernehmen müsste – zumal nicht sichergestellt ist, dass sie die moralischen Rahmenbedingungen der Elternschaft erfüllt und grundlegende Erziehungsziele erreicht werden können. Ungeachtet dessen würde eine solche Regelung bestehende Familienstrukturen (Vater, Geschwister, Großeltern, enge Freunde etc.) missachten.

Weniger einfach hingegen scheint es, eine Antwort darauf zu geben, ob die Spenderin möglicherweise für *Unterhaltsleistungen* verantwortlich sein sollte. In Deutschland sind Verwandte in gerader Linie unterhaltspflichtig.[461] Wenngleich es aus ethischer Perspektive strittig ist, inwiefern Kinder für ihre Eltern aufkommen

---

461 Gerade Linie bezeichnet ein direktes Abstammungsverhältnis: Kinder – Eltern – Großeltern. § 1601 BGB.

müssen,[462] lässt sich bereits aufgrund der Handlungsverantwortung annehmen, dass Eltern finanziell für ihre Kinder verantwortlich sind, auch wenn diese nicht die Erziehungsarbeit leisten bzw. nicht sorgeberechtigt sind. Diese Situation lässt sich analog auf die Eizellspenderin übertragen.

Auch wenn die Spenderin die Verantwortung an die Wunscheltern übergeben hat und diese sie angenommen haben, schließt das eine mögliche Ersatzverantwortung nicht aus. Schließlich erfolgte die Spende in dem Bewusstsein, dass daraus ein Kind entsteht. Hierbei ist es nicht erheblich, dass die Übernahme von Verpflichtungen seitens der Spenderin nicht intendiert war, da dies eine vorhersehbare Folge ist. Sollte ein Elternteil versterben, wäre zudem das Kind die leidtragende Person, wenn der soziale Verlust zusätzlich mit finanziellen Einbußen verbunden und die Versorgung des Kindes gefährdet ist. Aus dieser Perspektive könnte es dem Kindeswohl zuträglich sein, wenn etwaige Unterhaltsansprüche gegenüber der Eizellspenderin bestünden.

Obwohl mögliche positive Folgen für das Kind nicht von der Hand zu weisen sind, gibt es Gründe, die gegen eine Unterhaltspflicht sprechen. Zum einen lässt sich hierbei eine Ungleichbehandlung gegenüber der sexuellen Fortpflanzung erkennen. Wenn ein Eizellspendekind Anspruch auf Ersatzunterhalt hätte, kann dies als Übervorteilung gegenüber natürlich gezeugten Kindern gedeutet werden, die nur zwei Elternteile haben. Geht man davon aus, dass alle Kinder gleichermaßen ihre Eltern verlieren können, stieße ein solches Vorgehen zumindest an die Grenzen sozialer Gerechtigkeit. Zum anderen wäre zu erwarten, dass sich eine solche Regelung negativ auf die Spendenbereitschaft auswirken würde. Beachtet man zusätzlich das unserer Gesellschaft zugrundeliegende Solidarprinzip, nachdem ohnehin jeder Mensch soziale Absicherung im Fall einer finanziellen Misere erfährt, erweist sich eine Verantwortung der Eizellspenderin im Sinne eine Unterhaltspflicht als kontraproduktiv. Solange die Gesellschaft Willens und in der Lage ist, finanziell notleidende Menschen zu unterstützen, bedarf es diesbezüglich keiner Ersatzverantwortung seitens der Spenderin.

Von besonderem Interesse ist auch die Frage, ob die Spenderin *Auskunft über ihre familiäre Krankheitsgeschichte* geben sollte. Das betrifft neben Angaben über die eigene und familiäre Krankheitsgeschichte auch die Bereitschaft, neuere medizinische Erkenntnisse mitzuteilen. Die Familiengeschichte liefert oftmals wichtige Hinweise für eine Krankheitsdiagnose und die Kenntnis über vorhandene heriditäre Erkrankungen ermöglicht es, Vorsorgeuntersuchungen gezielt wahrnehmen und therapeutische Maßnahmen frühzeitig beginnen zu können.[463] Im ungünstigen

---

462 Vgl. Löschke (2019).
463 Doerr/Teng (2012).

Fall können fehlende Informationen zu einer falschen Behandlung führen, insbesondere wenn das Kind nicht über seine Entstehung aufgeklärt wurde und sich krankheitsgeschichtlich irrigerweise an der sozialen Mutter orientiert. Um derart unglückliche Ereignisse zu vermeiden, sind ausführliche Angaben der Spenderin zu ihrer Krankheitsgeschichte sowie die Aufklärung des Kindes über seine Entstehung erforderlich.

Eine hierin bestehende Verantwortung kann auch zukunftsgerichtet sein. Daher könnte es ebenso dazugehören, dem Kind bzw. der Familie neu gewonnene medizinische Erkenntnisse mitzuteilen. Die meisten Spenderinnen sind noch recht jung, was die Wahrscheinlichkeit erhöht, dass genetisch bedingte Erkrankungen erst Jahre später ausbrechen. Selbst diese Informationen können für Nachkommen relevant sein.[464] Vor dem Hintergrund fortschreitender Medizintechnologien und eines sich damit veränderten Verständnisses genetischer Erkrankungen, ist durchaus zu erwarten, dass der Wert gesundheitsbezogener Informationen zukünftig steigen wird.

Während auf der einen Seite argumentiert wird, ein fehlender Zugang „to medical history and genetic information can cause severe, but preventable, harm, and the interest of donor-conceived individuals in avoiding such harm is strong and clear"[465], lässt sich auf der anderen Seite nicht erkennen, dass Menschen, die keine oder nur unzureichende Kenntnisse über ihre familiäre Krankheitsgeschichte haben, benachteiligt seien. Selbst wenn das Wissen über die medizinische Vorgeschichte für viele Menschen relevant sein kann, bedeutet das nicht, dass sich diese in adäquater Weise bemühen, diese zu erlangen. Oftmals mangelt es an Kenntnissen über Erkrankungen der Eltern und Großeltern, auch wenn diese einfach zu beschaffen wären. Angesichts der Möglichkeit genetischer Sequenzierung und aufkommender Präzisionsmedizin ist darüber hinaus offen, welchen gesundheitlichen Beitrag das Wissen um die familiäre Vorgeschichte noch zu leisten vermag.[466] Wenngleich es für das Kind und die Eltern wünschenswert sein kann, lässt sich eine moralische Verantwortung über die Offenlegung der eigenen Krankheitsgeschichte nicht überzeugend begründen. Zudem stellt eine zukunftsgerichtete Verantwortung, die eine erneute Kontaktaufnahme erlaubt, eine besondere Herausforderung für die Möglichkeit anonymer Eizellspenden dar, die wiederum zu einer Einschränkung der reproduktiven Autonomie der Wunscheltern führen kann.

---

464 Ravitsky (2010), S. 671–673.
465 Ravitsky (2010), S. 674.
466 de Melo-Martín (2014), S. 30 f.

5.4 Die Wahl zwischen einer fremden und einer bekannten Spenderin

In Abgrenzung zur anonymen Spende findet sich in der Literatur häufig der Begriff der offenen Spende, mit dem zum Ausdruck gebracht werden soll, dass die Eltern die Spenderin kennen bzw. das Kind später die Möglichkeit hat, die Spenderin kennenzulernen. Diese Unterscheidung kann die Realität jedoch nur unzureichend erfassen und eignet sich daher nicht für eine moralische Bewertung.

Obwohl sich Gabi und Klaus (Fall 1) ebenso wie Marie (Fall 5) für eine offene Spende entschieden haben, lassen sich klare Unterschiede zwischen beiden Fällen erkennen. Als Schwester ist Maries Spenderin zugleich die Tante des Kindes und steht von Beginn an in einer sozialen Beziehung zu ihm. Hingegen kennen Gabi und Klaus ihre Spenderin nicht und das Kind hat frühestens im Jugendalter die Möglichkeit zu erfahren, wer sie ist. Während der gesamten Kindheit bleibt ihre Identität ebenso unbekannt wie die der anonymen Spenderinnen von Anita (Fall 2) und Jule (Fall 4). Ob eine Spende anonym oder offen erfolgt, sagt lediglich etwas darüber aus, ob die Eltern bzw. das Kind wissen, wer die Spenderin ist, nicht aber in welcher familiären Beziehung sie zueinander stehen. Hinsichtlich ihrer Beziehung zur Familie bietet es sich daher an, zwischen fremden und bekannten Spenderinnen zu unterscheiden.

Manche Eltern wünschen sich eine deutliche Abgrenzung zwischen der Spenderin und der eigenen Familie, weil sie die Entstehungsgeschichte dem Kind gegenüber geheim halten wollen oder weil sie um die Stabilität der Mutter-Kind-Beziehung fürchten.[467] Eine anonyme Spende hilft Konfliktsituationen zu vermeiden, da weder Eltern noch Spenderin identifizierbare Informationen voneinander erhalten und ein späterer Kontakt ausgeschlossen ist.

Im Unterschied dazu hat sich in den letzten Jahren eine Form der Spende etabliert, bei der die persönlichen Daten lediglich pseudonymisiert werden. Die Sperm Bank of California bot Samenspendern 1983 erstmals die Möglichkeit am ihrem „Identity-Release Program" teilzunehmen, wonach sie wählen konnten, ob sie wie üblich anonym bleiben oder ihre Identität offenlegen möchten. Entschied sich ein Spender für die Teilnahme an diesem Programm, hatte das Kind mit Erreichen der Volljährigkeit die Möglichkeit, Informationen über seinen genetischen Vater und dessen Kontaktdaten zu erhalten.[468] Ähnliche Programme sind heute im Kontext der Keimzellspende weit verbreitet. Dabei erhalten weder die Eltern identifizierbare Informationen über die Spenderinnen, noch erfahren diese etwas

---

467 Laruelle et al. (2011), S. 385.
468 Fischer (2012), Kap. 6.3.

über die Wunscheltern oder die Kinder. Lediglich die Kinder, die mittels Eizell- oder Samenspende gezeugt worden sind, können Auskunft über die Identität ihrer Spenderin erhalten. Da die Kinder dieses Recht in der Regel erst im Jugendalter (in Österreich ab dem 14. Und in Deutschland ab dem 16. Lebensjahr) geltend machen können, weist diese Form der Spende große Parallelen zur anonymen Spende auf. Die Spenderin steht, zumindest während der Kindheit und Teilen der Adoleszenz, in keiner familiären Beziehung zu dem Kind oder den Eltern.

Manche Kinderwunschpaare wollen persönliche Informationen über die Spenderin haben, sie vielleicht sogar kennenlernen und wünschen sich zugleich eine räumliche bzw. emotionale Distanz.[469] An dieser Stelle zeigt sich die Unzulänglichkeit der ursprünglichen Unterscheidung zwischen einer anonymen und einer offenen Spende. Die Identität zu kennen, sagt nichts über die Beziehung zwischen der Spenderin und der Familie aus. In vielen Onlinedatenbanken werden zahlreiche persönliche Informationen (wie detaillierte Interessen, Wohnort, Fotos) aufgeführt, die Rückschlüsse auf die Identität der Spenderin erlauben, selbst wenn diese nicht offengelegt wird. In einigen Datenbanken ist die Möglichkeit einer Kontaktaufnahme explizit vorgesehen. Das bedeutet aber nicht, dass hieraus ein dauerhafter Kontakt entsteht oder die Spenderin soziale Verantwortung übernimmt. Aus Sicht der Familie bleibt sie häufig eine Fremde.

Dagegen bevorzugen einige Wunscheltern eine Spenderin, die sie bereits kennen. Dies kann eine Freundin oder auch eine Familienangehörige sein. Manche entscheiden sich aufgrund der genetischen Beziehung oder phänotypischen Ähnlichkeit für eine Spenderin aus dem engeren Familienkreis. Wenn Marie ihre Schwester um eine Eizellspende bittet, ist der Kontakt zwischen der Familie und der Spenderin erwünscht und es wird eine Art emotionale Bindung angestrebt.[470] Jedoch ist die Einbindung in das Familiengeschehen keine notwendige Voraussetzung für eine Spende aus dem engeren Freundes- oder Familienkreis. Selbst wenn sich Eltern und Spenderin gut kennen, entsteht daraus nicht zwangsläufig eine enge familiäre Beziehung. Angesichts einer mitunter schwierigen und langwierigen Suche nach einer passenden Eizellspenderin können ganz praktische Gründe dafür vorliegen, wenn beispielsweise die Suche im persönlichen Umfeld hilft, den Prozess zu beschleunigen.[471]

Ähnliche Motive lassen sich auch unter den Spenderinnen erkennen. Es gibt jene, die eine familiäre Beziehung oder zumindest eine soziale Nahbeziehung anstreben, und jene, die keinen Kontakt wünschen und sich auf diese Weise vor so-

469 Laruelle et al. (2011), S. 385.
470 Laruelle et al. (2011), S. 385.
471 Vayena/Golombok (2012), S. 173.

zialer Verantwortung oder möglichen Ansprüchen schützen möchten.[472] Als 2005 die Regelungen zur Keimzellspende in Großbritannien geändert wurden, lehnten 40% der befragten Samen- und Eizellspenderinnen eine zukünftige Spende ab, wenn sie ihre Identität offen legen müssen. Als Hauptgründe nannten sie die Sorge um rechtliche und finanzielle Verantwortung für das Kind sowie emotionale Belastungen. Sie befürchteten eine Kontaktaufnahme, mit der sie unter anderem eine moralische Verantwortung, eine persönliche Beziehung sowie einen Eingriff in ihre Familiensphäre verbinden.[473] Hingegen ist eine bereits vorhandene persönliche Beziehung zwischen Spenderin und Empfängerin häufig der Grund für eine offene Spende.[474]

Unter idealen Umständen können sich sowohl Wunscheltern als auch Spenderinnen für die eine oder andere Form der Spende entscheiden. Manche wollen Teil der Familienbeziehung sein oder zumindest eine Kontaktmöglichkeit haben, andere wiederum möchten unerkannt bleiben und schätzen den Schutz der Anonymität. Ebenso wie nicht alle Spenderinnen gewillt sind, eine soziale Beziehung zum Kind aufzubauen oder überhaupt in Kontakt zu treten, sind nicht alle Eltern bereit, die Entstehungsgeschichte ihres Kindes in die Familienbiografie zu integrieren. Aus dieser Perspektive ist die Anonymität ein Schutzmechanismus, der die reproduktive Autonomie stärkt. Es ermöglicht den Wunscheltern, den Anschein einer ‚normalen' Familie zu wahren und eine Familie nach ihren Vorstellungen zu gründen.

In der Realität stehen diese Optionen aber nicht immer zur Auswahl. Viele Länder haben Regelungen zum Umgang mit Keimzellspenden getroffen. Während in Dänemark oder Österreich die Wunscheltern ihre Spenderin selbst wählen können, sind in Spanien und Tschechien ausschließlich anonyme Spenden zulässig. Hierin unterscheidet sich die Lage der Wunscheltern von der der Spenderinnen. Kinderwunschpaare, die bereit sind, viel Geld auszugeben und Ländergrenzen zu überwinden, befinden sich in der komfortablen Situation, zwischen beiden Optionen wählen zu können. Von Eizellspenderinnen ist hingegen nicht bekannt, dass sie weite Reisen in Kauf nehmen. Eine Frau, die nicht bereit ist, ihre Identität dem Kind gegenüber preiszugeben, würde wahrscheinlich eher darauf verzichten, ihre Eizellen zu spenden, wenn eine anonyme Spende in ihrem Land nicht zulässig ist.

---

472 de Melo-Martín/Rubin/Cholst (2018).
473 Frith/Blyth/Farrand (2007).
474 Kalfoglou/Gittelsohn (2000).

Wenngleich die meisten Fertilitätsbehandlungen mit anonym gespendeten Keimzellen durchgeführt werden,[475] zeigt sich ein Trend, Kindern einen gesetzlich verankerten Anspruch auf Zugang zu identifizierbaren Informationen einzuräumen.[476] In Großbritannien wurde mit Änderung des HFE Act 2005 nicht nur die anonyme Spende für unzulässig erklärt, sondern zugleich die Möglichkeit geschaffen, sich nachträglich registrieren zu lassen, um für bereits entstandene Kinder identifizierbar zu sein. Eine ähnliche Entwicklung hat auch in anderen Ländern stattgefunden. Mittlerweile sind in vielen europäischen Ländern anonyme Spenden nicht mehr möglich[477] und selbst in den USA lässt sich trotz fehlender gesetzlicher Regelungen ein Anstieg von Open-Identity-Spenden verzeichnen.[478]

5.4.1 Das Wissen um die eigene Identität

Ausschlaggebend für die Tendenz zur offenen Spende ist ein Bewusstsein, dass die Kenntnis der eigenen Abstammung einen Teil der Persönlichkeit ausmacht. Versteht man die Identität eines Menschen als eine Geschichte, gehört es auch dazu, zu wissen, wie diese Geschichte begonnen hat. Selbst wenn die Spenderin keine soziale Beziehung zur Familie hat, kann die genetische Beziehung für das Kind identitätsrelevant sein. Für manche Menschen ist es wichtig zu wissen, wo man herkommt, um zu wissen, wer man ist. Es ist allerdings umstritten, ob sich hieraus ein moralischer Anspruch ableitet, der mit der anonymen Eizellspende nicht vereinbar ist.

Manche erachten die Kenntnis der eigenen Abstammung als wichtig für das psychosoziale Wohlergehen. Kritikerinnen der anonymen Spende stützen sich hierbei auf die Aussagen von Kindern, die darunter leiden, keine Kenntnis über ihre genetischen Vorfahren zu haben.[479] In der Adoptionsforschung bezeichnet der Begriff *genealogical bewilderment* die Situation von Kindern, die nur mangelnde oder keine Kenntnis über einen oder beide genetischen Elternteile haben. Dieser Mangel bzw. die Unsicherheit darüber stellt für Adoptivkinder eine Art Stress dar, dem andere Kinder nicht ausgesetzt sind.[480] In ähnlicher Weise betont der Deutsche

---

475 Allein in Europa werden ca. 60 % der Eizellspendebehandlungen in Spanien und der Tschechischen Republik durchgeführt, in denen eine anonyme Spende gesetzlich vorgeschrieben ist. Wyns et al. (2020), S. 3.
476 Glennon (2016), S. 72.
477 Blake/Ilioi/Golombok (2016), S. 298; Glennon (2016), S. 72.
478 Scheib/Cushing (2007).
479 McWhinnie (2001); Ravitsky (2010).
480 Sants (1964).

Ethikrat in seiner Stellungnahme zur anonymen Kindesabgabe die Bedeutung der genetischen Herkunft. Jedes Kind hat eine emotionale Beziehung zu seinen Eltern, die zu den stärksten dieser Art gehört. Deshalb geht dieser davon aus, dass die Kenntnis ein Beitrag zur personalen Identität des Kindes ist und diesem „durch das Entschwinden seiner Eltern in die Anonymität ein schwerer Schaden zugefügt"[481] wird. Da jene Beziehung durch die Anonymität radikal abgebrochen wird, stellt dies einen Eingriff in die Gefühlswelt des Kindes dar.[482]

Jedoch ist umstritten, inwiefern sich die Erkenntnisse über Adoptivkinder auf Eizellspendekinder übertragen lassen, da sich die Ausgangsbedingungen wesentlich voneinander unterscheiden. Kinder, die aus einer Keimzellspende hervorgegangen sind, sind nicht von ihren Eltern aufgegeben worden. Stattdessen sind sie erwünscht und meistens auch mit einem Elternteil verwandt.[483] Dennoch gibt es Anzeichen dafür, dass Kinder, die zwar um ihre Entstehung wissen, aber keinen Zugang zu identifizierbaren Informationen über die Spenderin haben, ein Gefühl geneaologischer Verwirrung entwickeln, die als emotionale Störung wahrgenommen wird, insbesondere wenn sie erst im Erwachsenenalter davon erfahren. Als Reaktion zeigten sich unter anderem Misstrauen und Verwirrung, aber auch Ärger und Frustration über die Nichtverfügbarkeit der Informationen.[484] Andere Studien hingegen zeigen keine Unterscheide hinsichtlich der sozioemotionalen Entwicklung zwischen sexuell gezeugten und durch Spende gezeugten Kindern auf.[485] Dies ist natürlich kein Beleg, dass der Mangel an Information von betreffenden Kindern nicht als negativ wahrgenommen werden kann, es ist aber ein Hinweis darauf, dass dies keine zwingende Konsequenz dieses Mangels ist. Darüber hinaus sind die empirischen Befunde nur begrenzt verwertbar. Aufgrund der geringen Datenbasis lassen sich zwar erste Erkenntnisse gewinnen, doch sind diese zu wenig repräsentativ, um valide Aussagen ableiten zu können.[486]

Unabhängig von den Auswirkungen auf das psychosoziale Wohlergehen der Kinder oder die Qualität der Familienbeziehung gibt es Anzeichen, dass viele erwachsene Nachkommen ein Interesse an ihrer Entstehung entwickeln und mehr über ihre genetischen Wurzeln erfahren möchten.[487] Dies deckt sich mit einem allgemein beobachtbarem wachsenden Interesse an der genetischen Ahnenforschung. Anbieter wie 23andme.com oder familytreedna.com ermöglichen die Suche

---

481 Deutscher Ethikrat (2009), S. 74.
482 Deutscher Ethikrat (2009), S. 75 f.
483 Frith (2001), S. 821.
484 Turner/Coyle (2000), S. 2046 f.; McWhinnie (2001), S. 812.
485 Golombok et al. (2013); Freeman/Golombok (2012).
486 Blake/Ilioi/Golombok (2016), S. 297.
487 Scheib/Riordan/Rubin (2005); Ravelingien/Provoost/Pennings (2015); Zadeh et al. (2018).

nach genetischen Verwandten. Diese können auch von Samen- und Eizellspendekindern genutzt werden, um nach ihren genetischen Eltern oder Halbgeschwistern zu suchen. Hingegen zeigt sich auch eine Diskrepanz zwischen dem von Kritikerinnen betontem starken Interesse am Wissen um die eigene Herkunft und den tatsächlichen Bemühungen, mehr darüber herauszufinden. Die Auswertung eines Open-Identity-Programms in den USA ergab, dass weniger als 35 % der erwachsenen Samenspendekinder ihr Auskunftsrecht in Anspruch genommen haben.[488]

Nimmt man an, dass sich die fehlende Kenntnis der genetischen Herkunft negativ auf das Wohlergehen der Kinder auswirken oder sogar ihre Interessen verletzen kann, besteht eine naheliegende Möglichkeit darin, auf anonyme Spenden zu verzichten. Dies gilt allerdings nur für Eltern, die ihr Kind über dessen Entstehung aufklären wollen. Wenn das Kind schon mittels einer anonymen Spende gezeugt wurde oder die Eltern nicht auf eine anonyme Spende verzichten wollen, liegt es dagegen nahe, das Kind nicht aufzuklären, um mögliche negative Folgen zu vermeiden.[489] „The best way to protect an individual's right to be free from psychological harm seems to be not to tell them of the nature of their conception at all."[490]

Hierbei muss erwähnt werden, dass kein unmittelbarer Zusammenhang zwischen Anonymität und Aufklärung besteht. Trotz einer anonymen Spende können Eltern ihr Kind darüber aufklären, dass sie nicht wissen, von wem es abstammt. Dagegen wahren viele Eltern das Geheimnis um die Entstehung ihrer Kinder, auch wenn die Identität der Eizellspenderinnen zugänglich ist. Eine Metastudie ergab, dass 16 % der Eltern nicht die Absicht hatten, ihre Kinder aufzuklären und 13 % unschlüssig waren, ob sie sie darüber informieren werden, dass sie aus einer Eizellspende entstanden sind.[491] Das wirft die Frage auf, ob es eine moralisch adäquate Option ist, das Kind nicht über seine Entstehung aufzuklären.

Wenn Gabi und Klaus (Fall 1) beschließen, dass sie um des familiären Zusammenhalts wegen ihr Kind nicht über dessen Entstehung aufklären wollen, und das Kind nicht daran zweifelt, dass es sich um seine leiblichen Eltern handelt, ist es davon überzeugt, dass sie es auch sind. Ist das Kind gerechtfertigt überzeugt, kann auch eine ‚Lebenslüge' zum Aufbau einer eigenen Identität und stabilen Familienbeziehung beitragen. Sofern Kindern keine Zweifel kommen, dass ihre sozialen Eltern nicht ihre leiblichen Eltern sein könnten, ist es für ihr Wohlergehen und die Familienbeziehung unerheblich, ob ihre Überzeugung der Wahrheit entspricht

---

488 Scheib/Ruby/Benward (2017).
489 Hallich (2017), S. 4 f.
490 Cowden (2012), S. 111.
491 Bei Samenspendekindern wollen es sogar 30 % der Eltern geheimhalten. Tallandini et al. (2016), S. 1283.

oder nicht.[492] Ausschlaggebend ist also nicht die tatsächliche genetische Beziehung, sondern nur die Überzeugung darum.

Ernsthafte Probleme könnten allerdings auftreten, wenn das Kind hinter das Familiengeheimnis kommt und von der Art seiner Entstehung erfährt. In einer britischen Studie gaben 38 % der befragten Eltern von Eizellspendekindern an, dass sie ihr Kind nicht über die Entstehungsbedingungen aufklären wollen, allerdings hat eine deutliche Mehrheit ihren Eltern oder Freundinnen darüber berichtet.[493] Hierbei ist zu befürchten, dass die zufällige Enthüllung eines solchen Geheimnisses weitaus schlimmere Folgen für das Kind haben kann, insbesondere wenn es erst im Erwachsenenalter davon erfährt. Zusätzlich könnte sich neben der Identitätsproblematik auch eine Enttäuschung über die elterliche Beziehung einstellen, die von Frustration und Misstrauen begleitet wird.[494]

Derart konsequentialistische Überlegungen sind zwar geeignet, zwischen den Interessen des Kindes auf Kenntnis seiner Abstammung und den Interessen der Spenderin bzw. der Eltern auf Aufrechterhaltung der Anonymität und Schutz der Privatsphäre abzuwägen (wobei keineswegs klar ist, ob allein die Aussicht auf ein Risiko dem kindlichen Interesse so viel Gewicht verleiht, dass es die Interessen der anderen überwiegen kann). Es lässt sich aber aufgrund des Nicht-Identitätsproblems nicht ableiten, dass es moralisch falsch wäre, eine anonyme Spenderin zu wählen. Hingegen spricht aus konsequentialistischer Sicht für eine Aufklärung, wenn eine zufällige Aufdeckung des Familiengeheimnisses dazu führen würde, die Vertrauensbasis der Eltern-Kind-Beziehung nachhaltig zu stören.

Ungeachtet möglicher Risiken, die ein solches Geheimnis mit sich bringt, lassen sich deontologische Argumente anführen, warum die Täuschung über die eigene Herkunft moralisch abzulehnen ist. Geht man davon aus, dass jedes Kind ein Recht hat, nicht getäuscht zu werden, lässt sich hieraus auch ein Recht ableiten, über die eigenen Entstehungsbedingungen wahrheitsgemäß aufgeklärt zu werden. Dagegen ließe sich einwenden, dass Täuschungen zum Alltag einer Eltern-Kind-Beziehung gehören und ein probates Erziehungsmittel sind. Gerade kleine Kinder sind auf einer emotionalen Ebene oft leichter zugänglich als auf einer rationalen Ebene.[495] Dieser Einwand mag in der Sache richtig sein, doch beschränkt er sich auf den Umgang mit Kindern mit noch nicht ausgebildeten rationalen Fähigkeiten. Sind Kinder hinreichend autonom, spätestens im Erwachsenenalter, kann eine derartige

---

492 Appleby/Blake/Freeman (2012), S. 240 f.
493 Golombok et al. (1999), S. 524.
494 Turner/Coyle (2000); Jadva et al. (2009).
495 Es ist einfacher, einem Kind die Dringlichkeit des Zähneputzens anhand der Geschichte der Zahnteufelchen zu vermitteln, als es über gesundheitliche Spätfolgen aufzuklären.

Täuschung autonomieverletzend sein, da sie von fehlendem Respekt vor dem moralischen Status des Subjekts zeugt.[496]

Mit Blick auf die im vorigen Kapitel vorgestellten moralischen Grundlagen der Eltern-Kind-Beziehung als eine von Fürsorge getragene Verantwortungsbeziehung ließe sich einwenden, dass sich die Interessen der Eltern und die des Kindes nicht distinkt zueinander verhalten. Es gibt viele Gründe, warum Eltern gegenüber ihren Kindern verheimlichen, dass sie aus einer Keimzellspende hervorgegangen sind. Einige befürchten vielleicht, dass das Kind ein Elternteil weniger liebt, wenn es nicht genetisch mit diesem verwandt ist. Manche Eltern erwägen aus Sorge um eine gesellschaftliche Stigmatisierung, das Geheimnis für sich zu behalten. Wiederum andere sorgen sich um das familiäre Wohlergehen und erhoffen sich durch die Aufrechterhaltung des Geheimnisses möglicherweise eine größere innerfamiliäre Stabilität.[497] Schließlich kann sich die Weitergabe von Informationen über die Art ihrer Empfängnis auf das Wohl der sozialen und genetischen Eltern sowie auf das Wohl der Geschwister auswirken. Obwohl eine solche Täuschung die Autonomie des Kindes verletzt, kann sie innerhalb der Eltern-Kind-Beziehung gerechtfertigt sein, wenn eine Aufklärung das Gelingen der Familienbeziehung ernsthaft beeinträchtigen würde.

Allerdings kann eine solche Verletzung durch eine Täuschung nur gerechtfertigt sein, solange sie zum Gelingen der Eltern-Kind-Beziehung beiträgt und von Fürsorgeaspekten getragen wird. Da aber die elterliche Verantwortung endet, wenn aus dem Kind ein erwachsener Mensch geworden ist, ist eine Täuschung dann nicht mehr akzeptabel und eine Aufklärung moralisch geboten. Aus ethischer Perspektive ist es daher nicht grundsätzlich falsch, ein Familiengeheimnis zu wahren und ein Kind nicht über seine Entstehung aufzuklären. Sofern aber absehbar ist, dass man das Geheimnis nicht bis ins Erwachsenenalter aufrechterhalten kann und es negative Folgen für das Kind hat, wenn es versehentlich davon erfährt, sprechen Klugheitserwägungen für eine frühzeitige Aufklärung.

Ganz ähnlich lässt sich auch die Frage nach der moralischen Zulässigkeit anonymer Keimzellspenden beantworten. Die Entscheidung für oder gegen eine anonyme Eizellspende ist Teil der elterlichen Verantwortung und liegt daher im Bereich ihrer reproduktiven Autonomie. Nur sie allein können entscheiden, ob sie es für die Umsetzung und das Gelingen ihres angestrebten Elternschaftprojekts für besser erachten, eine anonyme oder eine identifizierbare Eizellspenderin zu wählen. Kritikerinnen hingegen wenden ein, dass diese Entscheidung gerade nicht

---

496 Cowden (2012), S. 116–118.
497 Laruelle et al. (2011), S. 385 f.

in den Kompetenzbereich elterlicher Verantwortung fällt, da jeder Mensch ein Recht auf Auskunft über die eigene genetische Herkunft hat.

5.4.2 Das Recht auf Kenntnis der Abstammung als fundamentales Recht

Die Diskussion, ob anonyme Keimzellspenden eine Rechtsverletzung gegenüber den Nachkommen darstellen oder nicht, ist in Deutschland noch relativ jung. Zwar wurde schon zu Beginn des 20. Jahrhundert über das Recht auf Privatsphäre von unbekannten Vätern oder Samenspendern diskutiert, doch ging es dabei meist um privatwirtschaftliche Interessen, d. h. um die Regelung von unterhalts- und erbrechtlichen Ansprüchen.[498] Erst 1989 bestätigte das Bundesverfassungsgericht das Recht auf Kenntnis der eigenen Abstammung und verlieh diesem in einer wegweisenden Entscheidung zugleich Grundrechtscharakter.[499] Der Bundesgerichtshof untermauerte dessen fundamentale Bedeutung, indem er 2015 entschied, dass das Auskunftsrecht des Kindes schwerer wiegt als das Recht auf Anonymität des Samenspenders.[500] Durch die Einführung des Samenspenderegistergesetzes (SaRegG) wurde diesem Recht Gesetzeskraft verliehen. Mit der Geburt eines Kindes werden die personenbezogene Daten des Samenspenders in einem zentralen Register erfasst und 110 Jahre aufbewahrt. Durch die langfristige Speicherung der Informationen soll den Kindern die Umsetzung ihres Rechtsanspruchs erleichtert werden. Zusätzlich wurden die Interessen der Samenspender gestärkt und mögliche unterhaltsrechtliche Ansprüche ausgeschlossen.[501]

Eine gängige Begründung lautet, dass das Recht auf Kenntnis der eigenen Abstammung, welches sich aus dem Recht auf Identität ableitet, ein Grundrecht ist. Dieser fundamentale Charakter spiegelt sich unter anderem in der UN-Kinderrechtskonvention von 1990 wider, welche die Kenntnis der Herkunft unter besonderen Schutz stellt. Danach hat jedes Kind „soweit möglich das Recht, seine Eltern zu kennen und von ihnen betreut zu werden."[502] Dem vorgreifend argumentierte das Bundesverfassungsgericht bereits 1989, dass die Abstammung ein Individualisierungsmerkmal und das Wissen um die eigene Abstammung wesentlich für das Verständnis und die Entfaltung der eigenen Individualität ist. Aus diesem Grund ist das Recht auf Kenntnis der eigenen Abstammung Teil des allgemeinen Persönlich-

---

498 Fischer (2012), S. 43 f.
499 BVerfG, 31.01.1989, 1 BvL 17/87, BVerfGE 79, 256.
500 BGH, 28.01.2015, XII ZR 201/13, BGHZ 204, 54.
501 § 1600 Abs. 4 BGB.
502 Art. 7 UN-KRK.

keitsrechts (Art. 2 Abs. 1 i.V.m. Art. 1 Abs. 1 GG), welches die Persönlichkeit begründenden Elemente schützen soll.[503]

Ein geläufiger Einwand gegen eine solche Konzeption richtet sich gegen die Prämisse, dass die Kenntnis über die eigene Herkunft ein relevanter Faktor für die Ausbildung der Identität ist. Es gibt zahlreiche Menschen, die aufgrund unglücklicher Umstände ihre Eltern nie kennengelernt haben. Dieser Einwand darf freilich nicht als empirischer Einwand interpretiert werden. Sicherlich gibt es Menschen, die auch ohne Kenntnis ihrer leiblichen Eltern ein glückliches Leben führen bzw. keinen Schaden erleiden. Doch ist dies für die Argumentation nicht relevant, wie Mary Warnock formuliert: „I cannot argue that children who are told of their origins [...] are necessarily happier, or better off in any way that can be estimated. But I do believe that if they are not told, they are being wrongly treated."[504] Vardit Ravitsky schließt sich dieser Argumentation an und begründet das Recht mit dem Schutz der Autonomie des Kindes. Indem Menschen der Zugang zu diesen Informationen verwehrt wird, wird ihnen zugleich die Freiheit genommen zu entscheiden, welche Bedeutung sie den genetischen Informationen für ihre Identität beimessen wollen. Das wiederum könnte als Einschränkung der Autonomie aufgefasst werden.[505]

Wenn Ravitsky in ihrem Argument auf die besondere Bedeutung der genetischen Informationen für die persönliche Identität abstellt,[506] ist das jener Aspekt, der an anderer Stelle bestritten wird. Menschen, die keine Kenntnis über ihre genetische Herkunft haben, haben deswegen keine weniger ausgebildete Identität. Sie werden in ihrer Individualität ebenso ernst genommen wie alle anderen Menschen auch – genauso wie ihnen aufgrund dessen die gleichen moralischen Rechte zukommen. In einer Gesellschaft, in der der biologischen Abstammung ein hoher Stellenwert beigemessen wird, kann es als wünschenswert erachtet werden, Kindern die Möglichkeit einzuräumen, ihre genetische Herkunft kennenzulernen. Es ist aber keine notwendige Voraussetzung, um eine Identität ausbilden zu können.[507] Weder beinhaltet das Recht auf Identität ein Recht auf eine bestimmte Identität, wie etwa das Wissen um seine genetischen Wurzeln, noch kann dieses Recht verletzt

---

503 BVerfG, 31.01.1989, 1 BvL 17/87, BVerfGE 79, 256, Rn. 52 f.
504 Warnock (1987), S. 151.
505 Ravitsky (2017), S. 2.
506 Ravitsky (2010), S. 674–676; Ravitsky (2014). In ähnlicher Weise betonte der Deutsche Ethikrat in seiner Stellungnahme zur anonymen Kindesabgabe die Bedeutung der genetischen Herkunft. Dieser nahm an, dass die Identität eines Menschen durch die Unkenntnis der Herkunft gefährdet und einem Kind „durch das Entschwinden in die Anonymität ein schwerer Schaden zugefügt" werde. Deutscher Ethikrat (2009), S. 74.
507 Vgl. Haslanger (2009).

werden, wenn man dieses Wissen nicht hat. Dahingehend stellt sich die Frage, inwiefern dem Recht auf Kenntnis der eigenen Abstammung, wenn es sich nicht aus dem Recht auf Identität ableitet, Grundrechtscharakter zukommen kann.

Im Unterschied zu einfachen Rechten ist es die Aufgabe von Grundrechten, besondere Interessen zu schützen. Dies beruht auf der Annahme, dass das zu schützende Rechtsgut von fundamentaler Bedeutung für das individuelle oder das soziale Leben ist. Die Begründung von Grundrechten bedarf immer einer lebensweltlichen Relevanz, die sich an den Interessen derjenigen bemisst, deren Grundrecht geschützt werden soll, und kommt nicht ohne empirische Grundlage aus. Wenn das Fehlen von Informationen über die eigene Herkunft als Einschränkung der Autonomie interpretiert werden will, bedarf es eines Belegs dafür, dass die genetische Bindung einen bedeutenden Anteil an der Identitätsentwicklung hat.

Zweifellos sind die genetischen Wurzeln identitäts- und biografierelevant und einige Menschen haben ein großes Interesse, Kenntnis über ihre Abstammung zu erlangen. Dennoch lassen sich zwei Aspekte erkennen, die die Bedeutung dieses Interesses infrage stellen. Erstens zeigen empirische Daten auf, dass nur wenige Kinder dieses Recht in Anspruch nehmen und ihren genetischen Elternteil kennenlernen wollen. Noch niedriger ist der Anteil jener, die sich tatsächlich kennenlernen.[508] Wäre das Interesse am Wissen um die Abstammung hingegen von großer Bedeutung, ließe sich zweitens die große Nachfrage nach anonymen Keimzellspenden nicht erklären. Über die Hälfte der in Europa registrierten Eizellspendebehandlungen werden in Spanien durchgeführt. 2016 wurden bei etwa 28 % aller reproduktionsmedizinischen Behandlungen gespendete Eizellen verwendet.[509] Dieser Anteil liegt weit über dem in anderen europäischen Ländern, weshalb anzunehmen ist, dass sehr viele Kinderwunschpaare für eine Eizellspendebehandlung nach Spanien reisen.[510] Man kann davon ausgehen, dass die gesetzlich garantierte Anonymität der Spenderin ein wichtiger Grund dafür ist, warum sich Wunscheltern gerade für eine spanische Reproduktionsklinik entscheiden.

Diese beide Punkte sprechen zumindest nicht dafür, dass ein fundamentales Interesse an der Kenntnis der Abstammung besteht, welches ein fundamentales Recht begründen könnte. Umgekehrt kann ein solches Recht das Risiko negativer Auswirkungen bestärken, die es eigentlich zu verhindern versucht. Vielmehr kann eine derartige Hervorhebung der genetischen Identität zu einer Idealisierung genetischer Familienbeziehungen führen, die wiederum eine Pathologisierung jener

---

508 Scheib/Ruby/Benward (2017), S. 488.
509 Calhaz-Jorge et al. (2020), S. 3.
510 Shenfield et al. (2010), S. 1364.

Menschen begünstigt, die keine Informationen über ihre genetische Herkunft haben.[511]

Nimmt man an, dass es ein solches Recht gibt, ist unklar, wie dieses umgesetzt werden kann. Das deutsche Samenspenderegistergesetz verpflichtet lediglich, Basisinformationen zu speichern, d. h. Name, Anschrift, Geburtsdatum, -ort und die Staatsangehörigkeit.[512] Alle weiteren Angaben sind freiwillig und müssen nicht langfristig gespeichert werden. Ebenso besteht keine Aktualisierungspflicht. Wenn nun eine 16-Jährige ihr Auskunftsrecht in Anspruch nehmen möchte, bekommt sie möglicherweise veraltete Daten, die nicht zur Kontaktaufnahme geeignet sind. Ungeachtet dessen ist der Samenspender nicht zur Kontaktaufnahme oder gar zu einem persönlichen Kennenlernen verpflichtet. Wenn aber ein solches Recht lediglich den Zugang zu basalen Kontaktinformationen regelt, ist es nicht geeignet, eine tatsächliche Kenntnis der Abstammung zu ermöglichen. Zwar bieten die Kontaktdaten immerhin die Chance, einen Kontakt aufzubauen, doch wenn diese Möglichkeit aus genannten Gründen ausgeschlossen ist, dürfte es nur wenig interessant sein zu wissen, wie der Samenspender heißt und wo er früher gewohnt hat. Ohne die Möglichkeit, einen tatsächlichen Kontakt herzustellen, ist das Recht auf Kenntnis der Abstammung nicht geeignet, das Interesse auf Kenntnis der Abstammung zu schützen. Insofern ist ein Verbot anonymer Keimzellspenden, welches durch dieses Recht begründet wird, ein unzulässiger Eingriff in die (reproduktive) Autonomie von Spenderin und Empfängerin.

Die bisherigen Überlegungen haben gezeigt, dass es ein moralisches Recht gibt, über die eigene Entstehung aufgeklärt zu werden. Eine Verschleierung ist nur zulässig, wenn die Aufklärung das Gelingen der Eltern-Kind-Beziehung gefährden kann. Ein moralisches Recht auf Kenntnis der Abstammung lässt sich hingegen nicht begründen – zumindest nicht in der von Kritikerinnen anvisierten fundamentalen Form. Sicherlich haben viele Menschen ein Interesse, mehr über ihre genetische Herkunft zu erfahren, doch lässt sich nicht überzeugend begründen, dass dieses Interesse moralisch so schwer wiegt, dass es geeignet ist, die reproduktive Autonomie einzuschränken.

Im Laufe der Diskussion wurden überaus vereinfachende Annahmen gemacht, indem ausschließlich die Wunscheltern, die Spenderin und das Kind in den Blick genommen wurden. Dabei wurde außer Acht gelassen, dass die Spenderin selbst eine Familie haben kann oder dass sie ihre Eizellen mehr als einem Wunschelternpaar zur Verfügung gestellt hat. Dieser Umstand führt zu einer beträchtlichen Erweiterung der hier dargelegten Interessensituation. Es ist bekannt, dass einige

---

511 de Melo-Martín (2014), S. 33.
512 § 2 Abs. 2 SaRegG.

Eizell- und Samenspendekinder nicht nur nach ihren genetischen Eltern suchen, sondern auch mehr über mögliche Halbgeschwister erfahren möchten. Familienbeziehungen, die mittels Keimzellspenden entstanden sind, können sehr komplex sein. Außerdem sind diese keinesfalls nur auf eine Generation beschränkt. Auch die Großeltern und ggf. Enkel sind Teil dieser und können ein berechtigtes Interesse haben, Informationen über genetisch nahestehende Familienmitglieder zu erlangen. Diese Interessen sind gute Gründe dafür, warum eine offene Spende moralisch wünschenswert ist, sie können aber nicht begründen, dass eine anonyme Spende moralisch unzulässig ist.

Angesichts der zunehmenden Verfügbarkeit genomischer Sequenzierung und einer größeren Verbreitung genetischer Informationen stellt sich allerdings die Frage, ob es zukünftig überhaupt eines solchen Rechts bedarf. Es wäre unrealistisch zu erwarten, dass Kindern ihre genetische Herkunft langfristig verheimlicht werden kann. „This does not mean that parents' choice about whether to tell their child is gone, but it is no longer their choice whether their child will find out."[513] Dabei ist die Nutzung von Gendatenbanken datenschutzrechtlich problematisch, wenn dadurch Personen ausfindig gemacht und möglicherweise kontaktiert werden können, die der Verwendung ihrer genetischen Informationen nicht zugestimmt haben.[514] Insofern wird es zukünftig zunehmend wichtiger, darüber nachzudenken, wie die Privatsphäre von Eizellspenderinnen und Eizellspendekindern geschützt werden kann.

5.5 Komplexe Familienbeziehungen

Durch die moderne Reproduktionsmedizin und die Eizellspende werden Familienkonstellationen nicht nur vielfältiger, sie werden auch komplexer. Ein mehrfaches Spenden kann zu großen Verwandtschaftsnetzwerken führen. Hat eine Spenderin zehn Kinder gezeugt, dann hat jedes Kind neun Halbgeschwister. Kommen noch weitere Geschwister hinzu oder bestehen weitere Spendebeziehungen, kann dies eine Größe annehmen, die nur schwer zu überblicken ist und sich kaum in einem Familienstammbaum abbilden lässt. Eine hohe Anzahl an Nachkommen und weiten Verzweigungen stellen zusätzlich die Bedeutung der genetischen Verbindung für familiäre Beziehungen infrage. Ferner wird die Komplexität aber nicht nur durch die Anzahl der Nachkommen erhöht, sondern auch durch die Auflösung der Generationenfolge. Es ist durchaus möglich und keinesfalls unwahrscheinlich,

---

513 Pasch (2018), S. 1195.
514 Pennings (2019), S. 787.

dass Kinder mit den Eizellen bereits Verstorbener gezeugt worden sind. Dies stößt möglicherweise bei einigen Menschen (zumindest intuitiv) auf Ablehnung. Ähnliches gilt für den Fall, dass eine Frau ihre Eizellen an die eigene Mutter spendet. Hierbei werden Generationenfolgen durcheinander gebracht, was einem allgemeinen Verständnis der Familie widerspricht. Inwiefern damit ethische Probleme verbunden sind, soll im Folgenden untersucht werden.

5.5.1 Sollte die Anzahl der Nachkommen limitiert sein?

Hin und wieder wird in der Presse von Samenspendern berichtet, die mehrere Duzend, teilweise sogar über 100 Kinder haben sollen. Ein bemerkenswertes Beispiel ist der ehemaliger Leiter einer Fruchtbarkeitsklinik, der unfruchtbaren Paaren ohne deren Wissen mit seinem Sperma ausgeholfen haben soll, woraus Schätzungen zufolge 600 Kinder entstanden sind.[515] Eine derart hohe Zahl ist für eine Eizellspenderin sicherlich nicht zu erreichen. Dennoch ist es vorstellbar, dass eine Eizellspenderin mehr als 20 Nachkommen haben kann.[516] Selbst diese vergleichsweise niedrige Zahl liegt weit über den gesellschaftlichen Vorstellungen einer Familie, was die Frage aufwirft, ob die Anzahl der zu zeugenden Kinder limitiert werden sollte.

In vielen Ländern gibt es Beschränkungen, die die Anzahl der Kinder pro Samenspender limitieren. Oftmals liegt die Grenze bei max. zehn Kindern, in einigen Ländern bei fünf oder sogar nur drei Kindern.[517] Für die Eizellspende existieren ähnliche, ebenfalls sehr unterschiedliche Regelungen. Während in Spanien nicht mehr als sechs Kinder pro Spenderin entstehen dürfen,[518] ist in Großbritannien das Maximum nicht auf die Anzahl der entstehenden Kinder, sondern auf die Anzahl der zu unterstützenden Familien bezogen. Lediglich zehn Familien dürfen die Eizellen einer Spenderin bekommen, unabhängig davon, wie viele Kinder sie be-

---

515 Kensche (2012).
516 Angenommen dass im Idealfall aus einer Eizellspende drei Kinder entstehen können und es gesundheitlich möglich ist, mehrmals pro Jahr zu spenden, ist es denkbar, dass eine Frau über einen Zeitraum von zehn Jahren zur Zeugung von über 60 Kindern beitragen kann. Es ist allerdings davon auszugehen, dass diese Zahl in der Realität deutlich geringer ist. Aufgrund körperlicher Belastungen und eigenen Kinderwünschen ist eine derart hohe Spendeaktivität kaum wahrscheinlich. Außerdem werden Eizellen aus einem Spendezyklus in der Regel nur an eine Empfängerin vermittelt.
517 Janssens/Nap/Bancsi (2011), S. 108.
518 Bergmann (2014), S. 79.

kommen.[519] Die American Society for Reproductive Medicine (ASRM) empfiehlt wiederum, dass eine Frau nicht mehr als sechs Mal spenden sollte.[520]

Ein sehr häufig genannter Grund hierfür ist das Risiko versehentlich konsanguiner Beziehungen. In vielen Ländern ist die Verwandtenehe bzw. der Geschlechtsverkehr unter nahen Verwandten verboten und teils unter Strafe gestellt. Eine geläufige Rechtfertigung für das Inzestverbot ist die Vermeidung von Inzucht bzw. die damit zusammenhängenden medizinischen und genetischen Risiken für die Kinder. Kinder, deren Eltern eng miteinander verwandt sind, haben ein höheres Risiko für angeborene Störungen, einen frühen Tod sowie physische und psychische Beeinträchtigungen. Dieses Risiko verhält sich proportional zum Verwandtschaftskoeffizienten ihrer Eltern, d. h., je enger die Eltern genetisch verwandt sind, desto höher ist das Risiko. Eine Limitierung der Keimzellspende senkt die Wahrscheinlichkeit, dass zwei Halbgeschwister versehentlich ein Kind miteinander zeugen.

Berechnungen haben allerdings gezeigt, dass dieses Risiko eher gering ist. Für die Niederlande wurde errechnet, dass das Risiko inzestuöser Beziehungen nicht ansteigt, solange ein Samenspender nicht mehr als 25 Kinder gezeugt hat.[521] Selbst wenn diese Zahl in Ländern mit anderen demografischen Strukturen als die der Niederlande in der Mitte der 90er Jahre niedriger sein kann, erklärt das nicht, die weit darunter liegenden Beschränkungen. Unterdessen liegt die Vermutung nahe, dass diese aus einem kulturell tiefsitzenden Inzestverbot resultieren, da eine Liebesbeziehung unter nahen Verwandten in Verdacht steht, die Binnenstruktur der Familie und damit ihre soziale Bedeutung anzugreifen.[522]

Trotz der eher geringen Gefahr des Zustandekommens konsanguiner Beziehungen ist diese moralisch nicht irrelevant. Während die Sorge ursprünglich der genetischen Gesundheit des Kindes infolge versehentlich eingegangener inzestuöser Beziehungen galt, werden nun stärker negative psychosoziale Folgen von Beziehungen unter Halbgeschwistern in den Blick genommen.[523] Zentrale Register können zwar Auskunft über mögliche Halbgeschwister geben, doch bedeutet das nicht, dass diese vor Eingehen einer neuen Beziehung auch genutzt werden. Wenngleich diese Angst vor dem Hintergrund des sehr geringen Risikos irrational erscheinen mag, ist sie dennoch real und muss als berechtigtes Interesse ernstgenommen werden.[524]

---

519 HFEA (2021a), 11.9 d.
520 Practice Committee of the ASRM/SART (2020).
521 de Boer/Oosterwijk/Rigters-Aris (1995), S. 420.
522 Freeman/Jadva/Slutsky (2016), S. 167; ähnlich Janssens (2003) und Wright (2016).
523 Freeman/Jadva/Slutsky (2016), S. 168 f.
524 Wright (2016), S. 190.

Die in den Regularien genannten Grenzwerte entstanden vor dem Hintergrund der anonymen Spende und einer geringen Aufklärungsbereitschaft der Eltern gegenüber ihren Kindern. Angesichts der Tendenz zur offenen Spende, der Ausweitung des Rechts auf Informationen über die genetische Herkunft sowie der zunehmenden Vernetzungsmöglichkeiten lässt sich von einem rückläufigen Risiko ausgehen. Daher erscheint es sinnvoll (gerade vor dem Hintergrund einer niedrigen Spendebereitschaft), diese Grenzwerte zu überdenken.[525]

Dagegen richtet sich allerdings die Sorge, dass das Initiieren und Aufrechterhalten von Beziehungen umso schwieriger werden, je größer die Anzahl der Nachkommen ist. Zum einen ist zu erwarten, dass es einer Spenderin nicht möglich ist, eine aufrechte Beziehung zu sehr vielen Kindern zu pflegen, oder die Halbgeschwister keine Beziehung untereinander aufbauen können. Zum anderen laufen große Verwandtschaftsnetzwerke Gefahr, die Bedeutung verwandtschaftlicher Beziehungen zu schmälern.[526] Inwiefern sich daraus ableitend eine Begrenzung der Spendekinder rechtfertigen lässt, hängt letztlich von der Bedeutung ab, die solchen Beziehungen beigemessen wird. Diese können sehr unterschiedlich sein. Auf der einen Seite haben empirische Untersuchungen gezeigt, dass viele Menschen eine solche Begrenzung begrüßen,[527] auf der anderen Seite zeigte sich auch, dass eine große Anzahl genetischer Geschwister nicht unbedingt ein Hindernis für die Bildung familiärer Beziehungen darstellen muss.[528]

5.5.2 Die intrafamiliäre Spende

Während Eizellen in den meisten Fällen von fremden Spenderinnen stammen, ziehen manche Paare eine Spenderin aus dem Familienkreis in Betracht. Aus medizinischer Sicht spielt es keine Rolle, ob die Eizelle von der eigenen Schwester, einer Cousine oder Tante stammt. Die innerfamiliäre Spende kann horizontal (z. B. zwischen zwei Schwestern oder Cousinen in ähnlichem Alter) oder vertikal (z. B. zwischen Mutter und Tochter) stattfinden. Eine Ausnahme bilden lediglich Spenden von einer Mutter an ihre Tochter, die aufgrund des hohen Alters in der Regel nicht mehr möglich sind.[529]

---

525 Blyth (2008), S. 173.
526 Wright (2016), S. 186.
527 Nelson/Hertz/Kramer (2016).
528 Freeman/Jadva/Slutsky (2016).
529 Wenngleich es selten ist, ist es durchaus möglich, dass eine 20-jährige Frau Eizellen von ihrer 20 Jahre älteren Mutter bekommt. Alternativ kann die Mutter ihre Eizellen zum späteren Gebrauch für ihre Tochter einfrieren lassen. Gidoni et al. (2008).

Die tatsächliche Relevanz der innerfamiliären Eizellspende lässt sich aufgrund fehlender Daten nicht eruieren, da die Beziehungen zwischen Empfängerin und Spenderin nicht offiziell erfasst werden. 2010 führte die britische Human Fertilisation and Embryology Authority (HFEA) eine Umfrage unter britischen Kliniken durch, von denen mehr als 40 % angaben, mindestens monatlich eine Anfrage für eine Fertilitätsbehandlung mit einer innerfamiliären Gametenspende zu erhalten. Die Daten zeigen auf, dass die häufigsten Anfragen zu innerfamiliären Eizellspenden zwischen Familienmitgliedern derselben Generation (Schwestern und Cousinen) gestellt werden. Anfragen zu generationsübergreifenden Spenden (Mutter-Tochter, Nichte-Tante) sind weitaus seltener.[530]

Obwohl eine intrafamiliäre Eizellspende auf den ersten Blick den Eindruck erwecken mag, gegen das Inzesttabu zu verstoßen, besteht zwischen Spenderin und Empfängerin keine inzestuöse Beziehung. Aufgrund der fehlenden sexuellen bzw. Liebesbeziehung zwischen beiden wird die kulturelle Komponente des Inzesttabus nicht berührt. Ebenso unberührt bleibt die Inzuchtproblematik, da Spenderin und Empfängerin nicht gleichermaßen genetischen Anteil an der Zeugung des Kindes haben. Die Verwandtschaftsbeziehung besteht lediglich zwischen genetischer und biologischer Mutter. Anders wäre es hingegen, würde eine Schwester an die Frau ihres Bruders spenden. In diesem Fall wären die genetischen Eltern miteinander verwandt und die Schwägerin hätte als austragende Frau keinen genetischen Anteil an der Entstehung des Kindes.

Im Wesentlichen gibt es zwei Gründe, warum sich Kinderwunschpaare für eine intrafamiliäre Spende entscheiden. Manche Frauen bevorzugen eine Spende von einem Familienmitglied, um das genetische Erbe und die familiäre Verwandtschaft zu bewahren. Durch eine intrafamiliäre Spende lässt sich eine genetische Familienbindung aufrechterhalten, die andernfalls verloren ginge.[531] Neben dieser individuell sehr unterschiedlich ausgeprägten Bedeutung sprechen auch einige pragmatische Gründe für eine intrafamiliäre Eizellspende. Fertilitätsbehandlungen sind in Verbindung mit einer Keimzellspende eine teure und oft langwierige Angelegenheit. Durch die Einbeziehung eines Familienmitglieds lassen sich die Kosten für die Spenderin und lange Wartezeiten vermeiden. Gerade in Ländern, in denen ausschließlich offene Spenden erlaubt oder Eizellen sehr knapp sind, kann eine intrafamiliäre Spende die einzige Möglichkeit sein, sich den Kinderwunsch zu erfüllen.

Aus ethischer Perspektive kann sich die familiäre Bindung bzw. die soziale Nähe zwischen Spenderin und Empfängerin als problematisch erweisen, wenn

---

530 HFEA (2010), S. 75.
531 Pennings (2002), S. 14 f.; Vayena/Golombok (2012), S. 172 f.

diese dazu beiträgt, eine freie Entscheidung zu unterminieren. Besteht zwischen beiden eine starke emotionale Beziehung oder befindet sich die Spenderin sogar in einer emotional abhängigen Position, ist fraglich, ob eine Entscheidung zur Spende tatsächlich freiwillig erfolgt. Neben inneren Zwängen, die aus einem Gefühl familiärer Verpflichtung resultiert, können auch äußere Zwänge, etwa durch konkretes Einwirken anderer Familienmitglieder, die autonome Spendeentscheidung beeinflussen.[532] Es wird angenommen, dass das Risiko der Einflussnahme, wenn eine Tochter an ihre Mutter spendet, aufgrund der besonderen Beziehung zwischen beiden noch größer ist und sich aufgrund bestehender Abhängigkeiten (finanzieller, emotionaler oder anderer Art) möglicherweise gar nicht eliminieren lässt.[533]

Weiterhin kann die vertikale Spende aufgrund der daraus resultierenden Beziehungskonstellationen als problematisch erachtet werden. Wenn eine Tochter an ihre Mutter spendet, ist die Spenderin nicht mehr nur Tochter ihrer Mutter, sondern gleichzeitig die (genetische) Mutter ihrer (Halb-)Schwester. Es kann individuell sehr verwirrend sein und auch zu einer gesellschaftlichen Stigmatisierung führen, wenn durch die Dekonstruktion der Generationenfolge gewohnte Vorstellungen familiärer Beziehung außer Kraft gesetzt werden. Dennoch ist das kein überzeugendes Argument, da das Durcheinanderbringen der Generationenfolge kein Alleinstellungsmerkmal der Eizellspende ist. Die deutsche Band Truck Stop besang bereits 1982, wie es ohne reproduktionsmedizinische Hilfe möglich ist, sein eigener Opa zu sein.[534]

Ungeachtet der gesellschaftlichen Vorstellungen von Familie kann jedoch nicht ausgeschlossen werden, dass komplexe und verwirrende Familienkonstellationen negative Auswirkungen auf die Familienbeziehung und auf das Wohlergehen des Kindes haben. Für ein Kind ist es möglicherweise erschütternd festzustellen, dass die Spenderin ein Familienmitglied ist und Tanten oder Schwestern nicht genau das sind, was es glaubte, das sie sind. Hingegen haben sich die in der Literatur angeführten Befürchtungen, eine intrafamiliäre Eizellspende könne das Verhältnis innerhalb der Familie stören,[535] nicht bestätigt. Es hat sich eher gezeigt, dass die soziale Nähe nicht zu einer Aufweichung der mütterlichen Rollenverteilung führte

---

532 Vayena/Golombok (2012), S. 174.

533 Sureau/Shenfield (1995).

534 Angenommen ich heirate eine Frau und deren Tochter heiratet meinen Vater. Diese ist als Frau meines Vaters meine Stieftochter und gleichzeitig meine Stiefmutter. Wenn die Tochter meiner Frau einen Sohn bekommt, ist er als Sohn meines Vaters mein Halbbruder. Dieser Sohn ist wiederum der Enkel meiner Frau und somit bin ich als Mann seiner Oma auch sein Opa. Wenn mein Enkel aber auch mein Bruder ist, bin ich sowohl mein Opa als auch mein eigener Enkel. Truck Stop (1982).

535 Pierce et al. (1995), S. 1331; Laruelle et al. (2011), S. 386.

und in den meisten Fällen eine harmonische Beziehung zwischen Spenderin und Empfängerin besteht bzw. diese sogar stärker geworden ist.[536]

5.5.3 Posthume Befruchtung

In den letzten Jahren wurden die Techniken zum Einfrieren von Eizellen kontinuierlich verbessert, sodass Spende und Fortpflanzung unabhängig voneinander erfolgen können. Es ist nicht mehr nötig, dass die Entnahme in zeitlicher oder räumlicher Nähe zur Befruchtung stattfinden muss. Kryokonservierte Eizellen können langfristig aufbewahrt werden.[537] Das eröffnet vielen Frauen die Möglichkeit, ihre eigenen Eizellen in jungen Jahren einfrieren zu lassen, um sie nach einigen Jahren selbst verwenden zu können, sei es aus beruflichen oder sozialen Gründen (*social freezing*) oder als fertilitätserhaltende Maßnahme (z. B. vor einer Krebstherapie). Die langfristige Aufbewahrung ermöglicht aber auch eine Verwendung der Eizellen über den Tod der Spenderin hinaus, womit eine Reihe ethischer und rechtlicher Probleme verbunden sind.

Obwohl die posthume Befruchtung in Deutschland verboten ist,[538] zeigt sich im Umgang mit gespendeten Eizellen ein ganz praktisches Problem. Einmal an Biobanken abgegebene Keimzellen unterstehen nicht mehr der Verfügungsgewalt der Spenderin. Um das Verbot der posthumen Befruchtung zu vermeiden, müssten verlässliche Vorkehrungen getroffen werden, damit die aufbewahrende Bank über den Tod der Spenderin informiert werden kann. Die aktuell in Deutschland bestehenden Regelungen nehmen den Samenspender in die Verantwortung. Dieser muss dafür Sorge tragen, dass die jeweilige Biobank über seinen Tod informiert wird und bereits gespendete Samenzellen nicht mehr für reproduktive Zwecke genutzt bzw. vernichtet werden. Solange die Samenbank nicht vom Tod des Spenders erfährt, können die Samenzellen weiterhin genutzt werden. Das ESchG untersagt nur die wissentliche Befruchtung einer Eizelle mit dem Samen eines verstorbenen Mannes.[539]

Dabei liegt es auf der Hand, dass eine solche Regelung nur bedingt geeignet ist, ihren Zweck zu erfüllen. Viele Menschen sterben, ohne Vorkehrungen für ihren Tod getroffen zu haben, oder erachten im Angesicht des Todes andere Dinge für wichtiger, als die Samenbank über ihr baldiges Sterben zu informieren. Weiterhin ist es

---

536 Winter/Daniluk (2004), S. 492 f.; Jadva et al. (2011), S. 2779 f.
537 Ausschlaggebend für das Überleben der Zellen ist der Prozess des Einfrierens und des Auftauens, nicht aber die Dauer des eingefrorenen Zustands. Riggs et al. (2010).
538 § 4 Abs. 1 Nr. 3 ESchG.
539 Fischer (2012), S. 50 f.

möglich, dass Biobanken ihr Geschäft einstellen und anderen Biobanken die eingelagerten Zellen übernehmen, ohne dass die betreffenden Spender informiert werden. In diesen Fällen lässt sich eine posthume Befruchtung nicht vermeiden. Noch schwieriger wird es, wenn Keimzellen über Länder- und Rechtsgrenzen hinweg gehandelt werden und sich nicht mehr nachverfolgen lässt, woher diese stammen. Eine Alternative bestünde in einem zentralen Register, auf das alle Reproduktionskliniken und Biobanken Zugriff haben und das regelmäßig mit den behördlichen Meldedaten abgeglichen wird, was wiederum mit erheblichen Problemen des Daten- und Persönlichkeitsschutzes verbunden wäre.

In Anbetracht dessen stellt sich aus ethischer Sicht die Frage, wie sich das mit dem Selbstbestimmungsrecht der Spenderin vereinbaren lässt. Prinzipiell gilt, dass eine Spenderin ihre erteilte Einwilligung zur Verwendung der Eizellen jederzeit widerrufen können muss, zumindest solange sie noch nicht verwendet worden sind. Was aber geschieht im Falle ihres Todes?[540]

Wenn wir den letzten Willen einer Verstorbenen zu erfüllen versuchen, ist das ein Zeichen des Respekts vor ihrer Autonomie. Geht man davon aus, dass der letzte Wille nicht nur ein Wunsch ist, um dessen Erfüllung man bittet, sondern zugleich eine Art Einwilligung für den Umgang mit den Hinterlassenschaften, erweist sich dieses Konzept als äußerst problematisch. Eine notwendige Voraussetzung für eine informierte Einwilligung besteht darin, sich der Tragweite der Handlung und ihrer Konsequenzen bewusst zu sein. Auch wenn sich Handlungsfolgen nicht konkret vorhersagen lassen können, genügt es dafür, sie ungefähr vorhersehen zu können. Problematisch sind hingegen Handlungen, deren Folgen sich erst weit nach dem Tod ereignen.

In diesem Zusammenhang stellt die Möglichkeit zur langfristigen Aufbewahrung der Eizellen ein besonderes Problem dar. Niemand kann wissen, wie die Welt in 100 Jahren aussehen wird und ob Bedingungen herrschen, unter denen man vielleicht lieber kein Kind in die Welt setzen würde. Weil aber die Einwilligung mit Eintritt des Todes nicht mehr den eigenen Interessen angepasst bzw. nicht mehr widerrufen werden kann, kann die Einwilligung zur Nutzung der Eizellen auch nicht informiert sein.

Aus der Tatsache, dass eine informierte Einwilligung weit über den Tod hinaus nicht möglich ist, ließe sich ableiten, dass die Einwilligung über die Verwendung

---

540 Der Einfachheit halber möchte ich an dieser Stelle annehmen, dass Interessen über den Tod hinaus Bestand haben und es eine Art postmortales Selbstbestimmungsrecht gibt. Dazu gehört auch, wie es allgemein anerkannt ist, über den eigenen Besitz zu verfügen. Wenn jemand testamentarisch bestimmen kann, an wen und unter welchen Bedingungen das Erbe aufgeteilt wird, sollte es grundsätzlich möglich sein, dass eine Spenderin bestimmen kann, was mit ihren Eizellen geschehen soll.

bereits gespendeter Eizellen mit dem Tod automatisch erlischt und eine weitere Nutzung nicht zulässig ist. Da das aber aus den genannten praktischen Gründen nicht umsetzbar ist, würde eine strikte Auslegung des moralischen Gebots der Achtung vor der individuellen Selbstbestimmung zu der paradoxen und keineswegs befriedigenden Schlussfolgerung führen, dass eine Eizellspende moralisch nicht zulässig sein kann, da keine langfristige Einwilligung möglich ist.

Eine Alternative besteht darin, die Kriterien der informierten Einwilligung zu überdenken und der vorliegenden Situation anzupassen. Zum einen ist das Konzept der informierten Einwilligung vor dem Hintergrund der medizinischen Verbrechen der NS-Zeit entstanden und dient vor allem dazu, Patientinnen vor unfreiwilligen Behandlungen zu schützen. Ein solcher Schutz ist für Eizellspenderinnen nicht notwendig, sodass für die Einwilligung über die weitere Verwendung geringere Maßstäbe genügen. Zum anderen wäre es unverhältnismäßig, für die Spende der Eizellen höhere Einwilligungsstandards zu verlangen als für die Fortpflanzung selbst. Insofern kann eine weit gefasste Einwilligung ausreichen, wenn der Spenderin zumindest die Chance eingeräumt wird, die Verwendungszwecke selbst zu bestimmen und ggf. einige davon auszuschließen (z. B. Forschungsvorhaben, therapeutisches Klonen). Gleichzeitig kann sie jederzeit ihre Einwilligung widerrufen, sodass eingelagerte Proben, sofern sie noch nicht verarbeitet wurden, vernichtet werden müssen. Dieses Widerrufsrecht erlischt mit ihrem Tod. Da sie nach ihrem Ableben keine Interessen mehr hat und nicht in der Lage ist, die Konsequenzen ihrer Spende zu erfahren, können die Eizellen weiterhin ihrem bestimmungsmäßigen Zweck zugeführt werden.[541]

Es ist es naheliegend, dass die Entscheidungshoheit über die konkrete Verwendung der Biobank zukommt, in deren Besitz sich die Eizellen befinden. In diesem Fall werden die eingelagerten Eizellen zum Eigentum der Biobank, die alle damit verbundenen Rechte erwirbt. Allerdings ist es höchst strittig, ob Körpermaterialen wie eine veräußerbare Sache behandelt werden können und sich die Eigentumsrechte daran übertragen lassen.[542] Außerdem sind Keimzellen mit einer besonderen Verantwortungshypothek belastet, die die Begründung eines Eigentumsanspruchs in besonderer Weise erschweren. Ferner ist es denkbar, dass ein Widerrufsrecht auf die nahen Angehörigen der verstorbenen Spenderin übergeht,

---

[541] Das gilt freilich nicht, wenn die Spenderin die Nutzungsdauer ihrer Spende (z. B. bis zu ihrem Tod) begrenzt hat. Eine Weiternutzung wäre dann ein unzulässiger Eingriff in ihr Selbstbestimmungsrecht.

[542] Siehe auch Kap. 6.2.1.

da diese von daraus resultierenden Beziehungen direkt betroffen sind und deshalb ein gesteigertes Interesse an deren Verwendung haben könnten.[543]

Selbst wenn man davon ausgeht, dass die Verfügungsrechte nach dem Tod der Spenderin vollständig auf die Biobank übergehen können, ergeben sich mit Blick auf die Perspektive des Kindes weitere Probleme. Es ist anzunehmen, dass der Gesetzgeber beim strafbewehrten Verbot der posthumen Befruchtung den Schutz des Kindeswohls im Blick hatte.[544] Davon ausgehend, dass jeder Mensch ein Recht auf zwei Elternteile hat, soll verhindert werden, dass sich das Aufwachsen mit nur einem Elternteil nachteilig für das Kind auswirken oder dessen Identitätsfindung erschwert sein kann.[545] Zwar ist es jederzeit möglich, dass ein Elternteil vor oder während der Geburt des Kindes verstirbt, jedoch ist das eher ein tragisches Unglück. Es kann für eine moralische Bewertung relevant sein, ob ein Elternteil unglücklicherweise vor der Geburt verstorben ist oder ob die Zeugung bereits im Bewusstsein erfolgte, dass das Kind als Halbwaise aufwachsen wird.[546]

Sicherlich ist es für viele Menschen eine unangenehme und keinesfalls wünschenswerte Vorstellung, wenn Kinder mit nur einem Elternteil aufwachsen. Dennoch ist es keineswegs ausgeschlossen, ein glückliches Leben führen zu können. Zum einen ist es für die moralische Qualität der Elternschaft nicht ausschlaggebend, ob ein Kind ein, zwei oder mehr Elternteile hat. Die Familienkonstellation allein gibt keine Auskunft über das Gelingen der Eltern-Kind-Beziehung. Zum anderen führt eine posthume Befruchtung nicht dazu, dass das Kind nur ein Elternteil hat. Nutzt ein Kinderwunschpaar (versehentlich oder bewusst) die Eizellen einer bereits verstorbenen Spenderin, hat das Kind trotzdem zwei Eltern.

Sowohl aus der Perspektive des Kindes als auch aus der Perspektive der Familie weist die posthume Befruchtung Parallelen zur Befruchtung mit anonym gespendeten Keimzellen auf. Bei einer anonymen Spende wird das Kind niemals seine genetische Mutter kennenlernen und auch niemals erfahren, ob sie zum Zeitpunkt der Zeugung gelebt hat oder bereits verstorben war. Insofern ist eine posthume Befruchtung zumindest dann legitim, wenn die Spende unter anonymen Bedingungen erfolgt.

Letztlich kann auch das Argument, dass eine derart unkonventionelle Familienbiografie eine soziale Außenseiterrolle generiert, die als bedrückend empfunden werden kann,[547] nicht überzeugen. Es liegt in der Verantwortung der Gesellschaft,

---

543 Dies wäre dann relevant, sollte sich die Rechtslage dahingehend ändern, dass auch (Halb-) Geschwister untereinander unterhaltpflichtig sind.
544 Taupitz in: Günther/Taupitz/Kaiser (2014), §4 Rn. 27 f.
545 Velte (2015), S. 28 f.
546 Landau (1999).
547 Affdal/Ravitsky (2019), S. 89.

dafür Sorge zu tragen, dass keine Außenseiterrollen entstehen, und ein Klima zu schaffen, welches Stigmatisierung und Diskriminierung vorbeugt. Es kann nicht moralisch unzulässig sein, ein Kind zu zeugen, weil dieses möglicherweise diskriminiert werden könnte, wenn die diskriminierende Handlung selbst unmoralisch ist. Darüber hinaus ließen sich die befürchteten psychosozialen Auswirkungen vermeiden, indem das Kind nicht über seine Entstehungsgeschichte aufgeklärt wird. In diesem Fall kann sich ein Familiengeheimnis positiv auf das Wohlergehen des Kindes und das Gelingen der Eltern-Kind-Beziehung auswirken.

5.6 Familie zwischen Genen und Verantwortung

Die bisherigen Überlegungen haben gezeigt, dass die Bedeutung der genetischen Beziehung abhängig von individuellen Wertvorstellungen der Familie ist. Aktuell lässt sich nicht überzeugend dafür argumentieren, dass das Prinzip der Filiation bzw. das Konzept der Blutsverwandtschaft ein notwendiges Element der Familie ist. Der Status der genetischen Beziehung gibt keine Auskunft über die moralische Qualität der Elternschaft. Aus dieser Perspektive muss die Spenderin nicht notwendigerweise ein Teil der Familie sein. Auch wenn keine soziale Beziehung zwischen dem Kind und der Spenderin besteht, bedeutet das nicht, dass das Kind nicht innerhalb einer Familie aufwächst.

Grundsätzlich ist es Teil der reproduktiven Autonomie der Wunscheltern, ihre Familie nach eigenen Vorstellungen zu gestalten und die Rolle der Spenderin passend zu ihren Lebensentwürfen zu definieren. Aus einer beziehungsethischen Sicht ist es moralisch nicht unzulässig, eine anonyme Spenderin auszuwählen und das Kind nicht über seine Herkunft aufzuklären. Eine Lebenslüge zu etablieren, indem ein Eizellspendekind nicht über seine Entstehung aufgeklärt wird, kann ebenso zum Gelingen der Eltern-Kind-Beziehung beitragen, wie die Anonymität der Spenderin ein Schutzmechanismus für die Familie sein kann. Unabhängig der Tatsache, ob es sich um eine bekannte oder unbekannte Spenderin handelt, kann es autonomieverletzend sein, wenn das Kind (zumindest im Erwachsenenalter) nicht über seine Herkunft aufgeklärt wird. Mit Blick auf das Nicht-Identitätsproblem wird das Interesse des Kindes aber nicht bereits dadurch verletzt, dass die Eltern eine anonyme Spenderin ausgewählt haben.

Dennoch ist es möglich, dass die Auswahl der Spenderin für viele Menschen befremdlich wirkt. Das trifft insbesondere auf die intrafamiliäre Spende zu. Wenn eine Tochter Eizellen an ihre Mutter spendet, verändert das die Generationenabfolge und strapaziert das tradierte Modell der Familie noch stärker als durch die Eizellspende ohnehin. Das trifft aber auch auf die anonyme Spende zu, die einer allgemeinen Vorstellung menschlicher Identität zu widersprechen scheint. Zwar gibt es Anzeichen, dass die Bedeutung genetischer Beziehung für den Familienbildungsprozess abnimmt, doch kann die Anonymität der Spenderin paradoxerweise auch dazu beitragen, die kulturelle Bedeutung genetischer Beziehungen zu befördern, wenn Familien bestrebt sind, das Bild einer biologisch-sozialen Einheit aufrechtzuerhalten.

Für einen guten Umgang mit der Eizellspende bedarf es daher einer gesellschaftlichen Auseinandersetzung über die Bedeutung der genetischen Verwandtschaft für familiäre Beziehungen. In diesem Zusammenhang muss ebenso diskutiert werden, inwiefern dem Interesse an der eigenen Herkunft ein fundamentaler Charakter beigemessen wird und möglicherweise das Recht auf Kenntnis der eigenen Abstammung das Recht überwiegt, selbstbestimmte Fortpflanzungsentscheidungen treffen zu können. Hierbei bedarf es einer erhöhten Aufmerksamkeit, um die Interessen aller Beteiligten angemessen zu berücksichtigen.

6 Von der Vermarktung zur Familiengründung

Seitdem die Eizellspende zu den Standardverfahren der Kinderwunschbehandlung gehört, hat der Bedarf an Eizellen stetig zugenommen. Eizellen sind eine knappe Ressource, um die neben der Reproduktionsmedizin auch andere medizinische Bereiche (z. B. Stammzellforschung) konkurrieren. Ähnlich wie bei der Blut- und Samenspende werden monetäre Anreize gesetzt, um eine kontinuierliche Spendebereitschaft aufrechtzuerhalten und die hohe Nachfrage zu decken. In der Regel erhalten die Eizellspenderinnen eine finanzielle Vergütung. Diese soll einerseits die entstandenen Auslagen (Reisekosten, Ausfallkosten, etc.) kompensieren und andererseits für die Inkaufnahme der damit verbundenen Belastungen und den Zeitaufwand entschädigen. Manchmal ist die Vergütung allerdings so hoch, dass sich kaum mehr von einer Aufwandsentschädigung sprechen lässt und Gewinnerzielungsabsichten im Vordergrund stehen. Unabhängig davon, wie hoch die finanzielle Vergütung ausfällt, wirft die kommerzielle Form der Spende die Frage auf, ob Eizellspende überhaupt ein angemessener Begriff dafür ist oder ob es sich vielmehr um den Verkauf von Eizellen handelt.

In einem landläufigen Verständnis ist die Spende eine Gabe, für die keine Gegenleistung erwartet wird. Sobald aber eine monetäre Vergütung erfolgt, ist die Eizellspende eine kommerzielle Transaktion. Eizellen werden kommodifiziert, d. h. zur Ware gemacht, die entsprechend den Regeln des Marktes gehandelt werden kann. Dies ist in drei Hinsichten problematisch.

Durch die Kommodifizierung findet erstens eine Objektifizierung und Instrumentalisierung statt, die auf ein Verständnis des menschlichen Körpers schließen lassen, nach dem eine kommerzielle Verwertung akzeptiert ist. Dabei gibt es gute Gründe, warum der Körper keine Sache ist, über die deren Besitzerin uneingeschränkt verfügen kann. Zwar ist es aus liberaler Sicht unumstritten, dass jeder Mensch ein exklusives Verfügungsrecht über den eigenen Körper besitzt und niemand anderes darüber entscheiden darf, doch lässt die kommerzielle Vermarktung des Körpers Zweifel an dieser Exklusivität der Verfügung entstehen. Glaubt man dem Sprichwort, dass jeder Mensch seinen Preis hat, muss dieser nur hoch genug sein, damit eine Frau auch bereit ist, ihre Eizellen zu spenden. Das würde allerdings bedeuten, dass bereits die Möglichkeit der Vermarktung die Entscheidungshoheit der Spenderin unterläuft und andere über ihren Körper verfügen können, sofern sie bereit sind, den entsprechenden Preis zu zahlen. Dies findet Ausdruck in einer Kritik der kommerziellen Spende, die davon ausgeht, dass Frauen nicht freiwillig spenden, sondern aufgrund äußerer Umstände (z. B. Armut) dazu gezwungen sind. Das wiederum ist unvereinbar mit einer freien und selbstbestimmten Entscheidung, die aber eine notwendige Voraussetzung für eine Eizellspende ist.

Hieran schließt sich das zweite Problemfeld an. Geht man davon aus, dass die Spendebereitschaft kommerzieller Spenderinnen überwiegend von ihrer wirtschaftlichen Situation abhängig ist und sie unter anderen Umständen nicht spenden würden, bedeutet das, dass die Erfüllung des Kinderwunschs wesentlich von ökonomischen Ungleichheiten abhängt und Kinderwunschpaare von der Armut anderer Frauen profitieren. Aus diesem Grund steht die kommerzielle Eizellspende unter Verdacht, die Ausbeutung junger Frauen zu begünstigen. Dieses Problem potenziert sich mit Blick auf die globale Ausdehnung der Reproduktionsmedizin. Während es auf nationaler Ebene relativ einfach möglich ist, Regelungen zu schaffen, um Frauen in prekären Situationen zu schützen, ist dies grenzüberschreitend wesentlich schwieriger.

Neben rechtlichen Gründen sind es häufig wirtschaftliche Gründe, die Kinderwunschpaare veranlassen, für eine Eizellspendebehandlung ins Ausland zu reisen. Nehmen Paare eine kostengünstigere Behandlung im Ausland in Anspruch oder werden Spenderinnen gezielt aus ärmeren Ländern angeworben, zeigt sich ein Gerechtigkeitsproblem, wenn die bestehende ökonomische Ungleichheit zu einer ungleichen Verteilung von Risiken und Nutzen führt. Nach einem allgemeinen Verständnis sozialer Gerechtigkeit ist es unfair, die wirtschaftliche Situation anderer Menschen auszunutzen und diese darüber hinaus nicht angemessen zu vergüten.

Drittens erweist sich die Kommodifizierung im Hinblick auf die ethische Dimension der Familie als problematisch. Indem Eizellen als Ware gehandelt werden, werden sie zu einem wählbaren Gut, dessen Wert sich an den Eigenschaften der Spenderin bemisst. Die allermeisten Menschen wünschen sich ein ihnen ähnliches und gesundes Kind. Auf Grundlage dieser Kriterien wird eine passende Spenderin ausgewählt. Doch auch Wünsche nach einem intelligenten, sportlichen oder hübschen Kind lassen sich bei der Wahl der Spenderin berücksichtigen. In der Hoffnung, dass sich die Eigenschaften auf das Kind übertragen, sind einige Wunscheltern sogar bereit, sehr viel Geld für die Eizellen einer besonders intelligenten, sportlichen oder hübschen Spenderin auszugeben. Durch die Auswahl der Spenderin versuchen die Wunscheltern, bestimmte Eigenschaften des Kindes vorherzubestimmen. Dies kann zu Irritationen führen. Werden Eizellen als Ware gehandelt, deren Preis sich durch Angebot und Nachfrage bestimmt, wird das Kind zum planbaren Produkt und nicht mehr im traditionellen Sinne als Geschenk angenommen, welches mit bedingungsloser Liebe bedacht wird. Das wiederum steht im Widerspruch zum Verständnis von Familie als spezielle Form der sozialen Nahbeziehung und ihren inhärenten moralischen Prinzipien.

6.1 Der moralische Unterschied zwischen Spende und Verkauf

In unserem Alltagsverständnis ist eine Spende, im Unterschied zum Verkauf, nicht eigennützig, sondern altruistisch motiviert. Wenn wir etwas spenden, geht es uns eher darum, anderen Menschen zu helfen, als selbst davon zu profitieren. In der Regel ist eine Spende auf die Unterstützung anderer Menschen bzw. die Förderung einer Sache ausgerichtet, wobei sich grundlegend zwei Arten unterscheiden lassen.

Eine Art der Spende ist die mildtätige Gabe, mit der wir anderen Menschen in ihrer Lebenssituation helfen wollen. Geld- und Sachspenden sind auf die Erfüllung verschiedener Bedürfnisse und Interessen ausgerichtet. Hierzu gehören Spenden zur Sicherstellung der medizinischen Versorgung in Krisenregionen, zur Bewältigung des täglichen Lebens von Obdachlosen oder zur Erfüllung von Wünschen von Kindern in Hilfeeinrichtungen. Hierzu gehört ebenso die ehrenamtliche Arbeit, in der man Zeit und Energie für andere aufwendet. Mildtätigen Gaben ist gemein, dass sie selbstlos und uneigennützig erfolgen. Sie resultieren aus der Anerkennung menschlicher Bedürfnisse und der Bereitschaft, Menschen helfen zu wollen, denen es weniger gut geht. Dennoch sind sie nicht notwendigerweise frei von Gegenleistungen und können mit Dankbarkeit und sozialer Anerkennung erwidert werden sowie das Gefühl vermitteln, etwas Gutes getan zu haben.

Im Unterschied zur mildtätigen Gabe ist eine gemeinnützige Spende nicht auf individuelle Hilfeleistung ausgerichtet. Gerade monetäre Spenden sind oftmals ein Beitrag zur Unterstützung des gesellschaftlichen Lebens. Viele Menschen spenden an Parteien, Organisationen und Stiftungen und fördern damit gemeinnützige Zwecke. Es geht nicht darum, Menschen in individuellen Notlagen zu helfen, sondern der Allgemeinheit etwas zugutekommen zu lassen. Gemeinnützige Spenden sind in der Regeln nicht uneigennützig, da man als Teil der Gemeinschaft selbst von der Gemeinnützigkeit profitiert. Wer Geld für politische Arbeit spendet, möchte Einfluss auf das politische Geschehen nehmen. Ähnliches gilt für Kultur- oder Umweltschutzprojekte. Wenngleich damit kein direkter Nutzen verbunden sein muss, handelt man im eigenen Interesse, wenn man das gesellschaftliche Leben nach den eigenen Vorstellungen zu gestalten versucht.

Fragt man nun, wie die Eizellspende in dieses Muster passt, fällt zuallererst auf, dass sie stets auf die konkrete Unterstützung der Erfüllung individueller Kinderwünsche gerichtet ist und es sich nicht um eine gemeinnützige Spende handelt.[548] Allerdings sind Eizellspenden nicht zwangsläufig eine mildtätige Spende. Studien

---

548 Ähnlich wie Organ- und Blutspenden leisten auch Eizell- und Samenspenden einen Beitrag zum Gesundheitswesen. In diesem Sinne können sie als eine Form der gemeinnützigen Spende verstanden werden, unabhängig davon, ob damit gemeinnützige Zwecke verfolgt werden.

haben gezeigt, dass viele Spenderinnen eine Gegenleistung erwarten, die über Dankbarkeit und Anerkennung hinausgeht, und sich grundlegend zwischen altruistischen und finanziellen Motiven unterscheiden lässt.[549]

Altruistische Motive lassen sich überwiegend bei bekannten bzw. nahestehenden Spenderinnen erkennen. Wenn Marie Eizellen von ihrer Schwester bekommt (Fall 5), resultiert die Bereitschaft zur Spende aus ihrer engen Verbindung. Unter befreundeten und verwandten Spenderinnen steht der Wunsch zu helfen im Vordergrund.[550] Doch auch in der Gruppe der fremden Spenderinnen gibt es Frauen, die überwiegend altruistische Motive aufweisen. Einige begründeten ihre Bereitschaft zur Spende mit der positiven Erfahrung mit eigenen Kindern oder mit negativen Erfahrungen mit ungewollter Kinderlosigkeit im sozialen Umfeld.[551] Der Großteil der fremden Spenderinnen verfolgt hingegen finanzielle Interessen. Für sie ist Geld der bestimmende Faktor und ihre Spendebereitschaft hängt maßgeblich von der Höhe der Vergütung ab.[552]

Obwohl sich auf den ersten Blick ein Muster erkennen lässt, dass bekannte Spenderinnen eher altruistisch motiviert sind, während fremde Spenderinnen vermehrt finanzielle Interessen verfolgen, ist diese Kategorisierung nicht ganz zutreffend. Einerseits weisen die meisten kommerziellen Spenderinnen, obwohl Eigennützigkeit im Vordergrund steht, zusätzlich altruistische Motive auf.[553] Andererseits hat sich gezeigt, dass überwiegend altruistisch motivierte Spenderinnen zumindest eine Deckung ihrer Auslagen (z. B. Fahrt- und Übernachtungskosten, Verdienstausfall) erwarten.[554] Wie wichtig diese Kompensation ist, lässt sich in Großbritannien erkennen. Als die Human Fertilisation and Embryology Authority (HFEA) 2011 entschied, die Aufwandsentschädigung von 250 GBP auf 750 GBP anzuheben, ist die Anzahl der registrierten Eizellspenderinnen innerhalb von fünf Jahren über 50 % gestiegen.[555] Wenngleich öffentlich kommuniziert wurde, dass es sich weiterhin nur um eine Aufwandsentschädigung und nicht um eine Bezahlung

---

549 Purewal/van den Akker (2009); Bracewell-Milnes et al. (2016).
550 Bracewell-Milnes et al. (2016), S. 459 f. Einer Studie zufolge gaben die meisten von ihnen an, dass ihnen die Entscheidung für eine Spende nicht schwerfiel. Yee/Hitkari/Greenblatt (2007), S. 2042.
551 Bracewell-Milnes et al. (2016), S. 460.
552 Bracewell-Milnes et al. (2016), S. 460 f. Lindheim/Chase/Sauer (2001) fanden zudem heraus, dass die finanzielle Motivation von der Höhe der Summe abhängt. Frauen die 5.000 USD für eine Spende erhielten, gaben eher finanzielle Interessen als Motiv an als jene, die lediglich 2.500 USD erhielten.
553 Bracewell-Milnes et al. (2016), S. 461.
554 Byrd/Sidebotham/Lieberman (2002), S. 179.
555 HFEA (2019), S. 2. Der vollständige Datensatz findet sich unter: www.hfea.gov.uk/media/2807/donation-statistics-underlying-data-2004–2016.xlsx (20.10.2021).

handelt, lässt sich kaum verneinen, dass diese Anhebung als Anreiz zur Erhöhung der Spendebereitschaft diente.[556]

Ähnliche Motive zeigen sich bei Kinderwunschpatientinnen, die an Egg-sharing-Programmen teilnehmen. Zu Beginn der 1990er Jahre boten britische Kliniken ihren Patientinnen an, auf die Kosten ihrer IVF-Behandlung zu verzichten, wenn diese im Gegenzug ihre überzähligen Eizellen, die nicht mehr für die eigene Behandlung nötig sind, der Klinik zu überlassen.[557] Studien zeigten, dass, obwohl eine solche Spende durchweg vom Wunsch begleitet ist, anderen Frauen bzw. Paaren helfen zu wollen, damit auch die Erwartung einer günstigeren Behandlung einhergeht.[558] 38 % der Frauen wären grundsätzlich bereit, ihre verbleibenden Eizellen auch ohne Gegenleistung zu spenden, wohingegen knapp die Hälfte angab, sich andernfalls die eigene Kinderwunschbehandlung nicht leisten zu können.[559]

Diese kurze Übersicht zeigt, dass Altruismus ein durchgängiges, bei nahezu allen Spenderinnen anzutreffendes Motiv ist. Jedoch ist es nicht immer ausschlaggebend und wird meist von anderen Motiven begleitet. Genuin altruistische Spenden finden vorrangig im Freundes- und Verwandtenkreis statt, wenn Spenderin und Empfängerin in enger Beziehung zueinander stehen. Aber auch fremde Spenderinnen können vorwiegend altruistisch motiviert sein. Wenngleich Eigennützigkeit zu einer relevanten Größe wird, sobald die Spende vergütet wird (selbst niedrige Beträge können bereitschaftsfördernd wirken),[560] steht bei einigen Spenderinnen, trotz sekundärer finanzieller Interessen, die Verfolgung karitativer Zwecke im Vordergrund. Bei der Mehrheit der kommerziellen Spenderinnen spielen altruistische Motive jedoch eine untergeordnete Rolle. Diesbezüglich ist die Eizellspende von einer deutlichen Gewinnerzielungsabsicht gekennzeichnet, weshalb es sich nicht mehr um eine Spende im eigentlichen Sinne handelt.

Etwas schwieriger lassen sich die Motive von Patientinnen in Egg-sharing-Programmen einordnen. Die ursprünglich karitative Idee, überzählige Eizellen an andere Kinderwunschpatientinnen zu spenden, wird schon darin verkehrt, dass diesen durch den Erlass der Behandlungskosten ein monetärer Gegenwert beigemessen wird. Mittlerweile hat sich daraus sogar ein kommerzielles Modell des Teilens entwickelt. Es ist nicht mehr üblich, bloß die überzähligen Eizellen zu

---

556 Dyer (2011).
557 Schenker (1995), S. 506. Für eine historische Übersicht siehe Blyth (2002). Mittlerweile ist es üblich, die gewonnen Eizellen zu gleichen Teilen zwischen Spenderin und Empfängerin aufzuteilen.
558 Bracewell-Milnes et al. (2016), S. 459.
559 Gürtin/Ahuja/Golombok (2012), S. 189.
560 Dieses Phänomen ist unter anderem von der Blutspende bekannt. Selbst wenn die Entschädigung lediglich 20 EUR beträgt, kann das für junge Menschen Anlass genug sein, um sich damit den nächsten Kneipenbesuch zu finanzieren.

spenden. Stattdessen werden die gewonnenen Eizellen zu gleichen Teilen aufgeteilt und in Zahlung gegeben. Sicherlich gibt es Frauen, die vorwiegend aus altruistischen Motiven an Egg-sharing-Programmen teilnehmen und für die die Aussicht auf ein Kostenreduzierung eher eine Beigabe ist. Bei Patientinnen, die ihre Eizellen lediglich teilen, um sich eine Kinderwunschbehandlung leisten zu können, lässt sich allerdings die gleiche Gewinnerzielungsabsicht wie bei kommerziellen Spenderinnen erkennen.

Die Unterscheidung zwischen altruistischen und kommerziellen Motiven suggeriert, dass altruistische Spenderinnen ihre Eizellen spenden und kommerzielle Spenderinnen ihre Eizellen verkaufen. Auf einer sprachlichen Ebene ist das sicherlich richtig, jedoch ist die Unterscheidung zwischen Spende und Verkauf nicht nur semantischer Art, sondern berührt zugleich eine moralische Ebene. Werden Eizellen nicht mehr als Geschenk, sondern als Ware aufgefasst, geht das häufig mit einer gesellschaftlichen Delegitimierung der Eizellspende einher. Während Spenden üblicherweise für moralisch gut befunden werden, ist der Verkauf von Körperteilen weitgehend verpönt. Dementsprechend ist in der Bioethikkonvention festgehalten, dass der Verkauf von Körperteilen nicht mit der Würde und Integrität des Menschen vereinbar ist, wenn es heißt, „human body and its parts shall not, as such, give rise to financial gain."[561] Darüber hinaus legt Artikel 12 der EU-Geweberichtlinie 2004/23/EG fest, dass Spenden unentgeltlich erfolgen sollen und untersagt zugleich den Verkauf von Körpermaterialien.[562]

Wenn in der Diskussion Eizellen als handelbare Ware deklariert werden, lässt sich darin eine Intention erkennen, diese von einer Spende im Sinne eines Geschenks abzugrenzen. Damit eröffnet sich ein Rahmen, in dem eine moralische Bewertung bereits auf semantischer Ebene eingebettet ist und eine intuitive Ablehnung nach sich zieht. Eine ähnliche Intention lässt sich auch umgekehrt erkennen. Wird die Eizellspende als Spende bezeichnet, kann das mit einem Versuch einer positiven Konnotierung und gesellschaftlichen Legitimierung einhergehen.[563]

Dieses in die Alltagssprache eingebettete moralische Framing birgt die Gefahr einer voreiligen Bewertung. Dabei entbindet es keinesfalls von der Notwendigkeit einer differenzierten Analyse. Als besonderes Problem erweist sich die oft komplexe Motivlage der Eizellspenderinnen, die eine scharfe Abgrenzung zwischen Spende und Verkauf nicht möglich macht. Gerade mit Blick auf überwiegend altruistisch motivierte Spenderinnen, die nicht bereit sind, die Kosten für die Spende selbst zu tragen und eine Aufwandsentschädigung erhalten, zeigt sich, dass sich

---

561 Art. 21 Convention on Human Rights and Biomedicine.
562 Die Umsetzung dieser europäischen Richtlinie im nationalen Recht findet Ausdruck in §17 TPG.
563 Um eine normative Aufladung zu vermeiden, wird in der jüngeren deutschsprachigen Debatte gelegentlich der Begriff Eizellgeberin verwendet.

altruistische und eigennützige Handlungsmotive keineswegs ausschließen und gemeinsam auftreten können.

Geht man außerdem davon aus, dass altruistische Spenden mit einer Gratifikation verbunden sein können, die sich zum Beispiel in Freude, Dankbarkeit oder sozialer Anerkennung zeigt, bleibt fraglich, inwiefern sich diese von einer finanziellen Gegenleistung unterscheidet. Es ist plausibel anzunehmen, dass eine Kommodifizierung nicht nur dann stattfindet, wenn die damit verbundene Gegenleistung monetärer Art ist. Sobald die Spende eine Transaktion darstellt, lässt sich ein Charakter des Warentauschs erkennen. Dabei ist es unerheblich, ob der Tauschwert finanzieller oder ideeller Natur ist – die Qualität des Werts hängt nicht vom ökonomischen Wert ab. In beiden Fällen wird der Körper zur Ware.

Diese Überlegungen zeigen, dass die Dichotomie zwischen Spende und Verkauf in ihrer moralischen Tragweite nicht zu halten ist und die moralische Bewertung der Eizellspende nicht von den jeweiligen Motiven der Spenderinnen abhängt. Sicherlich sind altruistische Motive gesellschaftlich stärker geachtet und auch moralisch wünschenswerter als finanzielle Motive, doch führt das weder zu einer Legitimierung der Spende noch zu einer Delegitimierung des Verkaufs von Eizellen. Stattdessen bleibt zu klären, wie die Kommodifizierung und Kommerzialisierung von Eizellen moralisch zu bewerten ist.

6.2 Kommodifizierung und Ausbeutung

Ein zentraler Gegenstand der Debatte um die Eizellspende ist die Diskussion um die Kommodifizierung und Kommerzialisierung des Körpers. Kritikerinnen sehen in der potenziellen Ausbeutung von Frauen, die einen Teil ihres Körpers für Geld verkaufen, ein gewichtiges Argument gegen die reproduktive Selbstbestimmung potenzieller Kinderwunschpatientinnen. Einige halten dieses Argument für stark genug, um ein Verbot der Eizellspende zu begründen bzw. das bestehende Verbot aufrecht zu erhalten.[564] Diese Ablehnung lässt sich auch in der öffentlichen Debatte erkennen. Indem wortgewaltige Metaphern wie ‚Rohstofflieferantin‘, ‚eggsploitation‘ oder ‚eggtrafficking‘ verwendet werden, wird gezielt eine emotionale Ebene angesprochen, um eine gesellschaftliche Delegitimierung auf semantischer Ebene zu bewirken.

Mit Blick auf eine profitorientierte transnationale Reproduktionsmedizin mag der Vorwurf „Eizell‚spende‘ und ‚Leihmutterschaft‘ beruhen auf sozialer Ungleichheit und Ausbeutung anderer Frauen und finden unter kommerziellen Ver-

---

564 Graumann (2008); Graumann (2016); fem*ini (2020).

hältnissen statt"[565] seine Berechtigung haben. Wenn aber in diesem Zusammenhang argumentiert wird, dass mit der „Entwicklung von Eizellmärkten [...] eine Ausbeutung unterprivilegierter Frauen kaum zu verhindern wäre", wird suggeriert, dass sich nahezu alle Eizellspenderinnen in einer wirtschaftlichen Notlage befinden, von der wohlhabende Kinderwunschpatientinnen profitieren. Die hier eingebettete Pauschalisierung mag angesichts der politischen Zielrichtung dieser Aussage entschuldbar sein, kann aber nicht über die Begründungsnotwendigkeit in ethischen Debatten hinwegtäuschen. Pauschalisierungen und Dammbrüche sind keine überzeugende Argumente.

In unserer Alltagssprache wird der Begriff Ausbeutung normativ verwendet. Wenn man sagt, dass jemand ausgebeutet wird, ist damit gemeint, dass jemand in moralisch unzulässiger Weise ausgenutzt wird. Auf dieser Ebene gibt es nur wenig Interpretationsspielraum. Wer der Situation faktisch zustimmt, wird kaum umhinkommen, der Bewertung zuzustimmen. Es ist keinesfalls üblich anzuerkennen, dass jemand ausgebeutet wird, und gleichzeitig dafür zu argumentieren, dass das moralisch akzeptabel sei. Dieses Muster findet sich auch im Kontext der Eizellspende. Wenn kritisiert wird, dass Eizellspenderinnen ausgebeutet werden, wird damit zugleich eine kategorische Ablehnung zum Ausdruck gebracht. Solange die Eizellspende mit Ausbeutung verbunden ist, kann sie moralisch nicht zulässig sein. Eine solche Verallgemeinerung ist allerdings geeignet, wesentliche Aspekte zu verschleiern.

Ausbeutung ist ein vielfältiger Begriff, der in unterschiedlichen Situationen Anwendung findet. Wenn argumentiert wird, „Eizellspende und Leihmutterschaft sind inakzeptabel, weil sie nicht ohne die Ausbeutung von Frauen zu haben sind"[566], ist zwar der moralische Standpunkt deutlich, aber es ist keineswegs klar, worin die Ausbeutung besteht. Dabei zeigt sich eine Tendenz „to use exploitation as an umbrella term, conveying a forceful, but often undelineated, criticism of egg provision schemes."[567] Es wird selten klar artikuliert, wer wie ausgebeutet wird und welche moralische Norm dadurch verletzt wird. Vielmehr werden unter dem Stichwort Ausbeutung unterschiedliche Argumentationsmuster konglomeriert, die zu einer kategorischen Ablehnung der altruistischen und kommerziellen Eizellspende führen.

Um aber zu einer fundierten Bewertung gelangen zu können, ist es wichtig, das Argument der Ausbeutung bereits auf der konzeptionellen Ebene näher zu betrachten. Diesbezüglich unterscheidet John Harris zwei Konzepte von Ausbeutung:

---

565 fem*ini (2020), S. 1.
566 Interview mit Sigrid Graumann in Achtelik (2020).
567 Haimes/Taylor/Turkmendag (2012), S. 1210.

The one involves the idea of *wrongful* use and may occur when there are no financial or commercial dimensions to the transaction. A classic case here would be where it is claimed that lovers may exploit one another, that is, use one another in some wrongful way. The most familiar of such wrongful ways in this context might be where it is claimed that one partner uses the other or treats the other merely as a ‚sex object'. The second conception involves the idea of some disparity in the value of an exchange of goods or services. Sometimes both elements or conceptions are involved and the claim that there is exploitation is complicated and even confused.[568]

Ausgehend von dieser Unterscheidung lassen sich drei zentrale Problemfelder erkennen, die teils miteinander verzahnt sind. Erstens richtet sich der Vorwurf der Ausbeutung gegen eine mögliche Instrumentalisierung und Objektifizierung der Spenderin. Hierbei ist die Frage zu klären, inwiefern die Spenderin auf ihre Körperlichkeit reduziert wird und dadurch eine Abwertung des Menschen erfolgt. Zweitens zeigt sich das Problem der unzulässigen Instrumentalisierung auch (in Ergänzung zu Harris) bei kommerziellen Transaktionen mit Blick auf eine mögliche Autonomieverletzung der Spenderin, wenn diese durch äußere Einflüsse zu einer Spende gezwungen wird bzw. finanzielle Anreize ihre freie Entscheidung korrumpieren. Drittens bezieht sich der Vorwurf der Ausbeutung auf ein unfaires Ausnutzen der Spenderin. Gerade vor dem Hintergrund reproduktiven Reisens und eines globalen Eizellhandels erweisen sich große ökonomische Ungleichheiten als Herausforderung für unser Verständnis von sozialer Gerechtigkeit. Insofern ist die Eizellspende auch eine Frage der Fairness, deren besondere Brisanz sich im Versuch zeigt, den Wert einer Eizelle zu bestimmen.

Im Anschluss daran soll überlegt werden, welche Möglichkeiten angesichts der vielfältigen Varianten der Ausbeutung bestehen, einen guten Umgang mit der Eizellspende zu finden. Doch bevor mit dieser Erörterung begonnen werden kann, stellt sich zuerst die Frage, ob das Verfügungsrecht über den eigenen Körper überhaupt zur gewinnbringenden Veräußerung von Eizellen befähigt.

6.2.1 Die Verfügungsgewalt über den Körper – eine liberale Ausgangsposition

In einer liberalen Gesellschaft ist es weithin akzeptiert, dass sich mein Körper grundsätzlich dem Zugriffsrecht anderer entzieht und ich allein darüber verfügen darf. Es liegt in meiner Hand, ob ich zu Vorsorgeuntersuchungen gehe, mich gesund ernähre oder einen Lebensstil wie Janis Joplin und Amy Winehouse pflege. Allerdings gibt es einige Ausnahmen, in denen die Kontrolle des Körpers dem eigenen

---

568 Harris (1992), S. 120 [Hervorhebung im Original].

Verfügungsbereich entzogen und einer staatlichen Regulierung unterworfen ist. Darunter fallen einige sehr rigorose Maßnahmen, die dem Schutz des Gemeinwohls dienen (wie die Impfpflicht und die Wehrpflicht), aber auch solche, die dem Schutz der eigenen Person dienen, wie etwa Drogenverbote oder die Gurtpflicht im Auto. Gerade letztere offenbaren eine Diskrepanz zwischen der persönlichen Entscheidungshoheit und einer gesellschaftlich auferlegten Pflicht zum Selbstschutz.

Aus Sicht einer liberalen Ethik resultiert das alleinige Verfügungsrecht über den eigenen Körper aus dem Wert der Freiheit, dessen Voraussetzung er ist. Das Recht, über den eigenen Körper zu verfügen, ist das grundlegende Recht der liberalen Theorie und Ausgangspunkt individueller Handlungsfreiheit. Hieraus lässt sich sowohl das Recht ableiten, den eigenen Körper zu schädigen, als auch Körperteile zu verkaufen. Eingriffe in die persönliche Verfügungsgewalt sind nur soweit durch das harm principle gerechtfertigt, wie sie dem Schutz anderer oder dem Schutz der Gesellschaft dienen. Sobald aber die Freiheit, über den eigenen Körper zu verfügen, zum Wohle der handelnden Akteurin eingeschränkt wird, ist dies eine paternalistische Intervention, die ihrerseits begründungsbedürftig ist. Individuen vor sich selbst zu schützen, ist kein Standard einer liberalen Ethik.[569]

Für die moralische Bewertung einer Handlung ist es irrelevant, ob diese gut oder schlecht für den Körper ist. Denn was gut oder schlecht für eine Person ist, basiert immer auf ihrem persönlichen Werturteil, das für andere nicht nachvollziehbar sein muss. Daher kommt es nicht darauf an, ob eine Handlung (aus einer Außenperspektive) als wohltuend oder schädlich für die handelnde Person wahrgenommen wird, sondern ob sie von ihr gewollt ist oder nicht:

> The reason for not interfering, unless for the sake of others, with a person's voluntary acts, is consideration for his liberty. His voluntary choice is evidence that what he so chooses is desirable, or at the least endurable, to him, and his good is on the whole best provided for by allowing him to take his own means of pursuing it.[570]

Aus liberaler Sicht umfasst die individuelle Freiheit auch die Freiheit zu selbstschädigenden Handlungen. Das impliziert das Stechen von Tattoos und Piercings ebenso wie einen exzessiven Drogenkonsum, Suizid oder die Entnahme von Körperteilen.

Trotz dieser sehr klaren Perspektive weist unser gesellschaftlicher Umgang mit selbstschädigendem Verhalten eine gewisse Ambivalenz auf. Auf der einen Seite lassen sich immense Freiheitseinschränkungen erkennen, wie die Illegalisierung des Drogenkonsums oder die gesellschaftliche Pathologisierung von Suizidwün-

---

569 Vgl. Feinberg (1989); siehe Kap. 3.3.1.4.
570 Mill, On liberty, CW XVIII, S. 299.

schen. Doch scheinen diese eher die Ausnahme zu sein. Auf der anderen Seite sind nämlich viele selbstschädigende Handlungen weitgehend akzeptiert. Das gilt für Alkoholkonsum und Risikosportarten ebenso wie für zahlreiche gesundheitsgefährdende Berufe. Hiervon ausgehend könnte man zumindest annehmen, dass, wenn es moralisch zulässig ist, sich als Bergarbeiterin oder Rennfahrerin gravierenden Risiken auszusetzen, um Geld für den Lebensunterhalt zu verdienen, es nicht unzulässig sein kann, ähnliche Risiken einzugehen, um aus dem gleichen Grund Eizellen zu verkaufen. Aber lässt sich aus dem Verfügungsrecht über den eigenen Körper auch ein Recht ableiten, einzelne Körperteile zu veräußern?

Ein weitreichendes Verfügungsrecht, das die Entnahme und Veräußerung von Körperteilen beinhaltet, setzt ein „normatives Körperverständnis voraus, wonach eine Person zu ihrem Körper in einer Eigentumsrelation steht und über diesen in instrumenteller Weise verfügen darf – ebenso wie sie über ihr sonstiges (äußeres) Eigentum verfügen darf."[571] Im gesellschaftlichen Diskurs finden sich viele Beispiele, die ein solches Verständnis des Körpers als Eigentum unterstützen. Bereits die Frauenrechtsbewegung der 60er Jahre stritt unter dem Motto ‚Mein Körper gehört mir!' für reproduktive Selbstbestimmung. Und auch die gegenwärtige Frauenrechtsbewegung erklärt mit dem Slogan ‚My body, my choice!' eine Fremdbestimmung für unzulässig, indem sie einen Besitzanspruch am eigenen Körper zum Ausdruck bringt.

Eine ähnliche Perspektive zeigt sich im Kontext der Blutspende. Dass es keine Pflicht zur Blutspende gibt, lässt sich nicht allein dadurch erklären, dass die Abnahme eine Verletzung des Persönlichkeitsrechts darstellt, sondern resultiert vielmehr aus einem Verständnis heraus, dass kein Mensch verpflichtet werden soll, seinen Körper teilen zu müssen. Noch deutlicher zeigt sich dieses Eigentumsverhältnis bei der Organspende. Obwohl eine Organspendepflicht sehr vielen Menschen das Leben retten könnte, wird niemand gezwungen, Organe zu spenden. Stattdessen können wir sogar entscheiden, was nach dem Tod mit unserem Körper geschehen soll. An diesem Beispiel lässt sich erkennen, wie eng die persönliche Freiheit und die Verfügungsgewalt über den eigenen Körper miteinander verwoben sind. Letztlich ist jenes Verfügungsrecht ein Eckpfeiler der liberalen Idee, auf dem das Recht auf freie Entfaltung der Persönlichkeit und das Recht auf körperliche Unversehrtheit aufbauen.

Angesichts der weitreichender Kontroll- und Verfügungsrechte über unseren Körper scheint ein Verständnis des Körpers als Eigentum sehr plausibel zu sein. Ideengeschichtlich nimmt dieses eine Schlüsselrolle in John Lockes naturrechtlicher Herleitung des Eigentums als geleistete Aneignung ein. Erst dadurch, dass wir un-

---

571 Herrmann (2012), S. 539.

seren Körper ursprünglich besitzen, sind wir in der Lage, Eigentum durch die mit den eigenen Händen verrichtete Arbeit zu erwerben:

> every Man has a *Property* in his own *Person*. This no Body has any Right to but himself. The *Labour* of his Body, and the *Work* of his Hands, we may say, are properly his. Whatsoever then he removes out of the State that Nature hath provided, and left it in, he hath mixed his *Labour* with, and joyned to it something that is his own, and thereby makes it his *Property*.[572]

Dadurch begründet Arbeit nicht nur die Aneignung von Eigentum, sondern zugleich das Eigentum an der eigenen Arbeitskraft, die gegen Entlohnung verkauft werden kann.[573]

Vor diesem Hintergrund kritisiert Lori Andrews eine Inkonsistenz im Umgang mit unserem Körper. Während auf der einen Seite lediglich die Spende, nicht aber der Verkauf von Körperteilen zulässig ist, werden auf der anderen Seite abgetrennte Körpermaterialien wie eine Sache behandelt und als Ware gehandelt. Die fortschreitende Vermarktung und Patentierung menschlichen Gewebes sind Formen der kommerziellen Verwertung des Körpers, an der viele Menschen und Institutionen beteiligt sind. Einzig die jeweiligen Spenderinnen, die ein besonderes Interesse am Verbleib ihrer Körperteile haben können, sind ausgeschlossen.[574] Dieses Problem zeigt sich insbesondere mit zunehmender Bedeutung der Erforschung und Herstellung von Zelllinien,[575] aber auch angesichts der globalen Vermarktung reproduktiver Körpersubstanzen.

Um diesen Widerspruch aufzulösen, schlägt Andrews vor, einen eigentumsrechtlichen Status des Körpers anzunehmen. Ähnlich wie Menschen ihre Arbeitskraft verkaufen können, können sie auch Teile ihres Körpers verkaufen. Auf diese Weise löst sie das begründungstheoretische Problem des Eigentumerwerbs an abgetrennten Körperteilen und zeigt zugleich eine praktische Möglichkeit auf, wie sichergestellt werden kann, dass Menschen die Kontrolle über ihre Körperteile behalten und an einer möglichen Vermarktung teilhaben können.[576]

---

572 Locke, Treatises II, §27.

573 Locke begründet damit die Möglichkeit, Eigentum durch die Arbeit anderer erlangen zu können. Wenn ein Knecht seine Arbeitskraft an seinen Herrn verkauft, ist dieser als Eigentümer der Arbeitskraft zugleich auch der Eigentümer daraus entstandener Produkte. Locke, Treatises II, §28.

574 Andrews (1986), S. 28.

575 Ein prominentes Beispiel sind die sogenannten HeLa-Zellen. Aus den 1951 entnommenen Zellen einer Patientin wurde die erste potenziell unsterbliche Zelllinie hergestellt, deren Vermarktung bis heute andauert und aufgrund ihres wissenschaftlichen und kommerziellen Erfolgs eine internationale Kontroverse auslöste. Vgl. Skloot (2010).

576 Andrews (1986), S. 29–31.

Bei näherer Betrachtung zeigen sich jedoch einige Probleme dieses eigentumsrechtlichen Zugangs. Im Unterschied zu Dingen, von denen wir im Allgemeinen sagen, dass wir sie besitzen können, ist es mit Blick auf unseren Körper oft nicht möglich und meist auch nicht erwünscht, die mit dem Eigentum einhergehenden Besitz- und Verfügungsrechte auf andere übertragen zu können. Dagegen spricht auch unser gegenwärtiges Verständnis des Menschen. Ein derartiges Eigentumsverständnis basiert auf der Annahme eines cartesischen Dualismus. Erst durch die Trennung zwischen der geistigen (*res cogitans*) und der körperlichen Welt (*res extensa*) lässt sich der Körper als Objekt verstehen, das in Besitz genommen werden kann.[577]

Wenngleich eine solche Ansicht in verschiedenen Lebensbereichen sehr attraktiv erscheinen mag, führt sie zu einem metaphysischen Problem, da die Person, die den Körper besitzt, wesentlich aus demselben Körper besteht. Vor dem Hintergrund des Konzepts der Leiblichkeit ist der Körper aber keine von der Person abgetrennte Sache, über die nach Belieben verfügt werden kann. Vielmehr stellt er „die Möglichkeitsbedingung jedweder personalen Existenz dar", weshalb „Eingriffe in unseren Körper zugleich und wesentlich als Eingriffe in unsere Person zu begreifen"[578] sind. Wenn Körper und Geist keine voneinander unabhängigen Entitäten sind, ist der Körper nicht nur Objekt, sondern stets Teil des Subjekts.

Eine vollständige Verfügbarkeit des Körpers ist auch aus liberaler Sicht nicht unproblematisch. Schließlich stellt sich mit Blick auf die personale Existenz als Grundbedingung menschlicher Freiheit die Frage nach der Verfügungsgewalt über die eigene Freiheit. Zwar beinhaltet die individuelle Handlungsfreiheit klarerweise ein Recht auf selbstschädigendes Verhalten, doch führt das zu einer einigermaßen paradoxen Situation, wenn die individuelle Freiheit auch die Freiheit umfasst, sich dieser zu entledigen. Mill diskutiert dieses Problem anhand der Frage, ob man sich selbst in die Sklaverei verkaufen darf, und verneint diese. Er sieht darin ein selbstwidersprüchliches Verhalten, denn durch die Aufgabe der Freiheit entzieht sich ein Mensch der Grundlage, die ihn zum Ausüben der Freiheit befähigt.

Diese Aussage Mills ist in der liberalen Debatte nicht unumstritten. Unabhängig davon, ob es faktisch möglich oder vernünftig ist, sich in die Sklaverei zu verkaufen, wäre ein Verbot der freiwilligen Sklaverei ein Eingriff in die Vertragsfreiheit, der sich nicht durch das *harm principle* begründen lässt. Allein ihr eigener Schutz berechtigt Menschen, die Freiheit ihrer Mitmenschen einzuschränken. Selbstschä-

---

577 Körper und Seele sind zwei voneinander unabhängige Entitäten, die nur für die Dauer des körperlichen Lebens zusammengehören. Descartes nutzt in diesem Zusammenhang die Metapher des Körpers als Maschine, der von der Seele gesteuert wird. Descartes, Discours, V.
578 Herrmann (2012), S. 540.

digendes Handeln ist hingegen explizit als Rechtfertigungsbegründung für einen Eingriff in das Selbstbestimmungsrecht ausgeschlossen.[579] Unter der Voraussetzung wechselseitigen Respekts und der Anerkennung als freie Menschen mit gleichen Rechten begrenzt Mill staatliches und gesellschaftliches Handeln und verteidigt persönliche Freiheiten gegen paternalistische Interventionen sowie Einschränkungen aufgrund abweichender Lebensformen.[580] Um diesen Widerspruch aufzulösen, bedarf es also einer nichtpaternalistischen Begründung. Auf einer individualethischen Ebene scheint eine solche Begründung allerdings schwierig.[581] Wenn es möglich ist, sich mittels Arbeits- und Eheverträgen zur Einschränkung der individuellen Freiheit zu verpflichten, warum sollte es dann nicht auch möglich sein, sich selbst in die Sklaverei zu verkaufen?

Mill begründet das Verbot der freiwilligen Sklaverei damit, dass es (entgegen der temporären und sich nur auf bestimmte Lebensbereiche erstreckenden Freiheitseinschränkung durch vertragliche Bindungen) einen Verzicht auf „any future use"[582] der eigenen Freiheit impliziert. Dies sei allerdings nicht mit der Achtung vor der Freiheit vereinbar. Sich der eigenen Freiheit zu bedienen, umfasst nicht, sich der eigenen Freiheitsbedingung unwiderrufbar zu entledigen und sich damit der eigenen Freiheit zu entziehen: „The principle of freedom cannot require that he should be free not to be free. It is not freedom, to be allowed to alienate his freedom."[583] Die Freiheit ist eine konstitutive Eigenschaft des Menschen. Diese aufzugeben wäre zugleich eine Aufgabe des Menschseins. Daher ist aus (zumindest aus Mills) liberaler Sicht, die Freiheit, über den eigenen Körper zu verfügen, durch ein Verbot freiwilliger Sklaverei nicht eingeschränkt, da die Freiheit ohnehin nur soweit begründet sein kann, sofern die Grundlage der Freiheit nicht gefährdet wird. Mit einfachen Worten: Die individuelle Freiheit umfasst nicht die Freiheit, sich der eigenen Freiheit vollständig und dauerhaft zu entledigen.[584]

Folgt man dieser Argumentation, lässt sich daraus ableiten, dass ein Verfügungsrecht über den eigenen Körper selbstschädigende Handlungen nur in dem Maße umfasst, wie sie die personale Existenz nicht beeinträchtigen. Aus dieser

---

579 Siehe Kap. 3.3.1.4.

580 Derpmann (2014), S. 120.

581 Zur Übersicht über individual- und sozialethische Begründungen des Verbots der freiwilligen Selbstversklavung siehe Buyx (2007).

582 Mill, On liberty, CW XVIII, S. 299.

583 Mill, On liberty, CW XVIII, S. 300.

584 Joel Feinberg betont außerdem, dass sich die Einschränkung der Freiheit, welche durch tägliche Verträge aufgegeben wird, in Umfang und Ausmaß qualitativ von jener Einschränkung unterscheidet, welche durch einen freiwilligen Verkauf in die Sklaverei erfolgt. Vielmehr muss die Freiheit immer auch die Freiheit beinhalten, diese in Anspruch nehmen zu können. Feinberg (1989), S. 82–87.

theoretischen Überlegung lässt sich allerdings nicht bestimmen, wie weit ein Verfügungsrecht reicht, d. h., ob dieses schon bei einem drohenden Freiheitsverlust nicht mehr besteht oder wie erheblich ein solches Risiko dazu sein müsste.

Diese Austarierung ist sicherlich relevant, wenn es um die Zulässigkeit des kommerziellen Organhandels oder der Teilnahme an lebensbedrohlichen klinischen Studien geht. Allerdings sind Eizellen keine integralen Bestandteile im Sinne einer funktionalen Einheit. Anders als die Eierstöcke selbst, deren Fehlen mit funktionalen Einbußen verbunden ist, gehören Eizellen zur Klasse der entbehrlichen Körpersubstanzen.[585] Wenngleich sie im Unterschied zu Blut, Sperma oder Urin nicht regenerierbar sind, führt die Entnahme einiger Eizellen weder zum Verlust personaler Autonomie noch zum Verlust der Fertilität. Eizellen sind in so großer Anzahl im Körper enthalten, dass selbst bei mehrmaliger Spende keine Beeinträchtigung der Fortpflanzungsfähigkeit zu befürchten ist.[586]

Vor dem Hintergrund der bisherigen Überlegungen lässt sich festhalten, dass sich aus liberaler Sicht ein grundsätzliches Verfügungsrecht über die eigenen Eizellen begründen lässt, welches die Entnahme und die anschließende Veräußerung der entnommenen Eizellen ermöglicht. Wenngleich Körpermaterialien aufgrund der leiblichen Verfassung des Menschen keinen eigentumsrechtlichen Status haben, deutet die Tatsache, dass Körperteile diesen erhalten, sobald sie vom Körper abgetrennt sind, darauf hin, dass sie vorher zumindest einen eigentumsähnlichen Status haben. Ein solches Verhältnis erscheint insbesondere im Umgang mit Körpersubstanzen plausibel, die nicht untrennbar mit uns als Person verbunden sind (wie Haare, Blut, Urin oder Eizellen). Wir sind durchaus in der Lage, gegenüber entbehrlichen Körpersubstanzen ein Verhältnis wie zu einer von einer Person abgetrennten Sache einzunehmen, ohne uns selbst zu objektivieren. Sofern diese für unser Verständnis als Person nicht konstitutiv sind, führt die Abgabe geringer Mengen nicht zu einem Verlust der Autonomie. Ein eigentumsähnlicher Status entbehrlicher Körpersubstanzen würde demnach weder eine notwendige Annahme eines cartesischen Dualismus voraussetzen noch unserem Verständnis von Leiblichkeit widersprechen oder unsere Freiheit gefährden.

Allerdings könnte selbst die Annahme einer teilweisen Trennung des Körpers von der Person zu unerwünschten Folgen führen. Die Zuschreibung eines eigentumsähnlichen Charakters birgt die Gefahr, dass jene Körperteile, die nicht als untrennbar mit der Person gelten, in den Verfügungsbereich anderer gelangen, bevor sie abgetrennt sind. So ist es beispielsweise denkbar, entbehrliche Körpermaterialien als verfügbares Körperkapital anzusehen, das schuldrechtlich geltend

---

585 Schneider (2006), S. 242.
586 Siehe dazu Kap. 2.1.2.

gemacht werden kann oder auf das der Staat einen Anspruch erheben kann (z. B. zur Behebung eines Mangels an Blut- oder Organspenden). Um das zu verhindern, verengt Andrews den eigentumsähnlichen Status, indem sie ihn an die besitzende Person bindet. Ihrer Ansicht nach spricht nichts dagegen, wenn eine Person ihren Körper als Ware betrachtet, solange dieser nicht von anderen als Ware verstanden wird: „Let me emphasize that I am advocating not that people be treated by others as property, but only that they have the autonomy to treat their own parts as property, particularly their regenerative parts."[587] Damit möchte sie vermeiden, dass es einem Krankenhaus erlaubt sein kann, einer komatösen Patientin Blut oder Eizellen zu entnehmen, weil sie ihre Krankenhausrechnung nicht begleichen kann, oder Körpermaterialen gerichtlich verpfändet werden, wenn Verurteilte ihre Strafe nicht bezahlen können.[588]

Andrews' Ansatz erlaubt eine differenzierte Betrachtung des moralischen Status einzelner Körperteile, weswegen der Verkauf einzelner Teile nicht mit der Kommerzialisierung des Menschen einhergeht. Hiergegen wendet Suzanne Holland[589] ein, dass selbst die Kommodifizierung einzelner Körperteile oder -substanzen eine Objektivierung des Körpers voraussetzt, die unserem gängigen Verständnis von Persönlichkeit widerspricht:

> By personhood I mean that sense of something inviolable about the human self such that conceptualizing aspects of one's person as alienable property commensurable with other properties on the market erodes the very notion of what it is to have a self.[590]

Die Rhetorik des Markts lässt sich nicht auf Körpermaterialien anwenden, weil sie Teil unserer Persönlichkeit sind. Holland demonstriert die Unveräußerlichkeit des Körpers mit Verweis auf die sprachliche Ebene. Es ist höchst befremdlich davon zu sprechen, sich Eizellen oder eine Niere gleichermaßen wie ein Haus zu kaufen. Hieraus leitet sie eine Unveräußerlichkeit von Körperteilen ab, die aber nicht zugleich deren Übertragbarkeit negiert.[591]

---

587 Andrews (1986), S. 37.
588 Andrews (1986), S. 33.
589 Holland (2001).
590 Holland (2001), S. 271.
591 Ein ähnliches Problem zeigt sich auch im deutschen Recht. Persönlichkeitsrechte ehemaliger Substanzinhaberinnen können in abgetrennten Körpersubstanzen (insbesondere Keimzellen) fortwirken. Daher ist eine eigentums- und sachenrechtliche Einordnung von Körperteilen umstritten, was gegen die Möglichkeit der Veräußerung, nicht aber gegen die Übertragung sprechen kann. Roth (2009), S. 72–80.

Unter Berücksichtigung der bestehenden Praxis schlägt Holland einen Ansatz vor, den sie in Anlehnung an Margaret Radin[592] *incomplete commodification* nennt:

> In response to the potential harm to personhood caused by complete commodification, incomplete commodification offers regulation of the market as a way of fostering vitally important aspects of our flourishing, such as contextuality, identity, and freedom.[593]

Dagegen schlägt sie vor, nicht die Eizelle als handelbares Produkt, sondern die mit der Spende verbundene Tätigkeit in den Mittelpunkt zu stellen. Indem sie die Eizellspende als eine Art Dienstleistung versteht, entzieht sie der Eizelle ihren Warencharakter. Stattdessen ermöglicht es dieser Zugang, die mit einer Eizellspende verbundene Arbeit anzuerkennen und die Spenderin für die mit der Spende aufgewendete Zeit und Energie zu entschädigen, ohne Gefahr zu laufen, sich in das Fahrwasser der (unbegrenzten) Kommerzialisierung des Körpers zu begeben.[594]

Im Unterschied zur Auffassung der Eizelle als eigentumsähnliche Sache bietet Hollands Ansatz den Vorteil, die verrichtete Tätigkeit des Spendens zu berücksichtigen und öffnet dadurch die Möglichkeit, die Spende in die Nähe zur Erwerbsarbeit zu rücken, deren monetärer Wert nach ähnlichen Kriterien ausgehandelt werden kann. Wenn aber die eigentlich von ihr angedachte Aufwandsentschädigung eher einem Lohn für die erbrachte Leistung entspricht, ist unklar, wie die angestrebte Abgrenzung zur Kommerzialisierung des Körpers gelingen kann. Weiterhin blendet sie die Tatsache aus, dass eine Dienstleistung, bei der ein Teil von sich abgegeben wird, eine Ware generiert, die anschließend gewinnbringend verarbeitet wird. Insofern ist die Berücksichtigung beider Ansätze, sowohl die Anerkennung eines eigentumsähnlichen Status entbehrlicher Körperteile als auch die Anerkennung der Spende als verrichtete Tätigkeit, notwendig für die Kommerzialisierungsdebatte.

In Anbetracht der Tatsache, dass der Körper als Arbeitsinstrument einer kommerziellen Nutzung unterliegt und Eizellen einer kommerziellen Verwertung zugeführt werden, lässt sich nur schwer begründen, warum die Eizellspende nicht gewinnbringend sein darf. Daher muss die Frage eher lauten, ob die Kommodifizierung von Eizellen eine moralisch unzulässige Kommerzialisierung des Körpers ist.

---

[592] Radin (1996).
[593] Holland (2001), S. 276.
[594] Aus diesem Grund plädiert sie für eine Regulierung der Spendepraxis. Holland (2001), S. 280 f.

6.2.2 Instrumentalisierung und Selbstinstrumentalisierung

Die Kritik an der Kommerzialisierung des menschlichen Körpers ist von einer besonderen Ambivalenz gekennzeichnet. Es wird akzeptiert, dass medizinische Behandlungen und Dienstleistungen angemessen entlohnt werden. Das gilt für die Ärztin, die die Entnahme durchführt, wie für die Laborantin, die den Befruchtungsvorgang vornimmt, für die Biobank, in der die Eizellen zwischengelagert werden, und auch für die Firma, die die Hormonpräparate herstellt. An dem Projekt Eizellspende sind viele Menschen beteiligt, deren vorrangiges Interesse es ist, Geld zu verdienen. Im Fokus der Kritik ist die Spenderin jedoch (fast) allein. Sie ist diejenige, die nach Ansicht der Kommerzialisierungskritikerinnen kein Geld verdienen soll. Eizellen sollen nicht kommodifiziert, d. h. zu einer handelbaren Ware gemacht werden. Eine derartige Inwertsetzung, so die gängige Argumentation, gehe mit einer Objektifizierung des Körpers einher. Indem Eizellen zur Ware werden, wird die Spenderin auf ihre Körperlichkeit reduziert, die Person ein Mittel zum Zweck, was eine grundlegende Verletzung der Menschenwürde darstelle. Grundlage dieser Kritik ist die kantische Selbstzweckformel des Kategorischen Imperativs: „Handle so, daß du die Menschheit sowohl in deiner Person, als in der Person eines jeden andern jederzeit zugleich als Zweck, niemals bloß als Mittel brauchst."[595]

Der kantische Grundsatz schließt freilich nicht aus, andere Menschen als Mittel für eigene Zwecke zu gebrauchen. Das passiert Tag für Tag. Wenn wir Brötchen kaufen, mit der Straßenbahn fahren oder Zeitung lesen, benutzen wir Menschen für unsere Zwecke, ohne ein weitergehendes Interesse an ihnen zu haben. Es bedeutet vielmehr, andere Menschen nicht bloß als Mittel zu benutzen, sondern sie immer auch auf einer moralischen Ebene als Menschen zu achten. In der kantischen Ethik kommt jeder Person ein unvergleichbarer Wert zu, der sich nicht durch andere Werte aufrechnen lässt. Als konstitutives Element des Personseins ist die Würde des Menschen unbedingt zu achten. Das sich aus der Selbstzweckformel ableitende Instrumentalisierungsverbot ist Ausdruck der Achtung vor der Person und notwendig zum Schutz der Menschenwürde. Werden hingegen Menschen ihrer Autonomie beraubt und richten ihr Handeln nicht mehr nach selbstgesetzten Zwecken aus, sind sie in ihrer Würde verletzt. Offensichtliche Arten der unzulässigen Instrumentalisierung sind beispielsweise das Töten eines Menschen, um andere Leben zu retten (z. B. Trolley-Dilemma, überfülltes Rettungsboot), oder Menschen zu foltern, um Informationen zu erpressen (Rettungsfolter).

Neben dieser externen Perspektive weist das Instrumentalisierungsverbot auch eine Binnenperspektive auf, die auf die Nutzung des eigenen Körpers gerichtet ist.

---

595 Kant, GMS, AA IV, S. 429.

Diesen benutzen wir zwar in einer instrumentellen Weise, doch ist diese ebenfalls nur zulässig, sofern dadurch die Subjektqualität nicht verloren geht. Dies lässt sich am Beispiel der Sklaverei gut erkennen. Während es aus der Außenperspektive zweifellos eine unzulässige Instrumentalisierung darstellt, von anderen versklavt zu werden, ist die Selbstversklavung als Form der Selbstinstrumentalisierung ebenfalls unzulässig. Sich freiwillig in die Sklaverei zu begeben, geht nach kantischer Auffassung mit einer Erniedrigung der Person einher und verstößt gegen die Pflicht, sich als moralisches Subjekt zu erhalten.[596] Aus dieser Pflicht leitet Kant eine umfassende Verfügungsbeschränkung über den eigenen Körper und dessen Teile ab: „Sich eines integrirenden Theils als Organs berauben (verstümmeln), z. B. einen Zahn zu verschenken oder zu verkaufen, um ihn in die Kinnlade eines andern zu pflanzen, [...] gehört zum partialen Selbstmorde"[597]. Folgt man dieser Argumentation, wäre bereits die Entnahme von Eizellen eine unzulässige Form der Selbstinstrumentalisierung, da durch den Eingriff in die körperliche Integrität eine Verletzung der Menschenwürde erfolgt. Aus dieser Perspektive wäre es allerdings unerheblich, ob die Eizellen gespendet oder verkauft werden. Daher ließe sich aus der Selbstzweckformel kein Kommerzialisierungsverbot, sondern allenfalls ein allgemeines Verfügungsverbot ableiten.

Jedoch kann diese Argumentation nur überzeugen, wenn sie dem Schutz der Person als solcher dient. Die Annahme, dass jeder Mensch eine Würde hat, bedeutet nicht, dass diese auch jedem Körperteil zukommt. Eine Würdeverletzung liegt nur dann vor, wenn die Integrität der Person selbst gefährdet ist.[598] Demnach wäre es nicht zulässig, das eigene Leben zu opfern, um durch eine Herztransplantation das Leben eines anderen Menschen zu retten. Jedoch zeigt die Klassifizierung von Eizellen als entbehrliche Körpersubstanzen, dass diese unerheblich für die personale Einheit des Menschen sind und mit der Entnahme oder Weitergabe kein Verlust der Subjektqualität zu befürchten ist. Eine Verdinglichung einzelner Körperbestandteile ist noch „keine Preisgabe des für die Person und Würde des Spenders konstitutiven Selbst."[599] Sofern durch den Gebrauch des Körpers keine Beeinträchtigung der Person einhergeht, ist eine Entnahme von Eizellen mit dem Instrumentalisierungsverbot vereinbar, egal ob sie gespendet oder verkauft werden sollen.

---

596 van den Daele (2007), S. 131. In gleicher Weise argumentiert Kant auch gegen die Selbsttötung. Kant, GMS, AA IV, S. 429.
597 Kant, MdS, AA VI, S. 423.
598 Herrmann (2007), S. 175.
599 van den Daele (2007), S. 131. Ähnlich Ach/Anderheiden/Quante (2000), S. 193; Herrmann (2007), S. 175; Herrmann (2012), S. 537.

Blättert man in der „Grundlegung zur Metaphysik der Sitten" einige Seiten weiter, lässt sich allerdings ein konkreter Einwand gegen die kommerzielle Spende finden: „Was einen Preis hat, an dessen Stelle kann auch etwas anderes als Äquivalent gesetzt werden; was dagegen über allen Preis erhaben ist, mithin kein Äquivalent verstattet, das hat eine Würde."[600] Diese Aussage lässt sich derart interpretieren, dass die bezahlte Instrumentalisierung des Körpers eine Erniedrigung der Person ist, da ihm hierdurch ein Preis zugewiesen wird, was mit der Würde nicht vereinbar ist. Eine solche Ansicht lässt sich beispielsweise in der intuitiven Ablehnung des Organhandels erkennen. Ähnliche Reaktionen zeigen sich auch in den Debatten um die Leihmutterschaft und die Prostitution, in denen das Topos der Menschenwürde als Grenze der kommerziellen Nutzung des Körpers herangezogen wird.

Jedoch weist die Ableitung des Kommerzialisierungsverbots aus dem Instrumentalisierungsverbot zwei Schwierigkeiten auf. Obwohl Kant in diesem Zusammenhang explizit von einem Preis spricht, lässt sich erstens nicht erkennen, dass sich dieser ausschließlich auf eine monetäre Vergütung bezieht und nicht im Sinne eines Tauschwerts verstanden werden kann.[601] Betrachtet man, aufbauend auf Mauss' Theorie der Gabe,[602] den Prozess des Gebens und Nehmens als eine soziale Praxis, zeigt sich innerhalb dieser eine Reziprozitätsnorm, nach der eine Gabe stets mit einer Gegengabe erwidert wird. Hierin lässt sich ein Akt des Tauschens erkennen. Die Gabe wird mit einem Wert ausgestattet und folgt einer Ökonomie der symbolischen Güter.[603] Wenn aber, dieser Theorie folgend, einer altruistischen Spende ebenfalls ein Tauschwert (z. B. in Form von Dankbarkeit oder sozialer Anerkennung) zukommt, wirft das zumindest die Frage auf, ob dieser nicht in demselben Maße geeignet ist, von einem Kommerzialisierungsverbot erfasst zu werden.

Doch selbst wenn man eine ausschließende Dichotomie von Preis und Würde annimmt, impliziert das zweitens nicht die körperliche Einheit als Konstituens der Würde. Es ist nicht ausgeschlossen, dass einzelne Körperteile einen Preis haben können, solange sich dieser nicht auf die gesamte Person bezieht.[604] Andernfalls ist nicht ersichtlich, warum die Eizellspende eine unzulässige Form der körperlichen

---

600 Kant, GMS, AA IV, S. 434.
601 Kliemt (2007), S. 102–106.
602 Mauss (1968).
603 Wenngleich bei einer anonymen Spende keine direkte Dankbarkeit erwidert werden kann, kann aufgrund der Reziprozitätsnorm eine moralische Forderung entstehen, in der sich das System der verpflichtenden Gegengabe bestätigt. Dies lässt sich beispielsweise im Bereich der Organspende erkennen, wenn gefordert wird, dass alle potenziellen Organempfängerinnen, auch bereit sein sollten, ihre Organe zur Verfügung zu stellen. Vgl. Wöhlke (2010).
604 Herrmann (2007), S. 175.

Kommerzialisierung ist, Arbeit hingegen nicht. Ganz offenkundig ist jede Form der Erwerbsarbeit eine kommerzielle Nutzung des Körpers, der ein finanzieller Wert beigemessen wird. Bei Schauspielerinnen, Models und Sportlerinnen wird darüber hinaus nicht nur das Ergebnis der körperlichen Arbeit monetarisiert. Es ist der Körper selbst, der mit einem Marktwert ausgestattet zur Ware wird. Und gerade bei Leistungssportlerinnen, Supermodels und Schauspielerinnen können körperliche Optimierungen zu einer Steigerung ihres Marktwerts führen.

Letztlich kann auch der Verweis auf die mit der Eizellspende verbundenen Risiken ein Kommerzialisierungsverbot nicht überzeugend begründen, wenn diese zugleich in anderen Lebensbereichen akzeptiert werden. Rennfahrerinnen, Bergarbeiterinnen und Feuerwehrfrauen sind erheblichen gesundheitlichen Risiken ausgesetzt, die die körperliche Integrität weitaus stärker beeinträchtigen als die hormonelle Stimulation und die Entnahme von Eizellen. Wenn es aber moralisch zulässig ist, sich als Bergarbeiterin erheblicher gesundheitlicher Risiken auszusetzen, um Geld für den Lebensunterhalt zu verdienen, kann es prima facie nicht unzulässig sein, aus dem gleichen Grund ähnliche Risiken einzugehen, um Eizellen zu verkaufen.

Das Instrumentalisierungsverbot selbst kann nicht differenzieren, welche Aspekte der Körperlichkeit zur Verfügung stehen dürfen und welche nicht. Insofern kein zusätzliches Kriterium eingeführt wird, welches diese Unterscheidung ermöglicht, stellt die kommerzielle Eizellspende keine Form der unzulässigen Selbstinstrumentalisierung dar. Somit wird die Eizellspende weder in ihrer altruistischen noch in ihrer kommerziellen Form vom kantischen Instrumentalisierungsverbot erfasst – zumindest nicht aus der Binnenperspektive. Aber lässt sich das Instrumentalisierungsverbot aus einer externen Perspektive anwenden?

Um zu erkennen, was eine unzulässige Instrumentalisierung ist, gilt zu unterscheiden, wann wir andere Menschen ‚auch als Mittel' oder ‚bloß als Mittel' gebrauchen. Dies zu erkennen, ist gar nicht so einfach, insbesondere da wir im Alltag viele Beziehungen als rein instrumentell wahrnehmen. Im Supermarkt ist es für gewöhnlich egal, wer hinter der Kasse sitzt, und wahrscheinlich ist es der Kassiererin auch egal, wer ihre Kundin ist. Das Interesse gilt vorrangig dem Einkauf, nicht der anderen Person. Noch deutlicher zeigt sich das am Beispiel der Straßenbahnfahrerin. Hierfür ist es noch nicht einmal nötig, sie als Person wahrzunehmen. Da es lediglich auf die Fähigkeit bzw. auf die Tätigkeit des Straßenbahnfahrens ankommt, könnte die Fahrerin ausgetauscht werden, ohne dass es die Fahrgäste merken würden.

Dennoch scheint die Eizellspende noch instrumentellerer Natur zu sein. Gerade bei einer anonymen Spende entsteht der Eindruck, dass die Spenderin bloß als notwendiges Mittel zur Erfüllung des Kinderwunschs gebraucht wird. Viele Wunscheltern werden die Spenderin niemals kennenlernen. Möglicherweise ist es ihnen egal, von wem die Eizellen stammen, und möglicherweise ist es der Spenderin ebenso egal, wer ihre Eizellen bekommt. Die Eizelle wird zu einem austauschbaren Gut, unabhängig der Person, von der sie stammt. In diesem Fall geht es nicht mehr um eine Tätigkeit des Gegenübers (wie an der Supermarktkasse oder in der Straßenbahn), sondern nur noch um einen Teil ihres Körpers, der ungeachtet der anderen Person lediglich für eigene Zwecke benutzt wird.

Jedoch ist das allein keine unzulässige Instrumentalisierung im kantischen Sinne. Ausschlaggebendes Kriterium für eine diesbezügliche Würdeverletzung ist der Verlust der Selbstgesetzlichkeit. Doch diese ist selbst bei einer anonymen und kommerziellen Eizellspende nicht zwingend ersichtlich. Ein anderer Mensch wird erst dann bloß als Mittel behandelt, wenn er der Möglichkeit beraubt wird, eigene Zwecke zu verfolgen. Hieraus ergibt sich die Grundbedingung einer unzulässigen Instrumentalisierung: „An agent treats another merely as a means if his treatment of the other prevents him from having the opportunity to consent to this treatment."[605] Haben die Spenderin und die Wunscheltern eingewilligt, lässt sich demnach nicht erkennen, dass sie einen rein instrumentellen Umgang miteinander pflegen und sich gegenseitig bloß als Mittel ansehen. Wenn beiden die Möglichkeit gegeben ist, sich anders entscheiden zu können, und ihr Selbstbestimmungsrecht gewahrt bleibt, liegt keine unzulässige Instrumentalisierung vor. Doch gerade diese Einwilligung ist im Kontext der Eizellspende oft umstritten, wenn kritisiert wird, dass die Spenderinnen keine adäquaten Informationen erhalten oder sie sich aus finanziellen Gründen zu einer Spende gezwungen sehen.

6.2.3 Zwang zur Einwilligung

Als Ausdruck des Respekts vor der Würde und zum Schutz der Selbstbestimmung gilt das Einholen einer informierten Einwilligung als ethische Notwendigkeit jeder medizinischen Behandlung. Dadurch sollen Patientinnen und Probandinnen davor geschützt werden, unwissentlich oder unwillentlich behandelt zu werden. Eine informierte Einwilligung enthält im Wesentlichen vier Elemente: Informiertheit, Kompetenz, Freiwilligkeit und Einwilligung. Das bedeutet im Einzelnen, dass die Patientin erstens alle im Zusammenhang mit der Behandlung notwendigen Informationen erhält und umfassend aufgeklärt wird. Zweitens muss sie in der Lage sein, die Informationen zu erfassen, zu verstehen, Gründe gegeneinander abzuwägen und eine rationale Entscheidung zu treffen. Drittens muss die Entscheidung frei von

---

605 Kerstein (2009), S. 151.

kontrollierenden Einflüssen oder äußeren Zwängen getroffen werden. Schließlich bedarf es viertens einer bewussten Zustimmung.[606]

Obwohl man davon ausgehen kann, dass eine schriftlich erteilte Einwilligung auch absichtlich erfolgt, lässt das keine Rückschlüsse über die Gültigkeit der Einwilligung zu. In der Praxis erweist sich die ärztliche Kommunikation als Schwachstelle der Informationsbedingung, wenn sich Spenderinnen nicht ausreichend aufgeklärt fühlen bzw. unzureichende Kenntnisse über mögliche Risiken besitzen.[607] Dennoch sind die Informations- und die Einwilligungsbedingung aus einer ethischen Perspektive nur wenig strittig. Es ist kein Streitpunkt, dass sie eingehalten werden müssen. Strittig ist eher, was sie konkret beinhalten und wie sie in der Praxis eingehalten werden können.

Weit problematischer sind die Freiwilligkeits- und die Kompetenzbedingung, deren Erfüllung regelmäßig in Zweifel gezogen wird. Wenn Kritikerinnen anmerken, dass Frauen entweder durch finanzielle Anreize zu einer Spende verleitet werden oder sich aufgrund ihrer prekären Situation für eine Spende entscheiden, implizieren sie, dass ihre Einwilligung nicht gültig sei, da sie nicht kompetent genug sind, diese Entscheidung zu treffen oder diese nicht freiwillig treffen. Daher werde ich im Folgenden untersuchen, welche Einflüsse und Zwänge im Rahmen einer Eizellspende entstehen können und inwiefern diese geeignet sind, die freie Entscheidung zu unterminieren.

6.2.3.1 Emotionale Abhängigkeit

Wenn Spenderin und Empfängerin in enger Beziehung zueinander stehen, besteht die Gefahr eines sozialen bzw. emotionalen Drucks, der stark genug sein kann, um Zweifel an der Freiwilligkeit der Entscheidung hervorzurufen. Gerade soziale Nahbeziehungen zeichnen sich durch besondere Solidaritäts- und Hilfspflichten aus, sodass eine drückende Erwartungshaltung an die Spenderin entstehen kann oder sie sich selbst zur Hilfe verpflichtet fühlt.[608] Noch problematischer erweist sich die Situation, wenn Spenderin und Empfängerin in einer Abhängigkeitsbeziehung stehen. Das betrifft insbesondere die Spende von einer Tochter zur Mutter. Angesichts elterlicher Autorität und möglicher fortdauernder Abhängigkeiten bestehen Zweifel, ob innerhalb dieser Beziehung überhaupt eine freie Entscheidung möglich sein kann.[609]

---

606 Grundlegend dazu Faden/Beauchamp (1986).
607 Kenney/McGowan (2010), S. 459 f.; Thaldar (2020), S. 10.
608 Vayena/Golombok (2012), S. 174.
609 Sureau/Shenfield (1995).

Zweifellos ist eine Situation vorstellbar, in der eine Mutter so große Kontrolle über ihre Tochter hat, dass diese die Bitte nach einer Eizellspende nicht ablehnen kann. Hieraus lässt sich aber nicht erkennen, dass Spenden unter Bekannten und Verwandten grundsätzlich problematisch sind. Eine solche Vermutung basiert vielmehr auf zwei Fehlannahmen. Erstens ist es voreingenommen anzunehmen, dass elterlicher Autorität stets eine manipulative Rolle in Entscheidungsprozessen zukommt. In der Regel kontrollieren Eltern ihre erwachsenen Kinder nicht mehr in einer Weise, die geeignet ist, ihre freie Entscheidung zu beeinträchtigen. Dies grundsätzlich zu unterstellen, ist eine unzulässige Verallgemeinerung. Darüber hinaus können emotionale und soziale Abhängigkeiten von beiden Seiten ausgehen. Zwar mag sich die Tochter emotional unter Druck gesetzt fühlen, wenn eine Spende die einzige Möglichkeit ist, ihrer Mutter zu helfen, doch kann es die Mutter ebenso als missliche Lage wahrnehmen, das Angebot ihrer Tochter abzuweisen.[610]

Diese Verquickung weist zugleich auf die zweite Fehlannahme hin, die darin besteht, dass freie Entscheidungen emotionaler Distanz bedürfen und jede moralische oder emotionale Bindung die Fähigkeit selbstbestimmten Handelns beeinträchtigt.[611] Wenn eine Tochter Eizellen an ihre Mutter spendet, liegt dieser Entscheidung keine rationale und emotionslose Abwägung zugrunde. Sie erfolgt nicht trotz, sondern wegen ihrer besonderen Nähe. Schließlich spendet sie ihre Eizellen nicht an irgendeine fremde Kinderwunschpatientin, sie spendet sie an ihre Mutter, weil es ihre Mutter ist. Diese Entscheidung zeugt weder von einer manipulativen Einflussnahme noch von einem übertrumpfenden Gefühl einer moralischen Verpflichtung.

Soziale Nahbeziehungen unterliegen anderen moralischen Regeln als die sozialen Beziehungen einander Fremder.[612] Gegenseitige Hilfspflichten sind ein Wesensmerkmal dieser Beziehungen. Anzunehmen, dass die Freiwilligkeitsbedingung der informierten Einwilligung nur erfüllt wäre, wenn die Entscheidung unabhängig von anderen getroffen wird, negiert geradezu moralisch relevante Aspekte der Familie.[613] Innerhalb sozialer Nahbeziehungen kann die emotionale Distanz keine Voraussetzung für eine freie Entscheidung sein. Stattdessen bedarf es eines Konzepts relationaler Autonomie, das es ermöglicht, den Kontext der Entscheidungsfindung nicht als äußere Beeinflussung, sondern als Grundlage der Entscheidung zu verstehen. Erst durch ein solches Verständnis ist es möglich, den Fokus auf den

---

610 Bredenoord/Lock/Broekmans (2012), S. 1289.
611 Crouch/Elliott (1999), S. 276 f.
612 LaFollette (1996), Kap. 13; siehe auch Kap. 4.2.3 in dieser Arbeit.
613 Crouch/Elliott (1999), S. 285; Wiesemann (2006), S. 8–10.

sozialen Kontext zu legen und zwischen zulässigen und unzulässigen Einflussnahmen bei innerfamiliären Spenden zu unterscheiden.[614]

6.2.3.2 Finanzielle Anreize

Ein Standardeinwand gegen die kommerzielle Eizellspende lautet, dass Spenderinnen, denen hohe Summen in Aussicht gestellt werden, in ihrer freien Entscheidung beeinträchtigt sein könnten. Als populäre Beispiele werden häufig Anzeigen angeführt, in denen Studentinnen renommierter US-Hochschulen 50.000 USD und mehr für eine Eizellspende angeboten werden.[615] Auch wenn derart hohe Summen nur selten gezahlt werden, können sich junge Frauen durch solche Anreize erst motiviert fühlen, über die Möglichkeit der Spende nachzudenken.[616] Doch selbst niedrigere Beiträge können motivierend wirken. Daher ist die Praxis der kommerziellen Eizellspende von der Sorge begleitet, dass die freie Entscheidung durch finanzielle Anreize übertrumpft wird. Kritikerinnen wenden außerdem ein, dass insbesondere hohe Summen dazu einladen, die damit verbundenen Risiken nicht mehr angemessen abzuwägen.[617] Je höher finanzielle Anreize ausfallen, desto größer ist die Gefahr, dass die Kompetenz- und die Freiwilligkeitsbedingung unterminiert werden. Infolge dieser Problematik haben sich zwei Vermeidungsstrategien etabliert, um die Gefahr finanzieller Anreize zu minimieren, ohne gleichzeitig einen signifikanten Rückgang der Spendebereitschaft befürchten zu müssen.

Eine erste Strategie zur Vermeidung finanzieller Anreize besteht in der Zahlung einer Aufwandsentschädigung. Im Unterschied zu Anreizen, die der Wortbedeutung nach zu einer Entscheidung verführen können, wird angenommen, dass Entschädigungen oder Kompensationen keinen bzw. nur einen geringen Einfluss auf die Entscheidung haben. Wenn eine altruistisch motivierte Spenderin grundsätzlich bereit ist, ihre Eizellen zu spenden, kann die Erstattung ihrer Aufwendungen ein sekundäres Motiv sein. Indem die aufgewendete Zeit und möglicherweise entstandene Kosten (Verdienstausfall, Reisekosten etc.) kompensiert werden, wird ihr die Möglichkeit eingeräumt, spenden zu können. Die eigentliche Bereitschaft zur Spende wird dadurch nicht beeinflusst. Allerdings gibt es sehr unterschiedliche Vorstellungen über die Höhe dieser Entschädigung.

Die American Society for Reproductive Medicine (ASRM) erkennt in ihren Richtlinien zur finanziellen Entschädigung von Eizellspenderinnen die Kritik hoher

---

614 Vayena/Golombok (2012), S. 174f.
615 Subrahmanyam (2008).
616 Hierauf deutet zumindest eine hohe Antwortrate hin, wenn in Anzeigen hohe Geldbeträge versprochen werden. Kolata (1999).
617 Lindheim/Chase/Sauer (2001), S. 89.

finanzieller Anreize an und stellt fest: „Payments to women providing oocytes should be fair and not so substantial that they become undue inducements that will lead donors to discount risks."[618] In der vorherigen Version dieser Richtlinie wurde versucht, einen fairen Wert zu benennen. Die Autorinnen orientierten sich an der gängigen Aufwandsentschädigung für eine Samenspende (60 – 75 USD) und setzten diese in Relation zum zeitlichen Mehraufwand, woraufhin sich eine Summe von 3.360 – 4.200 USD ergibt. Unter Berücksichtigung der über die Samenspende hinausgehenden Belastungen und gesundheitlichen Risiken legte das Gremium fest: „Total payments to donors in excess of $5,000 require justification and sums above $10,000 are not appropriate."[619] Die novellierte Richtlinie[620] enthält keine konkrete Summe mehr, sondern nur die Empfehlung, dass der Betrag so gewählt werden sollte, dass sich darin neben der Zeit und den Unannehmlichkeiten auch die physischen und emotionalen Belastungen widerspiegeln.[621]

In Europa gibt es keine einheitliche Regelung oder Empfehlung seitens der European Society of Human Reproduction and Embryology (ESHRE). Lediglich die Task Force on Ethics and Law weist in einer Stellungnahme darauf hin, dass Eizellspenden grundsätzlich nicht bezahlt werden sollten (was europarechtlich ohnehin nicht möglich ist[622]) und gibt diesbezüglich die Beeinträchtigung der freien Entscheidung zu Bedenken. Ebenso wie ihre amerikanischen Kolleginnen stellen sie fest, dass die Entschädigung nicht so hoch sein sollte, um Frauen zum Spenden zu motivieren, die andernfalls nicht dazu bereit wären. Dennoch sollten die Spenderinnen für ihre Aufwendungen und Mühen in angemessener Weise entschädigt werden.[623]

Die Entscheidung über eine angemessene Entschädigung obliegt den einzelnen Mitgliedsstaaten, wobei selbst auf nationaler Ebene nur selten einheitliche Regelungen existieren. Während in Frankreich lediglich nachgewiesene Kosten erstattet werden, erhalten die Spenderinnen in Großbritannien pauschal 750 GBP und in

---

618 Ethics Committee of the ASRM (2016), S. e18.

619 Es wurde davon ausgegangen, dass für eine Eizellspende ca. 56 Stunden aufgewendet werden müssen, während für eine Samenspende lediglich eine Stunde benötigt wird. Ethics Committee of the ASRM (2007), S. 305.

620 Die Nennung eines konkreten Maximalbetrags führte zu einer gerichtlichen Auseinandersetzung (Kamakahi v. Am. Soc'y for Reprod. Med., Case No. 11-cv-01781-JCS), infolgedessen die Richtlinie novelliert wurde. Auslöser des Streits war die Annahme, dass die Setzung professioneller Standards einen regulatorischen Effekt hat und damit ein unzulässiger Eingriff in den freien Markt ist. Klitzman/Sauer (2015).

621 Ethics Committee of the ASRM (2016), S. e18.

622 Die EU-Geweberichtlinie 2004/23/EG schließt eine kommerzielle Gewinnung menschlicher Zellen aus (Art. 12 Abs. 2).

623 ESHRE Task Force on Ethics and Law (2002), S. 1408.

Portugal 627 EUR. In den meisten Ländern variiert die Summe jedoch von Klinik zu Klinik. Mit wenigen Ausnahmen, in denen einzelne Kliniken nur nachgewiesene Kosten erstatten, wird meist eine Aufwandspauschale ausgezahlt (ggf. zzgl. der entstandenen Kosten). Diese beträgt in Griechenland zwischen 900 – 1.400 EUR, in Spanien zwischen 700 – 1.300 EUR und Polen zwischen 935 – 1.400 EUR.[624]

Sowohl die ASRM als auch die ESHRE identifizieren die unzulässige Einflussnahme durch finanzielle Anreize als Problem und legen in ihren Richtlinien fest, dass die Vergütung lediglich dazu dienen soll, die mit einer Spende verbundenen Anstrengungen und aufgewendete Zeit zu kompensieren. Dass sich die Beträge in Europa und in den USA in erheblichem Maß voneinander unterscheiden, lässt sich möglicherweise darauf zurückführen, dass die psychischen und emotionalen Belastungen in den USA höher bewertet und daher stärker kompensiert werden. Aber es bleibt fraglich, ob das eine solche Differenz rechtfertigen kann oder ob eine Aufwandsentschädigung nicht selbst ein Anreiz sein kann, was die eingangs angeführte Unterscheidung obsolet werden ließe.

Dieser Eindruck verstärkt sich durch die Anpassung der Entschädigungsleistung in Großbritannien. Bis 2011 erhielten die Spenderinnen ihre notwendigen Auslagen erstattet und bis zu 250 GBP für ihren Verdienstausfall. Doch aufgrund der niedrigen Spendebereitschaft und eines Mangels an Eizellen passte die HFEA die Aufwandsentschädigung an. Seitdem erhalten Spenderinnen pauschal 750 GBP plus ihre notwendigen Auslagen, sofern diese den Pauschalbetrag übersteigen.[625] Im Vorfeld dieser Entscheidung regte die HFEA eine öffentliche Debatte an. Angesichts des Mehraufwands gegenüber einer Samenspende, die pauschal mit 35 GBP entschädigt wird, scheint diese Anhebung eher marginal.[626] Dennoch wurden innerhalb dieser Debatte Bedenken hinsichtlich der freien Entscheidung geäußert. Selbst diese (im Vergleich zur USA) geringe Summe sei für junge Frauen viel Geld und könne einen unangemessenen Anreiz darstellen.[627]

Dieser Vergleich zwischen Großbritannien und den USA macht deutlich, wie unterschiedlich die Ansichten sein können, was als angemessene Entschädigung

---

624 Aufgrund der unterschiedlichen rechtlichen Regelungen und Preisverschiebungen ist es sehr schwierig, valide Informationen über die Kompensation von Eizellspenderinnen zu erhalten. Oftmals stammen die Angaben von Eizellbanken und Reproduktionskliniken selbst oder basieren auf nicht nachprüfbaren Presseberichten. Eine aktuelle wissenschaftliche Erhebung für den europäischen Raum ist nicht vorhanden. Die hier genannten Beträge basieren auf einer von der ESHRE beauftragten Studie. Pennings et al. (2014), S. 1083–1085.

625 Starr (2011).

626 Legt man die Berechnungen der ASRM zugrunde, die davon ausgingen, dass für eine Eizellspende etwa 56 Stunden aufgewendet werden (gegenüber 1 Stunde für eine Samenspende), ergibt sich ein fairer Wert von 1960 GBP.

627 Hughes/Gallagher (2011).

und was als Anreiz gilt. Dabei ist keineswegs klar, wie sich diese beiden Konzepte voneinander trennen lassen. Schließlich hängt es nicht von der Höhe des Betrags, sondern maßgeblich von der individuellen Perspektive ab. Wenn eine Spenderin einen Verdienstausfall hinnehmen muss und einen weiten Reiseweg hat, ist durchaus vorstellbar, dass ein Betrag wie in Großbritannien gerade die eigenen Aufwendungen kompensiert. Hingegen kann die gleiche Summe für eine arbeitslose Frau oder eine Studentin, die in der Nähe der Reproduktionsklinik wohnt, ein großer Anreiz sein.

Dies wird im internationalen Vergleich noch deutlicher. Obwohl Eizellspenden in Tschechien und Großbritannien ähnlich kompensiert werden, wird eine Londonerin davon kaum ihre Miete zahlen können, während der gleiche Betrag den Monatslohn einer Tschechin übersteigen kann. Pauschalbeträge, die nicht nur die entstandenen Kosten und einen Verdienstausfall abdecken sollen, sondern gleichermaßen als Entschädigung für die Belastungen und Risiken verstanden werden, können vor dem Hintergrund individuell sehr unterschiedlicher Bedürfnisse dazu führen, dass die Aufwandsentschädigung selbst als Anreiz wahrgenommen wird.

Möchte man verhindern, dass die monetäre Gegenleistung die Entscheidung derart beeinflusst und Anreiz für eine Eizellspende ist, genügt es nicht, diese als Aufwandsentschädigung zu deklarieren und möglichst gering zu halten. Nicht die Höhe des Betrags ist ausschlaggebend, sondern der individuelle Gegenwert für die jeweilige Spenderin. Sicherlich lassen sich von einem eher niedrigen Betrag weniger Frauen zu einer Spende verleiten, doch kann das zugleich eine soziale Stratifizierung begünstigen, wenn selbst niedrige Beträge für arme Teile der Bevölkerung immer noch Anreiz genug sind, um gesundheitliche Risiken einzugehen.[628] Dagegen ist es möglich, dass wohlhabende Studentinnen selbst eine Summe von 50.000 USD ablehnen, weil die Behandlung zu viel Zeit in Anspruch nimmt oder sie dafür nicht auf Sex verzichten wollen.

Eine alternative Strategie zur Vermeidung unzulässiger Anreize stellen sogenannte Egg-sharing-Programme dar, die ursprünglich als Reaktion auf die Eizellknappheit entwickelt wurden. Als zu Beginn der 1990er Jahre Eizellspenderinnen in Großbritannien lediglich eine Entschädigung von 15 GBP erhielten, war die Spendebereitschaft so niedrig, dass die steigende Nachfrage an Eizellen nicht mehr gedeckt werden konnte und lange Wartezeiten entstanden. Infolgedessen wurde Kinderwunschpatientinnen angeboten, einen Teil ihrer Behandlungskosten zu erlassen, wenn sie ihre nach Abschluss der Behandlung nicht mehr verwendeten Eizellen anderen Frauen zur Verfügung stellen.[629] Die Kosten übernimmt die

628 Bergmann (2014), S. 149f.
629 Blyth (2002), S. 3254.

Empfängerin, die sich im Gegenzug lange Wartezeiten erspart. Aus medizinethischer Sicht lässt sich hier klarerweise ein Vorteil erkennen. Durch die Verwendung überzähliger Eizellen ist die Spende selbst risikolos. Im Unterschied zur originären Eizellspende entstehen lediglich die Risiken, welche die Spenderin aufgrund ihrer eigenen Behandlung ohnehin auf sich nimmt. Das heißt, bei gleichbleibendem Risiko lassen sich zwei Kinderwunschbehandlungen durchführen.

Obwohl dieses Modell des Teilens oftmals den Eindruck einer moralischen Überlegenheit (gegenüber der kommerziellen Spende) vermittelt, ist der eigentlich altruistische Grundgedanke des Weitergebens dadurch in den Hintergrund getreten. Die Kostenersparnis für die Spenderinnen übersteigt die Beträge sonst üblicher Aufwandsentschädigungen teils erheblich. Die finanzielle Entlastung, die die Spenderinnen erfahren, steht einer kommerziellen Spende in nichts nach. In beiden Fällen ist die Spende der Eizellen mit einem geldwerten Vorteil verbunden.[630] Es ist unerheblich, ob die Spenderin damit ihre Behandlung refinanziert oder ihren Studienkredit zurückzahlt. Daher wird kritisiert, dass aufgrund der finanziellen Gegenleistung kein Unterschied zur kommerziellen Eizellspende erkennbar ist. Egg-sharing ist lediglich „the euphemism used to describe a form of trade in human eggs.“[631]

Unklar ist allerdings, ob diese Kostenersparnis in gleicher Weise geeignet ist, die freie Entscheidung zu beeinflussen. Auf der einen Seite können Egg-sharing-Programme die Handlungsfreiheit erweitern, indem Frauen die Möglichkeit einer Kinderwunschbehandlung eröffnet wird, die sie sich andernfalls vielleicht nicht leisten können. Auf der anderen Seite wird befürchtet, dass diese Vergünstigungen zu unfreiwilligen Handlungen führen können, da Frauen ihre überzähligen Eizellen nur aufgrund der Kosteneinsparung weitergeben.[632] Im Zuge dessen wurde zudem auf eine besondere Vulnerabilität bei stark ausgeprägtem Kinderwunsch hingewiesen. Für manche Frauen ist die Weitergabe ihrer überzähligen Eizellen nicht nur eine Chance, sondern ihre einzige Chance, ihren Kinderwunsch zu erfüllen.[633]

Das eigentliche moralische Problem liegt hier aber weniger darin, dass Frauen durch reduzierte Kosten veranlasst werden, ihre Eizellen weiterzugeben, sondern dass sie bereit sind, höhere Risiken einzugehen. Wenn in bioethischen Debatten Egg-sharing als risikoarme Version der Eizellspende benannt wird, basiert dies auf der Vorstellung, dass die aus einer Kinderwunschbehandlung verbliebenen Eizellen

---

630 McMillan/Hope (2003), S. 584.
631 Lieberman (2005).
632 Johnson (1999), S. 1913; English (2005). In Belgien ist nach Einführung kostenfreier Kinderwunschbehandlungen die Anzahl der Teilnehmerinnen an Egg-sharing-Programmen um 70 % gesunken. Pennings/Devroey (2006).
633 English (2005).

einer anderen Frau überlassen werden. Jedoch hat sich die Praxis in den letzten Jahren geändert. In der Regel werden die Eizellen je zur Hälfte zwischen Spenderin und Empfängerin aufgeteilt, was einige Bedenken aufwirft.

Zum einen ist es üblich, dass die Eizellen bereits vor Ende der eigenen Behandlung abgegeben werden. Während bei einer IVF-Behandlung die nicht verwendeten Eizellen als Reserve für weitere Behandlungszyklen aufgehoben werden, ist diese Option beim Egg-sharing eingeschränkt. Sind nicht genügend Eizellen vorhanden, um eine Reserve anzulegen, muss die Spenderin erneut das Risiko der hormonellen Stimulation auf sich nehmen, sofern sie nicht auf eine weitere Behandlung verzichten möchte.

Zum anderen kann es zu finanziellen Komplikationen führen, wenn nicht genügend Eizellen für beide Patientinnen heranreifen. Da in der Regel die Empfängerin die Behandlungskosten für beide trägt, besteht die Gefahr, dass die Spenderin ihre Behandlungskosten selbst tragen muss oder falls sie dazu nicht in der Lage ist, alle Eizellen der Empfängerin zur Verfügung stellen und ihre eigene Behandlung abbrechen muss. Um dies zu vermeiden und ausreichend Eizellen für zwei Frauen zu produzieren, kann ein intensiveres Stimulationsprotokoll verwendet werden, was wiederum mit einem höheren als bei der Eizellspende üblichen gesundheitlichen Risiko verbunden ist.

Aus diesem Grund sind Egg-sharing-Modelle ebenso wie das Zahlen von Aufwandsentschädigungen keine geeigneten Strategien zur Vermeidung finanzieller Anreize, die potenzielle Spenderinnen verleiten könnten, ein gesundheitliches Risiko einzugehen, was sie andernfalls nicht tragen würden. Zwar zeichnen sich beide Strategien durch eine hohe Praktikabilität aus, doch sind sie als einfaches Mittel nur beschränkt geeignet, komplexe Probleme zu lösen. Nimmt man an, dass finanzielle Anreize die Kompetenz- oder Freiwilligkeitsbedingung der informierten Einwilligung unterminieren, lässt sich dies weder durch Egg-sharing noch durch eine niedrige Aufwandsentschädigung vermeiden.

Doch allein die Tatsache, dass eine Frau bereit ist, ihre Eizellen gegen Geld zu spenden, kann die Einwilligung nicht ungültig werden lassen. Würde bereits eine monetäre Gegenleistung zu unfreiwilligen Handlungen führen, wäre es weder möglich, Roulette zu spielen oder einen Arbeitsvertrag zu unterschreiben. Ein enges Verständnis von Entscheidungsfreiheit, die nicht durch äußere Umstände beeinflusst wird, ist fern der Lebensrealität. Die wenigsten Menschen gehen um ihrer selbst willen arbeiten. Für die meisten Menschen ist Erwerbsarbeit eher ein notwendiges Übel, das sie in Kauf nehmen, um sich Essen kaufen und ihre Miete bezahlen zu können. Dennoch untergräbt das nicht notwendigerweise die freie Entscheidung.

Darüber hinaus ist nicht ersichtlich, dass selbst hohe Summen eine Entscheidung weniger freiwillig oder kompetent werden lassen. Wenn jungen Frauen unterstellt wird, dass sie angesichts eines Angebots von 50.000 USD nicht mehr in der Lage sind, medizinische Risiken angemessen abschätzen zu können, ist das vielmehr ein paternalistisches Argument als ein berechtigter Zweifel an der Gültigkeit ihrer Einwilligung. Es gibt keine Hinweise darauf, dass höhere in Aussicht gestellte Geldbeträge die Fähigkeit beeinträchtigen, Vor- und Nachteile rational gegeneinander abzuwägen und freie selbstbestimmte Entscheidungen zu treffen. Wenn eine angemessen informierte und kompetente Person nach reiflicher Überlegung entscheidet, dass es sich für einen bestimmten Betrag lohnt, sich einem hohen Risiko auszusetzen, ist das weder eine irrationale noch eine unfreiwillige Entscheidung. Es bedeutet lediglich, dass Geld für sie wertvoller ist als die Vermeidung des Risikos.[634] Insofern lässt sich allenfalls eine Relation zwischen Gegenleistung und Risikobereitschaft erkennen: Je höher der in Aussicht gestellte Betrag ist, desto größere Risiken werden in Kauf genommen. Das allein kann aber noch kein moralisches Problem darstellen. Andernfalls ließe sich nicht erklären, warum Eizellspenderinnen keine oder nur eine geringe Vergütung erhalten sollten, während andere Berufe mit einer Gefahrenzulage ausgestattet werden.[635]

Finanzielle Anreize, auch wenn es sich um hohe Summen handelt, unterminieren nicht notwendigerweise die informierte Einwilligung. Letztlich ist es nicht der nominelle Wert des Geldes, der zu unfreiwilligen Entscheidungen führt. Ausschlaggebend ist die persönliche Situation, die jemanden dazu veranlasst, Dinge zu tun, die man lieber nicht tun möchte und wahrscheinlich auch nicht tun würde, wenn es kein Geld dafür gäbe. Wir sind oftmals bereit, gesundheitliche Risiken einzugehen, wenn diese entsprechend vergütet werden. Daher ist ein finanzieller Anreize an sich kein Faktor, der die freie Entscheidung in moralisch unzulässiger Weise beeinflusst. Problematisch ist es hingegen, wenn wir uns in einer prekären Situation befinden und uns aufgrund dieser genötigt fühlen, bestimmte Risiken für Geld einzugehen. Kann man in einer wirtschaftlichen Notlage eine freie Entscheidung treffen oder ist die Freiwilligkeitsbedingung aufgrund der nötigenden Umstände nicht erfüllbar?

6.2.3.3 Wirtschaftliche Notlage

Manche Kritikerinnen gehen davon aus, dass Eizellspenderinnen nur äußerst selten freiwillig spenden, sondern sich aufgrund schwieriger finanzieller Situationen dazu gezwungen sehen.[636] Dies mag in Deutschland aufgrund der relativ guten sozialen Absicherung weniger relevant sein. In Ländern, die von großer Arbeitslosigkeit und

---

[634] Wilkinson (2005), S. 29.
[635] van den Daele (2007), S. 131; Breyer (2002), S. 121.
[636] Graumann (2014), S. 15; Graumann (2016), S. 69 f.; fem*ini (2020), S. 1; Fox (2008), S. 162 f.

Armut betroffen sind, kann die Abgabe von Eizellen hingegen eine Möglichkeit sein, die eigene Familie für einige Monate zu versorgen. Sieht eine Frau in einer Eizellspenden den einzigen Ausweg, für sich und ihre Familie zu sorgen, kommen erhebliche Zweifel auf, ob es sich dabei um eine freie Entscheidung handelt. Die Fragen lautet nun: Ist angesichts eines erkennbaren ökonomischen Drucks eine freie Entscheidung möglich oder ist die informierte Einwilligung zwangsläufig ungültig?

Vorab sei bemerkt, dass die Fähigkeit, rationale Entscheidungen treffen zu können, selbst in ausweglosen Situationen nicht beeinträchtigt ist. Es gibt viele Ereignisse, die unsere Handlungsoptionen in ähnlicher Weise einschränken, ohne dass wir unsere Autonomiekompetenz anzweifeln. Das gilt genauso für Situationen, in denen die bestehenden Handlungsoptionen nicht wünschenswert sind, aber keine alternativen wünschenswerten Optionen zur Auswahl stehen. Allein die Einschränkung verfügbarer Handlungsoptionen führt nicht zwangsläufig dazu, keine autonomen Entscheidungen mehr treffen zu können. Angenommen, eine schwerkranke Patientin hat nur noch wenige Wochen zu leben und ihre einzige Aussicht auf Heilung bietet ein neuartiges, aber noch nicht erprobtes Medikament. In diesem Fall ist es nur verständlich, wenn die Patientin in ihrer verzweifelten Lage keinen anderen Ausweg sieht, als an einer riskanten Studie teilzunehmen.[637]

Würde eine für die Studienteilnahme nötige informierte Einwilligung eine freiwillige Entscheidung zwischen ungefähr gleichwertigen Handlungsoptionen voraussetzen, ergäbe sich eine äußerst paradoxe Situation. Während eine weniger kranke Person mit besseren Lebensaussichten daran teilnehmen dürfte, weil sie sich frei für oder gegen eine Teilnahme entscheiden kann, bliebe der schwerkranken Patientin die Teilnahme versagt, da sie aufgrund ihrer ausweglosen Lebenssituation nicht in der Lage ist, eine autonome Entscheidung zu treffen. Eine solche Begründung wäre in der Praxis nur schwer vermittelbar. Schließlich ist ihre Entscheidung für eine Teilnahme gerade ein Zeichen dafür, dass sie fähig ist, ihre Situation zu erkennen, Handlungsalternativen zu evaluieren, potenzielle Konsequenzen abzuschätzen sowie Chancen und Risiken für sich abzuwägen.

Das gilt gleichermaßen für eine potenzielle Eizellspenderin in einer wirtschaftlichen Notlage. Ihre Autonomiefähigkeit ermöglicht ihr erst, die Folgen der zur Verfügung stehenden Handlungsoptionen zu erkennen, diese zu bewerten und daraufhin eine Entscheidung zu treffen. Allein die Tatsache eingeschränkter Handlungsfreiheit geht nicht notwendigerweise mit einer eingeschränkten Entscheidungskompetenz einher. Ihr diese Möglichkeit zu verwehren, sich für die Ei-

---

637 Radcliffe Richards (2010), S. 291.

zellspende als Ausweg entscheiden zu können, wäre nicht nur paternalistisch, sondern höchst ungerecht.[638]

Dennoch stellt sich die Frage, inwiefern es eine freie Entscheidung ist, wenn keine Handlungsalternativen vorhanden sind. Wenn sich eine Frau in einer wirtschaftlichen Notlage befindet, aus der sie keinen anderen Ausweg weiß, als ihre Eizellen zu spenden, kann sie sich nicht frei dafür oder dagegen entscheiden. Mit anderen Worten: Sie wird durch die äußeren Umstände dazu gezwungen. Kritikerinnen wenden daher ein, dass die Eizellspende moralisch unzulässig ist, wenn aufgrund einer bestehenden Notlage ein Zwang entsteht, die Möglichkeit der Eizellspende nutzen zu müssen und sich eine potenzielle Spenderin nicht dagegen entscheiden kann.

In der Moralphilosophie gilt Zwang allgemein als Einschränkung der Handlungsfreiheit, die mit einer Verletzung des Rechts auf Selbstbestimmung einhergeht. Einer geläufigen Interpretation nach zielt Zwang darauf ab, eine andere Person unter Androhung eines Übels dazu zu bewegen, eine bestimmte Handlung auszuführen.[639] Weil Zwangshandlungen meist unfreiwillig ausgeführt werden, kann das dazu führen, dass die ausführenden Personen für die Folgen dieser Handlung nicht verantwortlich sind ebenso wie unter Zwang erwirkte Einwilligungen ungültig sein können. Eine solche Situation liegt beispielsweise vor, wenn man mit einer Pistole in der Hand in eine Bank geht und die Kassiererin mit den Worten „Geld oder Leben!" zwingt, den Tresor zu öffnen.

Sowohl die Eizellspenderin als auch jene Kassiererin befinden sich in einer Situation, aus der sie keinen Ausweg kennen. In beiden Fällen werden die handelnden Personen durch die äußeren Umstände bedroht. Ihre einzige Möglichkeit, sich dieser Zwangslage zu entziehen, besteht darin, die einzig verbleibende Handlungsoption zu wählen. Sie handeln beide gleichermaßen unfreiwillig, indem sie auf die äußeren Umstände reagieren. Sicherlich ließe sich einwenden, dass beiden immer noch die Alternative des Nichthandelns bliebe. So wie die potenzielle Spenderin einfach nicht spenden könnte, könnte die Kassiererin die Räuberin mit der Pistole einfach ignorieren. Da sie sich damit allerdings einem lebensbedrohlichen Risiko aussetzen, sind das eher theoretische Optionen und keine echten Wahlalternativen (andernfalls könnte eine Drohung nicht funktionieren).[640] Insofern lassen sich beide Fälle als Zwangslage benennen, in der die einzige realistische Handlungsoption ergriffen werden muss. Beide wählen unfreiwillig das kleinere Übel, um ein größeres Übel abzuwenden.

---

638 Savulescu (2003), S. 139.
639 Nozick (1969), S. 441–445.
640 Vgl. Wertheimer (1987), Kap. 10.

Trotz dieser Gemeinsamkeit weisen die beiden Fälle einen moralisch relevanten Unterschied auf. Die Bankangestellte, die unter Bedrohung ihres Lebens zur Herausgabe des Geldes gezwungen wird, handelt in einer Weise unfreiwillig, dass sie nicht für das Fehlen des Geldes verantwortlich gemacht werden kann. Indem sie von der Bankräuberin zur Herausgabe des Geldes gezwungen wird, wird ihre Autonomie verletzt und ihre Einwilligung ungültig. Hingegen fällt es im Fall der Eizellspenderin schwer, von einer gleichermaßen unfreiwilligen Handlung zu sprechen.

Zweifellos führt das Fehlen von Handlungsalternativen zu einer Art unfreiwilliger Entscheidung. Sie führt aber nicht dazu, dass die Spenderin aufgrund einer ungültigen Einwilligung nicht für ihr Handeln verantwortlich ist. Man würde auch nicht sagen, dass die Bankräuberin, die in ihrer finanziellen Not keinen anderen Ausweg wusste, als eine Bank auszurauben, nicht für ihr Handeln verantwortlich ist.[641]

Der moralische Unterschied zwischen diesen beiden Situationen wird deutlicher, wenn man auf den Ursprung der Zwangslage blickt. Durch die aktive Bedrohung werden die Handlungsoptionen der Kassiererin unrechtmäßig eingeschränkt und sie in ihrem Selbstbestimmungsrecht verletzt. Diese Nötigung führt dazu, dass die Kassiererin für die Folgen ihres Handelns nicht verantwortlich gemacht wird. Ein derart autonomieverletzender Akt liegt im Fall der Eizellspenderin nicht vor. Hierin zeigt sich der Unterschied, ob jemand zu einer Handlung gezwungen wird oder sich bloß zu einer Handlung gezwungen sieht. Ausschlaggebend für eine freie Entscheidung ist nicht die Vielfalt der Handlungsalternativen, sondern dass sie nicht mit einer Nötigung verbunden ist, die dem allgemeinen Verständnis von Selbstbestimmung widerspricht.[642] Sofern Frauen nicht zu einer Spende gezwungen werden, lässt sich nicht feststellen, dass bereits die Möglichkeit, Eizellen zu spenden, die Autonomie der potenziellen Spenderin bedroht oder gar verletzt und damit moralisch unzulässig wäre. Darüber hinaus ist das Angebot für eine Eizellspende eine Erweiterung der Handlungsmöglichkeiten in einer schwierigen Situation, während die Handlungsoptionen der Bankangestellten offensichtlich eingeschränkt sind.

Gelegentlich wird kritisiert, dass auch Angebote einen Zwangscharakter innehaben können, wenn man nicht die Wahl hat, ob man diese annehmen möchte oder

---

641 Das gilt ebenso für die schwerkranke Patientin. Wenn es anerkannt ist, dass die Einwilligung einer schwerkranken Patientin in eine riskante Studie gültig ist, dann kann die Einwilligung einer Eizellspenderin nicht aufgrund fehlender Handlungsaussichten ungültig sein.
642 Wilkinson (2003), S. 127; Radcliffe Richards (2010), S. 291.

nicht. Wenn „Don Corleone" ein Angebot macht, das man nicht ablehnen kann, ist das nicht nur ein Angebot, sondern zugleich eine Drohung.[643] In diesem Fall wäre das Angebot mit einer Verletzung des Selbstbestimmungsrechts verbunden und klarerweise unzulässig. Ein solches Szenario lässt sich möglicherweise im Fall der Kassiererin erkennen. Ihr wird angeboten, ihr Leben zu retten, indem sie das Geld herausgibt. Dadurch wäre sie nicht besser gestellt als zuvor. Sollte sie aber die Herausgabe verweigern, wäre sie deutlich schlechter gestellt. Hingegen ist die junge Frau, die sich in einer wirtschaftlichen Notlage befindet, bereits in einer schlechten Situation. Durch das Angebot der Eizellspende wird ihr die Möglichkeit eingeräumt, diese zu verbessern. Sollte sie es aber ablehnen, wäre sie nicht schlechter gestellt. Die Ablehnung des Angebots hätte für sie keine anderen Konsequenzen, als gäbe es das Angebot gar nicht. Darin wird deutlich, dass das Angebot der Eizellspende nicht mit einer Drohung oder einer Nötigung verbunden ist.[644]

6.2.3.4 Ein unmoralisches Angebot

Die bisherigen Überlegungen haben gezeigt, dass finanzielle Anreize die Entscheidung einer Eizellspenderin nicht weniger frei oder autonom werden lassen. Hohe Summen führen weder zum Verlust der Fähigkeit, rationale Entscheidungen zu treffen, noch untergraben sie die Freiwilligkeit der Spenderin. Darüber hinaus lassen selbst wirtschaftliche Notlagen keinen Zwangscharakter erkennen, der die freie Entscheidung unwirksam werden ließe. Die kommerzielle Eizellspende ist letztlich nur ein Angebot, das mit keinerlei Verpflichtung oder Zwang verbunden ist. Insofern kann berechtigterweise bezweifelt werden, ob es überhaupt moralisch falsch sein kann, wenn die Spende in beiderseitigem Einverständnis zwischen Spenderin und Empfängerin erfolgt und beide davon profitieren.

Daraus folgt jedoch nicht, dass ein Angebot zur Eizellspende keinen exploitativen Charakter aufweisen kann. Es ist denkbar, dass ein Angebot, auch wenn es zum Vorteil beider Parteien gereicht und einvernehmlich abgeschlossen wird, moralisch falsch sein kann. Robert Nozick beschreibt eine solche Situation am Beispiel eines ertrinkenden Menschen:

> Q is in the water far from shore, nearing the end of his energy, and P comes close by in his boat. Both know there is no other hope of Q's rescue around, and P knows that Q is the soul of honesty and that if Q makes a promise he will keep it. P says to Q ‚I will take you in my boat and

---

[643] Hillel Steiner prägte hierfür den Begriff *throffer* (zusammengesetzt aus dem engl. threat und offer), den er mit einem Beispiel veranschaulichte: „Kill this man and you'll receive £100 – fail to kill him and I'll kill you." Steiner (1975), S. 39.
[644] Stevens (1988), S. 84 f.

bring you to shore if and only if you first promise to pay me $10,000 within three days of reaching shore with my aid.[645]

In einem solchen Fall finden wir es klarerweise falsch, die Situation der ertrinkenden Person für den eigenen Vorteil auszunutzen und ihr diese Entscheidung abzuringen. Das liegt vornehmlich daran, dass wir es als moralische Pflicht erachten, Menschen in Notsituationen zu helfen und diese Hilfe nicht von Gegenleistungen abhängig machen. P würde daher nicht nur falsch handeln, wenn sie Q ertrinken ließe. Bereits das Unterbreiten eines solchen Angebots ist moralisch falsch, wenn Q sich der Hilfe nicht sicher sein kann und in ihrer vulnerablen Situation ausgenutzt wird.

Überträgt man dieses Beispiel auf die Situation von Eizellspenderinnen in prekären Situationen, sticht eine Gemeinsamkeit deutlich hervor. Sowohl die Ertrinkende als auch die Spenderin befinden sich in einer Notlage und erhalten ein Angebot, das ihnen hilft, sich dieser zu entziehen. Nehmen sie das Angebot an, verbessert sich ihre Situation, lehnen sie es dagegen ab, verschlechtert sich diese aber nicht. Der Charakter des Angebots ist in beiden Fällen gleich.

Zugleich ist ein elementarer Unterschied ebenso offensichtlich. Eine wirtschaftliche Notlage ist keine akut lebensbedrohliche Situation, die einzig durch eine Eizellspende abgewendet werden kann. Sicherlich lässt sich bei einer jungen Frau, die sich armutsbedingt für eine Eizellspende entscheidet, ein gewisser Handlungsdruck erkennen – schließlich geht es um nicht weniger als die Erfüllung ihrer Grundbedürfnisse. Allerdings lässt sich keine existenzielle Bedrohung erkennen. Im Unterschied zu einem ertrinkenden Menschen hat eine Spenderin Zeit, die Situation zu analysieren, Handlungsfolgen zu evaluieren und mögliche Alternativen zu eruieren. Möglicherweise kann sie durch eine Eizellspende ihre Lebenssituation verbessern, indem sie ein Einkommen erwirtschaftet, für das sie sonst mehrere Monate arbeiten müsste. Das kann angesichts einer hohen Arbeitslosenrate eine lukrative Option darstellen, um einem Leben in Armut zu entgehen. Dennoch begründet allein die prekäre Situation – anders als die lebensbedrohliche Situation eines ertrinkenden Menschen – keine moralische Pflicht zur Hilfeleistung.

Zumindest kann eine moralische Pflicht nicht auf individueller Ebene begründet werden. Es ist sicherlich richtig, die Spenderin zu unterstützen, und es wäre zweifelsfrei wünschenswert, wenn das Kinderwunschpaar dies auch tun würde. Diese Unterstützung als moralische Pflicht anzuerkennen, würde indes zu einer Überforderung führen. Eine moralische Pflicht zur Hilfeleistung kann nur soweit reichen, wie die damit verbundenen Kosten auch zumutbar sind. Es ist daher

---

645 Nozick (1969), S. 449.

nicht die Pflicht des Kinderwunschpaares, der Eizellspenderin aus ihrer wirtschaftlichen Notlage herauszuhelfen.[646] Auch wenn das Kinderwunschpaar von der schwierigen Situation der Spenderin profitiert, lässt sich nicht feststellen, dass sie diese durch das Unterbreiten ihres Angebots, Eizellen zu spenden, in moralisch unzulässiger Weise ausnutzen, sofern sie nicht moralisch verpflichtet sind, ihr zu helfen.

Doch auch unabhängig von einer moralischen Pflicht zur Hilfeleistung können Angebote dazu beitragen, die Situation anderer auszunutzen. Angenommen, das Kinderwunschpaar weiß um die finanziellen Sorgen einer Spenderin und bietet ihr daraufhin an, ihre Eizellen zu spenden, liegt der Verdacht nahe, dass sie ihre Verzweiflung ausnutzen. Joan McGregor weist hierbei darauf hin, dass es für eine moralische Bewertung nicht ausreicht, zu überprüfen, ob jemand besser oder schlechter gestellt ist. Dies sei eine zu enge Perspektive, die die Beziehung zwischen den beiden Parteien außer Acht lässt, wodurch mögliche Machthierarchien aus dem Blickfeld geraten. Stattdessen argumentiert sie, dass die Nichtgewährung eines Vorteils als drohendes Übel eingesetzt werden kann, um die Handlung einer schwächeren Akteurin zu beeinflussen:

> The sense in which it is said that the person is made ‚better off‘ is just that any agreement or contract, even the most exploitative one, would make him better off. A defensible analysis of ‚voluntary exchange‘ must take more into account than whether the person is advanced from his or her status quo.[647]

Sie kritisiert damit, dass es eine Form des Ausnutzens darstellt, den eigenen Verhandlungsvorteil in einer Weise zu nutzen, dass sich die andere Partei zu einer unfreiwilligen Handlung genötigt fühlt. Jedoch ist das Einsetzen des eigenen Verhandlungsvorteils nicht notwendigerweise mit einer Nötigung oder einem Zwang verbunden. Auch wenn es wahrscheinlich ist, dass viele Frauen ihre Eizellen nicht spenden würden, wenn sie dafür kein Geld erhielten, und sie ein finanzieller Druck zu dieser Entscheidung veranlasst, ist das nicht zwangsläufig moralisch falsch. Es ist der gleiche finanzielle Druck, der uns jeden Tag veranlasst, zur Arbeit zu gehen. Die meisten Menschen sind abhängig von ihrem Job, um ihre Grundbedürfnisse befriedigen zu können. Der Verhandlungsvorteil liegt eindeutig auf Seiten der Arbeitgeberinnen. Allerdings ist das eine Abhängigkeit, die gesellschaftlich weitgehend akzeptiert ist. Würde man die Eizellspende zur Finanzierung des Lebensunterhalts als

---

646 Alternativ wäre eher zu überlegen, ob die Gesellschaft moralisch dazu verpflichtet ist, um Menschen vor einem Leben in großer Armut zu bewahren. Wilkinson (2003), S. 182 f.
647 McGregor (1988/89), S. 39.

moralisch unzulässig erachten, müsste man gleichzeitig das Konzept der Erwerbsarbeit infrage stellen.

Den eigenen Verhandlungsvorteil zu nutzen, bedeutet nicht zugleich, diesen in einer moralisch relevanten Weise auszunutzen. Angenommen, ein Kinderwunschpaar hat eine passende Spenderin gefunden, die bereit ist, für einen gewissen Betrag ihre Eizellen an das Paar zu spenden. Wenn nun das Paar die prekäre Situation der Spenderin erkennt und daraufhin den Betrag reduziert, hat es seinen Verhandlungsvorteil eingesetzt. Das Gleiche gilt umgekehrt, wenn die Spenderin die verzweifelte Situation des Paares erkennt, das möglicherweise schon sehr lange nach einer Spenderin sucht und ganz besondere Merkmale wünscht, und den Betrag erhöht.[648] Beides kann als unmoralisches Verhalten empfunden werden, das es aber nicht zwingend sein muss. Das Nutzen des eigenen Verhandlungsvorteils ist ein marktübliches Verhalten, das auf dem Prinzip der angebots- und nachfrageorientierten Preisbildung basiert. Wenn Sonnenbrillen im Sommer und Schneeschaufeln im Winter teurer werden, liegt das daran, dass der Bedarf höher ist und die Leute bereit sind, mehr Geld dafür auszugeben. Das gilt genauso für Dienstleistungen. Gibt es nur eine Automechanikerin im Ort, kann diese deutlich höhere Preise verlangen, als wenn sie viele Konkurrentinnen hätte.

Dass die Preisbildung äußeren Einflüssen unterliegt, die damit indirekt auf die Entscheidung einwirken, lässt die Einwilligung nicht ungültig werden. Das moralische Problem liegt nicht darin, dass die autonome Entscheidung von außen beeinflusst wird. Bedarfsgeregelte Preisanpassungen werden in der Regel nicht als unzulässig empfunden – zumindest nicht, solange sie sich im marktüblichen Rahmen bewegen. Ein Ausnutzen der Situation wird erst dann als unzulässig empfunden, wenn der Wert nicht mehr äquivalent zur Leistung ist. Man muss es nicht als unmoralisch empfinden, wenn das Paar die Lage der Spenderin erkennt und ihr statt der ursprünglich angebotenen 18.000 EUR nur noch 15.000 EUR anbietet. Das wäre immer noch ein überdurchschnittlicher Preis. Hingegen wäre es höchst unmoralisch, wenn es ihr in dem Wissen, sie würde es trotzdem annehmen, nur 500 EUR anbieten würde. In diesem Fall würde das Paar seinen Verhandlungsvorteil übergebührlich nutzen.

---

648 Wenngleich sich eher die Spenderinnen in der unterlegenen Position befinden, wäre es falsch anzunehmen, dass reiche Kinderwunschpaare stets die wirtschaftliche Notlage von Frauen ausnutzen, um Eizellen zu Dumpingpreisen zu erhalten. Gerade die in den USA beworbenen hohen Summen zeigen, dass der Verhandlungsvorteil ebenso auf Seiten der Spenderin liegen und sie die Verzweiflung des Kinderwunschpaares ausnutzen kann. Eine in der öffentlichen Debatte oft vorgenommene Dramatisierung und Verallgemeinerung dieser Position entzieht sich selbst die Möglichkeit, einen differenzierten Blick erhalten zu können.

Somit wird an dieser Stelle auch deutlich, dass, wenn in diesem Zusammenhang von einer Ausbeutung der Spenderinnen gesprochen wird, es weniger eine Frage der erzwungenen Einwilligung im Sinne einer unzulässigen Instrumentalisierung (*wrongful use*) ist, sondern es vielmehr um das Missverhältnis zwischen der erbrachten Leistung und der Vergütung geht (*disparity in the value*) und es damit eine Frage der Fairness ist.

6.2.4 Ökonomische Ungleichheit und globale Ungerechtigkeit

Die bisherigen Überlegungen haben gezeigt, dass Eizellspenderinnen, die für ihre Spende entschädigt, entlohnt oder bezahlt werden, nicht notwendigerweise in einer moralisch unzulässigen Weise instrumentalisiert oder gar zu einer Spende gezwungen werden. Wenn Kritikerinnen betonen, dass mit der Entwicklung von Eizellmärkten „eine Ausbeutung unterprivilegierter Frauen kaum zu verhindern wäre"[649] oder das Verbot der Eizellspende zum „Schutz potenzieller Spenderinnen vor gesundheitlichen Schäden und Ausbeutung"[650] verteidigt werden sollte, kann damit also nicht gemeint sein, dass die Spenderinnen nicht über die nötige Autonomiefähigkeit verfügen oder ihre Entscheidung erzwungen wird. Geht man davon aus, dass eine Eizellspende im gegenseitigen Einverständnis erfolgt und die Lebensumstände der Spenderin ihre Einwilligung nicht unwirksam werden lassen, bezeichnet Ausbeutung in diesem Zusammenhang eine unfaire Verteilung von Kosten und Nutzen und ist damit eine Frage sozialer Gerechtigkeit.[651]

Ein Blick in die Praxis zeigt ein sehr komplexes Bild der Situation der kommerzialisierten Reproduktionsmedizin. Kinderwunschbehandlungen sind ein Geschäft, das ökonomischen Prinzipien folgt. Angebot und Nachfrage dominieren das internationale Marktgeschehen. Infolge der globalen Ausbreitung sind rechtliche und ökonomische Asymmetrien entstanden, die die Ungleichheiten in besonderer Weise deutlich werden lassen. Diese weisen Anzeichen einer stratifizierten Reproduktion auf, die viele Menschen als ungerecht empfinden.

Internationale Aufmerksamkeit erlangte die Geschäftspraxis einer rumänischen Reproduktionsklinik, die Eizellen von rumänischen Spenderinnen an eine Londoner Reproduktionsklinik verkauft hatte. Hierfür wurde das gefrorene Sperma von London nach Bukarest geschickt, wo die Eizellen befruchtet wurden. Die daraus entstandenen Embryonen wurden kryokonserviert nach England gebracht und

---

649 Graumann/Poltermann (2004), S. 27.
650 Graumann (2014), S. 14.
651 Wertheimer (1987), S. 225–229; Harris (1992), S. 127 f.; Wilkinson (2003), S. 13–16.

anschließend den Kinderwunschpatientinnen eingesetzt. Die Spenderinnen erhielten eine Aufwandsentschädigung von 100 – 250 USD.[652] Ähnliches berichtet auch Michal Nahman, die das reproduktionsmedizinische Geschäft zwischen Israel und Rumänien untersuchte. Dabei beschreibt sie, wie eine israelische Reproduktionsklinik in Bukarest um Eizellen wirbt. Während den Empfängerinnen 3.000 USD für die bereits befruchteten Eizellen berechnet wurden, wurden die Spenderinnen mit 200 USD entschädigt.[653]

Am Beispiel Rumäniens wird diese Ungleichheit in besonderer Weise deutlich. Mit einer Eizellspende kann eine Frau mit vergleichsweise wenig Aufwand ein Mehrfaches ihres Monatsverdienst erwirtschaften. In einem Land, das von einer hohen Armutsrate und hoher Arbeitslosigkeit geprägt ist, kann es ein sehr lukratives Geschäft sein und die Eizellspende zur Einkommensquelle für wirtschaftlich benachteiligte Frauen werden. Das ist aus ethischer Perspektive besonders problematisch. Die Ungleichheit besteht nämlich nicht nur darin, dass die Gewinne dieses Geschäfts sehr einseitig verteilt werden, sondern die Risiken jene tragen, die gerade nicht davon profitieren. Dabei sind es nicht nur die Risiken selbst, sondern auch der Umgang mit den Risiken, der zum Problem für die Spenderinnen werden kann, wie das folgende Beispiel zeigt.

Ein Bukarester Rechtsanwalt schilderte die Geschichte von zwei jungen Eizellspenderinnen, die eklatante Verstöße gegen medizinethische Prinzipien und Standards guter klinischer Praxis erkennen lässt. Er beschrieb, dass die Frauen weder umfassend über gesundheitliche Risiken aufgeklärt wurden noch eine informierte Einwilligung abgegeben hätten. Stattdessen wurde ihnen der Vertrag erst nach der Behandlung vorgelegt und sie wurden kurz nach der Entnahme ohne weitere Untersuchung nach Hause geschickt. Unglücklicherweise kam es bei beiden Spenderinnen zu Komplikationen, die bei einer der beiden Frauen sogar so stark waren, dass sie in der Reproduktionsklinik ärztliche Hilfe aufsuchte. Diese lehnte jede Nachsorge ab, woraufhin sie in einem städtischen Krankenhaus behandelt wurde.[654]

Es wäre leicht, an dieser Stelle einzuwenden, dass es sich nur um Einzelfälle handelt und sie kein genuines Problem transnationaler Reproduktionsmedizin darstellen. Schließlich kann das in jeder Praxis passieren und derart unethisches Verhalten ist eher Ausdruck eines mangelnden Bewusstseins ärztlicher Verantwortung denn Folge der globalen Kommerzialisierung. Jedoch identifiziert Nahman

---

652 Schindele (2005); Schindele (2006).
653 Nahman (2011), S. 627.
654 Magureanu (2005).

die wirtschaftlichen, sozialen und kulturellen Besonderheiten Rumäniens als Faktoren, die skandalöse Bedingungen begünstigen:

> Yet, one cannot deny that the processes are oppressive and involve low standards of care that are only possible because the women live in poor parts of the world. The physicians and surgeons themselves are not entirely to blame for this. They are operating within a neoliberal system that underfunds them and encourages them to seek out novel ways of profiting from differently situated bodies.[655]

Auffällig ist allerdings, dass die im Rahmen ihrer Studie von ihr interviewten Frauen sich selbst nicht als Opfer von Ausbeutung betrachten. Vielmehr nehmen sie eine aktive und bewusste Rolle innerhalb des Reproduktionsmarkts ein, die es nicht zulässt, sie einfach als Objekte eines neoliberalen Wirtschaftssystems anzuerkennen.[656] In diesem Zusammenhang kritisiert sie zugleich ein Anspruchsdenken des ‚westlichen Feminismus‘. Eine Wahrnehmung und Darstellung der Spenderinnen als überwiegend passive Objekte, die aus der kapitalistischen Unterjochung befreit werden müssen, läuft Gefahr, die Situation der Frauen nicht angemessen wiedergeben zu können und die Möglichkeit der Spende als „break with paternalistic control over women's bodies" zu verkennen.[657] Indem man nur über sie statt mit ihnen spricht, gelingt es nicht, sie als Akteurinnen mit eigenen Handlungsstrategien wahrzunehmen und anzuerkennen.[658] Dies spiegelt sich auch in der Kritik an sozialer Ungleichheit transnationaler Reproduktion wider.

Wenn sozioökonomische Unterschiede zwischen West- und Osteuropa als Grund angeführt werden, warum westeuropäische Kinderwunschpaare für eine Behandlung nach Osteuropa reisen, lässt sich das nur anhand statistischer Kennziffern nationaler Wirtschaften nachvollziehen. Diese mit der grundsätzlichen Annahme von großer Armut in Verbindung zu bringen und damit zusammenhängend von einem signifikanten Risiko der Ausbeutung auszugehen, ist hingegen ein Topos. Freilich ist das Risiko wirtschaftlicher Abhängigkeit aufgrund der vorhandenen Unterschiede nicht von der Hand zu weisen. Doch suggeriert eine derart selbstverständliche Kategorisierung einer ganzen Region, dass die Bedingungen in den ehemals zum sogenannten Ostblock gehörenden Ländern gleich seien. Dabei bestehen in der Realität bereits große Unterschiede innerhalb eines als osteuropäisch klassifizierten Landes.[659] Wie groß die Unterschiede zwischen diesen Ländern sind, verdeutlicht ein Blick nach Tschechien.

---

655 Nahman (2011), S. 631. Ausführlicher in Nahman (2016).
656 Nahman (2008), S. 67.
657 Nahman (2011), S. 629.
658 Nahman (2008), S. 73–75.
659 Wilson (2016), S. 53.

Viele tschechischen Kliniken haben ausländische Kinderwunschpatientinnen als feste Zielgruppe erkannt und ihr Angebot auf den internationalen Markt zugeschnitten. Sie werben online auf Englisch, Deutsch, Russisch und Italienisch, bieten muttersprachliche Betreuung und Koordination an und versprechen zugleich eine schnelle Verfügbarkeit von Eizellspenderinnen. Fertilitätsbehandlungen sind häufig etwas günstiger als in westeuropäischen Ländern und sehr viel günstiger als in den USA.

In ihrer ethnografischen Untersuchung beschreibt Amy Speier die Erfahrungen von nordamerikanischen Kinderwunschpatientinnen, die für eine Eizellspendebehandlung in die Tschechische Republik reisen. Dabei stellte sie fest, dass der boomende tschechische Markt eine Anlaufstelle für Amerikanerinnen ist, die sich aufgrund ihres niedrigen Einkommens in ihrem Land keine Behandlung leisten können. Während US-amerikanische Kinderwunschpaare durchschnittlich 10.000 USD für die gesamte Behandlungsreise ausgeben, ist eine Eizellspendebehandlung in den USA etwa drei- bis viermal so teuer.[660] Ein wesentlicher Grund für diese enorme Differenz sind Speier zufolge nicht nur die sehr unterschiedlichen Behandlungskosten. „North Americans often wonder aloud about the stark price difference between IVF in the Czech Republic and in the United States, but they do not focus on the fact that Czech egg donors are paid significantly less than North Americans."[661] Gleichzeitig berichtet sie ähnlich wie Sven Bergmann, der eine Untersuchung mit deutschen Kinderwunschpaaren durchführte, die für eine Eizellspende nach Spanien und Tschechien reisten,[662] von einer stark ausgeprägten Tendenz zur kommerziellen Spende. Nach ihren Beobachtungen verfolgen die meisten Spenderinnen (wenn auch nicht ausschließlich) finanzielle Interessen.[663] Diese Perspektive deckt ökonomische Asymmetrien auf, die den Eindruck der Ausbeutung entstehen lassen, wenn tschechische Frauen Teile ihres Körpers an wohlhabendere Frauen im Ausland verkaufen.

Wenngleich eine enorme Diskrepanz hinsichtlich der unterschiedlichen Verdienstmöglichkeiten tschechischer und amerikanischer Spenderinnen besteht und die globalisierte Verfügbarmachung reproduktiver Substanzen und reproduktionsmedizinischer Dienstleistungen die Asymmetrie zusätzlich verstärkt, lassen sich tschechische Spenderinnen im internationalen Vergleich nicht als ausgebeutete Opfer globaler Ungleichheit bezeichnen. Angesichts der hohen Relevanz der tschechischen Reproduktionsmedizin für europäische Kinderwunschpatientinnen verlieren die ökonomischen Unterschiede an Bedeutung. Sicherlich sind die etwas

---

660 Speier (2016), S. 6.
661 Speier (2016), S. 72.
662 Bergmann (2014), S. 121 f.
663 Speier (2018), S. 107 f.

günstigeren Behandlungskosten für viele Paare ein guter Grund, nach Tschechien zu reisen, doch sind diese nicht ausschlaggebend. Der Hauptgrund für reproduktive Reisen sind die rechtlichen Beschränkungen im eigenen Land.[664]

Die Spenderinnen erhalten eine Aufwandsentschädigung, die von Klinik zu Klinik variiert. Die Angaben schwanken zwischen 15.000 CZK[665] und 23.000 CZK[666] und liegen damit etwa im europäischen Mittel, vergleichbar mit Großbritannien. Unter Berücksichtigung regional sehr unterschiedlicher Lebensverhältnisse entspricht das etwa einem bis zwei Monatseinkommen.[667] Vor dem Hintergrund mangelnder Teilzeitstellen in Tschechien interpretiert Speier die Tatsache, dass viele Frauen mehrfach und teils in unterschiedlichen Kliniken spenden, dass sie die Eizellspende als reguläre Verdienstmöglichkeit betrachten.[668]

Die Situation der Eizellspenderinnen in Rumänien und in Tschechien weisen strukturelle Ähnlichkeiten auf. In beiden Ländern agieren sie als eigenständige Akteurinnen, die ihren Körper kommerziell einsetzen und die Eizellspende als Einkommensquelle betrachten. Hierfür erhalten die Frauen teilweise ein Mehrfaches des üblichen Monatslohns. In beiden Ländern sind die Eizellen vornehmlich für ausländische Patientinnen oder für den ausländischen Markt vorgesehen, was zu einer asymmetrischen Verteilung von Risiken und Nutzen führt. Während global agierende Biounternehmen teils große Profite erwirtschaften, liegt das gesundheitliche Risiko allein bei den Spenderinnen. Das hier zutage tretende Grundproblem internationaler Gerechtigkeit verschärft sich in Rumänien zusätzlich, da sich ein Großteil der Aktiva in der Hand ausländischer Investorinnen befindet und selbst ein boomender Markt nur wenig zur eigenen Wirtschaftskraft beiträgt.[669] Der Vergleich zeigt aber auch, dass die skandalösen Umstände keine zwingende Folge (wenngleich sie dadurch begünstigt werden können) der globalen Kommerzialisierung reproduktiver Substanzen sind.

Insgesamt weist der transnationale Eizellhandel Probleme auf, die einem gängigen Verständnis sozialer Gerechtigkeit in eklatanter Weise widersprechen. Es wird von vielen Menschen als ungerecht empfunden, wenn rumänische Eizellspenderinnen für die gleiche Tätigkeit sehr viel weniger Geld erhalten als amerikanische Spenderinnen. Darüber kann man vielleicht hinwegsehen, wenn man den Wert nur im jeweiligen ökonomischen Kontext betrachtet und dieser in einem ähnlichen Verhältnis zu den jeweiligen Lebenshaltungskosten steht. Ein Unge-

---

664 Shenfield et al. (2010), S. 1363.
665 Pennings et al. (2014), S. 1083.
666 Bergmann (2014), S. 122.
667 Bergmann (2014), S. 122.
668 Speier (2018), S. 112.
669 Nahman (2016), S. 83.

rechtigkeitsempfinden wird aber spätestens dann wach, wenn der jeweilige Wirtschaftsraum verlassen und Eizellen global gehandelt werden. Wenn amerikanische oder westeuropäische Kinderwunschpaare Eizellen von rumänischen Spenderinnen erhalten und diese für einen Wert vergüten, der weit unter dem Wert im eigenen Land liegt, erweckt das den Anschein, dass die Bereitschaft zur Eizellspende in unterschiedlichen Teilen der Welt unterschiedlich wertvoll ist. Um einen Weg zu einem fairen Umgang zu finden, bedarf es der Klärung, was Eizellen eigentlich wert sind bzw. was ein angemessener Preis für eine Eizellspende ist.

Eine große Schwierigkeit besteht darin, dass dieser entsprechend der aktuellen Kritik nicht zu niedrig sein darf, um nicht dem Vorwurf der Ausbeutung ausgesetzt zu sein, aber auch nicht zu hoch sein darf, um als unzulässiger Anreiz kritisiert zu werden. Dies ist ein sehr schmaler Korridor, der angesichts der großen ökonomischen Ungleichheiten keine Aussicht auf eine praktikable Lösung bietet. Paradoxerweise würde eine Vermeidung unzulässiger Anreize neue Ungerechtigkeiten produzieren, da die Kompensation für arme Frauen niedriger ausfallen müsste als für reiche Frauen. Es scheint weder möglich, einen einheitlichen Preis zu finden, der kulturelle und individuelle Wertunterschiede nicht nivelliert, oder einen dem ökonomischen Kontext angepassten Preis zu finden, der die bestehenden Asymmetrien nicht manifestiert.

Letztlich ist das kein genuines Problem transnationaler Reproduktionsmedizin, sondern ein Grundproblem einer kapitalistischen Wirtschaftsordnung, wie es unter anderem in der *Sweatshop*-Debatte verhandelt wird.[670] Der Umgang mit ökonomischen Ungleichheiten, wirtschaftlichen Abhängigkeiten und globaler Armut sind zentrale Themen der Debatte um internationale Gerechtigkeit, die innerhalb dieser Debatte geklärt werden müssen. Auch wenn die Frage nach einem angemessenen und gerechten Preis von Eizellen an dieser Stelle nicht beantwortet werden kann, lassen sich drei wesentliche Elemente einer fairen Kompensation benennen.

Erstens lässt sich festhalten, dass es unfair wäre, Zeit, Risiken und Belastungen der Spenderin nicht zu kompensieren. Es ist eine Tätigkeit, die mit Mühen und Aufwand verbunden ist. Dies zu ignorieren, ist ein Zeichen mangelnden Respekts gegenüber der Selbstbestimmung und eine Geringschätzung der Spenderin als Person. Wenn es akzeptiert wird, dass Samenspender rein finanzielle Interessen verfolgen und diese vergütet bekommen, lässt sich nicht erkennen, warum dies nicht auch für Eizellspenderinnen gelten sollte. Stattdessen lässt sich aber erken-

---

670 Ursprünglich aus der Bekleidungsindustrie stammend, wird dieser Begriff heute allgemein für die Produktion von Konsumgütern verwendet, die oftmals in Entwicklungs- und Schwellenländern stattfindet und von schlechten Arbeitsbedingungen, langen Arbeitszeiten und einem geringen Lohn gekennzeichnet ist.

nen, dass die Erwartung einer altruistischen Motivation mit normativen Geschlechterrollen verbunden ist.[671] Während es bei Männern eher akzeptiert wird, für eine Samenspende Geld zu verlangen und zu erhalten, wird von Frauen eher eine altruistische Motivation erwartet. Ähnliche Strukturen identifiziert Sharyn Roach Anleu im Kontext der Leihmutterschaft, für dessen Überwindung sie eine angemessene Bezahlung für notwendig erachtet: „Anything less than that is exploitation because the notion of altruistic choice is socially constructed and reinforces gender norms; payment for services questions gender norms."[672]

Sicherlich ist es moralisch wünschenswert, wenn niemand zur Sicherung des eigenen Lebensunterhalts gesundheitliche Risiken eingehen müsste. Jedoch ist das angesichts der vielen zahlreichen gesundheitsschädlichen Berufe keine umsetzbare Forderung. Es ist daher nicht plausibel vorauszusetzen, dass sich die altruistische Motivation proportional zum Risiko verhält. Stattdessen ist es eher angemessen, höhere Risiken besser zu entlohnen.[673] Hieraus ergibt sich zweitens, dass die Höhe der Kompensation sowohl leistungs- als auch risikoorientiert erfolgen muss und nicht abhängig von der Anzahl oder Qualität der Eizellen sein darf. Zum einen lassen sich diese Parameter erst nach Erbringung der Tätigkeit kontrollieren, zum anderen hat die Spenderin keinen Einfluss darauf. Eine erfolgsabhängige Bezahlung ignoriert die Tätigkeit des Spendens, die mit Zeit und Mühe verbunden ist, und führt darüber hinaus nicht nur zu einer signifikanten Ungleichverteilung von Risiken und Nutzen, sondern kann die Spenderin ungewollt dazu veranlassen, deutlich höhere Risiken einzugehen.

Damit neben den ohnehin ungleich verteilten Risiken nicht noch finanzielle Kosten auf sie zukommen, ist es drittens erforderlich, dass sie im Rahmen der Eizellspende eine umfassende medizinische Versorgung erhält. Es wäre keinesfalls angemessen, der Spenderin die Kosten für eine anfallende Nachsorgebehandlung aufzubürden, die im ungünstigsten Fall die Kompensationsleistung übersteigen. Die Ablehnung einer aufgrund von Komplikationen erforderlichen Behandlung ist sowohl aus gerechtigkeitstheoretischer als auch aus medizinethischer Sicht unzulässig.

---

671 Almeling (2006).
672 Anleu (1990), S. 72.
673 Steinbock (2004), S. 263.

6.2.5 Regulation als Chance gegen Ausbeutung

Befürworterinnen von regulierten Märkten sehen darin eine Chance, um eine ungerechte Verteilung von Nutzen und Risiken und die wirtschaftliche Ausbeutung von Frauen in ärmeren Ländern einzudämmen. Kritikerinnen hingegen betonen, dass auch ein staatlich regulierter Markt mit einer auf ökonomischer Ungleichheit beruhenden Kommerzialisierung basiert. Daher müsse das in Deutschland bestehende Verbot aufrechterhalten werden, um Frauen wirksam vor Ausbeutung zu schützen.[674] Dabei ist es keineswegs klar, ob ein Verbot eine sowohl geeignete als auch erforderliche Maßnahme ist, um dieses Ziel zu erreichen.

Die gegenwärtige Praxis zeigt, dass viele Menschen für eine reproduktionsmedizinische Behandlung ins benachbarte Ausland, manche sogar um den halben Globus reisen. Viele ausländische Kliniken haben deutsche Kinderwunschpaare als feste Zielgruppe erkannt und ihr Angebot an sie angepasst. Um Kinderwunschpaaren einen einfachen Zugang zu ermöglichen, werden existierende Barrieren abgebaut. Grundlegende Informationen sind online erhältlich und manche Kliniken werben sogar mit einer muttersprachlichen Betreuung vor Ort. Ein reger Austausch persönlicher Erfahrungen über die sozialen Medien vermittelt Kontakte und Adressen. Zusätzlich sorgen günstige Reisemöglichkeiten und unkomplizierte Grenzübertritte für eine hohe Mobilität. Zumindest innerhalb der EU sind Staatsgrenzen kaum noch wahrnehmbar.

Das lässt Zweifel aufkommen, ob ein Verbot, wie es im ESchG verankert ist, überhaupt geeignet sein kann, um Kinderwunschpaare von einer Eizellspendebehandlung im Ausland abzuhalten. Sicherlich gibt es einige Frauen, die den Mehraufwand scheuen und sich über mögliche Sprachbarrieren oder eine adäquate medizinische Betreuung sorgen. Letztlich ist diese Hemmschwelle aber nicht hoch genug, um Eizellspendebehandlungen im Ausland effektiv zu unterbinden. Sofern neben niedrigeren Behandlungskosten und einfacheren Zugangsmöglichkeiten vor allem rechtliche Limitierungen im eigenen Land die Hauptgründe für eine reproduktionsmedizinische Behandlung im Ausland sind,[675] erweist sich ein Verbot auf nationalstaatlicher Ebene als kontraproduktiv. Möglicherweise kann ein solches Verbot innerhalb eines Landes dazu beitragen, dass sich Frauen nicht aufgrund ihrer prekären Lebenssituation für eine Eizellspende entscheiden. International lässt sich dieses Ziel jedoch nicht erreichen. Statt die Ausbeutung von Frauen zu verhindern, leistet die Illegalität der Eizellspende in Deutschland paradoxerweise

---

674 fem*ini (2020).
675 Shenfield et al. (2010), S. 1363.

einen Beitrag zur Existenzsicherung ausländischer Märkte und zur Manifestation ökonomischer Ungleichheit.[676]

Dass sich das in Deutschland bestehende Verbot in der Vergangenheit als nicht sehr effizient herausgestellt hat, liegt möglicherweise daran, dass nach dem ESchG lediglich die behandelnden Ärztinnen, nicht aber die Patientinnen bestraft werden. Um eine bessere Wirkung zu erzielen, wäre es denkbar, das ESchG zu modifizieren und die Strafbarkeit auf die Patientinnen auszudehnen. Ob allerdings eine Strafverfolgung von Frauen, die für eine Eizellspendebehandlung ins Ausland reisen, gesellschaftlich gewollt und polizeilich umsetzbar ist, ist äußerst zweifelhaft. Eine alternative Möglichkeit besteht in der Einbeziehung ausländischen Rechts. So könnten beispielsweise internationale Abkommen oder europarechtliche Vorgaben ein allgemeines Verbot stützen und so über Landesgrenzen hinaus die Ausbeutung junger Frauen verhindern. Jedoch ist auch dieses Vorhaben nur wenig aussichtsreich. In Anbetracht der gegenwärtigen Situation ist ein EU-weites Verbot nicht vorstellbar. Es ist nicht zu erwarten, dass sich alle Länder diesem Verbot anschließen würden. Doch selbst wenn, könnte ein Verbot der Eizellspende innerhalb der EU kaum den globalen Eizellhandel unterbinden. Es ist eher wahrscheinlich, dass sich Behandlungen ins nichteuropäische Ausland verschieben und ohnehin beliebte Ziele (z. B. die Ukraine, Russland, Großbritannien) noch stärker frequentiert werden. Darüber hinaus macht ein Blick auf den Drogen- und Organhandel sehr deutlich, dass eine Illegalisierung zur Öffnung unregulierter Schwarzmärkte beiträgt, die Ausbeutungstendenzen eher verstärken als mindern.

Unabhängig von der Frage, ob ein Verbot geeignet ist, stellt sich auch die Frage, ob es überhaupt erforderlich ist, um eine Ausbeutung zu verhindern, oder ob es nicht mildere Mittel gibt, die gleichermaßen wirksam sind. Immerhin gehen mit einem allgemeinen Verbot große Freiheitseinschränkungen einher, von denen auch Spenderinnen betroffen sind, die gar nicht durch das Verbot geschützt werden sollen. Wenn Maries Schwester an Marie (Fall 5) spendet, dann macht sie das nicht, um sich aus einer finanziellen Notlage zu befreien, sondern um ihrer Schwester zu helfen. Sicherlich ist eine altruistische Spende nicht vom Risiko der Ausbeutung ausgenommen. Auch familiäre Verpflichtungen oder finanzielle Abhängigkeiten können als Druck wahrgenommen werden und die freie Entscheidung beeinträchtigen, wodurch die Kriterien einer Ausbeutung im Sinne einer Instrumentalisierung (oder mit Harris' Worten *wrongful use*) erfüllt sind. Jedoch zeigt sich an der Praxis der Lebendorganspende, dass es möglich ist, Regelungen zu treffen, um derartigen Risiken vorzubeugen. Wenn ein allgemeines Verbot der Eizellspende ein erforderliches Mittel zur Verhinderung der Ausbeutung sein soll, muss nachvoll-

---

676 Wiesemann (2020), S. 138.

ziehbar begründet werden, warum die nichtkommerzielle Eizellspende nicht davon ausgenommen werden kann. Dafür bedarf es zumindest einer Prüfung, ob die Regelungen der Lebendorganspende adaptiert werden können.

Ferner sind auch Spenderinnen betroffen, die nicht aus einer Notlage heraus spenden oder von gravierender Armut betroffen sind. Wenn eine junge Frau bereit ist, ihre Eizellen für einen sehr hohen Betrag abzugeben, lässt sich daraus weder erkennen, dass ihre freie Entscheidung durch finanzielle Anreize unterminiert wird und ihre Einwilligung ungültig ist, noch, dass hierbei ein Gerechtigkeitsprinzip verletzt wird. Es ist unerheblich, ob eine Spenderin das damit verbundene Risiko für 1.000 EUR oder für 50.000 EUR eingehen möchte. Letztlich ist sie diejenige, die vor dem Hintergrund ihrer eigenen Interessen und Wertekonzeption Kosten und Nutzen evaluieren und die Angemessenheit dieses Verhältnisses bestimmen kann. Ein allgemeines Verbot ist ein Eingriff in ihre Handlungsfreiheit, der sich nicht mit dem Argument der Ausbeutung rechtfertigen lässt. Das wäre aus Sicht einer liberalen Ethik zweifellos eine unzulässige paternalistische Intervention.

Dagegen könnte argumentiert werden, ein solcher Eingriff in die Handlungsfreiheit sei dann gerechtfertigt, wenn dadurch sehr viele andere Frauen vor Ausbeutung und gesundheitlichen Risiken geschützt werden. Nahman zeigt in ihren Studien die besondere Vulnerabilität von Frauen in prekären Lebenssituationen auf und veranschaulicht zugleich, dass ein globaler Eizellhandel eine skandalöse medizinische Praxis begünstigen kann. Beides sind gute Gründe, die ein allgemeines Verbot der Eizellspende zu Lasten der reproduktiven Freiheit Einzelner rechtfertigen können, vorausgesetzt, dieses Verbot entfaltet tatsächlich eine Schutzwirkung.

Allerdings zeigen die Untersuchungen von Bergmann und Speier, dass weder skandalöse Bedingungen noch eine unangemessene Kompensation genuine Bestandteile der kommerziellen Spende sind und die Spenderinnen als eigenständige Akteurinnen des Geschehens wahrgenommen werden müssen. Es ist nicht zielführend und moralisch höchst problematisch, ihr Handeln aus einer externen Perspektive zu bewerten, ohne sie selbst daran teilhaben zu lassen. Selbst wenn ein umfassendes Verbot der Eizellspende verhindern könnte, die wirtschaftliche Situation von Frauen auszunutzen, indem sich die Betroffenen möglicherweise nicht mehr genötigt fühlen, ihre Eizellen unfreiwillig zu spenden, nimmt es ihnen die Chance dazu, ohne dass ihre Zwangslage beendet wird.[677] Den betroffenen Frauen geht es nicht besser, wenn sie ihre Eizellen nicht spenden dürfen.

Es ist ein zentraler Streitpunkt der Debatte, ob durch die Kommerzialisierung der Eizellspende die Autonomie der Spenderinnen gestärkt oder unterminiert wird. Auf der einen Seite stellt eine Zulassung klarerweise eine Erweiterung der Hand-

---

677 Radcliffe Richards (2010), S. 294.

lungsoptionen dar, auf der anderen Seite zeigen sich systemische Effekte, wenn verstärkt marginalisierte Gruppen bereit sind, gesundheitliche Risiken in Kauf zu nehmen. In diesem Zusammenhang ist wichtig, dass die Freiwilligkeit grundlegend erhalten bleibt und die Bereitschaft zur Spende nicht an anderweitige Verpflichtungen gekoppelt ist oder gar Zugriffsrechte auf den Körper eingeräumt werden.[678] Eine Praxis, die einen Anspruch auf eine Eizellspende garantiert, ist moralisch nicht zulässig. Eizellen sollten weder verpfändet werden können noch sollte die Spendebereitschaft in irgendeiner Weise mit dem Anspruch auf Sozialleistungen verbunden werden.

Ein wesentlicher Bestandteil einer freien Entscheidung ist eine adäquate Aufklärung. Es ist aus medizinethischer Sicht unstrittig, dass eine Einwilligung nur dann informiert und freiwillig ist, wenn die Spenderin über die Behandlung und die damit verbundenen Risiken sowie unbekannte Langzeitrisiken aufgeklärt wurde.[679] Strittiger sind hingegen Inhalt und Form der Aufklärung. Sowohl der unzureichende Informationsgehalt von Aufklärungsmaterialien[680] als auch der Einsatz von Marketingstrategien zur Rekrutierung von Spenderinnen[681] sind geeignet, die informierte Einwilligung zu beeinträchtigen. Dabei bergen gerade kommerzielle Angebote die Gefahr dominierender Interessenkonflikte. Hierbei ist darauf zu achten, dass potenzielle Spenderinnen nicht aufgrund einer Gewinnerzielungsabsicht beschwichtigt oder gar zu einer Spende überredet werden. Ehrlichkeit und ein dem Sachstand angemessener Umfang der Informationen sind integrale Bestandteile einer freien und informierten Entscheidung. Wichtiger als die Frage, ob und

---

678 Herrmann (2012), S. 544.

679 In diesem Zusammenhang wurde kritisiert, dass keine freie und informierte Entscheidung möglich sei, „so lange keine belastbaren Studien über die gesundheitlichen, psychischen und sozialen Langzeitfolgen für Eizellspenderinnen zur Verfügung stehen" (Graumann (2008), S. 183). Diese Kritik spricht einen wichtigen Punkt an. Der therapeutische Nutzen ist eine der beiden medizinethischen Rechtfertigungssäulen, die das gesundheitliche Risiko medizinischer Eingriffe abstützen. Da im Fall der Eizellspende lediglich der informierten Einwilligung eine rechtfertigende Funktion zukommt, bedarf diese besonderer Aufmerksamkeit. Hieraus lässt sich eine moralische Pflicht ableiten, mögliche Langzeitrisiken zu untersuchen. Allerdings lässt sich daraus nicht ableiten, dass eine Einwilligung nicht gültig sein kann, sofern nicht alle risikorelevanten Informationen vorhanden sind. Es würde allein aus epistemologischer Sicht zu einer paradoxen Situation führen, wenn Wissen nur aus der Praxis gewonnen werden kann, die aufgrund fehlenden Wissens nicht zulässig ist. Darüber hinaus stellt dies zugleich eine nicht praxistaugliche Überbeanspruchung des Konzepts der Informiertheit sowie eine unzulässige paternalistische Einschränkung dar, da es ebenfalls zum Recht auf Selbstbestimmung gehört, unbekannte Risiken einzugehen.

680 Cattapan (2016).

681 Keehn et al. (2015); Klitzman (2016).

wie Spenderinnen bezahlt werden sollten, ist daher die Frage, wie ihre informierte Einwilligung abgesichert werden kann.

Durch eine staatliche Regulierung lassen sich Strukturen schaffen, die sowohl medizinische Qualitätsstandards als auch eine adäquate Aufklärung sicherstellen.[682] Dadurch wäre es ebenfalls möglich, eine psychosoziale Beratung zu implementieren, die nach dem Vorbild der Lebendorganspende eine Art Gatekeeper-Funktion einnimmt.[683] Dadurch könnte verhindert werden, dass persönliche Nahbeziehungen ausgenutzt und altruistische Spenderinnen emotional oder finanziell unter Druck gesetzt werden. Ein solches Zusatzangebot bietet neben der ärztlichen Aufklärung die Chance zur Evaluierung der eigenen Wertperspektive und kann damit einen autonomiefördernden Beitrag leisten.

Außerdem kann sich eine staatliche Regulierung positiv auf die benannten Gerechtigkeitsprobleme auswirken. Ein im Inland regulierter Markt bietet zumindest die Chance, nachvollziehbare und begründete Kriterien für eine angemessene Kompensation aufzustellen und damit einem internationalen, unregulierten Markt die Grundlage zu entziehen. Ein transparenter Umgang mit diesen Kriterien und eine offene Debatte über die Angemessenheit erhöhen überdies die Informiertheit potenzieller Spenderinnen und leisten dadurch einen Beitrag zur Sicherung ihrer Autonomie.

Darüber hinaus stärkt ein regulierter Markt zusätzlich die Autonomie der Kinderwunschpatientinnen, die bisher auf online erhältliche Informationen vertrauen müssen, die meist von ausländischen Reproduktionskliniken stammen oder als Erfahrungsberichte in den sozialen Medien geteilt werden. Beides sind keine Garanten für eine umfassende Aufklärung. Hingegen könnten staatliche Strukturen, wie sie im medizinischen Bereich üblich sind, eine adäquate medizinische und psychosoziale Beratung ermöglichen und zusätzlich das Fachpersonal vom Druck einer möglichen Illegalität entlasten. Eine regulierte Praxis, die mit einer öffentlichen Debatte einhergeht, könnte sich außerdem positiv auf die Autonomie potenzieller Kinderwunschpatientinnen auswirken, indem offen über die Möglichkeiten der Kinderwunschbehandlung informiert wird und Aspekte reproduktiver Gesundheit stärker in das öffentliche Bewusstsein rücken.

---

682 Wiesemann (2020), S. 136.
683 Grill/Childress-Beatty (2020), S. 85 – 87.

6.3 Das Kind zwischen Markt und Familie

In Europa ist es weit verbreitet, dass die Spenderinnen nach ihren äußeren Erscheinungsmerkmalen von der Reproduktionsklinik zugeteilt werden. Diese werden in der Regel nach Haut-, Augen- und Haarfarbe sowie Größe, Gewicht und Blutgruppe ausgewählt. Ziel dieses sogenannten Matchings ist es nicht, eine Spenderin zu finden, die der Empfängerin möglichst ähnlich sieht, sondern eine möglichst große Ähnlichkeit zwischen dem Kind und den Wunscheltern zu erreichen.[684] Gelegentlich werden weitere Kriterien wie Bildungsstand und persönliche Interessen in den Auswahlprozess einbezogen. In den letzten Jahren sind Kliniken vermehrt dazu übergegangen, lediglich eine Vorauswahl zu treffen und die finale Entscheidung dem jeweiligen Kinderwunschpaar zu überlassen.

Dagegen ist es in den USA eher üblich, dass sich die Wunscheltern ihre Spenderin selbst auswählen. Dazu legen sich potenzielle Spenderinnen in speziellen Datenbanken ein Profil an, in dem sie neben Basisinformationen wie Alter, Größe, Gewicht, Haut- und Haarfarbe, ethnische und religiöse Zugehörigkeit zahlreiche andere persönliche Informationen angeben können. Häufig werden die Profile mit mehreren Fotos, darunter auch Baby- und Kinderfotos, aufgewertet und enthalten teils detaillierte Angaben zur sozialen und familiären Situation, dem schulischen und beruflichen Werdegang sowie künstlerischen und sportlichen Fähigkeiten. Weiterhin finden sich darin regelmäßig Angaben zur familiären Krankheitsgeschichte, zur genetischen Disposition sowie zum Sexual- und Fortpflanzungsverhalten. Im Unterschied zur europäischen Praxis ähnelt das eher einem Bewerbungsverfahren, bei dem die Spenderinnen bemüht sind, sich in einem positiven Licht darzustellen. Mit einem gut ausgefüllten Profil steigen ihre Chancen, ausgewählt zu werden und eine höhere Vergütung zu erzielen.

Durch die Katalogisierung werden die einzelnen Eigenschaften potenzieller Spenderinnen taxonomiert und kapitalisiert. Diese erhalten einen monetären Wert, der sich nach den Regeln des Markts durch Angebot und Nachfrage bestimmt.[685] Je seltener und begehrter die Eigenschaften einer Spenderin sind, desto mehr Geld kann sie für ihre Eizellen bekommen. Manche Reproduktionskliniken bzw. Eizellbanken zahlen Frauen mit bestimmten Merkmalen eine höhere Kompensation, z. B. wenn sie über einen hohen Bildungsabschluss verfügen oder bereits erfolgreich gespendet haben.[686] Auch die ethnisch-religiöse Zugehörigkeit kann die Höhe der Vergütung beeinflussen. Es gibt beispielsweise Agenturen, die sich auf die Ver-

684 Bergmann (2014), S. 192.
685 Johnson (2017).
686 Keehn et al. (2012), S. 997.

mittlung von jüdischen oder asiatischen Frauen spezialisiert haben und ihnen eine überdurchschnittliche Kompensation in Aussicht stellen. Daneben gibt es auch Agenturen, die individuelle Suchaufträge direkt vermitteln. In diesen Fällen richtet sich die Vergütung nach den Vorlieben der Wunscheltern und kann weit über den marktüblichen Sätzen liegen.

Diese Praxis weicht erkennbar von den Empfehlungen der ASRM ab. Zwar kann eine Kompensation angesichts der aufgewendeten Zeit sowie den mit den Untersuchungen, der Stimulation und der Entnahme verbundenen Unannehmlichkeiten unterschiedlich hoch ausfallen, jedoch geht es nach Ansicht der ASRM über die Idee einer Aufwandsentschädigung hinaus, wenn sich die Vergütung an den persönlichen Merkmalen der Spenderin bemisst. Daher fordert sie, die Kompensation „should not vary according to [...] the donor's ethnic or other personal characteristics."[687]

Eine marktorientierte Vergütung lässt zwei zentrale Probleme erkennen. Mit der Einteilung phänotypischer Eigenschaften in die Kategorien ‚erwünscht‘ und ‚unerwünscht‘ wächst zum einen die Sorge vor eugenischen Bestrebungen. Wenn besonders intelligente, hübsche oder sportliche Spenderinnen überproportional bevorzugt werden, kann das zu einer Abwertung jener Frauen führen, die diese Eigenschaften nicht aufweisen. Werden dadurch soziale Normen bekräftigt, können wiederum Entscheidungszwänge entstehen, die sich selbst reproduzieren. Wenn Eltern bereit sind, für besondere Eigenschaften mehr Geld auszugeben, zeigt sich zum anderen eine Diskrepanz zu den gängigen Werten der Familie.[688] Die präferenzielle Auswahl der Spenderin ist mit der Sorge verbunden, der eigentlich intrinsisch motivierte Familienzusammenhalt könnte durch extrinsische Werte (in Form erwünschter Eigenschaften) überlagert werden und widerspreche dem elterlichen Ideal bedingungsloser Liebe. Daher stellt sich die Frage, wie und nach welchen Kriterien die Spenderin ausgesucht werden soll. Ist es Teil der reproduktiven Autonomie, die Eigenschaften des Kindes bestimmen zu wollen, oder sollte unter dem Aspekt der bedingungslosen elterlichen Liebe die Auswahl der Spenderin durch die Reproduktionsklinik erfolgen?

---

687 Ethics Committee of the ASRM (2016), S. e15.
688 Vgl. Murray (1996).

6.3.1 Die Wahl der Spenderin als Ausdruck reproduktiver Autonomie und verantwortungsvoller Elternschaft

Vor dem Hintergrund des Konzepts reproduktiver Autonomie wirkt allein die Frage, wer die Spenderin auswählen sollte, die Wunscheltern oder die Klinik, nahezu befremdlich. Die Fortpflanzung ist eine intime Angelegenheit. Reproduktive Verantwortung und reproduktive Autonomie bedingen einander, weshalb zentrale Entscheidungen der Familiengründung stets von denjenigen getroffen werden, die die Familie gründen wollen. Sie sind von dieser Entscheidung direkt betroffen und haben das größte Interesse daran. Daher umfasst das Recht auf reproduktive Selbstbestimmung grundsätzlich auch das Recht, eine passende Spenderin auszuwählen. Das gilt sowohl für Spenderinnen, die Teil der Familienbeziehung sein sollen, als auch für jene, die später keinen Kontakt zum Kind haben werden. In beiden Fällen hat die Auswahl der Spenderin elementaren Einfluss auf das zukünftige Familienleben. Aus diesem Grund unterliegt sie der reproduktiven Autonomie, was zugleich die Frage aufwirft, ob die präferenzielle Auswahl einer Spenderin nach erwünschten und unerwünschten Eigenschaften ebenfalls Teil der reproduktiven Autonomie ist oder möglicherweise einige Auswahlkriterien nicht disponibel sein sollten.

Trotz sehr vielfältiger Präferenzen ist das wichtigste Kriterium bei der Auswahl einer Spenderin das Matching, d. h. die Herstellung von Ähnlichkeit. Vor dem Hintergrund des euro-amerikanischen Verständnisses von Verwandtschaft trägt das dazu bei, ein Familienbild zu konstruieren, das ohne Anteile von Fremden auskommt.[689] Durch die Ähnlichkeit wird das Verwandtschaftsverhältnis sichtbar und die Spenderin unsichtbar. Die Familie erhält eine natürliche Prägung und wird zugleich kulturell akzeptiert.[690]

Ein erfolgreiches Matching kann in zweierlei Hinsichten zur Stabilisierung der Familie beitragen – nach außen, indem die Familie als solche wahrgenommen wird, und nach innen, um sich selbst als Familie zu konstruieren und möglicherweise ein Familiengeheimnis zu etablieren. Wenn es gelingt, Außenstehende von der familiären Einheit zu überzeugen, kann es auch gelingen, dass das Kind seine genetische Herkunft nicht hinterfragt. Je größer die Ähnlichkeit äußerer und charakterlicher Merkmale zwischen Kind und Eltern ist, desto höher ist die Chance, das Bild einer geschlossenen Einheit aufrechtzuerhalten.[691]

---

689 Pennings (2000), S. 508.
690 Vgl. Bergmann (2014), Kap. 6.
691 Bergmann berichtet sogar, dass spanische Ärztinnen für einen Blutgruppenabgleich argumentieren, um ein zufälliges Aufdecken der genetischen Nichtverwandtschaft (z. B. bei einer Blutgruppenuntersuchung im Biologieunterricht) zu vermeiden. Bergmann (2014), S. 165.

Auf diese Weise lässt sich ein ‚ewiges' Familiengeheimnis etablieren, welches vom Kind nicht in Zweifel gezogen wird. Gleichzeitig ist ein erfolgreiches Matching auch die Voraussetzung, den Zeitpunkt der Aufklärung selbst bestimmen zu können. Ein weiterer Grund für den Wunsch nach einer ähnlichen Spenderin liegt in der Hoffnung, dass sich ihre Eigenschaften auf das Kind vererben und die so hergestellte Ähnlichkeit zur Bindung zwischen Mutter und Kind beiträgt.[692]

Darüber hinaus wünschen sich manche Eltern, dass ihr Kind über weitere Gemeinsamkeiten oder besondere Fähigkeiten verfügt. Dieser Eindruck entsteht zumindest bei der Betrachtung von Datenbankprofilen, in denen potenzielle Spenderinnen teils sehr ausführliche Angaben zu ihrer schulischen und beruflichen Bildung, zu ihren Hobbys und Talenten machen. Daneben finden sich ebenso Angaben über die familiäre und soziale Situation, Mitgliedschaften in Vereinen sowie Informationen zum Militärdienst. Zusätzlich enthalten viele Profile einen selbstverfassten Essay, in dem sich die Spenderinnen persönlich vorstellen.

Aufgrund der vielfältigen Angaben können Wuscheltern die Profile nach konkreten Merkmalen filtern, die sie für wünschenswert halten. Manche wünschen sich aufgrund ihrer eigenen Biografie eine Spenderin mit einer militärischen Laufbahn, andere wiederum bevorzugen eine Spenderin, die studiert oder bereits Karriere gemacht hat. Dagegen würden Eltern, die sich ein musisch begabtes Kind wünschen, eher eine Spenderin mit besonderen musischen Fähigkeiten wählen. Besonders nachgefragt sind überaus sportliche und intelligente Spenderinnen.[693] Gegen diese Praxis wird eingewendet, wenngleich diese keinesfalls neu ist,[694] dass die Auswahl besonders hübscher, intelligenter oder sportlicher Spenderinnen elitäre Tendenzen befördert und sich negativ auf die gesellschaftliche Entwicklung auswirken kann.

Möglicherweise können elitäre Tendenzen eine Rechtfertigung sein, die Auswahlkriterien für eine Spenderin zu überdenken. Sie sind aber normativ nicht gewichtig genug, um zu begründen, dass sich die Wuscheltern eine Spenderin nicht nach ihren präferierten Kriterien auswählen sollten. Zum einen lassen sich Ansätze einer präferenziellen Auswahlpraxis bereits im sozialen Umfeld erkennen. Die Wahl der Lebenspartnerin ist keinesfalls kontingent, sondern orientiert sich an persönlichen Vorlieben, die durch gesellschaftliche Vorstellungen geprägt wurden. Zum anderen ist nicht ersichtlich, dass sich einzelne Selektionskriterien in moralisch relevanter Weise voneinander unterscheiden. Wenn das Recht auf repro-

692 Pennings (2000), S. 509.
693 Flores et al. (2014).
694 Bereits in den 1980er Jahren wurde die Samenbank Repository for Germinal Choice gegründet, die, mit dem Ziel eine superintelligente Elite zu fördern, ausschließlich Spermien von Nobelpreisträgern vermitteln sollte. Levy (2012).

duktive Selbstbestimmung die Auswahl der Haar- und Augenfarbe zulässt, dann gilt das prima facie auch für Eigenschaften wie Intelligenz oder besondere Talente.

Allerdings müssen diese Merkmale keineswegs seltene und besonders begehrte Talente sein. Es ist ebenso möglich, Eigenschaften auszuwählen, die die meisten Menschen negativ bewerten. Beispielsweise gibt es Menschen, die ihre Taubheit als Teil ihrer kulturellen Identität verstehen und sich wünschen, dass ihr Kind diese teilt.[695] Durch die Auswahl einer tauben Spenderin, können sie ihre Chance auf ein taubes Kind erhöhen.[696] Dieses Vorgehen ist stark umstritten, da Hören eine normale Fähigkeit ist, deren Fehlen tendenziell als Leiden wahrgenommen wird. Dahingehend lässt sich kritisieren, dass die Auswahl einer tauben Spenderin die Zukunft des Kindes zu stark beeinflusst und dessen „right to an open future"[697] verletzt. Umgekehrt stellt sich die Frage, ob es nicht zur elterlichen Verantwortung gehört, dem Kind ein möglichst unbeschwertes Leben zu ermöglichen und dessen Wohlergehen nicht gezielt zu beeinträchtigen.

Nun hat sich allerdings gezeigt, dass Wohlergehen kein adäquater Maßstab zur moralischen Bewertung von Reproduktionsentscheidungen ist.[698] Da weder subjektive noch objektive Wohlergehenstheorien zur substanziellen Bestimmung des Kindeswohls beitragen, lassen sich hieraus keine moralischen Pflichten zur Vermeidung potenziellen Leidens ableiten, die über die Erfüllung minimaler Standards hinausgehen. Eine angemessene Erfassung des Kindeswohls bedarf vielmehr der Berücksichtigung des familiären Kontexts und dessen moralischer Rahmenbedingungen. Es liegt in der Verantwortung der Eltern, die persönlichen Eigenschaften ihres Kindes auf eine Art zu prädeterminieren, wie es ihrer Vorstellung von guter Elternschaft im Rahmen der ihnen zur Verfügung stehenden Möglichkeiten und Fähigkeiten entspricht. Es liegt auch in ihrer Verantwortung, eine Spenderin auszuwählen, und dem Kind auf diesem Weg persönliche Merkmale mitzugeben, die sie für ihr Familienleben wichtig erachten, unabhängig davon, ob die gewünschten Eigenschaften gesellschaftlich positiv oder negativ konnotiert sind. Wenn die Eltern eine taube Spenderin auswählen, mit dem Ziel eine kulturelle Identität zu schaffen und sich als Familie zu konstituieren, dann ist das aus einer beziehungsethischen Perspektive ebenso gerechtfertigt, wie eine Spenderin nach Ähnlichkeitsmerkmalen auszuwählen.

---

695 Vgl. Scully (2020).

696 Internationale Aufmerksamkeit erlangte der Fall eines Kinderwunschpaares, das sich aufgrund ihrer eigenen Taubheit ein taubes Kind wünschte. Es erfüllte sich diesen Wunsch, indem es einen Samenspender wählte, dessen Familie seit mehreren Generationen von Taubheit betroffen war. Spriggs (2002).

697 Feinberg (1980).

698 Siehe Kap. 4.2.

Die obligatorische Zuteilung einer Spenderin, wie sie in vielen europäischen Kliniken vorgenommen wird, ist eine Einschränkung der Fortpflanzungsfreiheit. Wesentliche Entscheidungen der Familiengründung können nur von denjenigen getroffen werden, die die reproduktive Verantwortung tragen. Schließlich wissen allein die Eltern, wie sie ihre Eltern-Kind-Beziehung gestalten wollen und wie sie in ihren Augen gelingen kann. Daher ist die Auswahl der Spenderin, sei es nach Ähnlichkeitsmerkmalen, gesundheitlicher Konstitution oder anderen Eigenschaften, vom Konzept der reproduktiven Autonomie erfasst.

Allerdings kann die Einordnung menschlicher Eigenschaften in die Kategorien ‚erwünscht' und ‚unerwünscht' soziale Normen begünstigen, die wiederum negative Folgen für einzelne Betroffene und das gesellschaftliche Zusammenleben haben können. Insofern muss überprüft werden, ob eine Einschränkung reproduktiver Autonomie hinsichtlich bestimmter Auswahlkriterien zur Vermeidung unerwünschter Folgen gerechtfertigt sein kann.

6.3.2 (K)eine Frage der Eugenik

Ein zentrales Auswahlkriterium (neben der Herstellung von Ähnlichkeit) ist die gesundheitliche Eignung der Spenderinnen. Sie dürfen in der Regel nicht älter als 35 Jahre sein (viele Kliniken akzeptieren sogar nur Spenderinnen bis 30 Jahre) und müssen sich in einem guten gesundheitlichen Allgemeinzustand befinden. Sie dürfen nicht rauchen oder andere Drogen konsumieren. Frauen mit Infektionskrankheiten (z. B. HIV, Hepatitis) oder mit schweren genetischen Erkrankungen sind üblicherweise von der Spende ausgeschlossen. Die Überprüfung der gesundheitlichen Eignung erfüllt eine doppelte Funktion. Zum einen soll sichergestellt werden, dass die Spenderin in der Lage ist, Eizellen zu spenden. Zum anderen wird dadurch ein Qualitätsstandard für Eizellen definiert, um die Empfängerin vor gefährlichen Infektionskrankheiten zu schützen und die Schwangerschaftswahrscheinlichkeit bzw. die Chance auf ein Kind zu erhöhen.

Vor dem Hintergrund, dass sich Kinderwunschpaare ein möglichst gesundes Kind wünschen, finden in der Regel weitere Untersuchungen statt. Im Rahmen der Anamnese müssen potenzielle Spenderinnen Auskunft über ihre familiäre Krankheitsgeschichte geben, um mögliche Risikofaktoren wie Diabetes, Bluthochdruck oder Alzheimer auszuschließen. Derartige Anforderungen an die gesundheitliche Eignung sind aus individueller Perspektive durchaus nachvollziehbar. Wenn man die Wahl zwischen zwei Spenderinnen hat, wobei eine von beiden eine höhere Wahrscheinlichkeit aufweist, dass das Kind an Krebs oder Mukoviszidose erkranken wird, ist es aus elterlicher Sicht nur vernünftig, sich für die andere Spenderin zu entscheiden.

> Concern with the genetic fitness of a mate may not be romantic, but it is rational if one is concerned about the health of spouse and offspring. [...] the selection of a gamete donor should be left to the couple that needs this service.[699]

Letztlich sind es Krankheiten, die man niemandem wünscht – erst recht nicht dem eigenen Kind.

Doch geht es nicht immer nur um schwere Krankheiten. Einige Kliniken untersuchen Spenderinnen auch auf Legasthenie oder Zwangsstörungen. Das sind zwar vergleichsweise milde Erkrankungen oder Beeinträchtigungen, dennoch sind sie nicht wünschenswert und es ist anzunehmen, dass eher eine Spenderin ausgewählt wird, deren genetische Disposition kein Risiko dazu aufweist. Schließlich ist es auch bei weniger schweren Erkrankungen rational, mögliche Risiken zu vermeiden. Das allerdings weist eine problematische Entwicklung auf. Mittels genetischer Analyse lassen sich (zukünftig) Risikoprognosen für eine Vielzahl genetisch bedingter Erkrankungen erstellen, die allesamt eine vernünftige Entscheidung für bzw. gegen eine Spenderin begründen.

Ohne Benennung eines substanziellen Kriteriums zur Unterscheidung schwerer von weniger schweren Krankheiten wird ein gesundheitlicher Idealzustand angestrebt, was auf eine Tendenz zu einem Gesundheitswahn hindeutet, wie ihn Juli Zeh in ihrem Roman „Corpus Delicti"[700] beschreibt. Gesundheit als allgemeingültiges rationales Entscheidungskriterium für die Auswahl der Spenderin herzunehmen, suggeriert die Vorstellung eines gesundheitlich perfekten Kindes und gleichzeitig die Annahme, dass eine absolute Gesundheit moralisch erstrebenswert wäre.

Wenngleich die Realität deutlich weniger dystopisch ist, als sie im Roman dargestellt wird, und in naher Zukunft auch nicht zu erwarten ist, dass sich ein krasser Gesundheitswahn Bahn bricht, war dies ein zentraler Streitpunkt in der Debatte um die Zulassung der Präimplantationsdiagnostik in Deutschland. Es wurde heftig diskutiert, auf welche genetischen Defekte untersucht werden soll. In diesem Zusammenhang wurde eine schleichende Ausweitung der Indikation befürchtet, die zugleich mit Bedenken verbunden waren, dass durch die Selektion menschlicher Eigenschaften „die schiefe Bahn der Eugenik beschritten"[701] wird. Eine Normalisierung dieser Entwicklung sei ein „starke[r] neo-eugenische[r] Impuls", der „in diametralem Widerspruch zur hippokratischen Tradition" stehe.[702]

---

699 Robertson (1994), S. 154.
700 Zeh (2009).
701 Jachertz (2000); ähnlich Ne'eman (2015).
702 Kiworr/Bauer/Cullen (2017), S. A257. Diese eugenischen Tendenzen beschränken sich keineswegs auf gesundheitliche Merkmale. Die gleichen Selektionsmechanismen werden angewandt, wenn sich

Aufgrund der historischen Belastung ist der Begriff Eugenik ein Reizwort, das in der Debatte im Allgemeinen eher gemieden wird. Dabei ist der Begriff der autoritären Eugenik, d. h. der staatlich organisierten Steuerung der Gesundheits- und Bevölkerungspolitik, die auf der Unterscheidung positiver und negativer Eigenschaften bzw. ‚lebenswertem' und ‚lebensunwertem' Leben basiert, im Kontext der individuellen Familiengründung nicht zutreffend.[703] Die Entscheidung für eine Präimplantationsdiagnostik ist keine staatliche Vorgabe, sondern geht allein von den Eltern aus. Anders als im Nationalsozialismus angedacht, sind die Eltern nicht bestrebt, den menschlichen (oder gar völkischen) Genpool zu optimieren. In der Regel geht es ihnen vielmehr um die Erfüllung eigener Präferenzen oder die Vermeidung individuellen Leidens. Im Unterschied zu einer staatlich angeordneten Eugenik bezeichnet der Begriff liberale Eugenik die durch die Eltern selbstbestimmte Einflussnahme auf phänotypische Merkmale des Kindes mittels reproduktiver Technologien.[704]

Zweifelsohne kann die präferenzielle Auswahl der Spenderin als Versuch interpretiert werden, das Erbgut der Nachkommen zu beeinflussen. Das ist in einigen Fällen sicherlich zutreffend, doch nicht immer zielführend. Bis auf wenige monogenetische Krankheiten, die sich durch den Ausschluss von Spenderinnen einfach verhindern lassen, basieren die meisten Ausprägungen des Phänotyps nicht auf einzelnen Genen, sondern auf einer Kombination unterschiedlicher Gene. Das betrifft Erbkrankheiten ebenso wie äußere Erscheinungsmerkmale. Einige phänotypische Merkmale lassen sich aufgrund der biologischen Vererbungswahrscheinlichkeiten mit einer gewissen Sicherheit vorhersagen. Auf diese Weise ist es unter anderem möglich, eine Ähnlichkeit zwischen der Empfängerin und dem Kind herzustellen. Jedoch bieten derartige Vorhersagen keine Garantie für das gewünschte Ergebnis. Die Weitergabe menschlicher Merkmale ist eine hochkomplexe Angelegenheit, die zusätzlich epigenetischen Veränderungen unterliegt. Daher lassen sich die Eigenschaften des Kindes durch die Auswahl der Spenderin nur in begrenztem Umfang beeinflussen.

Dennoch kann die Auswahl einer Spenderin aufgrund der elterlichen Präferenzen mit Blick auf eugenische Tendenzen moralisch problematisch sein. Oftmals

---

Wuncheltern für eine schöne oder sportliche Spenderin entscheiden. Entscheiden sie sich bewusst gegen eine Spenderin, die Drogen konsumiert oder bereits im Gefängnis saß, entsteht zudem der Verdacht, dass soziale Verhaltensweisen auf die genetische Konstitution reduziert werden.
703 Fischer weist zurecht daraufhin, dass ein in diesem Sinne genutzter Begriff der Eugenik in einer Debatte um reproduktionsmedizinische Themen nicht angemessen ist und die präferenzielle Auswahl von Gametenspenderinnen „nicht durch eine Begriffswahl wie ‚Eugenik' bereits moralisch disqualifiziert werden sollte." Fischer (2012), S. 108.
704 Zur Unterscheidung siehe Caplan (2004).

sind die Paare bestrebt, ihrem Kind eine gute Lebensperspektive zu bieten, die sich wiederum an gesellschaftlichen Maßstäben orientiert. Wenn sie vom Wunsch geleitet sind, eine Spenderin auszuwählen, die überwiegend gesellschaftlich vorteilhafte Eigenschaften aufweist, droht dadurch die Grenze zwischen einer liberalen und autoritären Eugenik zu verblassen. Das wirft zumindest die Frage auf, wie selbstbestimmt diese Entscheidung ist, wenn die elterlichen Präferenzen von sozialen Vorstellungen erwünschter und unerwünschter Eigenschaften geprägt sind und ein gesellschaftlicher Druck die Rolle staatlicher Regulierung der autoritären Eugenik übernimmt.

Ferner können ein Optimierungs- oder Perfektionsdruck zur Ablehnung und Diskriminierung von Menschen mit Behinderung führen. Bereits in der Debatte um die Präimplantations- und Pränataldiagnostik wurden Bedenken vorgetragen, dass eine Zulassung vorgeburtlicher Untersuchungen eine Gefahr für die soziale Akzeptanz von Menschen mit Behinderungen darstellt und sogar Behindertenfeindlichkeit fördern kann. „Es ist zu befürchten, dass zur gesellschaftlichen Legitimierung einer zunehmenden Diskriminierung, Stigmatisierung und Entsolidarisierung von chronisch Kranken, Behinderten und deren Familien führt."[705] Geht man davon aus, dass die Auswahl eines Embryos diskriminierende Effekte haben kann, lässt sich diese Argumentation auch auf die Eizellspende übertragen. Schließlich findet durch die Auswahl der Spenderin eine vorgelagerte Selektion statt, die ähnlichen Kriterien und Motiven folgt. Wird eine Spenderin aufgrund einer genetischen Behinderung oder Erkrankung (oder auch nur einem Risiko dazu) nicht ausgewählt, impliziert das ein negatives Werturteil über jene Behinderung oder Krankheit, die zur Herabsetzung von aktuell Betroffenen führen könnte. Wenn sich die Wunscheltern allein aufgrund einer spezifischen Eigenschaft gegen eine Spenderin entscheiden, sendet das „the hurtful message that people are reducible to a single, perceived-to-be-undesirable trait."[706]

Dies ist zweifelsfrei ein gewichtiges Argument, wenn dadurch tendenziell das Existenzrecht von Menschen mit Behinderung und damit auch die Grundfeste einer liberalen Gesellschaft infrage gestellt werden. Schwierigkeiten bereitet hingegen die Überprüfbarkeit dieses Arguments. Es gibt zwar Hinweise, dass die Selektion von Eigenschaften einen negativen Effekt auf Menschen mit Behinderungen hat,[707] doch

---

705 Graumann (2001).
706 Parens/Asch (2000), S. 14.
707 Boardman (2014).

mangelt es an qualifizierten Belegen für eine Zunahme der Stigmatisierung oder Diskriminierung.[708]

Ein Standardeinwand gegen diese Annahme lautet, dass die Ablehnung einer Behinderung bei zukünftigen Menschen keine Ablehnung von existierenden Menschen mit einer Behinderung ist.[709] Es ist kein Widerspruch, eine Eizellspenderin nach gesundheitlichen Kriterien auszuwählen und sich gleichzeitig für einen respektvollen Umgang mit Menschen mit Behinderung einzusetzen. Hierfür sprechen auch empirische Daten: Trotz einer gesellschaftlichen Etablierung der vorgeburtlichen Selektion hat sich die Einstellung gegenüber Menschen mit Behinderung positiv verändert.[710]

Wolfgang van den Daele weist zudem auf eine konzeptionelle Schwäche dieser Argumentation hin, die sich in der gesamten Debatte widerspiegelt. Die semantische Unterscheidung von Menschen mit Behinderung und Menschen ohne Behinderung suggeriert eine Homogenität, die in der Realität nicht existiert. Gerade die Zuschreibung ‚mit Behinderung‘ ist ein Abgrenzungsmerkmal, unter dem alle Menschen erfasst werden, die vom ‚Normalzustand‘ abweichen. Das wiederum begünstigt die Fehlannahme, Menschen mit Behinderungen seien eine homogene Gruppe mit ähnlichen Interessen.

Dabei können Menschen mit einer Behinderung anderen Behinderungen ebenso ablehnend gegenüberstehen. Ausschlaggebend ist nicht die gesellschaftliche oder gar objektive Sicht, was als Behinderung oder Beeinträchtigung gilt. Ausgangspunkt ist dabei stets die individuelle Perspektive bzw. die eigene Normalität. Wenn ein tauber Mensch das eigene Unvermögen, nicht hören zu können, nicht als Verlust oder Unfähigkeit wahrnimmt, kann er dennoch den Verlust des Augenlichts als Behinderung erachten, ohne dass dies mit einer grundsätzlichen Ablehnung von Menschen mit Behinderung, noch nicht einmal mit der Ablehnung von blinden Menschen einhergehen muss.[711] Ein Werturteil, dass es besser ist, eine Behinderung nicht zu haben, inkludiert nicht zwingend ein Werturteil, dass es besser ist, wenn Menschen mit dieser Behinderung nicht leben würden. Daher impliziert die Ablehnung einer Behinderung weder die Ablehnung von Menschen mit dieser Behinderung noch wird deren Lebensrecht infrage gestellt.

Wenngleich die Minderschätzung einer Behinderung nicht unabhängig von den zugrunde liegenden Motiven behindertenfeindlich ist und damit nicht per se

---

708 Maio (2001), S. 894; Enquete-Kommission „Recht und Ethik der modernen Medizin" (2002), S. 100; Steinbach et al. (2016), S. 369 f. Letztlich ist das Fehlen eines Beweises aber kein Gegenbeweis (argumentum ad ignorantiam).
709 Malek (2010).
710 van den Daele (2005).
711 van den Daele (2005), S. 117–119.

mit einer Diskriminierung einhergeht, kann hierdurch dennoch ein Werturteil ausgedrückt werden. Letztlich basiert eine positive oder negative Bewertung von Eigenschaften, aus der eine Bevorzugung oder Ablehnung von Eigenschaften resultiert, nicht auf biologischen Merkmalen, sondern stets auf der Grundlage von Merkmalen lebender Menschen bzw. auf Erfahrungen im Umgang mit ihnen.[712] Wenn Eltern eine taube Spenderin ausschließen, liegt das in der Regel daran, dass sie Taubheit als Beeinträchtigung wahrnehmen und ihrem Kind aus ihrer Perspektive bessere Lebensaussichten bieten wollen. Eine solche Wahl kann den Eindruck erwecken, dass die Eltern kein taubes Kind wünschen, weil sie den Umgang mit tauben Menschen lieber vermeiden wollen. Ungeachtet der elterlichen Motivation kann sich das negativ auf das Selbstwertgefühl von Betroffenen auswirken und als Kränkung wahrgenommen werden. Hierbei „geht es ausschließlich um die faktischen Gefühle der Betroffenen, nicht darum, ob diese berechtigt sind oder nicht."[713] Kann eine solche Kränkung so schwer wiegen, um die reproduktive Autonomie einzuschränken und elterliche Verantwortung zu begrenzen?

Die Verletzung von Gefühlen ist ein ethisch umstrittenes Thema. Auf der einen Seite sind Gefühle eine individuelle Angelegenheit und kein zentraler Richtwert für moralische Regeln. Es mag moralisch wünschenswert sein, die Gefühle anderer zu achten, es ist aber nicht zwangsläufig moralisch falsch, Gefühle anderer zu verletzen. Auf der anderen Seite gibt es Gefühle, die individuell einen so hohen Stellenwert haben, dass sie allgemein als schützenswert gelten. Aus Sicht einer liberalen Ethik kann eine Einschränkung der Handlungsfreiheit zum Schutz moralisch wertvoller Gefühle durch das offense principle gerechtfertigt sein, sofern diese Verletzung ein unumgehbares Ärgernis darstellt, das geeignet ist, die soziale Freiheit zu beeinträchtigen. Das trifft beispielsweise auf den Schutz religiöser Gefühle zu, wenn verhindert werden soll, dass das Ausüben des eigenen Glaubens durch ein gesellschaftliches Stigma gefährdet ist. Religiosität ist eine derart intime Angelegenheit, dass der Schutz der damit verbundenen Gefühle das Recht auf Blasphemie überwiegen kann.

Die Kränkung von Menschen mit Behinderung kann eine ähnliche Qualität erreichen, wenn sie sich aufgrund gesellschaftlich unerwünschter Merkmale in gleichem Maße als unerwünschter Teil der Gesellschaft fühlen. Hingegen ist, im Unterschied zum Recht auf Blasphemie, die eigene Fortpflanzung eine höchstpersönliche Angelegenheit. Aufgrund des individuellen und gesellschaftlichen Stellenwerts der Reproduktion erfordert die Einschränkung der Fortpflanzungsfreiheit gegenüber der einfachen Handlungsfreiheit (bzw. der Freiheit auf Blasphemie) eine

---

712 Hofmann (2017), S. 512.
713 Birnbacher (2000), S. 468.

deutlich höhere Rechtfertigungsschwelle. Es ist schwieriger zu begründen, dass sich jemand nicht in gewünschter Weise fortpflanzen darf, wenn dadurch die Gefühle anderer verletzt werden könnten, als dass jemand nicht blasphemisch sein darf, wenn dies religiöse Gefühle verletzen würde. Geht man zusätzlich davon aus, dass die Wahl der Spenderin von gleicher reproduktiver Bedeutung ist wie die Wahl der Partnerin und die Wahl der Partnerin bestimmten Selektionskriterien unterliegt, dann kann es nicht falsch sein, die Spenderin ebenfalls nach selbstdefinierten Kriterien auszuwählen.

Allerdings geht es meist nicht um die Wahl einer bestimmten Spenderin, sondern nur um die Wahl bestimmter Eigenschaften, wie die folgende Unterscheidung zeigt. Als sich Marie und ihr Freund für eine Eizellspende entschieden (Fall 5), basierte ihre Entscheidung wesentlich darauf, dass sich Maries Schwester bereit erklärt hat, ihre Eizellen zu spenden. Da ihnen beiden die Vorstellung missfiel, ein Kind von einer unbekannten Spenderin zu haben, hätten sie andernfalls lieber darauf verzichtet. In diesem Fall ist die Wahl der Spenderin, analog zur Wahl der Partnerin, abhängig von der Person und ihren konkreten Eigenschaften. Hingegen haben sich Jule und ihr Partner für eine anonyme Spenderin entschieden (Fall 4). Die Spenderin wurde durch die Reproduktionsklinik ausgewählt. Wäre ihnen eine andere Spenderin zugeteilt worden, hätte das nichts an ihrer Fortpflanzungsentscheidung geändert. Hier zeigt sich ein qualitativer Unterschied zwischen der Wahl der Partnerin und der Wahl der Spenderin. Es ist zwar moralisch zulässig, eine Spenderin unabhängig ihrer Persönlichkeit allein nach ihren katalogisierten Eigenschaften auszuwählen. Diese Wahl ist eine von vielen Fortpflanzungsentscheidungen und fällt damit grundsätzlich in den Schutzbereich reproduktiver Selbstbestimmung. Allerdings wiegt diese Entscheidung keineswegs so schwer wie die Wahl der Partnerin, weshalb die Wahl einer unbekannten Spenderin weniger stark von dem Recht geschützt ist und eine Einschränkung leichter gerechtfertigt werden kann.

Auf die Frage, ob die Auswahl einer Eizellspenderin zur Diskriminierung und Stigmatisierung von Menschen mit Behinderung führt, lassen sich aus einer theoretischen Perspektive zwei Dinge feststellen. Erstens folgt aus der Ablehnung einer Behinderung nicht zwingend die Ablehnung von Menschen mit (dieser) Behinderung. Das schließt allerdings nicht aus, dass eine solche Ablehnung von Betroffenen als Kränkung wahrgenommen werden kann und die Auswahl einer Eizellspenderin mit Diskriminierung und Stigmatisierung einhergeht. Die Verhinderung einer solchen Kränkung kann zweitens unter Berücksichtigung des offense principle eine Einschränkung der reproduktiven Autonomie, d. h. der freien Wahl einer Eizellspenderin rechtfertigen. Aus einer theoretischen Perspektive lässt sich allerdings nicht feststellen, von welchem Ausmaß eine Kränkung ist, da sich diese nicht einfach anhand ihrer Möglichkeiten zur gesellschaftlichen Teilhabe messen lässt. Eine derartige Erfassung würde die Wahrnehmungsperspektive der Betroffenen mit ihrer persönlichen Diskriminierungserfahrung ausblenden.

Um abzuwägen, ob die Kränkung das Recht auf die freie Wahl einer Spenderin überwiegt, bedarf es einer gesellschaftlichen Debatte, die nicht nur auf belastbare Zahlen einer institutionalisierten Praxis schaut, sondern zugleich Diskriminierungsmerkmale aus Sicht der Betroffenen, d. h. aus einer Diskriminierungserfahrung heraus berücksichtigt. Dabei darf die Debatte nicht nur die Frage zu beantworten versuchen, welche gesundheitlichen Kriterien zur Auswahl einer Eizellspenderin zulässig sind und welche nicht. Es muss ebenfalls Gegenstand dieser Debatte sein, die Frage zu beantworten, inwiefern eine Ablehnung von Krankheit und Behinderung ohne Stigmatisierung oder Diskriminierung von Menschen mit Behinderung möglich ist.

6.3.3 Über die Vereinbarkeit von Markt und Familie

Wenn sich die Wunscheltern eine Spenderin mit bestimmten Merkmalen aussuchen, ist damit eine Vorstellung verbunden, wie das Kind später sein soll. Wenn sie eine besonders sportliche oder intelligente Spenderin auswählen, bringen sie auf diese Weise zum Ausdruck, dass sie Sportlichkeit oder Intelligenz für erstrebenswert halten und sich wünschen, dass sich diese Eigenschaften auf das Kind übertragen.

Auch wenn den Wunscheltern klar ist (oder zumindest klar sein sollte), dass die Auswahl einer überaus hübschen, sportlichen oder intelligenten Spenderin keine Garantie für ein hübsches, sportliches oder intelligentes Kind ist,[714] hindert sie das nicht daran, die genetische Konstitution ihres Kindes mitgestalten zu wollen. Einige sind gewillt, den Kinderwunsch ihren Vorstellungen entsprechend umzusetzen und sehr viel Geld dafür auszugeben. Jedoch ist das nicht zwingend der Versuch einer genetischen Prädetermination, wie sich bei der Auswahl persönlichkeitsrelevanter oder sozialer Merkmale zeigt.

Wenn eine Spenderin in ihrem Profil angibt, dass sie Militärdienst geleistet hat oder noch nie im Gefängnis gewesen ist, sagt das relativ wenig über ihre genetische Konstitution aus. Hierin zeigt sich eher ein Bestreben der Wunscheltern, die genetischen Wurzeln ihres Kindes in ihre Familienbiografie zu integrieren, zu der es

---

714 Zur Verdeutlichung dieses Zusammenhangs wird häufig folgende Anekdote bemüht: „Marilyn Monroe, angenommen, trifft auf Albert Einstein. Ganz begeistert von seinem Genie, fragt sie Einstein, ob es nicht wunderbar wäre, gemeinsam Kinder zu haben: so schön wie sie und so klug wie er. Einstein antwortete: ‚Und was machen wir, wenn unsere Kinder so klug wie Sie und so schön wie ich sind?'" Hengstschläger (2008), S. 36 f.

auch gehören kann, dass das Kind nicht aus einer Familie von Verbrecherinnen stammt oder man eine militärische Tradition innerhalb der Familie pflegen möchte.

Die Auswahl der Spenderin nach erwünschten und unerwünschten Eigenschaften weckt die „Vorstellung bestellbarer Kinder"[715]. In diesem Zusammenhang regt sich die Sorge, dass das Kind durch die Kommodifizierung und Kommerzialisierung zu einem planbaren Produkt wird. Dies wiederum ist mit gängigen Vorstellungen von Elternschaft nicht vereinbar, die sich eher durch bedingungslose Liebe als durch ihren vertraglichen Charakter oder marktwirtschaftliche Prinzipien auszeichnet.

6.3.3.1 Die Eizelle als Ware – das Kind ein Produkt?

Thomas Murray kritisiert, die präferenzielle Auswahl der Spenderin sei Ausdruck eines missverstandenen Freiheitsbegriffs und mit dem gesellschaftlichen Verständnis von Elternschaft und Familie nicht vereinbar.[716] Die reproduktive Freiheit umfasse zwar die höchstpersönliche Freiheit, sich für oder gegen ein Kind zu entscheiden, sie umfasse aber nicht die Freiheit, die Eigenschaften des Kindes auswählen zu können. Nach Murrays Auffassung ist die reproduktive Freiheit keine Art der Konsumfreiheit. Es ist etwas anderes, ein Kind zu bekommen, als in ein Geschäft zu gehen und sich einen Brotbackautomaten auszusuchen. Die Gebärmutter ist keine Fabrik, in der die Keimzellen wie einzelne Bauteile zusammengesetzt werden und das Kind ist kein Produkt, welches man nach seinen Vorstellungen auswählt. Einen wesentlichen Unterschied zwischen diesen beiden Situationen sieht Murray in den Gründen, warum wir uns für ein Kind oder einen Brotbackautomaten entscheiden: „The kind of liberation I have in mind here is certainly not the liberty of the marketplace. [...] It is, rather, the sort of liberation that comes from knowing what genuinely matters, what carries real meaning into my life."[717]

Der Wert des Brotbackautomaten ist instrumenteller Art und liegt darin, Brot backen zu können. Dagegen liegt der Wert eines Kindes nicht darin, ein Kind zu haben, sondern im Aufbau einer lebenslangen Beziehung, die um ihrer selbst willen wertvoll ist. Murray kritisiert, dass eine liberale Auffassung von reproduktiver Freiheit, im Sinne individueller Handlungsfreiheit, das eigentlich Wertvolle, nämlich die Beziehung zwischen Eltern und Kind, außer Acht lässt. Es ist zwar nicht grundsätzlich falsch, moralische Fragen, die im Kontext der Familie aufkommen, auch hinsichtlich Autonomie, Freiheit und Gerechtigkeit zu betrachten, jedoch ist es „more like being off-center, for it misses something very important about families. It

---

715 Maio (2013), S. 11.
716 Murray (1996); Murray (2002).
717 Murray (1996), S. 53.

is a bit like wearing a tuxedo to a beach party."[718] Familiäre Beziehungen lassen sich nicht angemessen in einer Sprache von Rechten und Gerechtigkeit ausdrücken. Vielmehr missachtet ein solcher Zugang das Wesen unserer wichtigsten Lebensentscheidungen, da die Gründe, warum wir eine Familie gründen, nicht erfasst werden können.

Murray identifiziert zwei unterschiedliche Bereiche, die hinsichtlich ihrer ethischen Kodierung nicht miteinander vereinbar scheinen. Während im Bereich des Markts die Freiheit zu wählen im Vordergrund steht, zeichnet sich Familie durch Akzeptanz und gegenseitige Fürsorge aus. „Values such as love, loyalty, intimacy, steadfastness, acceptance, and forgiveness are crucial to well-functioning families, which are also the most robust settings in which to raise children to become confident, competent, loving, and emotionally resilient adults."[719] Zwar wählen wir unsere Partnerin und wir haben die Wahl, ob wir uns fortpflanzen oder nicht, aber es ist nicht Teil der elterlichen Beziehung, spezifische Eigenschaften des Kindes auszuwählen. Hingegen basiert die freie Auswahl einer Spenderin „on the values of choice and control"[720] und damit auf einem Freiheitsverständnis, das der ethischen Bedeutung familiärer Beziehungen nicht angemessen ist.

Murrays Auffassung zufolge potenziert sich dieses Problem, wenn Eizellen zu einem handelbaren Gut werden, dem ein monetärer Wert hinterlegt ist. Weil die Kommodifizierung wirtschaftlichen Prinzipien folgt, die einem traditionellen Verständnis von Familie widersprechen, attestiert er eine grundsätzliche Unvereinbarkeit von Markt und Familie:

> A market in gametes, or even in offspring, might not be a moral and social problem for some other sorts of creatures for whom rationality is preeminent. But such a market is a threat for us humans who need affection, trust, and above all intimate an enduring relationships in order to flourish.[721]

Dieser Argumentation folgend widerspricht eine Eizellspende, die einem finanziellen Interesse unterliegt und als finanzielle Transaktion wahrgenommen wird, einem allgemeinen Verständnis von Familie. Unter Berücksichtigung der besonderen Bedeutung der Familie für das menschliche Wesen und der sich daraus ableitenden Schutzwürdigkeit kann eine kommerzialisierte Eizellspende moralisch nicht zulässig sein.

---

718 Murray (1996), S. 59.
719 Murray (2002), S. 43.
720 Murray (1996), S. 61.
721 Murray (1996), S. 63.

Obwohl Murrays Darlegungen der ethischen Dimension der Familie intuitiv sehr plausibel sind und sich die Familie als besondere Form der sozialen Nahbeziehung durch eigene moralische Regeln auszeichnet, kommen mit Blick auf eine liberale Gesellschaft mit ihren unterschiedlichen Lebens- und Wertvorstellungen Zweifel an der Überzeugungskraft eines monolithischen Familienverständnisses auf. Zweifellos ist die Familie ein besonderer Ort, dessen Besonderheiten auch in moralischer Hinsicht zu berücksichtigen sind. Dennoch ist fraglich, ob Murrays konkrete Vorstellung von Familie und ihrer Werte in dieser Weise überhaupt allgemeingültig sein kann, ohne zum Selbstzweck zu werden.

Die Entwicklung der modernen Reproduktionsmedizin hat die Familiengründung drastisch verändert und stellt das traditionelle Verständnis von Familie auf die Probe. Durch die zunehmende Planbarkeit der Fortpflanzung wurde das einst Unverfügbare kontrollierbar und die Bedeutung des Zufalls hat abgenommen. Dagegen zeigt sich aber nicht, dass diese Veränderung moralisch ablehnenswert ist. Wenn die Familienbeziehung einen moralischen Wert hat, kann dieser nicht unabhängig vom jeweiligen Subjekt definiert werden. Die Beziehung ist nicht wertvoll an sich, sondern basiert auf der Wertschätzung des Menschen. Wird jedoch konstatiert, dass eine familiäre Beziehung nicht intrinsisch wertvoll ist, sondern sich ihr Wert aus der Bedeutung für das menschliche Leben ergibt, führt dies zu einer Wertantinomie, wenn die moderne Reproduktionsmedizin eine Brücke zwischen dem Bereich des Markts und dem der Familie schlägt. Zwar ist die Familie von kultureller Bedeutung und ein wichtiger Bestandteil unserer kulturellen Identität, das gilt aber gleichermaßen für freiheitliches und selbstbestimmtes Handeln.

Unter der Annahme, dass sich der Wert aus der Bedeutung für das menschliche Leben ableitet, unterliegt dieser einer grundsätzlichen Wandelbarkeit. Davon ausgehend muss die Lösung für diesen aufbrechenden Konflikt keinesfalls darin liegen, den Konflikt zu vermeiden, indem die beiden Bereiche Familie und Markt weiterhin separiert bleiben. Unter Berücksichtigung der Möglichkeit subjektiver und kultureller Wertverschiebungen ist es moralisch nicht vorgegeben, die alte Ordnung aufrecht erhalten zu müssen. Es ist durchaus denkbar, dass die Bereiche Markt und Familie eine Schnittmenge aufweisen und die Werte des Marktes (*choice and control*) einen Platz im Bereich der Familie finden können, ohne deren inhärenten Werte (*love, loyalty, intimacy* etc.) verdrängen zu müssen.

Dafür spricht auch die Lebensrealität familiärer Beziehungen. Familie ist ein wichtiger Ort, an dem sich Individualität und Identität eines Menschen ausprägen. Hier wachsen Kinder in einer von Liebe, Vertrauen und Zuneigung geprägten Umgebung auf. Jedoch lassen sich in familiären Beziehungen ebenfalls Hass, Misstrauen und Abneigung erkennen. Wenngleich Fürsorge ein integraler Bestandteil elterlichen Handelns ist, ist der Alltag häufig vom Gegenteil geprägt. In theoretischen Überlegungen, wie beispielsweise von Murray, entspricht die Beziehung der Eltern zu ihrem Kind eher einem romantisierten Ideal als der Wirklichkeit.

Wenn Murray der Familie eine eigene ethische Dimension zuordnet, trennt er diese konzeptionell von anderen Lebensbereichen ab. Dabei wird leicht übersehen, dass diese konzeptionelle Trennung eher theoretischer Natur ist. Familiäre Beziehungen sind in einen sozialen Kontext eingebettet und keineswegs frei von individuellen Interessen. Elterliches Handeln zeugt von einer Wahlfreiheit, ohne die Kindererziehung gar nicht möglich wäre. Wenn Eltern überlegen, ob sie ihr Kind taufen lassen, welche Impfungen es bekommt oder auf welche Schule sie es schicken, sind das Entscheidungen, die auf den individuellen Lebensplänen der Eltern basieren, d. h. aus einem liberalen Freiheitsverständnis resultieren, ohne dabei Aspekte der Liebe, Zuneigung und Fürsorge missen zu lassen.

Ein weiteres Indiz für eine sich ergänzende Koexistenz von Markt und Familie ist die enorme Entwicklung der Reproduktionsmedizin. Durch die Kommerzialisierung von Eizell- und Samenspenden sowie die Verbesserung der Präimplantations- und Pränataldiagnostik lässt sich eine Zunahme selektiver Mechanismen beobachten, ohne zugleich einen Zerfall familiärer Werte erkennen zu können. Darüber hinaus ist eine fremde Spenderin lediglich an der Gründung der Familie beteiligt und es ist nicht zu erwarten, dass die Auswahl und die Bezahlung der Spenderin Einfluss auf die emotionale Bindung oder die elterliche Fürsorge haben.

Diese Überlegungen deuten darauf hin, dass die von Murray angenommene moralische Exklusivität der Familie nicht der Realität entspricht und sich ihre moralischen Werte und Prinzipien mit anderen Lebensbereichen überschneiden können. Dass Überschneidungen möglich sind, sagt aber noch nichts darüber aus, wie weit diese zulässig oder erwünscht sind.

Murrays Gegenüberstellung von der ‚Anschaffung eines Babys' und der ‚Anschaffung eines Brotbackautomaten' illustriert, wie unterschiedlich diese beiden Bereiche sind. Es ist eine unbehagliche Vorstellung, wäre die Fortpflanzung in einer Weise kontrollierbar, dass sich spezifische Eigenschaften von Kindern konkret planen ließen und Eizellen höchstbietend verkauft würden. Es wäre ebenso wenig wünschenswert, die Fortpflanzung vertraglich zu regeln, indem Erziehungsziele und Eckpunkte der zukünftigen Familienbeziehung vorab definiert werden. Die menschliche Reproduktion ist keine Produktion von Menschen. Sie ist der Beginn einer familiären Beziehung, die aufgrund ihrer individuellen und kollektiven Bedeutung in besonderem Maß schützenswert ist. „They should be our culture's last resort, if we allow resort to them at all."[722]

---

722 Murray (1996), S. 67.

Hingegen wird – soweit ist Murray zuzustimmen – durch die Bezahlung und die Auswahl spezifischer Eigenschaften der Spenderin der Fokus der Reproduktion zu sehr auf die individuelle Freiheit gelegt und die vertragliche Regelung rückt in den Mittelpunkt. Das wiederum kann unser Verständnis von Familie verändern, deren moralische Bindung grundsätzlich ohne vertragliche Komponenten auskommt. Aus dieser Perspektive besteht die Gefahr, dass die Kommodifizierung von Eizellen bzw. die Kommerzialisierung der Reproduktion die eigentlich soziale Beziehung in ein ökonomisch-rechtliches Verhältnis transformiert, was zur Abnahme der kulturellen Bedeutung familiärer Beziehungen führen kann und das Konzept der bedingungslosen Liebe und Akzeptanz überflüssig werden lässt. Doch welcher Stellenwert kommt der Bedingungslosigkeit zu und inwiefern beeinflusst eine präferenzielle Auswahl der Eizellspenderin die elterliche Liebe und Akzeptanz?

6.3.3.2 Das Ideal der elterlichen Liebe

Für viele Menschen ist die Vorstellung guter Elternschaft mit bedingungsloser Liebe und Akzeptanz verbunden. Gute Eltern respektieren und lieben ihr Kind, egal mit welchen Eigenschaften es zur Welt kommt. Im Unterschied zu anderen sozialen Nahbeziehungen ist die Akzeptanz ein wichtiger Teil des Wesens der Familie, der sich nicht nur auf die biologische Relation bezieht, sondern von dieser Position eines Ideals auch auf die soziale Relation einwirkt. The President's Council on Bioethics äußert daher Bedenken, die Möglichkeit der elterlichen Einflussnahme auf die genetische Disposition des Kindes

> establishes the principle that parents may choose the qualities of their children, and choose them on the basis of genetic knowledge. This new principle, in conjunction with the cultural norm just mentioned, may already be shifting parental and societal attitudes toward prospective children: from simple acceptance to judgment and control, from seeing a child as an unconditionally welcome gift to seeing him as a conditionally acceptable product.[723]

Wird die Eizellspenderin anhand ihrer persönlichen Eigenschaften ausgewählt, sei das ein Versuch der Eltern, das Kind nach ihren Vorstellungen zu ‚designen'. Damit ist die Sorge verbunden, die Annahme des Kindes werde von jener Vorstellung abhängig und widerspreche dem, „what the idea of parenthood should take for granted: that each child is ours to love and care for, from the start, unconditionally, and regardless of any special merit of theirs or special wishes of ours."[724]

---

723 President's Council on Bioethics (2003), S. 37. Obwohl sich diese Stellungnahme konkret auf die Möglichkeit des genetischen Screenings bezieht, lässt sich die Argumentation auf die präferenzielle Auswahl der Spenderin übertragen.
724 President's Council on Bioethics (2003), S. 71.

Diese Sorge um die Bedingtheit elterlicher Liebe und Akzeptanz wird umso größer, je spezifischer die Auswahlkriterien werden. Zwar lässt sich aktuell nur vage vorhersagen, welche Eigenschaften das Kind tatsächlich haben wird, doch ist die Problematik keinesfalls irrelevant. Es ist davon auszugehen, dass die Entwicklungen genetischer Testverfahren und der Bioinformatik zu einer Zunahme genetischen Wissens führen, die konkretere Aussagen über die Prädetermination des Kindes erlauben und sich Spenderinnen gezielter auswählen lassen. Jedoch ist die Vorstellung einer immer stärker plan- und kontrollierbaren Fortpflanzung mit Bedenken hinsichtlich der sozialen Folgen verbunden.

> The procreative process could come to be seen increasingly as a means of meeting specific ends, and the resulting children would be products of a designed manufacturing process, products over whom we might think it proper to exercise ‚quality control.‘ [...] We would learn to receive the next generation less with gratitude and surprise than with control and mastery.[725]

Hierin zeigt sich abermals die bereits von Murray aufgezeigte Verbindung einer nicht plan- und kontrollierbaren Fortpflanzung und der besonderen Bedeutung familiärer Beziehungen.

Vertreterinnen dieses Einwands halten an der traditionellen Vorstellung fest, dass elterliche Liebe nicht an Bedingungen geknüpft sein darf. Dies gehört zum Wesen der Familie, die sich dadurch von anderen sozialen Nahbeziehungen unterscheidet. Freundschaftliche und auch partnerschaftliche Beziehungen basieren auf einer freiwilligen Bindung, die eine Auswahl des Gegenübers und ein gegenseitiges Einverständnis voraussetzt. Dies trifft auf die Familiengründung nicht zu. Ebenso wenig wie sich Kinder ihre Eltern aussuchen können, können sich Eltern ihre Kinder aussuchen. Die bedingungslose Annahme durch die Eltern ist die erforderliche Antwort auf das vom Kind entgegengebrachte blinde Vertrauen.[726] Die Fortpflanzung ist der Beginn einer lebenslangen Bindung und Verantwortungsbeziehung, die von Fürsorge und Zuneigung geprägt ist. Durch die Auswahl bestimmter Eigenschaften wird suggeriert, dass ein Kind mit anderen Eigenschaften nicht erwünscht wäre. Das allerdings steht im Widerspruch zur moralischen Grundlage der Familie, nämlich dem elterlichen Versprechen, ihr Kind zu lieben und zu umsorgen.[727] Neben möglichen Auswirkungen auf unser Verständnis von Familie kann die Selektion der Spenderin ebenso negative Folgen für das reale Zusammenleben haben, wie David Wasserman in einem Gedankenexperiment skizziert. Angenom-

---

725 President's Council on Bioethics (2002), S. 106 f.
726 Wiesemann (2015); siehe auch Kap. 4.3.2.
727 Asch/Wasserman (2005), S. 213.

men, ein Paar lässt die im Rahmen einer künstlichen Befruchtung entstandenen Embryonen genetisch untersuchen, woraufhin diejenigen mit unerwünschten Eigenschaften aussortiert werden. Von den verbleibenden wählt es einen Embryo aus, die restlichen werden eingefroren. Einige Jahre später möchten die Eltern noch ein Kind und lassen die eingefrorenen Embryonen erneut untersuchen. Aufgrund der verbesserten Diagnosemöglichkeiten können weitere unerwünschte Eigenschaften aussortiert werden. Von diesen wählen sie wiederum einen Embryo aus, der in die Gebärmutter eingesetzt wird. Bei einem erneuten Screening stellt sich allerdings heraus, dass das ältere Kind eine eigentlich unerwünschte Eigenschaft besitzt und als Embryo nur nicht aussortiert wurde, weil diese zum damaligen Zeitpunkt nicht feststellbar war. Dies sei eine sehr unbefriedigende Situation für das ältere Kind:

> He knows that he is loved as unconditionally as his younger siblings; they, in turn, are loved as unconditionally as those who will be added under even more refined screening techniques. Each nevertheless has a reason to feel like a second-class family member, ‚grandfathered in‘ under a standard that would have excluded him.[728]

Hierbei entsteht eine Ambivalenz zwischen der bedingungslosen Liebe, die dem älteren Kind, und der bedingungslosen Liebe, die den nachfolgenden Kindern entgegengebracht wird. Wasserman kritisiert, dass diese Ambivalenz nicht mit dem Ideal elterlicher Liebe vereinbar ist:

> Parents who intentionally select an embryo without genetic impairments fail to satisfy that ideal even if they would accept a child with them; they consign the latter to a kind of waiting list, to be admitted into the family only if no more suitable candidates are available.[729]

Dies wiederum birgt das Risiko, dass Eltern enttäuscht sein könnten, wenn das Kind die gewünschten Eigenschaften nicht aufweist. Insbesondere, wenn sie neben der aufgewendeten Zeit und Mühen sehr viel Geld investiert haben, erweckt das den Verdacht, dass dieses Risiko proportional zur Höhe der gezahlten Summe steigt. Sollten Universitätsstudentinnen tatsächlich 50.000 USD für eine Eizellspende erhalten, ist es naheliegend, dass die Wunscheltern damit besondere Hoffnungen verbinden, die umso stärker enttäuscht werden können, wenn sich ihre Erwartungen nicht erfüllen. Diese Enttäuschung birgt zudem die Gefahr, die eigentlich bedingungslose Liebe zu beeinträchtigen.

In Wassermans Beispiel basiert das Ideal der elterlichen Liebe auf der realen Explikation des Ideals selbst. Letztlich hängt die elterliche Liebe davon ab, ob es ein

---

728 Wasserman (2009), S. 327.
729 Wasserman (2009), S. 325 f.

Kind gibt, das diese Liebe empfangen kann. In diesem Sinne lautet der Einwand nicht, dass Eltern das Ideal der bedingungslosen Liebe durch die Selektion von Embryonen nicht verkörpern, sondern dass sie ihre Kinder unterschiedlich lieben. Obwohl dieses Argument auf einer intuitiven Ebene sehr stark erscheint, weist ein Einwand, der auf die realen Folgen abzielt, einige Schwächen auf.

Zum einen ist bereits die Redeweise, dass Eltern ihr Kind, je nach gewünschten Eigenschaften, mehr oder weniger lieben könnten, sowohl empirisch als auch konzeptionell problematisch. Um überzeugen zu können, bedarf es eines Nachweises, dass eine Selektion dazu führt, dass Kinder nicht bedingungslos geliebt werden. Die bedingungslose elterliche Liebe ist eine Idealvorstellung, die sich in der Praxis nicht erfassen lässt. Daher ist weder klar, wann dieses Ideal erfüllt ist, noch wie ein Mehr oder Weniger der elterlichen Liebe festgestellt werden kann.

Zum anderen besteht kein notwendiger Zusammenhang zwischen der mit dem zukünftigen Kind verbundenen Erwartung und der dem tatsächlichen Kind entgegengebrachten Liebe. Auch wenn sich herausstellt, dass das Kind nicht so intelligent oder sportlich ist, wie es sich die Eltern gewünscht haben, bedeutet das nicht, dass sie es weniger lieben. Dieses Phänomen zeigt sich auch außerhalb der Eizellspende. Viele Eltern wünschen sich ein Mädchen oder einen Jungen und sind möglicherweise enttäuscht, wenn das geborene Kind nicht das gewünschte Geschlecht hat. Das schließt aber nicht aus, dass sie ihrem Kind nicht ihre ganze Fürsorge und Zuwendung entgegenbringen können.[730] Sich ein Kind mit bestimmten Eigenschaften zu wünschen und diese durch die Auswahl der Spenderin beeinflussen zu wollen, steht nicht im Widerspruch zum Ideal der bedingungslosen Liebe.

Die Einflussnahme auf die Persönlichkeit des Kindes ist moralisch nicht problematisch, sofern das Ideal der elterlichen Liebe lediglich verlangt, sich des existierenden Kindes anzunehmen und es zu lieben.

> Parents are not, at the point at which they make reproductive decisions, obliged to love all of their merely possible future children. As I have said, this would be, at best, excessively de-

---

[730] Wilkinson (2010), S. 22; Fahmy (2011), S. 135. An dieser Stelle zeigt sich außerdem ein begriffliches Problem der bedingungslosen Liebe. Das Ideal erfordert weniger, dass Eltern ihre Kinder ihr Leben lang unter allen Umständen lieben sollen. Es finden vermutlich sehr viele Menschen akzeptabel, das eigene Kind zu verstoßen, wenn es eine Massenmörderin wird und völlig den eigenen moralischen Überzeugungen widerspricht. In der Realität verstoßen viele Eltern ihre Kinder aus weitaus profaneren Gründen (weil sie homosexuell sind oder andere politische Überzeugungen haben). Dieses Ideal muss von solchen Situationen abgetrennt werden. Daher ist dieses Ideal zu interpretieren als Akzeptanz und liebevolle Fürsorge im Sinne einer Antwort auf die kindlichen Bedürfnisse, damit es später ein selbstbestimmtes Leben führen kann.

manding and, at worst, impossible. However, they are required to have the following attitude to their future children: ‚whatever child comes along, we will love it unconditionally'.[731]

Daher ist die Prädetermination der kindlichen Eigenschaften durch die Auswahl der Spenderin möglich, ohne das Ideal elterlicher Liebe zu verletzen. Problematisch wäre es hingegen, würden die Wuncheltern das Kind ablehnen, wenn es ihre Erwartungen nicht erfüllt.

Dass es möglich ist, die Eigenschaften des Kindes zu beeinflussen und es dennoch ungeachtet der realen Eigenschaften anzunehmen, zeigt sich letztlich auch in der Erziehung. Wenn Eltern ihren Kindern sehr früh Lesen und Schreiben beibringen, diese bereits im Kindergarten ihre erste Fremdsprache lernen oder ihre musischen und sportlichen Talente in besonderer Weise gefördert werden, entspricht das meist nicht den Wünschen der Kinder, sondern vielmehr den Vorstellungen der Eltern. Sie können sich ärgern, wenn es ihr Kind nicht aufs Gymnasium schafft oder nach zwei Jahren Klavierunterricht nur den Flohwalzer spielen kann. Das bedeutet aber nicht, dass sie es weniger lieben.

Sowohl die Erziehung als auch die genetische Prädetermination durch eine präferenzielle Auswahl der Spenderin basieren auf elterlichen Vorstellungen, die in beiden Fällen Vorlage für die Gestaltung der persönlichen Eigenschaften des Kindes sind. In moralischer Hinsicht ist die Auswahl der Spenderin ebenso mit dem Ideal der elterlichen Liebe vereinbar wie die von den Eltern festgelegten Erziehungsziele. Das wiederum bedeutet, dass die präferenzielle Auswahl der Spenderin in den Verantwortungsbereich der Wuncheltern fällt. Wenn es möglich ist, das Kind nach ihren Vorstellungen zu erziehen, dann sollten sie auch versuchen dürfen, diesem die ihren Vorstellungen entsprechende genetische Ausstattung mitzugeben.

6.3.3.3 Elterliche Liebe als Tugend

Dagegen lässt sich einwenden, dass der Einfluss auf die Persönlichkeit des Kindes durch die Erziehung weit weniger stark ist als der direkte Einfluss auf die genetische Ausstattung des Kindes. Hinsichtlich der Option genetischer Optimierung sieht Michael Sandel zwar Parallelen zu besonders ehrgeizigen Erziehungszielen, doch stellt das seiner Ansicht nach eher die Ambitionen der Eltern infrage, als dass sich dadurch genetische Veränderungen rechtfertigen ließen.[732] Die genetischen Voraussetzungen des Kindes entsprechend den eigenen Vorstellungen bestimmen zu wollen, „corrupts parenting as a social practice governed by norms of unconditional

---

731 Wilkinson (2010), S. 29.
732 Sandel (2007), S. 52.

love."[733] Es begünstigt stattdessen eine Haltung der Beherrschbarkeit menschlicher Eigenschaften, die eine Sichtweise auf das Leben als Geschenk nicht anerkennt. Diese ist aber elementarer Bestandteil der Eltern-Kind-Beziehung, durch den sie sich von anderen sozialen Nahbeziehungen unterscheidet. Der Idee dieses Geschenks liegt die bedingungslose Annahme des Kindes zugrunde, die mit einer Prädetermination genetischer Eigenschaften nicht vereinbar ist. Anders als Vertreterinnen von interessen- oder rechtebasierten Ansätzen identifiziert Sandel die mögliche Veränderung der Elternschaft, der als sozialer Praxis ein besonderer Wert zukommt, als Hauptursache unserer moralischen Bedenken. Die Planbarkeit der genetischen Konfiguration des Kindes beraubt uns der mit der Geburt verbundenen Geheimnisse (*mystery of birth*). Und eine darum entstehende Haltung, menschliche Eigenschaften kontrollieren zu wollen, „disfigures the relation between parent and child, and deprives the parent of the humility and enlarged human sympathies that an openness to the unbidden can cultivate."[734]

Beiden Ansätzen ist gemein, und soweit stimmen sie auch mit Murray überein, dass sich die Fortpflanzung wesentlich den Handlungszusammenhängen von *choice and control* entzieht und der Zufälligkeit der Zeugung eine besondere Bedeutung zukommt. Dabei resultiert die Heiligkeit des Zufalls weder in religiösen oder naturalistischen Begründungen, sondern in ihrem praktischen Nutzen, durch die der Einfluss menschlicher Kontrolle begrenzt wird. „The (quasi-)random process of fertilization deserves deference not because it is natural, but because it precludes a selectivity that prospective parents ideally should not exercise."[735] Im Unterschied zu Wasserman, der die bedingungslose Liebe als Ideal, d. h. als Orientierungshilfe für elterliches Handeln definiert, interpretiert Sandel diese als elterliche Tugend. Dabei geht es nicht darum, ob Eltern ihre Kinder tatsächlich lieben, sondern vielmehr um eine Haltung, die grundlegend für das Wesen familiärer Beziehungen ist. Aus dieser Perspektive ist die genetische Prädetermination durch die Auswahl der Spenderin mit dem moralischen Ideal der Elternschaft nicht vereinbar.

Die Annahme einer Idealvorstellung von elterlicher Liebe ist eines der stärksten und verbreitetsten Einwände gegen die Wahl einer Eizellspenderin nach erwünschten und unerwünschten Eigenschaften. Kinder gelten weithin als Geschenk und nicht als etwas nach den Wünschen der Eltern Hergestelltes. Dies würde der gängigen Auffassung guter Elternschaft widersprechen, nach der sich elterliches Handeln primär an den Bedürfnissen des Kindes und nicht an den eigenen Präferenzen orientiert.[736]

---

733 Sandel (2007), S. 82 f.
734 Sandel (2007), S. 46.
735 Wasserman (2009), S. 326.
736 Scully/Shakespeare/Banks (2006); Scully/Banks/Shakespeare (2006).

Auch dieser Punkt wurde in ähnlicher Weise im Zuge der in Deutschland geführten Debatte um die Präimplantationsdiagnostik diskutiert. Dabei hat sich
deutlich gezeigt, dass eine Position, nach der die genetische Konfiguration des
Kindes ein Teil der reproduktiven Autonomie ist, gesellschaftlich kaum anschlussfähig ist. Stattdessen ist es in unserer Gesellschaft weitgehend anerkannt, dass gute
Eltern ihr Kind keinesfalls einer „Qualitätskontrolle"[737] unterziehen, sondern es
bedingungslos annehmen und lieben. Planungs- und Steuerungsversuche schmälern die Bedeutung dieser sozialen Praxis und sind mit einem allgemeinen Verständnis guter Elternschaft nicht vereinbar.

Ähnliches zeigt sich auch bei der Auswahl von Eizellspenderinnen. Wenn
Frauen mit bestimmten gesundheitlichen Merkmalen von der Spende ausgeschlossen werden, soll damit ebenso verhindert werden, dass sich jene Merkmale
auf das Kind übertragen. Aus Perspektive der Wunscheltern ist es eine durchweg
rationale Entscheidung, Krankheitsrisiken für ihr Kind zu minimieren und Trägerinnen dieser Krankheiten bzw. mit der genetischen Disposition dazu als Spenderinnen auszuschließen. Bei besonders schweren Erkrankungen oder Infektionskrankheiten, die mit hoher Wahrscheinlichkeit zu einer Fehlgeburt führen oder die
Gesundheit der Schwangeren gefährden, wird dies mitunter eingefordert. Doch
auch bei wesentlich milderen Erkrankungen ist es weithin akzeptiert, wenn potenzielle Spenderinnen zur Vermeidung von Krankheitsrisiken ausgeschlossen
werden.

Die gleichen Selektionsmechanismen lassen sich erkennen, wenn Spenderinnen nach äußeren Merkmalen ausgewählt werden, um eine größtmögliche Ähnlichkeit zwischen dem Kind und den Wunscheltern herzustellen. Eine Reproduktionsklinik wird kaum eine Spenderin mit dunkler Haut- und Haarfarbe für eine
blondes Kinderwunschpaar mit sehr heller Haut auswählen. Dafür ist die gesellschaftliche Bedeutung der Ähnlichkeit als äußeres Merkmal der Familie zu groß.
Dies sind nur zwei Beispiele der Selektion, die im Kontext der Eizell- und Samenspende etabliert sind. Hierbei ist nur schwerlich zu erkennen, warum die Vermeidung von Krankheitsrisiken und die Herstellung von Ähnlichkeit nicht gleichermaßen im Widerspruch zur Bedingungslosigkeit elterlicher Liebe stehen wie
die Auswahl einer besonders sportlichen, hübschen oder intelligenten Spenderin.

Ähnliche Widersprüche zeigen sich in vielen anderen Lebensbereichen. Sandel
erkennt an, dass therapeutische Behandlungen und die Erziehung immer auch
Versuche sind, Einfluss auf das Kind zu nehmen, die aber in seiner Interpretation
mit der elterlichen Tugend vereinbar sind. Dagegen grenzt er eine überambitio-
nierte Erziehung (*hyperparenting*) und genetisches Enhancement als unvereinbar

---

737 Maio (2011), S. 89.

mit der bedingungslosen Liebe ab, ohne aber eine konkrete Grenze zu bestimmen.[738] Dies hinterlässt eine Unklarheit darüber, welche Beeinflussung zulässig ist
und welche nicht. Einerseits ist es gesellschaftlich akzeptiert, Eizellspenderinnen
mit schweren genetischen Erkrankungen auszuschließen. Andererseits lässt sich
aus Sicht eines tugendethischen Ideals bedingungsloser Liebe nicht differenzieren,
ob Spenderinnen mit schweren genetischen Erkrankungen oder jene mit leichten
genetischen Erkrankungen ausgeschlossen werden oder sogar eine Spenderin mit
besonderen Fähigkeiten ausgewählt wird. Hinsichtlich des Grads der Einflussnahme auf die genetische Konstitution des Kindes unterscheiden sich diese Fälle nicht
voneinander. Das wiederum enthüllt ein Grundproblem tugendethischer Ansätze:
Gibt es überhaupt eine solche elterliche Tugend und falls ja, ist diese aus ethischer
Sicht erstrebenswert?

Die erste Frage scheint sich recht einfach beantworten zu lassen. Es ist offensichtlich, dass familiäre Beziehungen, insbesondere die Eltern-Kind-Beziehung, eine
besondere Qualität gegenüber anderen sozialen Nahbeziehungen aufweisen. Im
Unterschied zu Freundinnen und Liebespartnerinnen suchen sich Eltern ihre
Kinder nicht aus, ebenso wenig wie sich Kinder ihre Eltern aussuchen können.
Vielmehr zeichnet sich die Eltern-Kind-Beziehung durch eine besondere Emotionalität in Form von liebevoller Fürsorge und persönlicher Zuneigung aus, die nicht
auf der Sympathie des Gegenübers basiert. Diese Sicht ist gesellschaftlich tief verankert und rührt bisweilen aus einer Notwendigkeit heraus. Da sich die Familiengründung der Kontrolle und Planbarkeit entzieht, ist die verbindende Liebe zwischen Eltern und Kind (zumindest anfänglich) blind und bedingungslos.

Im Laufe der Jahre kann diese Liebe verblassen und ins Gegenteil umschlagen.
Eine solche Dynamik der Eltern-Kind-Beziehung weckt allerdings Zweifel an der
Tugendhaftigkeit der bedingungslosen Liebe, was zur zweiten Frage führt. Nicht
jede Mutter bringt so viel Zuwendung auf wie eine Amme und nicht jeder Vater
empfängt seinen verlorenen Sohn mit offenen Armen. Das wiederum nährt den
Verdacht, dass die anfängliche bedingungslose Liebe zwar eine notwendige Reaktion auf ihre blinde Ursprünglichkeit, aber nicht notwendigerweise ein anzustre-
bendes Ideal der Elternschaft ist.

Diese Vermutung wird durch eine weitere Beobachtung gestützt. Die medi-
zintechnologische Entwicklung der letzten Jahrzehnte hat die Entstehung des Lebens entmystifiziert und in den Verfügungsbereich des Menschen gerückt. Diese
Entwicklung wird seither von einer öffentlichen und fachlichen Debatte darüber
begleitet, inwiefern diese mit der gesellschaftlichen Vorstellung von Familie vereinbar ist. Doch allein die Tatsache, dass es diese medizinische Entwicklung gibt

---

738 Sandel (2007), S. 61f.

und sie in Anspruch genommen wird, zeigt sehr deutlich, dass der präkonzeptionelle Einfluss auf das Kind nicht im Widerspruch zum Ideal elterlicher Liebe stehen muss. Solange über den besonderen Wert familiärer Beziehungen und die gesellschaftliche Bedeutung der Familie gestritten wird, ist das zumindest ein Zeichen dafür, dass es möglich ist, dies miteinander in Einklang zu bringen.

Ideale sind stets kontextsensitiv. Sie existieren innerhalb einer kulturellen Umgebung und verändern sich mit dieser. Durch den reproduktionsmedizinischen Fortschritt sind die Unverfügbarkeit der Fortpflanzung und das *mystery of birth* keine notwendigen Bausteine der Familiengründung mehr. Es ist durchaus möglich, die Eigenschaften des Kindes zu beeinflussen, ohne dass das Ideal bedingungsloser Liebe oder der Wert familiärer Beziehungen geschwächt werden. Das wäre in einer liberalen und demokratischen Gesellschaft, die sich durch plurale Wertvorstellungen und unterschiedliche moralische Überzeugungen auszeichnet, auch kaum zu erwarten. Ideale beruhen auf einer Vorstellung des Guten, der in einer solchen Gesellschaft kein Allgemeingültigkeitsanspruch zukommt. Aufgrund unterschiedlicher Wertvorstellungen und moralischer Überzeugungen kann es unterschiedliche Interpretationen dieses Ideals geben, die nebeneinander existieren, ohne den gesellschaftlichen Sinnzusammenhang der Familie zu zerstören. Vor dem Hintergrund der persönlichen Vorstellung des Guten sind Ideale erstrebenswerte Handlungsziele, die allerdings aufgrund der Pluralität solcher Vorstellungen nicht gleichermaßen von anderen Menschen eingefordert werden können. Daher spricht ein tugendethisch konzipiertes Ideal elterlicher Liebe nicht gegen die Auswahl der Spenderin nach ihren persönlichen Eigenschaften.

6.4 Kommodifizierung – ein lösbares Problem

Die Kommodifizierung von Eizellen erweist sich auf den ersten Blick als Ausgangspunkt zahlreicher Probleme – sowohl hinsichtlich der Spenderin als auch der Familiengründung. Zweifellos sind viele der eingangs genannten Probleme real und dürfen in Anbetracht der reproduktionsmedizinischen Praxis keineswegs unterschätzt werden. Gerade die Aufrechterhaltung der freien Entscheidung ist eine wesentliche Voraussetzung für die Eizellspende. Es ist unabdingbar, dass Frauen nicht zur Spende gezwungen werden und sie stets über die Möglichkeit verfügen, sich dagegen entscheiden zu können.

Es ist nicht von der Hand zu weisen, dass die meisten Spenderinnen finanzielle Interessen verfolgen und ihre Spendebereitschaft davon abhängt, ob bzw. wie viel Geld sie damit verdienen. Jedoch lässt sich, entgegen vielen Kritikerinnen, nicht erkennen, dass durch die Kommerzialisierung der Eizellspende die freie Entscheidung der Spenderinnen unterminiert wird. Das Problem besteht vielmehr darin, dass die gegenwärtige Praxis gegen allgemeine Grundsätze sozialer Gerechtigkeit verstößt, wenn Spenderinnen vornehmlich aus einkommensschwächeren Bevölkerungsgruppen stammen und bestehende soziale Ungleichheiten durch niedrige Aufwandsentschädigungen noch verstärkt werden. Angesichts der globalisierten Reproduktionsmedizin bedarf es einer politischen Lösung, die weder in einer unregulierten Zulassung noch in einem restriktiven Verbot bestehen sollte. Selbst ein Verbot der kommerziellen Eizellspende ist kein angemessenes Mittel, sondern lediglich ein paternalistischer Eingriff in das Selbstbestimmungsrecht potenzieller Spenderinnen, ohne die Bedingungen sozialer Ungleichheit zu beseitigen oder ihre Situation zu verbessern.

Eine moralisch gute Lösung liegt vielmehr in einer regulierten Zulassung der Eizellspende, die von einer gesamtgesellschaftlichen Debatte begleitet wird. Eine solche Debatte bietet sowohl die Chance einer größeren Informationsvielfalt und einer damit verbundenen Stärkung der Autonomie potenzieller Spenderinnen als auch die Chance, Gerechtigkeitsbedingungen zu formulieren, unter denen Eizellen gespendet werden sollten. Dazu gehört eine Auseinandersetzung über eine angemessene Vergütung für eine Eizellspende sowie über mögliche Kriterien, nach welchen eine Spenderin ausgewählt werden kann. Es ist zwar Teil der reproduktiven Autonomie, die Spenderin nach eigenen Vorstellungen auszuwählen, was die moralische Qualität der Elternschaft nicht beeinträchtigt, jedoch müssen gerade im Zusammenhang mit der Kapitalisierung reproduktiver Substanzen der mögliche Einfluss auf die kulturelle Bedeutung der Familie, die Diskriminierung durch präferenzielle Auswahlkriterien sowie gerechtigkeitstheoretische Aspekte hinsichtlich des Zugangs zu reproduktionsmedizinischen Leistungen in der zu führenden Debatte berücksichtigt werden.

7 Ein Beitrag zur Debatte – Zusammenfassung und Ausblick

7.1 Ein Rückblick

Am Anfang dieser Arbeit stand die Frage, warum man sich als Moralphilosoph eigentlich mit der Eizellspende beschäftigen sollte. Wir leben in einer (nahezu) liberalen Gesellschaft, in der der individuellen Freiheit grundsätzlich Vorrang eingeräumt wird und Einschränkungen dieser Freiheit begründet werden müssen. Darüber hinaus kommt der Familie ein besonderer Stellenwert zu, sowohl in individueller als auch in gesellschaftlicher Hinsicht. Kinder zu bekommen, ist für viele Menschen ein Teil ihres Lebens. Kinder nehmen nicht nur Raum und Zeit ein und bestimmen den Alltag der Eltern, sondern sind ein essenzieller Bestandteil ihres Lebensplans. Der Wert der Reproduktion besteht auch in der Weitergabe eines Stücks von sich selbst, in einem biologischen wie in einem sozialen Sinne. Hierdurch erfährt die Familie eine gesellschaftliche Wertschätzung. Aufgrund dieses besonderen Werts gilt Fortpflanzung weithin als Grundrecht, was die Anforderung an eine Einschränkung oder gar ein Verbot deutlich erhöht. Um die Fortpflanzungsfreiheit einzuschränken, bedarf es sehr guter Gründe, die dem Wert der einzuschränkenden Freiheit entsprechen (Kap. 3.3.1).

In den 1980er Jahren wurden einige Gründe vorgetragen, die aus heutiger Perspektive nicht mehr überzeugen können. Hierzu zählen insbesondere die befürchteten negativen Auswirkungen auf das Kindeswohl (Kap. 4.1.1) und die soziale Ordnung (Kap. 5.1). Die vergangenen 35 Jahren haben gezeigt, dass die Fortpflanzung mittels Eizellspende weder zu einer Identitätsfindungsstörung bei Kindern führt noch die kulturelle Bedeutung der Familie gefährdet. Daher ist die Erhaltung der biogenetischen Einheit der Mutterschaft (wie es in der Begründung des ESchG heißt) kein rechtfertigender Grund für das Verbot der Eizellspende. Stattdessen lassen der medizinische Fortschritt und gesellschaftspolitische Veränderungen eine moralische Neubewertung notwendig werden.

Ein wichtiger Bestandteil dieser Bewertung ist die Evaluierung der mit der medizinischen Behandlung einhergehenden maternalen und fetalen Risiken (Kap. 2.2). Es ist bekannt, dass Kinder nach einer künstlichen Befruchtung häufiger zu früh und mit niedrigerem Gewicht geboren werden als nach einer Spontankonzeption. Zusätzlich führen IVF-Behandlungen häufiger zur Mehrlingsbildung, die wiederum die ohnehin vorhandenen Risiken verstärkt und einen Anstieg der Morbidität und Mortalität nach sich zieht. Hingegen lassen sich keine signifikanten Unterschiede zwischen einer IVF-Behandlung mit fremden Eizellen gegenüber der

Verwendung eigener Eizellen erkennen. Unter Berücksichtigung des Gleichbehandlungsgrundsatzes wäre es unangemessen, die behandlungsimmanenten Risiken einer Eizellspende höher zu bewerten als ähnliche Risiken anderer reproduktionsmedizinischer Behandlungen.

Stattdessen spricht gerade aus medizinischer Sicht sehr viel für die Eizellspende. Ein limitierender Faktor für die Erfolgswahrscheinlichkeit von IVF-Behandlungen ist das ovarielle Alter, welches die embryonale Entwicklung wesentlich beeinflusst. Mit zunehmendem Alter einer Frau sinkt ihre Chance, ein Kind zu bekommen. Ursächlich dafür ist der Quantitäts- und Qualitätsverlust der Eizellen. Etwa ab dem 35. Lebensjahr nimmt die Fertilität stark ab, was die Aussicht auf ein Kind erheblich mindert. Spätestens ab dem 45. Lebensjahr gilt der Kinderwunsch auch mit reproduktionsmedizinischer Hilfe als nicht mehr erfüllbar. Maßgeblich für den Schwangerschaftserfolg ist allerdings nicht das Alter der Frau, sondern lediglich das Alter der Eizellen. Während die Erfolgswahrscheinlichkeit einer IVF-Behandlung mit eigenen Eizellen mit zunehmendem Alter der Patientin deutlich zurückgeht, bleibt diese bei Verwendung fremder Eizellen annähernd konstant (Kap. 2.2.3). Mittels Eizellspende lassen sich sogar Kinderwünsche über das 50. Lebensjahr hinaus erfüllen. Aus einer medizinischen Perspektive ist eine Eizellspendebehandlung – zumindest bei Kinderwunschpatientinnen im fortgeschrittenen Alter – klarerweise vorzuziehen.

Ein weiterer wichtiger Bestandteil für eine Bewertung der Eizellspende ist das Wohlergehen des zukünftigen Kindes. Aufgrund der Tatsache, dass das Kind von den Folgen der Fortpflanzung unmittelbar betroffen ist, muss dem Kindeswohl besondere Aufmerksamkeit zukommen. Anders als es der Gesetzgeber angenommen hat, lassen sich Fortpflanzungsentscheidungen aber nicht einfach anhand ihrer unmittelbaren Folgen für das Kindeswohl bewerten (Kap. 4.1.2). Es wäre zudem paradox, wenn man das Wohlergehen eines Kindes zu schützen versucht, indem man dessen Entstehung verhindert. Darüber hinaus lässt sich weder eindeutig bestimmen, wie das Kindeswohl definiert ist, noch worin eine Gefährdung besteht. Die Interpretation des Kindeswohls unterliegt individuellen und kulturellen Vorstellungen, die es ungleich schwerer machen, einen einheitlichen Bewertungsmaßstab zu entwickeln. Zwar ist es möglich, Bedingungen aufzustellen, unter denen eine Fortpflanzung inakzeptabel ist, und normative Minimalstandards zu definieren, doch lassen sich daraus lediglich Mindestanforderungen für ein lebenswertes Leben ableiten (Kap. 4.2.2.3), die ausschließlich von experimentellen Verfahren (wie Klonen und Ektogenese) nicht erfüllt werden. Es deckt sich allerdings nicht mit gängigen moralischen Intuitionen, wenn die moralische Bewertung einer Fortpflanzungsmethode lediglich davon abhängt, ob das Kind ein Leben erwartet, das besser ist, als nicht geboren worden zu sein.

Ein zentraler Fehlschluss einer ausschließlich autonomieorientierten Sicht ist die Annahme von Eltern und Kind als zwei sich gegenüberstehenden Subjekten, deren Interessen gegeneinander abgewogen werden müssen (Kap. 4.2.3). Elterliche Interessen und kindliches Wohlergehen sind keine zwei sich widerstreitenden Positionen, sondern stehen genauso wie Eltern und Kind in Beziehung zueinander. Das Kindeswohl ist keine unabhängige Größe, die sich losgelöst von der Eltern-Kind-Beziehung erfassen lässt. Es ist deskriptiv wie normativ von dieser abhängig. Aus diesem Grund bedarf es eines Bewertungskriteriums, das sich am Gelingen der Eltern-Kind-Beziehung orientiert (Kap. 4.3.2). Die moralisch richtige Antwort der Eltern auf die Bedürfnisse ihres Kindes besteht in einer von Liebe und Fürsorge getragenen persönlichen Zuwendung zu ihrem Kind. Sie sind verantwortlich für die Gestaltung jener Beziehung, die darauf ausgelegt ist, das Kind auf dem Weg zu einem selbstbestimmten Menschen zu begleiten. Hierfür ist es unerheblich, in welcher genetischen oder biologischen Beziehung sie zueinander stehen, wie alt sie sind oder welche sexuelle Orientierung sie haben. Ausschlaggebend ist die Bereitschaft der Eltern, Verantwortung für ihr Kind zu übernehmen und ihm die moralisch erforderliche Fürsorge und Zuwendung zukommen zu lassen.

Es wäre allerdings verfehlt, mögliche Interessen des Kindes nur als Element der Beziehung zu betrachten. Dies würde dem liberalen Grundgedanken der Individualität entgegenstehen. Daher genügt es nicht, die Eizellspende allein aus einer beziehungsethischen Perspektive zu bewerten, sondern es bedarf komplementär einer autonomieorientierten Perspektive. Die Bedeutung zeigt sich insbesondere bei der Auswahl der Spenderin. Wenn sich ein Kinderwunschpaar dazu entschließt, eine taube Spenderin oder eine anonyme Spenderin auszuwählen, weil sie es für die bestmögliche Option für das Gelingen der Eltern-Kind-Beziehung halten, dann ist das zweifelsohne ein Beitrag für das Kindeswohl und aus einer beziehungsethischen Sicht nicht illegitim. Trotzdem müssen grundlegende Rechte und Interessen des Kindes berücksichtigt werden, die unabhängig von dieser Beziehung bestehen.

Indes begründen mögliche Interessen zukünftiger Kinder allein keine moralischen Vorgaben für die Auswahl der Spenderin. Das normative Gewicht eines Interesses bestimmt sich aus dessen Bedeutung innerhalb des kulturellen Kontexts. Beispielsweise basiert das vom Bundesverfassungsgericht attestierte Recht auf Kenntnis der eigenen Abstammung auf einer Vorstellung kindlichen Wohlergehens, die sich stark am gesellschaftlichen Ideal der bürgerlichen Kleinfamilie orientiert. Geht man davon aus, dass es in der Regel gut für das Kind ist, bei seinen leiblichen Eltern aufzuwachsen, kann man zu dem Schluss gelangen, dass jeder Mensch großes Interesse daran hat, seine leiblichen Eltern zu kennen. Die Annahme eines solchen Interesses ist aber keine anthropologische Konstante, sondern entsteht erst im gesellschaftlichen Kontext und basiert auf sozialer Anerkennung. Die Beantwortung der Frage, ob das Recht auf Kenntnis der eigenen Abstammung den Status eines

Grundrechts hat, hängt wesentlich davon ab, welche kulturelle Bedeutung dem Wissen um die genetische Herkunft beigemessen wird (Kap. 5.4). Dies gilt in ähnlicher Weise auch für die Gründung anderer (nichttraditioneller) Familienformen oder die Auswahl einer Spenderin mit bestimmten Eigenschaften.

Ein anderer wichtiger Aspekt für eine Bewertung der Eizellspende sind die damit verbundenen gesundheitlichen Risiken. Im Unterschied zu einer IVF-Behandlung mit eigenen Eizellen trägt die Spenderin die Risiken der Stimulation und Eizellentnahme, ohne selbst von der Behandlung zu profitieren. Aus medizinethischer Perspektive ist eine Behandlung immer dann legitimiert, wenn der zu erwartende Nutzen in einem angemessenen Verhältnis zu den Risiken steht und eine informierte Einwilligung vorliegt. Fällt dieser Nutzen weg, delegitimiert das zwar nicht notwendigerweise die Behandlung an sich, doch muss der informierten Einwilligung umso mehr Beachtung geschenkt werden (Kap. 3.3.1.4). Um in die Behandlung einwilligen zu können, ist es wichtig, dass die Spenderin adäquat aufgeklärt wird und um die potenziellen Risiken und deren Folgen weiß.

Diesbezüglich lässt sich nicht feststellen, dass die in Aussicht gestellte Vergütung die Einwilligung der Spenderin kompromittiert. Es ist freilich nicht von der Hand zu weisen, dass ein Zusammenhang zwischen der Vergütung und der Bereitschaft zur Spende besteht. Je geringer dieser Betrag ausfällt, desto weniger Frauen sind bereit, Eizellen zu spenden. Die Vergütung muss zumindest hoch genug sein, um die eigenen Aufwendungen und eventuellen Verdienstausfälle kompensieren zu können. Steigt die Spendebereitschaft bei höheren Beträgen, deutet das darauf hin, dass mehr Frauen bereit sind, höhere Risiken einzugehen. Es lässt sich aber nicht schlussfolgern, dass ein hoher Geldbetrag die Fähigkeit beeinträchtigt, rationale Entscheidungen zu treffen. Eine erhöhte Risikobereitschaft ist nicht gleichbedeutend mit einer unfreien Entscheidung. Die Höhe der Vergütung zu begrenzen, um Frauen vor (vermeintlich) ungewollten Entscheidungen zu schützen, wäre zweifellos eine paternalistische Maßnahme, die einer besonderen Rechtfertigung bedarf.

Eine solche Rechtfertigung lässt sich nicht aus der Annahme ableiten, dass die kommerzielle Eizellspende, wenngleich nicht zu unfreien, so aber zu unfreiwilligen Entscheidungen führen kann (Kap. 6.2.3). Die Tendenz, dass Spenderinnen verstärkt aus einkommensschwachen Milieus stammen, weist zweifelsohne auf ein ernstes moralisches Problem hin. Dieses lässt sich allerdings nicht durch ein Kommerzialisierungsverbot lösen, welches darauf abzielt, potenzielle Spenderinnen von der Verfolgung finanzieller Interessen abzuhalten. Letztlich besteht das Problem nicht darin, dass Frauen in schwierigen ökonomischen Situationen ihre Eizellen unfreiwillig spenden oder die Möglichkeit zur Eizellspende eine Art Nötigung ist. Ungünstige Lebenslagen schmälern weder die Fähigkeit, rationale Entscheidungen zu treffen, noch führen sie zu unfreiwilligen Entscheidungen. Es ist daher nicht ersichtlich, wie die Autonomie von Frauen in prekären Situationen oder gar wirtschaftlichen Notlagen geschützt wird, wenn es ihnen nicht erlaubt ist, Eizellen zu spenden. Ein Verbot der (kommerziellen) Eizellspende schmälert lediglich ihre Handlungsoptionen und beschränkt sie in ihrem Recht, selbstbestimmt mit ihrer Situation umzugehen, ohne zur Verbesserung ihrer Situation beizutragen.

Das moralische Problem der kommerzialisierten Eizellspende ist vielmehr ein Gerechtigkeitsproblem (Kap. 6.2.4). Der Einwand, Spenderinnen würden potenziell ausgebeutet werden, trifft nicht deswegen zu, weil sie durch eine Aufwandsentschädigung oder Entlohnung zu einer Spende verführt werden. Es ist aber unfair, wenn ihnen nicht adäquate Entschädigungen angeboten werden oder gar eine altruistische Motivation abverlangt wird. Das Problem besteht nicht darin, dass Frauen (sehr) hohe Summen für eine Eizellspende in Aussicht gestellt werden, sondern darin, dass eine ungleiche Einkommensverteilung eine Stratifizierung begünstigen kann, die zu einer ungleichen Verteilung von Risiken und Nutzen führt. Es wird weithin als ungerecht empfunden, wenn einkommensstärkere Bevölkerungsgruppen davon profitieren, dass die gesundheitlichen Risiken von einkommensschwächeren Bevölkerungsgruppen getragen werden. Daher ist es notwendig, eine Lösung zu finden, die nicht darauf abzielt, vermeintlich unzulässige Anreize durch niedrige Entschädigungen zu vermeiden. Wenn ärmere Frauen nur wenig Geld für ihre Eizellspende erhalten, schützt das nicht ihre Autonomie, sondern trägt eher dazu bei, die ökonomischen Unterschiede von – um in der Dichotomie zu bleiben – eher privilegierten Gruppen und eher marginalisierten Gruppen zu manifestieren bzw. zu verstärken.

Jenes Problem verschärft sich noch mit Blick auf die globalisierte Reproduktionsmedizin und den transnationalen Eizellhandel. Wenn Kinderwunschpatientinnen aus finanziellen Gründen reproduktionsmedizinische Hilfe im Ausland suchen, lassen sich hierin zwei Aspekte erkennen. Zum einen deutet dies auf ein lokales bzw. nationales Gerechtigkeitsproblem hin, wenn sich jemand eine Behandlung im eigenen Land nicht leisten kann. Zum anderen ist eine kostengünstigere Behandlung im Ausland nur möglich, weil ökonomische Unterschiede zwischen einzelnen Ländern bestehen. Das gilt sowohl für die Behandlungskosten als auch für die Entschädigung der Spenderin. Je größer die sozialen und ökonomischen Unterschiede sind, desto größer ist die Gefahr sozialer Ungerechtigkeiten.

Diese Ungerechtigkeit wird bestärkt durch die Diskrepanz zwischen dem Wert der Tätigkeit des Spendens und dem Wert der Eizelle. Einmal dem Körper entnommen sind Eizellen eine Handelsware, die Kapitalisierungsprozessen unterliegt, weshalb deren Wert bereits mit Überschreiten einer Landesgrenze erheblich steigen kann. Um diesem Problem vorzubeugen, bietet es sich an, Eizellen nicht mehr als Ressource aufzufassen, deren Wertfindung von Angebot und Nachfrage abhängt, sondern die Spende als Dienstleistung zu betrachten, die in angemessener Weise vergütet werden muss. Diesbezüglich kann ein regulierter Markt dazu beitragen, die teils krassen Unterschiede zwischen Vergütung und Warenwert auszugleichen und sozialer Ungerechtigkeit vorzubeugen (Kap. 6.2.5).

7.2 Von der moralphilosophischen Diskussion zur politischen Realität

In der gesellschaftspolitischen Debatte wird häufig in einer schematischen Einfachheit über die Eizellspende gesprochen, die den Eindruck erweckt, als wäre es ein immer gleiches Ereignis, das sich bloß an verschiedenen Orten mit verschiedenen Personen wiederholt. Es ist daher kaum verwunderlich, dass pauschale Annahmen zu einem unterkomplexen Verständnis der eigentlichen Situation führen, aus dem wiederum pauschale Urteile resultieren. Die zu Beginn dieser Arbeit vorgestellten Fälle haben deutlich werden lassen, dass diese Annahme nicht der Realität entspricht. Zwar sind alle Frauen aus den Beispielfällen zur Erfüllung ihres Kinderwunschs auf Eizellen anderer Frauen angewiesen, doch weisen sie sehr unterschiedliche Voraussetzungen auf. Sie unterscheiden sich hinsichtlich ihrer Indikation, ihres Alters, ihrer sexuellen Orientierung, ihres Familienstands, der Art der Spende, der angestrebten Familienform und ihrer Beziehung zur Spenderin. Für eine differenzierte Bewertung ist es erforderlich, die unterschiedlichen Perspektiven und Lebensrealitäten in angemessener Weise zu berücksichtigen.

Eine wichtige Rolle bei dieser Bewertung spielen die der liberalen Idee inhärenten individualistischen und egalitaristischen Prinzipien. Ein Wesensmerkmal liberaler und demokratischer Gesellschaften ist die Anerkennung der Individualität eines Menschen, aus der sich wiederum das Recht auf individuelle Selbstbestimmung ableitet, welches auch das Recht umfasst, Fortpflanzungsentscheidungen selbstbestimmt treffen zu können. Einschränkungen der individuellen Handlungsfreiheit sind grundsätzlich begründungsbedürftig und nur unter bestimmten Voraussetzungen zulässig. Um den Individuen die größtmögliche Freiheit zu garantieren, sind Einschränkungen nur soweit legitimiert, wie sie für ein (gutes) Zusammenleben der Gesellschaft erforderlich sind.

Die Gründung einer Familie ist individuell wie kulturell so bedeutend, dass sich aus dem Konzept der reproduktiven Autonomie ein negatives Recht auf Fortpflanzung ableitet. Dass dies nur wenig umstritten ist, zeigt sich insbesondere an der breiten Akzeptanz reproduktionsmedizinischer Maßnahmen. Unter Berücksichtigung des Gleichbehandlungsgrundsatzes müssen die gleichen Kriterien auch für eine Bewertung der Eizellspende gelten. Das heißt, Eizellspendebehandlungen können nur moralisch anders bewertet werden als gängige reproduktionsmedizinische Behandlungen, sofern sie moralisch relevante Unterschiede aufweisen.

Aus medizinischer Sicht unterscheidet sich eine IVF-Behandlung mit fremden Eizellen nicht wesentlich von einer IVF-Behandlung mit eigenen Eizellen. Weder zeigen sich Auffälligkeiten hinsichtlich der gesundheitlichen Risiken noch lassen sich signifikante Unterschiede in der Entwicklung der Kinder erkennen. Wenn man also die Bedingungen einer homologen IVF-Behandlung anerkennt, lassen sich die gleichen Bedingungen bei einer Eizellspendebehandlung nicht widerspruchsfrei ablehnen. Ganz im Gegenteil: Unabhängig davon, dass es manchen Frauen durch die Verwendung fremder Eizellen überhaupt erst möglich ist, Kinder zu bekommen, zeichnet sich die Eizellspende durch einen deutlichen Vorteil aus. Aufgrund des altersbedingten Qualitätsverlusts der Eizellen lassen sich durch die Verwendung fremder (und jüngerer) Eizellen ein besseres neonatales Outcome sowie eine höhere Lebendgeburtrate erzielen. Hinsichtlich der Erfolgswahrscheinlichkeit gibt es aus medizinischer Perspektive keine Gründe, die für eine Ablehnung der Eizellspende sprechen.

Ein Blick auf die soziale Dimension der Fortpflanzung offenbart den innovativen Charakter der Eizellspende und damit auch einen wesentlichen Unterschied. Die Trennung von genetischer, biologischer und sozialer Mutterschaft ermöglicht neue Verwandtschaftsbeziehungen und Familienkonstellationen. Wenngleich diese nicht mehr dem klassischen Bild der bürgerlichen Kleinfamilie entsprechen, lassen sich jedoch große Ähnlichkeiten zu gängigen Familienformen erkennen. Wie die Existenz zahlreicher Patchwork-, Stief- und Einelternfamilien deutlich macht, sind die Funktion der Familie und die moralische Qualität familiärer Beziehungen unabhängig von deren Zusammensetzung. Ausschlaggebend ist vielmehr die soziale Bindung und das damit verbundene Zugeständnis, Verantwortung füreinander zu übernehmen.

Wie sich an der Möglichkeit der Samenspende erkennen lässt, ist eine genetische Verbindung keine notwendige Voraussetzung für die Gründung einer Familie. Elternschaft definiert sich vornehmlich durch die Übernahme sozialer Verantwortung für ein Kind und nicht darüber, ob Eltern und Kind genetisch miteinander verwandt sind. Insofern kann es als irreführend empfunden werden, wenn der Samenspender als genetischer Vater bezeichnet wird, weil das eine Verantwortungsbeziehung suggeriert, die in der Regel nicht vorhanden ist. Das trifft gleichermaßen auf die Eizellspende zu. Der Begriff genetische Mutter sagt nichts über die soziale Beziehung zwischen der Eizellspenderin und dem Kind aus. Wenn zwei Frauen an der Entstehung eines Kindes beteiligt sind, verändert das zwar die Familienzusammensetzung, nicht aber das Wesen familiärer Beziehungen. Daher würde eine Zulassung der Eizellspende eher den besonderen Wert der Familie unterstreichen und zugleich einen Beitrag zur Stärkung reproduktiver Autonomie leisten, weil sie es vielen Menschen erst ermöglicht, eine Familie nach ihren Vorstellungen zu gründen.

Geht man davon aus, dass sowohl künstliche Befruchtungen als auch Insemi-nationsbehandlungen gesellschaftlich akzeptiert sind, lässt sich eine Einschränkung der Fortpflanzungsfreiheit von Frauen mit primärer Ovarialinsuffizienz aus Sicht einer liberalen Ethik nicht rechtfertigen. Dies ist prima facie unabhängig von der Indikation. Es ist unerheblich, ob Jule (Fall 4) nicht über die notwendigen Fort-pflanzungsanlagen verfügt, Marie (Fall 5) ihre Fertilität durch eine Krebsbehand-lung verloren hat oder Anita (Fall 2) aufgrund ihres fortgeschrittenen Alters zeu-gungsunfähig ist. Wenn die reproduktionsmedizinische Unterstützung eine anerkannte Therapieform zur Beseitigung des unerfüllten Kinderwunschs ist, er-fordert der Grundsatz der Gleichbehandlung, dass dieses Angebot allen gleicher-maßen offensteht.

Akzeptiert man darüber hinaus, dass eine pathologisch bedingte Fertilitäts-störung keine notwendige Bedingung für die Inanspruchnahme reproduktions-medizinischer Hilfe ist, lässt sich ebenso ein Anspruch zur Behandlung sozialer Infertilität ableiten. Sowohl Gabi und Klaus (Fall 1) als auch Alexandra und Char-lotte (Fall 3) wünschen sich ein gemeinsames Kind und in beiden Fällen ist eine Eizellspendebehandlung die einzige Möglichkeit, ihren Kinderwunsch zu erfüllen. Der Anspruch auf reproduktionsmedizinische Hilfe begründet sich aus der sozialen Anerkennung individuellen Leidens am unerfüllten Kinderwunsch. Da die Repro-duktionsmedizin ohnehin dem Bereich der wuscherfüllenden Medizin zuzuord-nen ist, liegt an dieser Stelle kein moralisch relevanter Grund vor, das Leiden bzw. den Kinderwunsch unterschiedlich zu bewerten. Daher ist es aus einer liberalen Perspektive nicht zu rechtfertigen, wenn nicht allen Frauen gleichermaßen Zugang zur Eizellspendebehandlung eingeräumt wird.

Ein wesentlicher Unterschied zu anderen reproduktionsmedizinischen Ver-fahren besteht in der Beteiligung der Spenderin. Diese muss in besonderer Weise gewürdigt werden. Hierbei ist es erforderlich, die unterschiedlichen Situationen und Rahmenbedingungen angemessen zu berücksichtigen. Das gilt insbesondere für die Unterscheidung zwischen bekannten und fremden Spenderinnen. Zum ei-nen ist es aufgrund der kulturellen Bedeutung wichtig, die soziale Beziehung im Blick zu behalten. Es ist ein Unterschied, ob die Spenderin gleichzeitig die Mutter oder die Tante des Kindes sein wird oder ob die Spenderin anonym bleibt. Zum anderen ist es bei innerfamiliären Spenden möglich, dass aufgrund eines innerhalb einer Abhängigkeitsbeziehung bestehenden Machtungleichgewichts ein Druck entsteht, der zu einer unfreiwilligen Einwilligung führen kann. Um dieser Gefahr vorzubeugen und Spenderinnen wie Empfängerinnen zu entlasten, ist es denkbar, der Reproduktionsmedizinerin eine Art Gatekeeper-Funktion zuzuweisen oder die Behandlung mit einer psychosozialen Beratung zu verbinden.

Bei unbekannten bzw. fremden Spenderinnen besteht dieses Problem in der Regel nicht. Wenn sich Wunscheltern und Spenderin nicht oder nur sporadisch kennen, ist nicht davon auszugehen, dass jemand unter Druck gesetzt wird. Unbekannte Spenderinnen sind weniger von dem Motiv geleitet, anderen Frauen oder Paaren helfen zu wollen, sondern verfolgen vorwiegend finanzielle Interessen. Das mag angesichts des europäischen Kommerzialisierungsverbots von Körpern und Körperteilen (dazu zählen auch Gewebe und Substanzen) als problematisch erachtet werden, sollte aber nicht dazu führen, finanzielle Gegenleistungen generell auszuschließen. Ein Verbot der kommerziellen Eizellspende, d. h. ein Unterbinden jeglicher finanzieller Interessen würde sehr wahrscheinlich zu einem Rückgang der Spendebereitschaft führen. Es wäre zudem eine zutiefst sexistische Praxis, wenn altruistische Motive ausschließlich von Frauen erwartet werden, während Samenspender rein finanzielle Interessen verfolgen können.

In diesem Zusammenhang muss zugleich dem Umstand Rechnung getragen werden, dass die Stimulation und die Entnahme der Eizellen mit gesundheitlichen Risiken verbunden sind. Das darf aber nicht dazu führen, dass potenzielle Spenderinnen durch eine preispolitische Steuerung bevormundet werden. Zum Recht auf Selbstbestimmungsrecht gehört es auch, Risiken eingehen zu können. Es wäre daher verfehlt, hohe Beträge als unzulässige Anreize zu deklarieren, da diese weder die Urteils- oder Entscheidungsfähigkeit der Spenderinnen beeinträchtigen noch ihre Einwilligung ungültig werden lassen. Vielmehr muss die Tätigkeit des Spendens, d. h. die aufgewendete Zeit, Mühe und die Risikobereitschaft in angemessener Weise honoriert werden. Betrachtet man die Eizellspende als eine Art Dienstleistung, für deren Tätigkeit die Spenderin entlohnt wird, scheint es vernünftig und fair zu sein, Zeit und Risiken ins Verhältnis zur Samenspende zu setzen und die Vergütung daran zu orientieren.

Hinsichtlich der Frage nach einer angemessenen Entschädigung ist es außerdem wichtig, die bestehende Gerechtigkeitsproblematik im Blick zu behalten. Eine zu hohe Vergütung kann den Eindruck einer gewinnorientierten Veräußerung von Körpermaterialien erwecken und zugleich kann es als ungerecht empfunden werden, wenn sich Kinderwunschpaare eine Eizellspendebehandlung deswegen nicht leisten können. Eine zu niedrige Aufwendung wäre dagegen nicht nur auf individueller Ebene ungerecht, wenn diese in einem unangemessenen Verhältnis zum Aufwand steht, sondern könnte zugleich eine Stratifizierung begünstigen und soziale Ungleichheit verstärken. Durch die Festlegung eines niedrigen Werts besteht die Gefahr, die ohnehin vorhandene Ungleichverteilung von Risiken und Nutzen zuungunsten ärmerer Bevölkerungsgruppen zu manifestieren. Aus diesem Grund tragen höhere Beträge eher zu einer Chancengleichheit bei als ein Verbot, welches die genannten Probleme lediglich verlagern, aber nicht vermeiden kann.

Die gegenwärtige Praxis zeigt, dass das aktuelle Verbot der Eizellspende nicht geeignet ist, Kinderwunschpatientinnen davon abzuhalten, eine Eizellspendebehandlung im Ausland in Anspruch zu nehmen. Neben den Kosten für die Kinderwunschbehandlung fallen zusätzliche Kosten für den mehrtätigen Aufenthalt an. Werden Frauen aufgrund der Mehrkosten von einer Kinderwunschbehandlung abgehalten, die nicht über die nötigen finanziellen Mittel verfügen, verstärkt das die ohnehin bestehenden sozioökonomischen Ungleichheiten. Darüber hinaus kann ein Verbot reproduktives Reisen in Länder begünstigen, in denen medizinethische Standards weniger streng eingehalten werden. Zusätzlich erschweren Sprach- schwierigkeiten die ärztliche Kommunikation. Dies kann sich negativ auf die Qua- lität der Behandlung auswirken, die ohnehin darunter leidet, dass Ärztinnen in Deutschland weder über Eizellspendebehandlungen aufklären noch vorbereitend mitwirken dürfen und die Nachsorge getrennt von der eigentlichen Behandlung stattfindet.

Ein Verbot der Eizellspende ist nicht geeignet, die mit einer Eizellspende ver- bundenen Probleme zu vermeiden, sondern erweist sich in der Praxis als kontra- produktiv. Es verhindert die Erfüllung von Kinderwünschen, ohne Paare davon abzuhalten, für eine Eizellspendebehandlung ins Ausland zu reisen. Das Auslagern der Probleme aus dem eigenen politischen Verantwortungsbereich vermag weder zum Schutz potenzieller Spenderinnen beizutragen noch unfairen Bedingungen vorzubeugen. Es begünstigt stattdessen unregulierte Märkte im Ausland und fördert damit die Verletzung von Gerechtigkeitsstandards.

Demgegenüber bietet eine regulierte Zulassung der Eizellspende eine echte Chance, diesen Problemen entgegenzuwirken. Auch wenn sich ungünstige Bedin- gungen in anderen Ländern nicht unterbinden lassen, können Gelegenheiten re- duziert werden, reproduktionsmedizinische Hilfe in jenen Ländern in Anspruch nehmen zu wollen. Eine eigene Regelung ermöglicht es, Kriterien aufzustellen, um die Qualität der Aufklärung und eine informierte Einwilligung abzusichern. Es ist darüber hinaus möglich, internationale Standards für den globalen Handel mit reproduktiven Substanzen zu installieren. Werden Eizellen aus dem Ausland be- zogen, könnten hieran Voraussetzungen geknüpft werden, um eine gute ärztliche Praxis zu gewährleisten und skandalösen Bedingungen vorzubeugen.

Die Sicherstellung einer adäquaten medizinischen Versorgung leistet einen größeren Beitrag zum Schutz der Gesundheit von Spenderinnen und Patientinnen, als es ein Verbot vermag. Wenn die Strafbarkeit für Ärztinnen entfällt, die bei der Behandlung mitwirken (z. B. durch vorbereitende Hormonbehandlungen) oder auch nur die Vermittlung einer Behandlung im Ausland unterstützen, wären be- troffene Frauen nicht mehr darauf angewiesen, sich die benötigten Informationen auf teils schlecht übersetzten Webseiten ausländischer Reproduktionskliniken, privater Initiativen oder in Internetforen einzuholen. Eine gezielte gesundheitliche Aufklärung und eine informierte Öffentlichkeit sind zudem eine Gelegenheit zur Stärkung der Autonomie von Eizellspenderinnen und Kinderwunschpatientinnen.

7.3 Ein Ausblick auf die zu führende Debatte

Frauen mit ovarieller Dysfunktion können hierzulande keine eigenen Kinder bekommen. Ebenso ist es zwei Frauen nicht möglich, ein Kind zu bekommen, mit dem sie beide genetisch verwandt sind. Obwohl reproduktionsmedizinische Hilfe verfügbar ist, ist die Eizellspende seit nunmehr über 30 Jahren in Deutschland verboten. Die einzige Alternative für diejenigen, die sich nicht mit ihrem unerfüllten Kinderwunsch abfinden wollen, bietet eine Eizellspendebehandlung im Ausland. Auch wenn grenzüberschreitendes Reisen innerhalb der EU ausgesprochen unkompliziert ist, ist es dennoch mit großem Aufwand verbunden und hemmt die Umsetzung des Kinderwunschs mit gespendeten Eizellen.

Trotz des besonderen Werts der Fortpflanzung und der Familie zeugt das bestehende Verbot von einem Mangel an Wertschätzung des Kinderwunschs und ist zugleich Ausdruck der Missachtung des Leidens an ungewollter Kinderlosigkeit. Eine derart gravierende Einschränkung reproduktiver Autonomie ist in einer liberalen und demokratischen Gesellschaft nicht gerechtfertigt. Es ist aus liberaler Perspektive nicht vertretbar, wenn die medizinisch unterstützte Fortpflanzung höheren Ansprüchen gerecht werden muss als die sexuelle Fortpflanzung, die weitgehend unreguliert erfolgt. Die rechtliche Zulassung von Eizellspendebehandlungen ist daher moralisch geboten.

Ein Grundproblem moralphilosophischer Diskussionen (und damit auch dieser Arbeit) besteht allerdings darin, dass diese stets nur einen Ausschnitt der komplexen Lebensrealität abbilden bzw. thematisieren. Wenngleich unsere gesellschaftliche Ordnung auf liberalen Grundsätzen beruht, bedeutet das nicht, dass diese als moralischer Bewertungsmaßstab hinreichend sind. Gerade bio- und medizinethische Themen, die das menschliche Leben in seiner Existenz berühren, sind gesellschaftlich stark umstritten und Debatten nur allzu oft von Widersprüchen zu jener angenommenen liberalen Grundhaltung gekennzeichnet. Dies soll nicht verwundern, schließlich sind liberale Gesellschaften von divergierenden Wertvorstellungen und unterschiedlichen moralischen Ansichten geprägt. Daher stellt sich mit Blick auf die Eizellspende die Frage, wie viel Individualität der Familiengründung zugestanden wird, deren Beantwortung nicht allein aus Sicht einer liberalen Ethik bzw. aus einer beziehungsethischen Perspektive erfolgen kann.

Zwar wäre es einfach zu schlussfolgern, dass die Gründung einer Familie in den Bereich des Privaten fällt und sich dem Zugriff der öffentlichen Moral entzieht. Doch würde eine solche Antwort der gesellschaftlichen Realität nicht gerecht werden, denn sie missachtet, dass sich der besondere Wert der Familie aus ihrer kulturellen Bedeutung speist. Insofern mutet es paradox an, dass der individuellen Familiengründung ein so hoher gesellschaftlicher Stellenwert zugeschrieben wird, während gleichzeitig Formen der Familiengründung unter Strafe gestellt werden.

Dieser Umstand deutet darauf hin, dass die genetische Beziehung innerhalb einer Familie, wenngleich sie für die moralische Qualität familiärer Beziehungen irrelevant ist, möglicherweise von kultureller Bedeutung ist. Ähnlich paradox erscheint der Umstand, wenn Kinderwunschpaare eine anonyme Spenderin präferieren, um nach außen das Bild einer genetischen Einheit zu vermitteln. Obwohl Familien ohne genetischen Bezug zueinander gemeinhin akzeptiert sind, gibt es innerhalb der Gesellschaft sehr unterschiedliche Positionen, was eine Familie ausmacht und welche Bedingungen erfüllt sein müssen, damit diese als solche anerkannt wird.

Das erfordert eine gesellschaftliche Debatte über die Familie und ihre Entstehungsbedingungen sowie die ethische Dimension reproduktionsmedizinischer Unterstützung. Eine solche Debatte ist notwendig, um Menschen nicht ungerechtfertigt von der Umsetzung ihres Kindeswunschs abzuhalten und gleichzeitig die Grenzen der Familiengründung zu eruieren. Aus Sicht einer liberalen Ethik ist ein Eingriff in die Fortpflanzungsfreiheit nur schwer zu erklären, doch gibt es einige neuralgische Punkte, die so stark im kulturellen Kontext verwurzelt sind, dass diese möglicherweise nicht mehr nur in den Bereich des Privaten fallen und eine gemeinschaftliche Regelung erforderlich machen.

Eine solche Debatte ist auch nötig, um reproduktive Gleichberechtigung herzustellen. Angesichts der aktuellen Akzeptanz reproduktionsmedizinischer Behandlungen ist es nicht gerechtfertigt, die reproduktionsmedizinische Fortpflanzung anders zu bewerten als die sexuelle Fortpflanzung. Ebenso ungerechtfertigt ist die ungleiche Bewertung von Eizell- und Samenspendebehandlungen. Indes schaffen Eizellspendebehandlungen reproduktive Möglichkeiten, die über bisherige Vorstellungen von Fortpflanzung hinausgehen und die kulturelle Bedeutung der Familie berühren. Daher kann es in jenen Fällen angezeigt sein, diese gesellschaftlich zu regulieren.

Das betrifft u. a. die anonyme Eizellspende. Grundsätzlich ist es Teil der elterlichen Selbstbestimmung darüber zu entscheiden, wie sie ihr Kind erziehen und ob sie es über dessen Entstehung aufklären wollen. Gleichzeitig wird Menschen das Recht zugestanden, zu erfahren, wo sie herkommen. Aus liberaler Perspektive lassen sich zwar gute Argumente nennen, warum die Erziehungsfreiheit schwerer wiegt als ein Recht auf Kenntnis der eigenen Abstammung, doch hängt die Gewichtung eines Rechts immer auch von dessen sozialer Anerkennung ab. Daher bedarf es einer gesellschaftlichen Auseinandersetzung darüber, ob das elterliche Interesse (und damit zusammenhängend auch das Recht), die Familie durch die Anonymität der Spenderin schützen zu wollen, oder das Interesse des Kindes an der eigenen Herkunft schwerer wiegt. In diesem Zusammenhang bedarf es ebenso einer Diskussion über die Zulässigkeit postmortaler Eizellspenden bzw. einer Kinderwunschbehandlung mit Eizellen bereits verstorbener Spenderinnen, des

Durcheinanderbringens von Generationenfolgen (bei Spenden zwischen Tochter und Mutter) sowie über mögliche Altersgrenzen für Kinderwunschpatientinnen.

Eine gesellschaftliche Debatte muss ebenfalls eine Auseinandersetzung mit der kommerziellen Eizellspende beinhalten, die darum bemüht ist, den Widerspruch des Kommerzialisierungsverbots aufzulösen. Es mag aus liberaler Perspektive nachvollziehbar erscheinen, warum Körperteile nicht veräußert werden sollten, doch lässt sich diese Begründung nicht ohne Weiteres auf entbehrliche Körpersubstanzen übertragen. Daher ist es nur schwer verständlich, warum eine profitorientierte Verarbeitung von Körpersubstanzen zulässig ist, während eine gewinnorientierte Veräußerung weitgehend abgelehnt wird.

Dabei bietet es sich an, die Tätigkeit des Spendens stärker in den Blick zu nehmen, um zugleich Kriterien für eine faire Vergütung zu ermitteln. Eine differenzierte Auseinandersetzung über den Wert der Eizellen und den Verdienst des Spendens kann dazu beitragen, soziale und ökonomische Ungleichheiten einzudämmen und damit dem transnationalen Eizellhandel und reproduktivem Reisen entgegenzuwirken. Innerhalb einer Debatte über die Möglichkeiten einer kommerziellen Spende ist es mit Blick auf die kulturellen Voraussetzungen der Familiengründung außerdem wichtig, zu klären, ob Eizellen von Spenderinnen mit erwünschten Eigenschaften einen höheren ökonomischen Wert haben bzw. ob es mit dem gesellschaftlichen Konzept der Familie vereinbar ist, wenn deren Gründung marktwirtschaftlichen Prinzipien unterliegt.

Ein weiterer Diskussionspunkt, der an die Kommerzialisierung und damit verbundene Gerechtigkeitsprobleme anschließt, ist eine mögliche Finanzierung reproduktionsmedizinischer Behandlungen. Das Konzept der reproduktiven Autonomie wird meist als negative Freiheit gedeutet und meint das Recht, nicht an der Ausübung der eigenen Fortpflanzung gehindert zu werden. Dabei ist die theoretische Unterscheidung zwischen Anspruchs- und Abwehrrechten in der Realität nicht trennscharf nachzuvollziehen. Wenn sich ein Kinderwunschpaar eine Eizellspendebehandlung nicht leisten kann, hindert sie das letztlich an der Ausübung ihrer Fortpflanzungsfreiheit. Daher ist zu diskutieren, inwiefern sich aus dem Konzept reproduktiver Autonomie eine moralische Pflicht ableitet, nach der die Gesellschaft ihre Mitglieder nicht nur nicht an ihrer Fortpflanzung hindern darf, sondern ihnen darüber hinaus die Möglichkeit einräumen muss, diese ausüben zu können. Ein solcher Anspruch auf Fortpflanzung kann – mit Blick auf ein solidarisch finanziertes Gesundheitswesen – darin bestehen, dass die Kosten reproduktionsmedizinischer Behandlungen von der Gesellschaft getragen werden.

Zusammenfassend lässt sich festhalten, dass den zahlreichen Chancen, die die Eizellspende mit sich bringt, viele Herausforderungen gegenüberstehen. Diese sind allerdings nicht so groß, als dass sie in einer liberalen und demokratischen Gesellschaft ein pauschales Verbot der Eizellspende rechtfertigen könnten. Die am

Anfang dieser Arbeit geschilderten Beispielfälle haben Unterschiede aufgezeigt, die für eine moralische Bewertung relevant sind. Ein Verbot, das diese kategorisch ignoriert, verstößt gegen den Gleichbehandlungsgrundsatz und führt zu einer ungerechtfertigten Einschränkung reproduktiver Autonomie.

Auch ein Verbot der kommerziellen Eizellspende lässt sich aus einer liberalen Perspektive nicht begründen. Es ist weder geeignet, um potenzielle Spenderinnen zu schützen, noch ist es dazu erforderlich. Ohnehin dienen Verbote auf nationaler Ebene nicht dazu, die damit zusammenhängenden Probleme zu vermeiden, sofern diese lediglich ins Ausland verlagert werden. Dagegen ermöglicht es eine regulierte Zulassung, konkreten Problemen mit gezielten Vorsichtsmaßnahmen zu begegnen. Auf diese Weise lässt sich sozialen und ökonomischen Ungleichheiten entgegenwirken sowie eine bessere gesundheitliche Aufklärung erreichen, die wiederum eine Stärkung der (reproduktiven) Autonomie von Kinderwunschpatientinnen und Spenderinnen befördert. Eine regulierte Praxis gewährleistet die größtmögliche Handlungsfreiheit für alle Betroffenen und leistet zugleich einen Beitrag zu sozialer Gerechtigkeit.

Um zu einem guten Umgang zu gelangen, bedarf es deshalb einer gesamtgesellschaftlichen Debatte. Diese Arbeit soll als Beitrag zu dieser Debatte verstanden werden – schließlich ist es die Aufgabe der Ethik, gesellschaftliche Entwicklungen zu begleiten und Orientierung in einem Dickicht zu bieten, in dem die Alltagsmoral nicht mehr ausreicht.

Literaturverzeichnis

Ach, Johann S./Anderheiden, Michael/Quante, Michael (2000): Ethik der Organtransplantation. Erlangen: Harald Fischer.

Achtelik, Kirsten (2020): Kinder auf Kosten anderer. Feministisches Netzwerk wendet sich gegen Eizellspende und Leihmutterschaft. In: neues deutschland. 09.01.2020. <https://www.neues-deutschland.de/artikel/1131193.eizellspende-und-leihmutterschaft-kinder-auf-kosten-anderer.html – 11.02.2023>.

Adamson, G. David/de Mouzon, Jacques/Chambers, Georgina M./Zegers-Hochschild, Fernando/Mansour, Ragaa/Ishihara, Osamu/Banker, Manish/Dyer, Silke/Kupka, Markus S. (2019): ICMART preliminary world report 2015. <https://www.icmartivf.org/wp-content/uploads/ICMART-ESHRE-WR2015-FINAL-20200901.pdf – 11.02.2023>.

Affdal, Aliya O./Ravitsky, Vardit (2019): Parents' posthumous use of daughter's ovarian tissue: ethical dimensions. In: Bioethics 33 (1), S. 82–90.

Almeling, Rene (2006): ,Why do you want to be a donor?': gender and the production of altruism in egg and sperm donation. In: New Genetics and Society 25 (2), S. 143–157.

Andrews, Lori B. (1986): My body, my property. In: The Hastings Center Report 16 (5), S. 28–38.

Anleu, Sharyn L. Roach (1990): Reinforcing gender norms: commercial and altruistic surrogacy. In: Acta Sociologica 33 (1), S. 63–74.

Anselm, Reiner (2003): Kinderlosigkeit als Krankheit? Ethische Aspekte reproduktionsmedizinischer Fragestellungen. In: Reproduktionsmedizin 19 (1), S. 15–21.

Appleby, John B./Blake, Lucy/Freeman, Tabitha (2012): Is disclosure in the best interest of children conceived by donation? In: Martin Richards, Guido Pennings und John B. Appleby (Hg.): Reproductive donation. Practice, policy and bioethics. Cambridge/New York: Cambridge University Press, S. 231–249.

Arbeitsgruppe ,In-Vitro-Fertilisation, Genomanalyse und Gentherapie' (1985): In-vitro-Fertilisation, Genomanalyse und Gentherapie. Bericht der Gemeinsamen Arbeitsgruppe des Bundesministers für Forschung und Technologie und des Bundesministers der Justiz. Hrsg. v. Bundesminister für Forschung und Technologie und Bundesminister der Justiz. München: J. Schweitzer.

Archard, David (1990): Child abuse: parental rights and the interests of the child. In: Journal of Applied Philosophy 7 (2), S. 183–194.

Arendt, Hannah (1981): Vita activa oder Vom tätigen Leben. Neuausgabe. München/Zürich: Piper.

Aristoteles (2017): Nikomachische Ethik. Hrsg. v. Ursula Wolf. 6. Aufl. Reinbek bei Hamburg: Rowohlt.

Arneil, Barbara (2002): Becoming versus being: a critical analysis of the child in liberal theory. In: David Archard und Colin M. Macleod (Hg.): The moral and political status of children. Oxford/New York: Oxford University Press, S. 70–93.

Asch, Adrienne/Wasserman, David T. (2005): Where is the sin in synecdoche? Prenatal testing and the parent-child relationship. In: David T. Wasserman, Jerome Edmund Bickenbach und Robert Samuel Wachbroit (Hg.): Quality of life and human difference. Genetic testing, health care, and disability. Cambridge/New York: Cambridge University Press, S. 172–216.

Ausschuss für Gesundheit des Deutschen Bundestags (2021): Beschlussempfehlung und Bericht des Ausschusses für Gesundheit (14. Ausschuss) zu dem Gesetzentwurf der Abgeordneten Katrin Helling-Plahr, Stephan Thomae, Grigorios Aggelidis, weiterer Abgeordneter und der Fraktion der FDP (Drucksache 19/17633). 18.05.2021. Hrsg. v. Deutschen Bundestag. BT-Drs. 19/29731.

Badinter, Elisabeth (1981): Die Mutterliebe. Geschichte eines Gefühls vom 17. Jahrhundert bis heute. München/Zürich: Piper.

Bagattini, Alexander (2019): Kindeswohl. In: Johannes Drerup und Gottfried Schweiger (Hg.): Handbuch Philosophie der Kindheit. Stuttgart: Metzler, S. 128–136.

Baldur-Felskov, Birgitte/Kjaer, Susanne K./Albieri, Vanna/Steding-Jessen, Marianne/Kjaer, Trille/ Johansen, Christoffer/Dalton, Susanne O./Jensen, Allan (2013): Psychiatric disorders in women with fertility problems: results from a large Danish register-based cohort study. In: Human Reproduction 28 (3), S. 683–690.

Balen, Adam (2008): Infertility in practice. 3. Aufl. London: Informa Healthcare.

Bayne, Tim/Kolers, Avery (2003): Toward a pluralist account of parenthood. In: Bioethics 17 (3), S. 221–242.

Beauchamp, Tom L. (2007): History and theory in „applied ethics". In: Kennedy Institute of Ethics Journal 17 (1), S. 55–64.

Beauchamp, Tom L./Childress, James F. (2001): Principles of biomedical ethics. 5. Aufl. Oxford/New York: Oxford University Press.

Beck-Gernsheim, Elisabeth (1998): Was kommt nach der Familie? Einblicke in neue Lebensformen. München: C. H. Beck.

Beeson, Diane. R./Jennings, Patricia K./Kramer, Wendy (2011): Offspring searching for their sperm donors: how family type shapes the process. In: Human Reproduction 26 (9), S. 2415–2424.

Beier, Henning M./Bujard, Martin/Diedrich, Klaus/Dreier, Horst/Frister, Helmut/Kentenich, Heribert/ Kreß, Hartmut/Krüssel, Jan-Steffen/Ludwig, Annika K./Schumann, Eva/Strowitzki, Thomas/Taupitz, Jochen/Thaler, Christian J./Thorn, Petra/Wiesemann, Claudia/Zenner, Hans-Peter (2018): Ein Fortpflanzungsmedizingesetz für Deutschland. In: Ethik in der Medizin 30 (2), S. 153–158.

Beier, Katharina/Wiesemann, Claudia (2010): Die Dialektik der Elternschaft im Zeitalter der Reprogenetik. Ein ethischer Dialog. In: Deutsche Zeitschrift für Philosophie 58 (6), S. 855–871.

Benatar, David (1999): The unbearable lightness of bringing into being. In: Journal of Applied Philosophy 16 (2), S. 173–180.

Benatar, David (2006): Better never to have been. The harm of coming into existence. Oxford: Clarendon Press.

Benda, Ernst (1985): Erprobung der Menschenwürde am Beispiel der Humangenetik. In: Rainer Flöhl (Hg.): Genforschung – Fluch oder Segen? Interdisziplinäre Stellungnahmen. München: J. Schweitzer, S. 205–231.

Bentham, Jeremy (1970 [1789]): An introduction to the principles of morals and legislation. Hrsg. v. James H. Burns und Herbert L. A. Hart. London: Athlone Press.

Bergmann, Sven (2014): Ausweichrouten der Reproduktion. Biomedizinische Mobilität und die Praxis der Eizellspende. Wiesbaden: Springer VS.

Bergold, Pia/Buschner, Andrea/Mayer-Lewis, Birgit/Mühling, Tanja (Hg.) (2017): Familien mit multipler Elternschaft. Entstehungszusammenhänge, Herausforderungen und Potentiale. Opladen et al.: Barbara Budrich.

Berlin, Isaiah (1992): Two concepts of liberty. In: Isaiah Berlin (Hg.): Four essay on liberty. Nachdruck. Oxford/New York: Oxford University Press, S. 118–172.

Berntsen, Sine/Larsen, Elisabeth Clare/La Cour Freiesleben, Nina/Pinborg, Anja (2021): Pregnancy outcomes following oocyte donation. In: Best Practice & Research Clinical Obstetrics & Gynaecology 70, S. 81–91.

Berntsen, Sine/Söderström-Anttila, Viveca/Wennerholm, Ulla-Britt/Laivuori, Hannele/Loft, Anne/ Oldereid, Nan B./Romundstad, Liv Bente/Bergh, Christina/Pinborg, Anja (2019): The health of children conceived by ART: ‚the chicken or the egg?'. In: Human Reproduction Update 25 (2), S. 137–158.

Bertram, Hans/Bujard, Martin/Rösler, Wiebke (2011): Rush-hour des Lebens: Geburtenaufschub, Einkommensverläufe und familienpolitische Perspektiven. In: Journal für Reproduktionsmedizin und Endokrinologie 8 (2), S. 91–99.

Bielfeld, Alexandra Petra/Krüssel, Jan-Steffen/Baston-Büst, Dunja-Maria (2020): Ovarielles Überstimulationssyndrom. In: Klaus Diedrich, Michael Ludwig und Georg Griesinger (Hg.): Reproduktionsmedizin. 2., erw. und vollständig überarb. Aufl. Berlin: Springer, S. 317–327.

Birnbacher, Dieter (2000): Selektion von Nachkommen. Ethische Aspekte. In: Jürgen Mittelstraß (Hg.): Die Zukunft des Wissens. XVIII. Deutscher Kongreß für Philosophie, Konstanz, 4.–8. Oktober 1999. Berlin: Akademie Verlag, S. 457–471.

Birnbacher, Dieter (2006): Natürlichkeit. Berlin/New York: de Gruyter.

Birnbacher, Dieter (2009): Rechtsethische Grenzen der Strafbarkeit in der Reproduktionsmedizin. In: Jahrbuch für Wissenschaft und Ethik 13, S. 81–106.

Blake, Lucy/Ilioi, Elena/Golombok, Susan (2016): Thoughts and feelings about the donor: a family perspective. In: Susan Golombok, Rosamund Scott, John B. Appleby, Martin Richards und Stephen Wilkinson (Hg.): Regulating reproductive donation. Cambridge: Cambridge University Press, S. 293–310.

Blyth, Eric (2002): Subsidized IVF: the development of ‚egg sharing' in the United Kingdom. In: Human Reproduction 17 (12), S. 3254–3259.

Blyth, Eric (2008): Donor insemination and the dilemma of the „unknown father". In: Gisela Bockenheimer-Lucius, Petra Thorn und Christiane Wendehorst (Hg.): Umwege zum eigenen Kind. Ethische und rechtliche Herausforderungen an die Reproduktionsmedizin 30 Jahre nach Louise Brown. Göttingen: Universitätsverlag Göttingen, S. 157–174.

Boardman, Felicity (2014): Experiential knowledge of disability, impairment and illness: the reproductive decisions of families genetically at risk. In: Health 18 (5), S. 476–492.

Boorse, Christopher (1975): On the distinction between disease and illness. In: Philosophy and Public Affairs 5 (1), S. 49–68.

Boorse, Christopher (1977): Health as a theoretical concept. In: Philosophy of Science 44 (4), S. 542–573.

Braat, D. D. M./Schutte, J. M./Bernardus, R. E./Mooij, T. M./van Leeuwen, F. E. (2010): Maternal death related to IVF in the Netherlands 1984–2008. In: Human Reproduction 25 (7), S. 1782–1786.

Bracewell-Milnes, Timothy/Saso, Srdjan/Bora, Shabana/Ismail, Alaa M./Al-Memar, Maya/Hamed, Ali Hasan/Abdalla, Hossam/Thum, Meen-Yau (2016): Investigating psychosocial attitudes, motivations and experiences of oocyte donors, recipients and egg sharers: a systematic review. In: Human Reproduction Update 22 (4), S. 450–465.

Brake, Elizabeth/Millum, Joseph (2021): Parenthood and procreation. In: Edward N. Zalta (Hg.): The Stanford encyclopedia of philosophy (Summer 2021 Edition). <plato.stanford.edu/archives/sum2021/entries/parenthood – 11.02.2023>.

Bredenoord, Annelien L./Lock, Matthias T. W. T./Broekmans, Frank J. M. (2012): Ethics of intergenerational (father-to-son) sperm donation. In: Human Reproduction 27 (5), S. 1286–1291.

Breyer, Friedrich (2002): Möglichkeiten und Grenzen des Marktes im Gesundheitswesen. Das Transplantationsgesetz aus ökonomischer Sicht. In: Zeitschrift für medizinische Ethik 48 (2), S. 111–123.

Brinsden, Peter/Wada, Ibrahim/Tan, Seang Lin/Balen, Adam/Jacobs, Howard S. (1995): Diagnosis, prevention and management of ovarian hyperstimulation syndrome. In: British Journal of Obstetrics and Gynaecology 102 (10), S. 767–772.

Buchanan, Allen E./Brock, Dan W./Daniels, Norman/Wikler, Daniel (2000): From chance to choice. Genetics and justice. Cambridge/New York: Cambridge University Press.

Bundesarbeitsgemeinschaft Landesjugendämter (2019): Empfehlungen zur Adoptionsvermittlung. Beschlossen auf der 126. Arbeitstagung der Bundesarbeitsgemeinschaft Landesjugendämter vom 22. bis 24. Mai 2019 in Chemnitz. <http://bagljae.de/assets/downloads/190724-142_empfehlungen-zur-adoptionsvermittlung.pdf – 11.02.2023>.

Bundesärztekammer (2006): (Muster-)Richtlinie zur Durchführung der assistierten Reproduktion. Novelle 2006. In: Deutsches Ärzteblatt 103 (20), S. A1392–A1403.

Bundesregierung (1989): Entwurf eines Gesetzes zum Schutz von Embryonen (Embryonenschutzgesetz – ESchG). 25.10.1989. Hrsg. v. Deutschen Bundestag. BT-Drs. 11/5460.

Bundesregierung (2019): Antwort auf die Kleine Anfrage der Abgeordneten Katrin Helling-Plahr, Michael Theurer, Renata Alt, weiterer Abgeordneter und der Fraktion der FDP (Drucksache 19/12039). Legalisierung der Eizellspende. 15.08.2019. Hrsg. v. Deutschen Bundestag. BT-Drs. 19/12407.

Bund-Länder-Arbeitsgruppe ‚Fortpflanzungsmedizin' (1989): Abschlussbericht. In: Bundesanzeiger 41 (4a).

Burkart, Günter (2008): Familiensoziologie. Konstanz: UVK.

Buschner, Andrea/Bergold, Pia (2017): Regenbogenfamilien in Deutschland. In: Pia Bergold, Andrea Buschner, Birgit Mayer-Lewis und Tanja Mühling (Hg.): Familien mit multipler Elternschaft. Entstehungszusammenhänge, Herausforderungen und Potentiale. Opladen/Berlin/Toronto: Barbara Budrich, S. 143–172.

Buster, John E./Bustillo, Maria/Thorneycroft, Ian H./Simon, James A./Boyers, Stephen P./Marshall, John R./Louw, John A./Seed, Randolph W./Seed, Richard G. (1983): Non-surgical transfer of in vivo fertilised donated ova to five infertile women: report of two pregnancies. In: The Lancet 322 (8343), S. 223–224.

Bustillo, Maria/Buster, John E./Cohen, Sydlee W./Hamilton, Fredesminda/Thorneycroft, Ian H./Simon, James A./Rodi, Ingrid A./Boyers, Stephen P./Marshall, John R./Louw, John A. (1984): Delivery of a healthy infant following nonsurgical ovum transfer. In: Journal of the American Medical Association 251 (7), S. 889.

Buyx, Alena M. (2007): Freiwillige Selbstversklavung – Eine extreme Form der Kommerzialisierung. In: Jochen Taupitz (Hg.): Kommerzialisierung des menschlichen Körpers. Berlin/Heidelberg: Springer, S. 267–280.

Byrd, Louise M./Sidebotham, Mary/Lieberman, Brian (2002): Egg donation – the donor's view: an aid to future recruitment. In: Human Fertility 5 (4), S. 175–182.

Cabry, Rosalie/Merviel, Philippe/Hazout, Andre/Belloc, Stephanie/Dalleac, Alain/Copin, Henri/Benkhalifa, Moncef (2014): Management of infertility in women over 40. In: Maturitas 78 (1), S. 17–21.

Calhaz-Jorge, Carlos/de Geyter, Christian/Kupka, Markus S./Wyns, Christine/Mocanu, Edgar/Motrenko, Tatiana/Scaravelli, Giulia/Smeenk, Jesper/Vidakovic, Snežana/Goossens, Veerle (2020): Survey on ART and IUI: legislation, regulation, funding and registries in European countries: The European IVF-monitoring Consortium (EIM) for the European Society of Human Reproduction and Embryology (ESHRE). In: Human Reproduction Open 2020 (1), hoz044.

Caplan, Arthur L. (2004): What's morally wrong with eugenics? In: Arthur L. Caplan, James J. McCartney und Dominic A. Sisti (Hg.): Health, disease, and illness. Concepts in medicine. Washington: Georgetown University Press, S. 278–288.

Carlyle, Thomas (1850): Jesuitism. In: Thomas Carlyle: Latter-day pamphlets. London: Chapman and Hall, S. 249–286.

Cattapan, Alana Rose (2016): Good eggs? Evaluating consent forms for egg donation. In: Journal of Medical Ethics 42 (7), S. 455–459.

Centers for Disease Control and Prevention (2021): 2019 Assisted Reproductive Technology Fertility Clinic and National Summary Report. <https://www.cdc.gov/art/reports/2019/pdf/2019-Report-ART-Fertility-Clinic-National-Summary-h.pdf – 11.02.2023>.

Chadwick, Ruth (1982): Cloning. In: Philosophy 57 (220), S. 201–209.

Chard, T. (1991): Frequency of implantation and early pregnancy loss in natural cycles. In: Baillière's Clinical Obstetrics and Gynaecology 5 (1), S. 179–189.

Clayton, Matthew (2006): Justice and legitimacy in upbringing. Oxford/New York: Oxford University Press.

Cluroe, Alison D./Synek, Beth J. (1995): A fatal case of ovarian hyperstimulation syndrome with cerebral infarction. In: Pathology 27 (4), S. 344–346.

Coester, Michael (1985): Das Kindeswohl als Rechtsbegriff. In: Deutscher Familiengerichtstag e. V. (Hg.): Sechster Deutscher Familiengerichtstag. Vom 9. bis 12. Oktober 1985 in Brühl. Ansprachen und Referate, Berichte und Ergebnisse der Arbeitskreise. Bielefeld: Gieseking, S. 35–51.

Coester-Waltjen, Dagmar (2013): Reproduktive Autonomie aus rechtlicher Sicht. In: Claudia Wiesemann und Alfred Simon (Hg.): Patientenautonomie. Theoretische Grundlagen. Praktische Anwendungen. Münster: mentis, S. 222–236.

Conradi, Elisabeth (2001): Take Care. Grundlagen einer Ethik der Achtsamkeit. Frankfurt M./New York: Campus.

Cowden, Mhairi (2012): ‚No harm, no foul': a child's right to know their genetic parents. In: Human Reproduction 26 (1), S. 102–126.

Crouch, Robert A./Elliott, Carl (1999): Moral agency and the family: the case of living related organ transplantation. In: Cambridge Quarterly of Healthcare Ethics 8 (3), S. 275–287.

de Boer, Anthonius/Oosterwijk, Jan C./Rigters-Aris, Catharina A. E. (1995): Determination of a maximum number of artificial inseminations by donor children per sperm donor. In: Fertility and Sterility 63 (2), S. 419–421.

de Melo-Martín, Inmaculada (2014): The ethics of anonymous gamete donation: Is there a right to know one's genetic origins? In: The Hastings Center Report 44 (2), S. 28–35.

de Melo-Martín, Inmaculada/Rubin, Lisa R./Cholst, Ina N. (2018): „I want us to be a normal family": Toward an understanding of the functions of anonymity among U.S. oocyte donors and recipients. In: AJOB Empirical Bioethics 9 (4), S. 235–251.

de Tocqueville, Alexis (1976 [1835/1840]): Über die Demokratie in Amerika. München: Deutscher Taschenbuch-Verlag.

Demirci, Katja (2018): Schwanger durch Samenspende. Ein Kind – auch ohne Mann. In: Der Tagesspiegel. 30.09.2018. <https://www.tagesspiegel.de/themen/reportage/schwanger-durch-samenspende-ein-kind-auch-ohne-mann/23130392-all.html – 11.02.2023>.

Depenbusch, Marion/Schultze-Mosgau, Askan (2020): Eizell- und Embryonenspende. In: Klaus Diedrich, Michael Ludwig und Georg Griesinger (Hg.): Reproduktionsmedizin. 2., erw. und vollständig überarb. Aufl. Berlin: Springer, S. 287–295.

Derpmann, Simon (2014): Mill. Einführung und Texte. Paderborn: Wilhelm Fink.

Descartes, René (1990 [1673]): Discours de la Méthode / Von der Methode des richtigen Vernunftgebrauchs und der wissenschaftlichen Forschung. Französisch – Deutsch. Hrsg. v. Lüder Gäbe. Nachdruck. Hamburg: Meiner.

Dethloff, Nina (2018): Familienrecht. Ein Studienbuch. 32., neu überarb. Aufl. München: C. H. Beck.

Deutscher Ethikrat (2009): Das Problem der anonymen Kindesabgabe. Stellungnahme. Berlin.

Deutscher Ethikrat (2014): Fortpflanzungsmedizin in Deutschland. Individuelle Lebensentwürfe – Familie – Gesellschaft. Jahrestagung 22.05.2014, Berlin (Simultanmitschrift). <https://www.ethikrat.org/fileadmin/PDF-Dateien/Veranstaltungen/jt-22-05-2014-simultanmitschrift.pdf – 11.02.2023>.

Deutscher Ethikrat (2017): Eizellspende im Ausland – Konsequenzen im Inland. Forum Bioethik 22.03.2017, Berlin (Simultanmitschrift). <https://www.ethikrat.org/fileadmin/PDF-Dateien/Veranstaltungen/fb-22-03-2017-simultanmitschrift.pdf – 11.02.2023>.

Deutsches IVF-Register (2005): DIR Jahrbuch 2004. <https://www.deutsches-ivf-register.de/perch/resources/downloads/dirjahrbuch2004.pdf – 11.02.2023>.

Deutsches IVF-Register (2022): DIR Jahrbuch 2021. In: Journal für Reproduktionsmedizin und Endokrinologie 19 (Sonderheft 4).

Devlin, Patrick (1977): Morals and the criminal law. In: Ronald Dworkin (Hg.): The philosophy of law. Oxford: Oxford University Press, S. 66–82.

Doerr, Megan/Teng, Kathryn (2012): Family history: still relevant in the genomics era. In: Cleveland Clinic Journal of Medicine 79 (5), S. 331–336.

Donor Sibling Registry (Hg.) (2010): Success stories 97: 30? siblings. <https://donorsiblingregistry.com/success_stories/97 – 21.09.2021>.

Donor Sibling Registry (Hg.) (2012): Success stories 156: 32 found. <https://donorsiblingregistry.com/success_stories/156 – 21.09.2021>.

Dörries, Andrea (2003): Der Best-Interest Standard in der Pädiatrie – theoretische Konzeption und klinische Anwendung. In: Claudia Wiesemann, Andrea Dörries, Gabriele Wolfslast und Alfred Simon (Hg.): Das Kind als Patient. Ethische Konflikte zwischen Kindeswohl und Kindeswille. Frankfurt M.: Campus, S. 116–130.

Dürig, Günter/Herzog, Roman/Scholz, Rupert (Stand: 2022): Grundgesetz. Kommentar. München: C. H. Beck.

Dworkin, Gerald (1972): Paternalism. In: The Monist 56 (1), S. 64–84.

Dworkin, Ronald (1993): Life's dominion. An argument about abortion, euthanasia, and individual freedom. New York: Alfred A. Knopf.

Dyer, Clare (2011): Payment to egg donors is to be tripled to remedy shortage. In: BMJ 343 (7829), d6865.

Eggen, Bernd (2018): Multiple Elternschaft – Zur neuen Normalität von Elternschaft. In: Rechtspsychologie 4 (2), S. 181–207.

English, Veronica (2005): ,Egg sharing' affects validity of a woman's consent. In: BioNews (329). 07.10.2005. <https://www.progress.org.uk/egg-sharing-affects-validity-of-a-womans-consent/ 11.02.2023>.

Enquete-Kommission „Recht und Ethik der modernen Medizin" (2002): Schlussbericht. 14.05.2002. Hrsg. v. Deutschen Bundestag. BT-Drs. 14/9020.

Entleitner-Phlebs, Christine/Rost, Harald (2017): Stieffamilien. In: Pia Bergold, Andrea Buschner, Birgit Mayer-Lewis und Tanja Mühling (Hg.): Familien mit multipler Elternschaft. Entstehungszusammenhänge, Herausforderungen und Potentiale. Opladen/Berlin/Toronto: Barbara Budrich, S. 29–56.

Erikson, Erik H. (1968): Identity, youth and crisis. New York/London: W. W. Norton.

ESHRE Task Force on Ethics and Law (2002): III. Gamete and embryo donation. In: Human Reproduction 17 (5), S. 1407–1408.

Esser, Hartmut (2002): Soziologie. Spezielle Grundlagen. Bd. 1: Situationslogik und Handeln. Frankfurt M./New York: Campus.

Ethics Committee of the American Society for Reproductive Medicine (2007): Financial compensation of oocyte donors. In: Fertility and Sterility 88 (2), S. 305 – 309.

Ethics Committee of the American Society for Reproductive Medicine (2016): Financial compensation of oocyte donors: an Ethics Committee opinion. In: Fertility and Sterility 106 (7), S. e15-e19.

Faden, Ruth R./Beauchamp, Tom L. (1986): A history and theory of informed consent. New York/ Oxford: Oxford University Press.

Fahmy, Melissa Seymour (2011): On the supposed moral harm of selecting for deafness. In: Bioethics 25 (3), S. 128 – 136.

Fateh-Moghadam, Bijan (2010): Grenzen des weichen Paternalismus. Blinde Flecken der liberalen Paternalismuskritik. In: Bijan Fateh-Moghadam, Stephan Sellmaier und Wilhelm Vossenkuhl (Hg.): Grenzen des Paternalismus. Stuttgart: Kohlhammer, S. 21 – 47.

Feinberg, Joel (1980): The child's right to an open future. In: William Aiken und Hugh LaFollette (Hg.): Whose child? Children's rights, parental authority, and state power. Totowa: Littlefield, S. 124 – 153.

Feinberg, Joel (1987): The moral limits of the criminal law. Volume 1: Harm to others. New York/ Oxford: Oxford University Press.

Feinberg, Joel (1988): The moral limits of the criminal law. Volume 2: Offense to others. New York/ Oxford: Oxford University Press.

Feinberg, Joel (1989): The moral limits of the criminal law. Volume 3: Harm to self. New York/Oxford: Oxford University Press.

fem*ini (Feministische Initiative gegen reproduktive Ausbeutung) (2020): Für reproduktive Gerechtigkeit! Das Verbot von Eizellspende und Leihmutterschaft muss aufrechterhalten bleiben. <https://www.gen-ethisches-netzwerk.de/sites/default/files/dokumente/2020-01/stellungnahme_ reproduktive_gerechtigkeit_stand_2020_01_06.pdf – 11.02.2023>.

Fischer, Annika (2017): Wie viele Kinder habe ich? Samenspender verklagt Klinik. In: Berliner Morgenpost. 01.06.2017. <https://www.morgenpost.de/vermischtes/article210766479/Wie-viele-Kinder-habe-ich-Samenspender-verklagt-Klinik.html – 11.02.2023>.

Fischer, Tobias (2012): Ethische Aspekte der donogenen Insemination. Kassel: Kassel University Press.

Flores, Homero/Lee, Joseph/Rodriguez-Purata, Jorge/Witkin, Georgia/Sandler, Benjamin/Copperman, Alan B. (2014): Beauty, brains or health: trends in ovum recipient preferences. In: Journal of Women's Health 23 (10), S. 830 – 833.

Foucault, Michel (1978): Dispositive der Macht. Über Sexualität, Wissen und Wahrheit. Berlin: Merve.

Fox, Dov (2008): Paying for particulars in people-to-be: commercialisation, commodification and commensurability in human reproduction. In: Journal of Medical Ethics 34 (3), S. 162 – 166.

Franasiak, Jason M./Forman, Eric J./Hong, Kathleen H./Werner, Marie D./Upham, Kathleen M./Treff, Nathan R./Scott, Richard T. (2014): The nature of aneuploidy with increasing age of the female partner: a review of 15.169 consecutive trophectoderm biopsies evaluated with comprehensive chromosomal screening. In: Fertility and Sterility 101 (3), 656 – 663.

Freeman, Tabitha/Golombok, Susan (2012): Donor insemination: a follow-up study of disclosure decisions, family relationships and child adjustment at adolescence. In: Reproductive BioMedicine Online 25 (2), S. 193 – 203.

Freeman, Tabitha/Jadva, Vasanti/Slutsky, Jenna (2016): Sperm donors limited: psychosocial aspects of genetic connections and the regulation of offspring numbers. In: Susan Golombok, Rosamund

Scott, John B. Appleby, Martin Richards und Stephen Wilkinson (Hg.): Regulating reproductive donation. Cambridge: Cambridge University Press, S. 165–184.

Frisch, Lawrence E. (1982): On licentious licensing: a reply to Hugh LaFollette. In: Philosophy and Public Affairs 11 (2), S. 173–180.

Frith, Lucy (2001): Gamete donation and anonymity: the ethical and legal debate. In: Human Reproduction 16 (5), S. 818–824.

Frith, Lucy/Blyth, Eric/Farrand, Abigail (2007): UK gamete donors' reflections on the removal of anonymity: implications for recruitment. In: Human Reproduction 22 (6), S. 1675–1680.

Fuscaldo, Giuliana (2006): Genetic ties: Are they morally binding? In: Bioethics 20 (2), S. 64–76.

Gassner, Ulrich M./Kersten, Jens/Krüger, Matthias/Lindner, Josef Franz/Rosenau, Henning/Schroth, Ulrich (2013): Fortpflanzungsmedizingesetz. Augsburg-Münchner-Entwurf. Tübingen: Mohr Siebeck.

Gerlach, Irene (2017): Familienpolitik in der Bundesrepublik. Kleine Politikfeldgeschichte. In: Aus Politik und Zeitgeschichte 67 (30/31), S. 16–21.

Gert, Bernard (2004): Common morality. Deciding what to do. Oxford/New York: Oxford University Press.

Gert, Bernard/Culver, Charles M./Clouser, K. Danner (2006): Bioethics: a systematic approach. 2. Aufl. Oxford/New York: Oxford University Press.

Gheaus, Anca (2012): The right to parent one's biological baby. In: Journal of Political Philosophy 20 (4), S. 432–455.

Gidoni, Yariv S./Takefman, Janet/Holzer, Hananel E. G./Elizur, Shai E./Son, Weon-Young/Chian, Ri-Cheng/Tan, Seang Lin (2008): Cryopreservation of a mother's oocytes for possible future use by her daughter with Turner syndrome: case report. In: Fertility and Sterility 90 (5), S. e9-e12.

Giesinger, Johannes (2015): Elterliche Rechte und Pflichten. In: Monika Betzler und Barbara Bleisch (Hg.): Familiäre Pflichten. Berlin: Suhrkamp, S. 107–127.

Glennon, Theresa (2016): Legal regulation of family creation through gamete donation. Access, identity and parentage. In: Susan Golombok, Rosamund Scott, John B. Appleby, Martin Richards und Stephen Wilkinson (Hg.): Regulating reproductive donation. Cambridge: Cambridge University Press, S. 60–83.

Golezar, Samira/Ramezani Tehrani, Fahimeh/Khazaei, Salman/Ebadi, Abbas/Keshavarz, Zohreh (2019): The global prevalence of primary ovarian insufficiency and early menopause: a meta-analysis. In: Climacteric 22 (4), S. 403–411.

Golombok, Susan (2017): Parenting in new family forms. In: Current Opinion in Psychology 15, S. 76–80.

Golombok, Susan/Blake, Lucy/Casey, Polly/Roman, Gabriela/Jadva, Vasanti (2013): Children born through reproductive donation: a longitudinal study of psychological adjustment. In: Journal of Child Psychology and Psychiatry 54 (6), S. 653–660.

Golombok, Susan/Ilioi, Elena/Blake, Lucy/Roman, Gabriela/Jadva, Vasanti (2017): A longitudinal study of families formed through reproductive donation: parent-adolescent relationships and adolescent adjustment at age 14. In: Developmental Psychology 53 (10), S. 1966–1977.

Golombok, Susan/Murray, Clare/Brinsden, Peter/Abdalla, Hossam (1999): Social versus biological parenting: family functioning and the socioemotional development of children conceived by egg or sperm donation. In: Journal of Child Psychology and Psychiatry 40 (4), S. 519–527.

Goody, Jack (2002): Geschichte der Familie. München: C. H. Beck.

Gräfrath, Bernd (1992): John Stuart Mill: „Über die Freiheit". Ein einführender Kommentar. Paderborn et al.: Schöningh.

Graham, John D./Hsia, Susan (2002): Europe's precautionary principle: promise and pitfalls. In: Journal of Risk Research 5 (4), S. 371–390.

Graumann, Sigrid (2001): Zur Problematik der Präimplantationsdiagnostik. In: Aus Politik und Zeitgeschichte 51 (B 27), S. 17–24.

Graumann, Sigrid (2008): Eizellspende und Eizellhandel – Risiken und Belastungen für die betroffenen Frauen. In: Gisela Bockenheimer-Lucius, Petra Thorn und Christiane Wendehorst (Hg.): Umwege zum eigenen Kind. Ethische und rechtliche Herausforderungen an die Reproduktionsmedizin 30 Jahre nach Louise Brown. Göttingen: Universitätsverlag Göttingen, S. 175–183.

Graumann, Sigrid (2014): Selbstbestimmung oder Ausbeutung? Reproduktionsmediziner fordern, die „Eizellspende" zu erlauben – die Risiken tragen die betroffenen Frauen. In: bioskop (67), S. 14–15.

Graumann, Sigrid (2016): Eizellspende – Beitrag zur Selbstbestimmung oder Ausbeutung von Frauen? In: Christiane Woopen (Hg.): Fortpflanzungsmedizin in Deutschland. Entwicklungen, Fragen, Kontroversen. Bonn: Bundeszentrale für Politische Bildung, S. 62–73.

Graumann, Sigrid/Poltermann, Andreas (2004): Klonen: ein Schlüssel zur Heilung oder eine Verletzung der Menschenwürde? In: Aus Politik und Zeitgeschichte 54 (B 23/24), S. 23–30.

Gray, John (1996): Mill on liberty. A defence. 2. Aufl. London/New York: Routledge.

Grill, Elizabeth/Childress-Beatty, Lindsay (2020): Psychological counseling: ethical challenges of the future. In: Alice D. Domar, Denny Sakkas und Thomas L. Toth (Hg.): Patient-centered assisted reproduction. How to integrate exceptional care with cutting-edge technology. Cambridge/New York: Cambridge University Press, S. 81–94.

Grüneberg, Christian (2022): Bürgerliches Gesetzbuch. Mit Nebengesetzen. 81., neubearb. Aufl. München: C. H. Beck.

Günther, Hans-Ludwig/Taupitz, Jochen/Kaiser, Peter (2014): Embryonenschutzgesetz. Juristischer Kommentar mit medizinisch-naturwissenschaftlichen Grundlagen. 2., neu bearb. Aufl. Stuttgart: Kohlhammer.

Gürtin, Zeynep B./Ahuja, Kamal K./Golombok, Susan (2012): Egg-share donors' and recipients' knowledge, motivations and concerns: clinical and policy implications. In: Clinical Ethics 7 (4), S. 183–192.

Gutmann, Thomas (2017): Perfektionierungszwang? Autonomie und Freiwilligkeit in den Bereichen pränataler Diagnostik und neurologischen Enhancements. In: Gerd Brudermüller und Kurt Seelmann (Hg.): Erzwungene Selbstverbesserung? Würzburg: Königshausen & Neumann, S. 31–52.

Haimes, Erica/Taylor, Ken/Turkmendag, Ilke (2012): Eggs, ethics and exploitation? Investigating women's experiences of an egg sharing scheme. In: Sociology of Health and Illness 34 (8), S. 1199–1214.

Haker, Hille (2002): Ethik der genetischen Frühdiagnostik. Sozialethische Reflexionen zur Verantwortung am Beginn des menschlichen Lebens. Paderborn: mentis.

Hall, Barbara (1999): The origin of parental rights. In: Public Affairs Quarterly 13 (1), S. 73–82.

Hallich, Oliver (2017): Sperm donation and the right to privacy. In: The New Bioethics 23 (2), S. 107–120.

Hanser, Matthew (2009): Harming and procreating. In: Melinda A. Roberts und David T. Wasserman (Hg.): Harming future persons. Ethics, genetics and the nonidentity problem. Dordrecht: Springer, S. 179–199.

Harman, Elizabeth (2004): Can we harm and benefit in creating? In: Philosophical Perspectives 18 (1), S. 89–113.

Harris, John (1992): Wonderwoman and superman. The ethics of human biotechnology. Oxford/New York: Oxford University Press.

Harris, John (1998): Rights and reproductive choice. In: John Harris und Søren Holm (Hg.): The future of human reproduction. Ethics, choice, and regulation. Oxford: Clarendon Press, S. 5 – 37.

Harris, John (2007): Enhancing evolution. The ethical case for making better people. Princeton: Princeton University Press.

Hart, Herbert L. A. (1982): Law, liberty and morality. Nachdruck. Oxford/New York: Oxford University Press.

Hartmann, Martin (2011): Die Praxis des Vertrauens. Berlin: Suhrkamp.

Haslanger, Sally (2009): Family, ancestry and self: What is the moral significance of biological ties? In: Adoption & Culture 2, S. 91 – 122.

Haug, Sonja/Vernim, Matthias/Weber, Karsten (2017): Wissen und Einstellungen zur Reproduktionsmedizin von Frauen mit Migrationshintergrund in Deutschland. In: Journal für Reproduktionsmedizin und Endokrinologie 14 (4), S. 171 – 177.

Häyry, Heta (1991): The Limits of medical paternalism. London/New York: Routledge.

Heape, Walter (1891): III. Preliminary note on the transplantation and growth of mammalian ova within a uterine foster-mother. In: Proceedings of the Royal Society of London 48 (292 – 295), S. 457 – 458.

Heidbrink, Ludger (2017): Definitionen und Voraussetzungen der Verantwortung. In: Ludger Heidbrink, Claus Langbehn und Janina Loh (Hg.): Handbuch Verantwortung. Wiesbaden: Springer VS, S. 3 – 33.

Hektor-Reinshagen, Doris (1994): Die Relevanz ethischer Konzeptionen im Strafrecht am Beispiel des Embryonenschutzgesetzes. Dissertation. Universität des Saarlandes, Saarbrücken.

Helling-Plahr, Katrin/Thomae, Stephan/Aggelidis, Grigorios/weitere Abgeordnete und Fraktion der FDP (2020): Entwurf eines Gesetzes zur Änderung des Embryonenschutzgesetzes – Kinderwünsche erfüllen, Eizellspenden legalisieren. 05. 03. 2020. Hrsg. v. Deutschen Bundestag. BT-Drs. 19/17633.

Hengstschläger, Markus (2008): Die Macht der Gene. Schön wie Monroe, schlau wie Einstein. München/Zürich: Piper.

Herrmann, Beate (2007): Die normative Relevanz der körperlichen Verfasstheit zwischen Selbst- und Fremdverfügung. In: Jochen Taupitz (Hg.): Kommerzialisierung des menschlichen Körpers. Berlin/Heidelberg: Springer, S. 174 – 184.

Herrmann, Beate (2012): Körperkommerz: Verfügungsrechte über den eigenen Körper aus philosophischer und ethischer Perspektive. In: Susanne Beck (Hg.): Gehört mein Körper noch mir? Strafgesetzgebung zur Verfügungsbefugnis über den eigenen Körper in den Lebenswissenschaften. Baden-Baden: Nomos, S. 533 – 549.

Hesse, Hermann (2002): Stufen. In: Hermann Hesse: Sämtliche Werke. Band 10: Die Gedichte. Hg. v. Volker Michels. Frankfurt M.: Suhrkamp, S. 366.

Heyd, David (1992): Genethics. Moral issues in the creation of people. Berkeley: University of California Press.

Heyder, Clemens (2011): Das Verbot der heterologen Eizellspende. Eine Analyse der zugrunde liegenden Argumente aus ethischer Perspektive. Halle (Saale): MER.

Heyder, Clemens (2012): Reproduktive Autonomie und das Kindeswohl? Wodurch eine Einschränkung nicht gerechtfertigt werden kann. In: Susanne Beck (Hg.): Gehört mein Körper noch mir? Strafgesetzgebung zur Verfügungsbefugnis über den eigenen Körper in den Lebenswissenschaften. Baden-Baden: Nomos, S. 291 – 313.

Heyder, Clemens (2013): Die normative Relevanz des Natürlichkeitsarguments. Zur Rechtfertigung des Verbots der heterologen Eizellspende. In: Giovanni Maio, Tobias Eichinger und Claudia Bozzaro (Hg.): Kinderwunsch und Reproduktionsmedizin. Ethische Herausforderungen der technisierten Fortpflanzung. Freiburg/München: Karl Alber, S. 214–232.

Heyder, Clemens (2015): Die Natur und ihre Bedeutung für die Moral. In: Myriam Gerhard (Hg.): Naturauffassungen jenseits derer der Naturwissenschaften. Würzburg: Königshausen & Neumann, S. 53–81.

Heyder, Clemens (2016): Verantwortliche Elternschaft als Grenze reproduktiver Autonomie. In: Florian Steger, Jan C. Joerden und Andrzej M. Kaniowski (Hg.): Ethik in der Pränatalen Medizin. Frankfurt M.: Peter Lang, S. 41–61.

HFEA (Human Fertilisation and Embryology Authority) (2021a): Code of practice. 9th edition (revised October 2021). <https://portal.hfea.gov.uk/media/it1n3vpo/2022-07-01-code-of-practice-2021.pdf – 11.02.2023>.

HFEA (Human Fertilisation and Embryology Authority) (2021b): Fertility treatment 2019: trends and figures. UK statistics for IVF and DI treatment, storage, and donation. <https://www.hfea.gov.uk/about-us/publications/research-and-data/fertility-treatment-2019-trends-and-figures – 11.02.2023>.

HFEA (Human Fertilisation and Embryology Authority) (2010): Donation review – early findings. Minutes of authority meeting 07.10.2010, London. <http://web.archive.org/web/20120510155433/http://www.hfea.gov.uk/docs/2010-07-07_Authority_papers_-_complete.pdf – 11.02.2023>.

HFEA (Human Fertilisation and Embryology Authority) (2019): Trends in egg and sperm donation. <https://www.hfea.gov.uk/media/2808/trends-in-egg-and-sperm-donation-final.pdf – 11.02.2023>.

Hieb, Anabel Eva (2005): Die gespaltene Mutterschaft im Spiegel des deutschen Verfassungsrechts. Die verfassungsrechtliche Zulässigkeit reproduktionsmedizinischer Verfahren zur Überwindung weiblicher Unfruchtbarkeit. Ein Beitrag zum Recht auf Fortpflanzung. Berlin: Logos.

Hill, John Lawrence (1991): What does it mean to be a ‚parent‘? The claims of biology as the basis for parental rights. In: New York University Law Review 66 (2), S. 353–420.

Hoffmann, Magdalena (2014): What relationship structure tells us about love. In: Christian Maurer, Tony Milligan und Kamila Pacovská (Hg.): Love and its objects. What can we care for it? Basingstoke/New York: Palgrave Macmillan, S. 192–208.

Hofmann, Bjørn (2017): ‚You are inferior!‘ Revisiting the expressivist argument. In: Bioethics 31 (7), S. 505–514.

Holland, Suzanne (2001): Contested commodities at both ends of life: buying and selling gametes, embryos, and body tissues. In: Kennedy Institute of Ethics Journal 11 (3), S. 263–284.

Holtug, Nils (2009): Who cares about identity? In: Melinda A. Roberts und David T. Wasserman (Hg.): Harming future persons. Ethics, genetics and the nonidentity problem. Dordrecht: Springer, S. 71–92.

Höntzsch, Frauke (2010): Individuelle Freiheit zum Wohle Aller. Die soziale Dimension des Freiheitsbegriffs im Werk des John Stuart Mill. Wiesbaden: VS Verlag für Sozialwissenschaften.

Hughes, Jane/Gallagher, James (2011): Egg donor compensation is to triple under new HFEA guidelines. In: BBC News. 19.11.2011. <https://www.bbc.com/news/health-15356148 – 11.02.2023>.

Hugues, Jean-Noel (2002): Ovarian stimulation for assisted reproductive technologies. In: Effy Vayena, Patrick J. Rowe und Griffin P. David (Hg.): Current practices and controversies in assisted reproduction. Report of a meeting on „Medical, Ethical and Social Aspects of Assisted

Reproduction" held at WHO headquarters in Geneva, Switzerland, 17–21 September 2001. Genf: World Health Organization, S. 102–125.

Humboldt, Wilhelm von (1851): Ideen zu einem Versuch, die Gränzen der Wirksamkeit des Staats zu bestimmen. Breslau: Eduard Trewendt.

Ilioi, Elena/Golombok, Susan (2015): Psychological adjustment in adolescents conceived by assisted reproduction techniques: a systematic review. In: Human Reproduction Update 21 (1), S. 84–96.

Imrie, Susan/Golombok, Susan (2018): Long-term outcomes of children conceived through egg donation and their parents: a review of the literature. In: Fertility and Sterility 110 (7), S. 1187–1193.

Irrgang, Bernhard (1995): Grundriß der medizinischen Ethik. München: Ernst Reinhardt.

Jachertz, Norbert (2000): Präimplantationsdiagnostik: Am Rande der schiefen Bahn. In: Deutsches Ärzteblatt 97 (9), S. A507.

Jadva, Vasanti/Casey, Polly/Readings, Jennifer/Blake, Lucy/Golombok, Susan (2011): A longitudinal study of recipients' views and experiences of intra-family egg donation. In: Human Reproduction 26 (10), S. 2777–2782.

Jadva, Vasanti/Freeman, Tabitha/Kramer, Wendy/Golombok, Susan (2009): The experiences of adolescents and adults conceived by sperm donation: comparisons by age of disclosure and family type. In: Human Reproduction 24 (8), S. 1909–1919.

Jadva, Vasanti/Freeman, Tabitha/Kramer, Wendy/Golombok, Susan (2010): Experiences of offspring searching for and contacting their donor siblings and donor. In: Reproductive BioMedicine Online 20 (4), S. 523–532.

Janssens, Pim M.W. (2003): No reason for a reduction in the number of offspring per sperm donor because of possible transmission of autosomal dominant diseases. In: Human Reproduction 18 (4), S. 669–671.

Janssens, Pim M.W./Nap, Annemiek W./Bancsi, Laszlo F. J. M. M. (2011): Reconsidering the number of offspring per gamete donor in the Dutch open-identity system. In: Human Fertility 14 (2), S. 106–114.

Jennings, Bruce (2007): Autonomy. In: Bonnie Steinbock (Hg.): The Oxford handbook of bioethics. Oxford/New York: Oxford University Press, S. 72–89.

Johnson, Katherine M. (2017): The price of an egg: oocyte donor compensation in the US fertility industry. In: New Genetics and Society 36 (4), S. 354–374.

Johnson, Martin H. (1999): The medical ethics of paid egg sharing in the UK. In: Human Reproduction 14 (7), S. 1912–1918.

Jonas, Hans (1984): Das Prinzip Verantwortung. Versuch einer Ethik für die technologische Zivilisation. Frankfurt M.: Suhrkamp.

Jonas, Hans (1987): Mikroben, Gameten und Zygoten: Weiteres zur neuen Schöpferrolle des Menschen. In: Hans Jonas (Hg.): Technik, Medizin und Ethik. Praxis des Prinzips Verantwortung. Frankfurt M.: Suhrkamp, S. 204–218.

Jungfleisch, Frank (2005): Fortpflanzungsmedizin als Gegenstand des Strafrechts? Eine Untersuchung verschiedenartiger Regelungsansätze aus rechtsvergleichender und rechtspolitischer Perspektive. Berlin: Duncker & Humblot.

Jurczyk, Karin (2014): Familie als Herstellungsleistung. Hintergründe und Konturen einer neuen Perspektive auf Familie. In: Karin Jurczyk, Andreas Lange und Barbara Thiessen (Hg.): Doing family. Warum Familienleben heute nicht mehr selbstverständlich ist. Weinheim/Basel: Beltz Juventa, S. 50–70.

Jurczyk, Karin (2018): Familie als Herstellungsleistung. Elternschaft als Überforderung? In: Kerstin Jergus, Jens Oliver Krüger und Anna Roch (Hg.): Elternschaft zwischen Projekt und Projektion. Wiesbaden: Springer VS, S. 142–166.

JV (1985): Ingeborg Retzlaff: Neue Dimension der ärztlichen Verantwortung. In: Deutsches Ärzteblatt 82 (22), S. A1688–A1690.

Kalfoglou, Andrea L./Gittelsohn, Joel (2000): A qualitative follow-up study of women's experiences with oocyte donation. In: Human Reproduction 15 (4), S. 798–805.

Kant, Immanuel (1903 [1785]): Grundlegung zur Metaphysik der Sitten. In: Immanuel Kant: Kant's gesammelte Schriften (Akademie Ausgabe, Band IV). Hg. v. der Königlich Preußischen Akademie der Wissenschaften. Berlin: Georg Reimer, S. 385–463.

Kant, Immanuel (1907 [1797]): Die Metaphysik der Sitten. In: Immanuel Kant: Kant's gesammelte Schriften (Akademie Ausgabe, Band VI). Hg. v. der Königlich Preußischen Akademie der Wissenschaften. Berlin: Georg Reimer, S. 203–493.

Kaufmann, Arthur (1985): Der entfesselte Prometheus. Fragen der Humangenetik und der Fortpflanzungstechnologien aus rechtlicher Sicht. In: Rainer Flöhl (Hg.): Genforschung – Fluch oder Segen? Interdisziplinäre Stellungnahmen. München: J. Schweitzer, S. 259–277.

Kaufmann, Franz Xaver (1988): Familie und Modernität. In: Kurt Lüscher, Franz Schultheis und Michael Wehrspaun (Hg.): Die „postmoderne" Familie. Familiale Strategien und Familienpolitik in einer Übergangszeit. 2. Aufl. Konstanz: Universitätsverlag Konstanz, S. 391–415.

Keehn, Jason/Holwell, Eve/Abdul-Karim, Ruqayyah/Chin, Lisa Judy/Leu, Cheng-Shiun/Sauer, Mark V./ Klitzman, Robert (2012): Recruiting egg donors online: an analysis of in vitro fertilization clinic and agency websites' adherence to American Society for Reproductive Medicine guidelines. In: Fertility and Sterility 98 (4), S. 995–1000.

Keehn, Jason/Howell, Eve/Sauer, Mark V./Klitzman, Robert (2015): How agencies market egg donation on the internet: a qualitative study. In: Journal of Law, Medicine & Ethics 43 (3), S. 610–618.

Keller, Rolf (1989): Das Kindeswohl: Strafschutzwürdiges Rechtsgut bei künstlicher Befruchtung im heterologen System? In: Hans-Heinrich Jescheck und Theo Vogler (Hg.): Festschrift für Herbert Tröndle zum 70. Geburtstag am 24. August 1989. Berlin/New York: de Gruyter, S. 705–721.

Keller, Rolf/Günther, Hans-Ludwig/Kaiser, Peter (1992): Embryonenschutzgesetz. Kommentar zum Embryonenschutzgesetz. Stuttgart et al.: Kohlhammer.

Kenney, Nancy J./McGowan, Michelle L. (2010): Looking back: egg donors' retrospective evaluations of their motivations, expectations, and experiences during their first donation cycle. In: Fertility and Sterility 93 (2), S. 455–466.

Kensche, Christine (2012): Ein Vater und 600 Kinder – Brüder suchen „Bio-Dad". In: Die Welt. 10.04.2012. <https://www.welt.de/vermischtes/article106169180/Ein-Vater-und-600-Kinder-Brueder-suchen-Bio-Dad.html – 11.02.2023>.

Kentenich, Heribert/Griesinger, Georg (2013): Zum Verbot der Eizellspende in Deutschland: Medizinische, psychologische, juristische und ethische Aspekte. In: Journal für Reproduktionsmedizin und Endokrinologie 10 (5–6), S. 273–278.

Kentenich, Heribert/Jank, Alexander (2016): Fortpflanzung im höheren Alter. Spontankonzeption und Eizellspende. In: Gynäkologische Endokrinologie 14 (2), S. 105–110.

Kerstein, Samuel J. (2009): Kantian condemnation of commerce in organs. In: Kennedy Institute of Ethics Journal 19 (2), S. 147–169.

Kirchenamt der Evangelischen Kirche in Deutschland (Hg.) (1985): Von der Würde werdenden Lebens. Extrakorporale Befruchtung, Fremdschwangerschaft und genetische Beratung. Eine Handreichung der Evangelischen Kirche in Deutschland zur ethischen Urteilsbildung. Hannover.

Kiworr, Michael/Bauer, Axel W./Cullen, Paul (2017): Vorgeburtliche Diagnostik: Schritte auf dem Weg zur Eugenik. In: Deutsches Ärzteblatt 114 (6), S. A255–A257.

Kliemt, Hartmut (2007): Zur Kommodifizierung menschlicher Organe im freiheitlichen Rechtsstaat. In: Jochen Taupitz (Hg.): Kommerzialisierung des menschlichen Körpers. Berlin/Heidelberg: Springer, S. 94–108.

Klitzman, Robert (2016): Buying and selling human eggs: infertility providers' ethical and other concerns regarding egg donor agencies. In: BMC Medical Ethics 17 (1), 71.

Klitzman, Robert/Sauer, Mark V. (2015): Kamakahi vs ASRM and the future of compensation for human eggs. In: American Journal of Obstetrics and Gynecology 213 (2), 186–187.

Kolata, Gina (1999): $50.000 Offered to Tall, Smart Egg Donor. In: The New York Times. 03.03.1999. <https://www.nytimes.com/1999/03/03/us/50000-offered-to-tall-smart-egg-donor.html – 11.02.2023>.

Kollek, Regine (2000): Präimplantationsdiagnostik. Embryonenselektion, weibliche Autonomie und Recht. Tübingen/Basel: Francke.

Kongregation für die Glaubenslehre (1987): Instruktion über die Achtung vor dem beginnenden menschlichen Leben und die Würde der Fortpflanzung. Antworten auf einige aktuelle Fragen (Donum Vitae). Hrsg. v. Sekretariat der Deutschen Bischofskonferenz. Bonn.

Kongregation für die Glaubenslehre (2008): Instruktion Dignitas Personae über einige Fragen der Bioethik. Hrsg. v. Sekretariat der Deutschen Bischofskonferenz. Bonn.

König, Anika (2018): Parents on the move: German intended parents' experiences with transnational surrogacy. In: Sayani Mitra, Silke Schicktanz und Tulsi Patel (Hg.): Cross-cultural comparisons on surrogacy and egg donation. Interdisciplinary perspectives from India, Germany and Israel. Cham: Palgrave Macmillan, S. 277–299.

Kopelman, Loretta M. (1997): The best-interests standard as threshold, ideal, and standard of reasonableness. In: The Journal of Medicine and Philosophy 22 (3), S. 271–289.

Koppernock, Martin (1997): Das Grundrecht auf bioethische Selbstbestimmung. Zur Rekonstruktion des allgemeinen Persönlichkeitsrechts. Baden-Baden: Nomos.

Kort, Daniel H./Gosselin, Jennifer/Choi, Janet M./Thornton, Melvin H./Cleary-Goldman, Jane/Sauer, Mark V. (2012): Pregnancy after age 50: defining risks for mother and child. In: American Journal of Perinatology 29 (4), S. 245–250.

Krebs, Angelika (1999): Ethics of nature. A map. Berlin/New York: de Gruyter.

Kreß, Hartmut (2009): Medizinische Ethik. Gesundheitsschutz – Selbstbestimmungsrechte – heutige Wertkonflikte. 2., vollständig überarb. und erw. Aufl. Stuttgart: Kohlhammer.

Kreß, Hartmut (2011): Reproduktionsmedizin und Präimplantationsdiagnostik aus protestantischer Sicht – Gewissensfreiheit, Gewissensverantwortung und das Selbstbestimmungsrecht als Leitgedanken. In: Journal für Reproduktionsmedizin und Endokrinologie 8 (Sonderheft 2), S. 20–24.

Kreß, Hartmut (2018): Religiöse und ethische Vorbehalte gegen die Reproduktionsmedizin. In: Gynäkologische Endokrinologie 16 (1), S. 16–21.

Krohmer, Tobias (2007): Klonen oder nicht klonen? Analyse und Bewertung der bioethischen Argumente zum Thema Klonen. Berlin: Lit.

Kuhnt, Anne-Kristin/Steinbach, Anja (2014): Diversität von Familie in Deutschland. In: Anja Steinbach, Marina Hennig und Oliver Arránz Becker (Hg.): Familie im Fokus der Wissenschaft. Wiesbaden: Springer VS, S. 41–70.

LaFollette, Hugh (1980): Licensing parents. In: Philosophy and Public Affairs 9 (2), S. 182–197.

LaFollette, Hugh (1996): Personal relationships. Love, identity, and morality. Oxford/Cambridge: Blackwell.

LaFollette, Hugh (1998): Circumscribed autonomy: children, care, and custody. <https://www.hughlafollette.com/papers/autonomy.htm – 11.02.2023>.

Landau, Ruth (1999): Planned orphanhood. In: Social Science & Medicine 49 (2), S. 185–196.

Larsen, Elisabeth Clare/Christiansen, Ole Bjarne/Kolte, Astrid Marie/Macklon, Nick (2013): New insights into mechanisms behind miscarriage. In: BMC Medicine 11 (154), S. 1–10.

Laruelle, Chantal/Place, Isabelle/Demeestere, Isabelle/Englert, Yvon/Delbaere, Anne (2011): Anonymity and secrecy options of recipient couples and donors, and ethnic origin influence in three types of oocyte donation. In: Human Reproduction 26 (2), S. 382–390.

Lasch, Lidia/Fillenberg, Sabine (2017): Basiswissen Gynäkologie und Geburtshilfe. Berlin: Springer.

Laufenberg, Mike (2016): Die Macht der Medizin. Foucault und die soziologische Medikalisierungskritik. In: Orsolya Friedrich, Diana Aurenque, Galia Assadi und Sebastian Schleidgen (Hg.): Nietzsche, Foucault und die Medizin. Philosophische Impulse für die Medizinethik. Bielefeld: transcript, S. 109–130.

Laufs, Adolf (1986): Die künstliche Befruchtung beim Menschen – Zulässigkeit und zivilrechtliche Folgen. In: Juristenzeitung 41 (17), S. 769–777.

Laufs, Adolf (1987): Rechtliche Grenzen der Fortpflanzungsmedizin. Heidelberg: Winter.

Leopoldina Nationale Akademie der Wissenschaften/Union der deutschen Akademien der Wissenschaften (2019): Fortpflanzungsmedizin in Deutschland – für eine zeitgemäße Gesetzgebung. Stellungnahme. Halle (Saale).

Levy, Sarah (2012): Schräger Fortpflanzungsvisionär: Der Samenbanker. In: Der Spiegel. 24.08.2012. <https://www.spiegel.de/geschichte/robert-graham-und-das-superbaby-doron-blake-a-947687.html – 11.02.2023>.

Lewitscharoff, Sibylle (2014): Von der Machbarkeit. Die wissenschaftliche Bestimmung über Geburt und Tod. Dresdner Reden. 02.03.2014. Dresden. <www.staatsschauspiel-dresden.de/download/8742/dresdner_rede_sibylle_lewitscharoff.pdf – 11.02.2023>.

Liao, S. Matthew (2006): The right of children to be loved. In: Journal of Political Philosophy 14 (4), S. 420–440.

Lieberman, Brian (2005): Egg sharing: a misnomer? In: BioNews (305). 25.04.2005. <https://www.progress.org.uk/egg-sharing-a-misnomer/ – 11.02.2023>.

Lindheim, Steven R./Chase, Jennie/Sauer, Mark V. (2001): Assessing the influence of payment on motivations of women participating as oocyte donors. In: Gynecologic and Obstetric Investigation 52 (2), S. 89–92.

Locke, John (2005 [1690]): Two treatises of government. Student edition. Hrsg. v. Peter Laslett. 17. Aufl. Cambridge/New York: Cambridge University Press.

Löschke, Jörg (2019): Filiale Pflichten. In: Johannes Drerup und Gottfried Schweiger (Hg.): Handbuch Philosophie der Kindheit. Stuttgart: Metzler, S. 244–251.

Lübbe, Weyma (1994): Handeln und Verursachen: Grenzen der Zurechnungsexpansion. In: Weyma Lübbe (Hg.): Kausalität und Zurechnung. Über Verantwortung in komplexen kulturellen Prozessen. Berlin/New York: de Gruyter.

Ludwig, Annika K./Ludwig, Michael (2018): Wie geht es den Kindern nach reproduktionsmedizinischer Behandlung? In: Der Gynäkologe 51 (8), S. 653–658.

Ludwig, Annika K./Ludwig, Michael (2020): Direkte Komplikationen der Behandlungsmethoden in der Reproduktionsmedizin. In: Klaus Diedrich, Michael Ludwig und Georg Griesinger (Hg.): Reproduktionsmedizin. 2., erw. und vollständig überarb. Aufl. Berlin: Springer, S. 305–315.

Ludwig, Michael/Nawroth, Frank/Dorn, Christoph/Sonntag, Barbara (2020): Die Patientin über 40 mit Kinderwunsch. In: Klaus Diedrich, Michael Ludwig und Georg Griesinger (Hg.): Reproduktionsmedizin. 2., erw. und vollständig überarb. Aufl. Berlin: Springer, S. 391–399.

Lutjen, Peter/Trounson, Alan/Leeton, John/Findlay, Jock/Wood, Carl/Renou, Peter (1984): The establishment and maintenance of pregnancy using in vitro fertilization and embryo donation in a patient with primary ovarian failure. In: Nature 307 (5947), S. 174–175.

Magureanu, George (2005): Human egg trading and the exploitation of women. CORE European seminar. Europäisches Parlament. 30.06.2005. Brüssel. <www.cbc-network.org/wp-content/uploads/2019/11/appendixg.pdf – 20.10.2021>.

Maihofer, Andrea (2018): Freiheit – Selbstbestimmung – Autonomie. In: Susanne Baer und Ute Sacksofsky (Hg.): Autonomie im Recht – Geschlechtertheoretisch vermessen. Baden-Baden: Nomos, 31–60.

Maio, Giovanni (2001): Die Präimplantationsdiagnostik als Streitpunkt. Welche ethischen Argumente sind tauglich und welche nicht? In: Deutsche Medizinische Wochenschrift 126 (31/32), S. 889–895.

Maio, Giovanni (2011): Medizin in einer Gesellschaft, die kein Schicksal duldet. Eine Kritik des Machbarkeitsdenkens der modernen Medizin. In: Zeitschrift für medizinische Ethik 57 (2), S. 79–98.

Maio, Giovanni (2013): Wenn die Technik die Vorstellung bestellbarer Kinder weckt. In: Giovanni Maio, Tobias Eichinger und Claudia Bozzaro (Hg.): Kinderwunsch und Reproduktionsmedizin. Ethische Herausforderungen der technisierten Fortpflanzung. Freiburg/München: Karl Alber, S. 11–37.

Maio, Giovanni (2014): Medizin ohne Maß? Vom Diktat des Machbaren zu einer Ethik der Besonnenheit. Stuttgart: TRIAS.

Malek, Janet (2010): Deciding against disability: Does the use of reproductive genetic technologies express disvalue for people with disabilities? In: Journal of Medical Ethics 36 (4), S. 217–221.

Masschaele, Tine/Gerris, Jan/Vandekerckhove, Frank/De Sutter, Petra (2012): Does transferring three or more embryos make sense for a well-defined population of infertility patients undergoing IVF/ICSI? In: Facts, Views & Vision in ObGyn 4 (1), S. 51–58.

Mauss, Marcel (1968): Die Gabe. Form und Funktion des Austauschs in archaischen Gesellschaften. Frankfurt M.: Suhrkamp.

Mayr, Erasmus (2010): Grenzen des weichen Paternalismus II. Zwischen Harm-Principle und Unvertretbarkeit. In: Bijan Fateh-Moghadam, Stephan Sellmaier und Wilhelm Vossenkuhl (Hg.): Grenzen des Paternalismus. Stuttgart: Kohlhammer, S. 48–72.

McGregor, Joan (1988/89): Bargaining advantages and coercion in the market. In: Philosophy Research Archives 14, S. 23–50.

McMillan, John/Hope, Tony (2003): Gametes, money, and egg sharing. In: The Lancet 362 (9383), S. 584.

McWhinnie, Alexina (2001): Gamete donation and anonymity. Should offspring from donated gametes continue to be denied knowledge of their origins and antecedents? In: Human Reproduction 16 (5), S. 807–817.

Mense, Lisa (2004): Neue Formen von Mutterschaft. Verwandtschaft im Kontext der Neuen Reproduktionstechnologien. In: Ilse Lenz, Lisa Mense und Charlotte Ullrich (Hg.): Reflexive Körper? Zur Modernisierung von Sexualität und Reproduktion. Opladen: Leske + Budrich, S. 149–177.

Merrem, Marie-Theres (2021): Reformbedürftigkeit des Fortpflanzungsmedizinrechts. Baden-Baden: Tectum.

Meyer, Lukas H. (2005): Historische Gerechtigkeit. Berlin/New York: de Gruyter.

Mill, John Stuart (1969 [1874]): Three essays on religion: Nature. In: John Stuart Mill: The collected works of John Stuart Mill. Volume X: Essays on ethics, religion and society. Hg. v. John M. Robson. Toronto/London: Universitiy of Toronto Press; Routledge & Kegan Paul, S. 373–402.

Mill, John Stuart (1969 [1861]): Utilitarianism. In: John Stuart Mill: The collected works of John Stuart Mill. Volume X: Essays on ethics, religion and society. Hg. v. John M. Robson. Toronto/London: Universitiy of Toronto Press; Routledge & Kegan Paul, S. 203–259.

Mill, John Stuart (1977 [1859]): On liberty. In: John Stuart Mill: The collected works of John Stuart Mill. Volume XVIII: Essays on politics and society. Hg. v. John M. Robson. Toronto/London: Universitiy of Toronto Press; Routledge & Kegan Paul, S. 213–310.

Mill, John Stuart (1984 [1869]): The subjection of women. In: John Stuart Mill: The collected works of John Stuart Mill. Volume XXI: Essays on equality, law and education. Hg. v. John M. Robson. Toronto/London: Universitiy of Toronto Press; Routledge & Kegan Paul, S. 259–340.

Mills, Catherine (2013): Reproductive autonomy as self-making: procreative liberty and the practice of ethical subjectivity. In: The Journal of Medicine and Philosophy 38 (6), S. 639–656.

Moreno-Sepulveda, Jose/Checa, Miguel A. (2019): Risk of adverse perinatal outcomes after oocyte donation: a systematic review and meta-analysis. In: Journal of Assisted Reproduction and Genetics 36 (10), S. 2017–2037.

Murray, Clare/MacCallum, Fiona/Golombok, Susan (2006): Egg donation parents and their children: follow-up at age 12 years. In: Fertility and Sterility 85 (3), S. 610–618.

Murray, Thomas (1996): New reproductive technologies and the family. In: Cynthia B. Cohen (Hg.): New ways of making babies. The case of egg donation. Bloomington: Indiana University Press, S. 51–69.

Murray, Thomas (2002): What are families for? Getting to an ethics of reproductive technology. In: The Hastings Center Report 32 (3), S. 41–45.

Nahman, Michal (2008): Nodes of desire: Romanian egg sellers, ‚dignity‘ and feminist alliances in transnational ova exchanges. In: European Journal of Women's Studies 15 (2), S. 65–82.

Nahman, Michal (2011): Reverse traffic: intersecting inequalities in human egg donation. In: Reproductive BioMedicine Online 23 (5), S. 626–633.

Nahman, Michal (2016): Romanian IVF: a brief history through the ‚lens‘ of labour, migration and global egg donation markets. In: Reproductive Biomedicine & Society Online 2, S. 79–87.

Nave-Herz, Rosemarie (2015): Familie heute. Wandel der Familienstrukturen und Folgen für die Erziehung. 6., überarb. Aufl. Darmstadt: Wissenschaftliche Buchgesellschaft.

Nawroth, Frank/Ludwig, Michael/Keck, Christoph (2015): Systematischer Ansatz zur Diagnostik und Therapie bei Kinderwunschpaaren. In: Michael Ludwig, Frank Nawroth und Christoph Keck (Hg.): Kinderwunschsprechstunde. 3. Aufl. Berlin/Heidelberg: Springer, S. 43–96.

Ne'eman, Ari (2015): Screening sperm donors for autism? As an autistic person, I know that's the road to eugenics. In: The Guardian. 30.12.2015. <https://www.theguardian.com/commentisfree/2015/dec/30/screening-sperm-donors-autism-autistic-eugenics – 11.02.2023>.

Nelson, Margaret K./Hertz, Rosanna/Kramer, Wendy (2016): Gamete donor anonymity and limits on numbers of offspring: the views of three stakeholders. In: Journal of Law and the Biosciences 3 (1), S. 39–67.

Nida-Rümelin, Julian/Rath, Benjamin/Schulenburg, Johann (2012): Risikoethik. Berlin/Boston: de Gruyter.

Nordenfelt, Lennart (2007): The concepts of health and illness revisited. In: Medicine, Health Care and Philosophy 10 (1), S. 5–10.

Nozick, Robert (1969): Coercion. In: Sidney Morgenbesser, Patrick Suppes und Morton White (Hg.): Philosophy, science, and method. Essays in honor of Ernest Nagel. New York: St. Martin's Press, S. 440–472.

Nozick, Robert (1974): Anarchy, state, and utopia. New York: Basic Books.

Nussbaum, Martha C. (2006): Frontiers of justice. Disability, nationality, species membership. Cambridge/London: Belknap Press of Harvard University Press.

O'Neill, Onora (1979): Begetting, bearing, and rearing. In: William Ruddick und Onora O'Neill (Hg.): Having children. Philosophical and legal reflections on parenthood. New York: Oxford University Press, S. 25–38.

O'Neill, Onora (1988): Children's rights and children's lives. In: Ethics 98 (3), S. 445–463.

O'Neill, Onora (2002): Autonomy and trust in bioethics. Cambridge/New York: Cambridge University Press.

Parens, Erik/Asch, Adrienne (2000): The disability rights critique of prenatal genetic testing: reflections and recommendations. In: Erik Parens und Adrienne Asch (Hg.): Prenatal testing and disability rights. Washington: Georgetown University Press, S. 3–43.

Parfit, Derek (1984): Reasons and persons. Oxford: Oxford University Press.

Pasch, Lauri A. (2018): New realities for the practice of egg donation: a family-building perspective. In: Fertility and Sterility 110 (7), S. 1194–1202.

Pellegrino, Edmund D. (1999): The goals and ends of medicine: How are they to be defined? In: Mark J. Hanson und Daniel Callahan (Hg.): The goals of medicine. The forgotten issue in health care reform. Washington: Georgetown University Press, S. 55–68.

Pennings, Guido (1999): Measuring the welfare of the child: in search of the appropriate evaluation principle. In: Human Reproduction 14 (5), S. 1146–1150.

Pennings, Guido (2000): The right to choose your donor: a step towards commercialization or a step towards empowering the patient? In: Human Reproduction 15 (3), S. 508–514.

Pennings, Guido (2002): Incest, gamete donation by siblings and the importance of the genetic link. In: Reproductive BioMedicine Online 4 (1), S. 13–15.

Pennings, Guido (2019): Genetic databases and the future of donor anonymity. In: Human Reproduction 34 (5), S. 786–790.

Pennings, Guido/de Mouzon, Jacques/Shenfield, Françoise/Ferraretti, Anna Pia/Mardesic, T./Ruiz, Amparo/Goossens, Veerle (2014): Socio-demographic and fertility-related characteristics and motivations of oocyte donors in eleven European countries. In: Human Reproduction 29 (5), S. 1076–1089.

Pennings, Guido/Devroey, Paul (2006): Subsidized in-vitro fertilization treatment and the effect on the number of egg sharers. In: Reproductive BioMedicine Online 13 (1), S. 8–10.

Petersen, Peter (1985a): Retortenbefruchtung und Verantwortung. Anthropologische, ethische und medizinische Aspekte neuerer Fruchtbarkeitstechnologien. Stuttgart: Urachhaus.

Petersen, Peter (1985b): Sondervotum. In: Bundesminister für Forschung und Technologie und Bundesminister der Justiz (Hg.): In-vitro-Fertilisation, Genomanalyse und Gentherapie. Bericht der Gemeinsamen Arbeitsgruppe des Bundesministers für Forschung und Technologie und des Bundesministers der Justiz. München, S. 55–65.

Petersen, Peter/Teichmann, Alexander (1983): Der Kampf um die Fruchtbarkeit. Über die ärztliche Bedeutung des Embryo-Transfer. In: Deutsches Ärzteblatt 80 (45), S. A85–A95.

Peuckert, Rüdiger (2019): Familienformen im sozialen Wandel. 9., vollständig überarb. Aufl. Wiesbaden: Springer VS.

Pierce, Jessica/Reitemeier, Paul J./Jameton, Andrew/Maclin, Victoria M./de Jonge, Christopher J. (1995): Should gamete donation between family members be restricted? The case of a 16-year-old donor. In: Human Reproduction 10 (6), 1330–1337.

Plessner, Helmuth (1981): Gesammelte Schriften IV: Die Stufen des Organischen und der Mensch. Einleitung in die philosophische Anthropologie. Hrsg. v. Günter Dux, Odo Marquard und Elisabeth Ströker. Frankfurt M.: Suhrkamp.

Practice Committee of the ASRM (American Society for Reproductive Medicine)/Practice Committee of the SART (Society for Assisted Reproductive Technology) (2020): Repetitive oocyte donation: a committee opinion. In: Fertility and Sterility 113 (6), S. 1150–1153.

President's Commission (for the Study of Ethical Problems in Medicine and Biomedical and Behavioral Research) (1983): Deciding to forego life-sustaining treatment. Ethical, medical, and legal issues in treatment decisions. Washington.

President's Council on Bioethics (2002): Human cloning and human dignity. An ethical inquiry. Washington.

President's Council on Bioethics (2003): Beyond therapy. Biotechnology and the pursuit of happiness. Washington.

Prütting, Dorothea (2022): Medizinrecht. Kommentar. 6. Aufl. Köln: Luchterhand.

Purdy, Laura M. (1978): Genetic diseases: Can having children be immoral? In: John J. Buckley (Hg.): Genetics now. Ethical issues in genetic research. Washington: University Press of America, S. 25–39.

Purewal, Satvinder/van den Akker, Olga B. A. (2009): Systematic review of oocyte donation: investigating attitudes, motivations and experiences. In: Human Reproduction Update 15 (5), S. 499–515.

Radcliffe Richards, Janet (2010): Consent with inducements: the case of body parts and services. In: Franklin Miller und Alan Wertheimer (Hg.): The ethics of consent. Oxford/New York: Oxford University Press, S. 281–303.

Radin, Margaret Jane (1996): Contested commodities. The trouble with trade in sex, children, body arts and other things. Cambridge: Harvard University Press.

Raghavan, Ramesh/Alexandrova, Anna (2015): Toward a theory of child well-being. In: Social Indicators Research 121 (3), S. 887–902.

Rauprich, Oliver/Berns, Eva/Vollmann, Jochen (2012): Kinderwunschbehandlungen aus Sicht von Patienten, Experten und der Allgemeinbevölkerung. Ergebnisse einer Umfragestudie zur Finanzierung, Patientenaufklärung und Entscheidungsfindung in der Reproduktionsmedizin in Deutschland. In: Oliver Rauprich und Jochen Vollmann (Hg.): Die Kosten des Kinderwunsches. Interdisziplinäre Perspektiven zur Finanzierung reproduktionsmedizinischer Behandlungen. Münster: Lit, S. 121–214.

Ravelingien, An/Provoost, Veerle/Pennings, Guido (2015): Open-identity sperm donation: How does offering donor-identifying information relate to donor-conceived offspring's wishes and needs? In: Journal of Bioethical Inquiry 12 (3), S. 503–509.

Ravitsky, Vardit (2010): „Knowing where you come from". The rights of donor-conceived individuals and the meaning of genetic relatedness. In: Minnesota Journal of Law, Science & Technology 11 (2), S. 655–684.

Ravitsky, Vardit (2014): Autonomous choice and the right to know one's genetic origins. In: The Hastings Center Report 44 (2), S. 36–37.

Ravitsky, Vardit (2017): The right to know one's genetic origins and cross-border medically assisted reproduction. In: Israel Journal of Health Policy Research 6 (3), S. 1–6.

Rawls, John (1971): A theory of justice. Cambridge: Belknap Press of Harvard University Press.

Raz, Joseph (1988): The morality of freedom. Oxford: Clarendon Press.

Rees, John C. (1960): A re-reading of Mill on liberty. In: Political Studies 8 (2), S. 113–129.

Riggs, Ryan/Mayer, Jacob/Dowling-Lacey, Donna/Chi, Ting-Fing/Jones, Estella/Oehninger, Sergio (2010): Does storage time influence postthaw survival and pregnancy outcome? An analysis of 11.768 cryopreserved human embryos. In: Fertility and Sterility 93 (1), S. 109–115.

Riley, Jonathan (1998): Mill on liberty. London/New York: Routledge.

Ritzinger, Petra (2013): Mutterschaft mit 40 – ovarielle Reserve und Risiken. In: Der Gynäkologe 46 (1), S. 29–36.

Robertson, John A. (1983): Procreative liberty and the control of conception, pregnancy, and childbirth. In: Virginia Law Review 69 (3), S. 405–464.

Robertson, John A. (1994): Children of choice. Freedom and the new reproductive technologies. Princeton: Princeton University Press.

Rohde, Anke/Dorn, Almut (2007): Gynäkologische Psychosomatik und Gynäkopsychiatrie. Das Lehrbuch. Stuttgart: Schattauer.

Rössler, Beate (2011): Autonomie. In: Ralf Stoecker, Christian Neuhäuser und Marie-Luise Raters (Hg.): Handbuch Angewandte Ethik. Stuttgart/Weimar: Metzler, S. 93–99.

Roth, Carsten (2009): Eigentum an Körperteilen. Rechtsfragen der Kommerzialisierung des menschlichen Körpers. Berlin/Heidelberg: Springer.

Rothschuh, Karl Eduard (1965): Prinzipien der Medizin. Ein Wegweiser durch die Medizin. München/ Berlin: Urban & Schwarzenberg.

Rothschuh, Karl Eduard (1976): Krankheit. In: Joachim Ritter und Karlfried Gründer (Hg.): Historisches Wörterbuch der Philosophie. Bd. 4: I–K. Basel/Stuttgart: Schwabe & Co, S. 1184–1190.

Ruckdeschel, Kerstin (2015): Verantwortete Elternschaft: „Für die Kinder nur das Beste". In: Norbert F. Schneider, Sabine Diabaté und Kerstin Ruckdeschel (Hg.): Familienleitbilder in Deutschland. Kulturelle Vorstellungen zu Partnerschaft, Elternschaft und Familienleben. Opladen/Berlin/ Toronto: Barbara Budrich, S. 191–205.

Ruddick, William (1989): Questions parents should resist. In: Loretta M. Kopelman und John C. Moskop (Hg.): Children and health care. Moral and social issues. Dordrecht/Boston/London: Kluwer Academic Publishers, S. 221–229.

Sandel, Michael J. (2007): The case against perfection. Ethics in the age of genetic engineering. Cambridge: Belknap Press of Harvard University Press.

Sants, H. J. (1964): Genealogical bewilderment in children with substitute parents. In: British Journal of Medical Psychology 37 (2), S. 133–142.

Sauer, Mark V./Paulson, Richard J./Lobo, Rogerio A. (1995): Pregnancy in women 50 or more years of age: outcomes of 22 consecutively established pregnancies from oocyte donation. In: Fertility and Sterility 64 (1), S. 111–115.

Savulescu, Julian (2003): Is the sale of body parts wrong? In: Journal of Medical Ethics 29 (3), S. 138–139.

Scheib, Joanna E./Cushing, Rachel A. (2007): Open-identity donor insemination in the United States: Is it on the rise? In: Fertility and Sterility 88 (1), S. 231–232.

Scheib, Joanna E./Riordan, Maura/Rubin, Susan (2005): Adolescents with open-identity sperm donors: reports from 12–17 year olds. In: Human Reproduction 20 (1), S. 239–252.

Scheib, Joanna E./Ruby, Alice/Benward, Jean (2017): Who requests their sperm donor's identity? The first ten years of information releases to adults with open-identity donors. In: Fertility and Sterility 107 (2), S. 483–493.

Schenker, Joseph G. (1995): Sperm, oocyte, and pre-embryo donation. In: Journal of Assisted Reproduction and Genetics 12 (8), S. 499–508.

Schindele, Eva (2005): Die verkaufte Hoffnung. In: Brigitte. 15.09.2005. <https://www.brigitte.de/aktuell/gesellschaft/die-verkaufte-hoffnung-10056434.html – 11.02.2023>.

Schindele, Eva (2006): Der Eierdeal. Das globale Geschäft mit menschlichen Keimzellen. In: Deutschlandfunk. 01.10.2006. <http://www.dradio.de/dlf/sendungen/wib/545060/ – 11.02.2023>.

Schlüter, Julia (2008): Schutzkonzepte für menschliche Keimbahnzellen in der Fortpflanzungsmedizin. Münster: Lit.

Schneider, David M. (1980): American kinship. A cultural account. 2. Aufl. Chicago/London: University of Chicago Press.

Schneider, Ingrid (2006): Die gesellschaftliche Regulation von Entnahme, Zirkulation und Nutzung von Körpersubstanzen. Ein Klassifikationssystem. In: Sigrid Graumann (Hg.): Biomedizin im Kontext. Beiträge aus dem Institut Mensch, Ethik und Wissenschaft. Berlin: Lit, S. 239–260.

Schneider, Norbert F. (2015): Familie in Westeuropa. In: Paul B. Hill und Johannes Kopp (Hg.): Handbuch Familiensoziologie. Wiesbaden: Springer, S. 21–53.

Schneider, Norbert F./Diabaté, Sabine/Lück, Detlev (2014): Familienleitbilder in Deutschland. Ihre Wirkung auf Familiengründung und Familienentwicklung. Hrsg. v. Christine Henry-Huthmacher. Sankt Augustin: Konrad-Adenauer-Stiftung.

Schneider, Norbert F./Diabaté, Sabine/Ruckdeschel, Kerstin (Hg.) (2015): Familienleitbilder in Deutschland. Kulturelle Vorstellungen zu Partnerschaft, Elternschaft und Familienleben. Opladen et al.: Barbara Budrich.

Schneider, Norbert F./Rosenkranz, Doris/Limmer, Ruth (1998): Nichtkonventionelle Lebensformen. Entstehung, Entwicklung, Konsequenzen. Opladen: Leske + Budrich.

Schöne-Seifert, Bettina (2007): Grundlagen der Medizinethik. Stuttgart: Kröner.

Schopenhauer, Arthur (2017 [1851]): Parerga und Paralipomena II. Erster Teilband. Zürcher Ausgabe, Bd. 9. Zürich: Diogenes.

Schramme, Thomas (2015): Das Ideal der Individualität und seine Begründung. In: Michael Schefczyk und Thomas Schramme (Hg.): John Stuart Mill: Über die Freiheit. Berlin/Boston: de Gruyter, S. 55–74.

Schröder, Iris (2003): Die kulturelle Konstruktion von Verwandtschaft unter den Bedingungen der Reproduktionstechnologien in Deutschland. Dissertation. Universität Göttingen. <ediss.uni-goettingen.de/bitstream/handle/11858/00–1735–0000–0006-AEF3–2/schroeder_iris.pdf – 11.02.2023>.

Schröer, Andreas/Weichert, Jan (2020): Mehrlingsschwangerschaften. In: Klaus Diedrich, Michael Ludwig und Georg Griesinger (Hg.): Reproduktionsmedizin. 2., erw. und vollständig überarb. Aufl. Berlin: Springer, S. 329–337.

Schües, Christina (2016): Philosophie des Geborenseins. Erw. Neuausg. Freiburg/München: Karl Alber.

Schütze, Yvonne (1986): Die gute Mutter. Zur Geschichte des normativen Musters „Mutterliebe". Bielefeld: B. Kleine.

Schwartz, Anat/Many, Ariel/Shapira, Udi/Rosenberg Friedman, Michal/Yogev, Yariv/Avnon, Tomer/Agrawal, Swati/Shinar, Shiri (2020): Perinatal outcomes of pregnancy in the fifth decade and beyond – a comparison of very advanced maternal age groups. In: Scientific Reports 10 (1), 1809.

Scully, Jackie Leach (2020): Deaf identities in disability studies. In: Nick Watson und Simo Vehmas (Hg.): Routledge handbook of disability studies. 2. Aufl. London/New York: Routledge, S. 145–157.

Scully, Jackie Leach/Banks, Sarah/Shakespeare, Tom W. (2006): Chance, choice and control: lay debate on prenatal social sex selection. In: Social Science & Medicine 63 (1), S. 21–31.

Scully, Jackie Leach/Shakespeare, Tom/Banks, Sarah (2006): Gift not commodity? Lay people deliberating social sex selection. In: Sociology of Health and Illness 28 (6), S. 749–767.

Selten, Reinhard (2002): What is bounded rationality? In: Gerd Gigerenzer und Reinhard Selten (Hg.): Bounded rationality. The adaptive toolbox. Cambridge: MIT Press, S. 13–36.

Shalev, Carmel (2012): An ethic of care and responsibility: reflections on third-party reproduction. In: Medicine Studies 3 (3), S. 147–156.

Shenfield, Françoise/de Mouzon, Jacques/Pennings, Guido/Ferraretti, Anna Pia/Nyboe Andersen, Anders/de Wert, Guido/Goossens, Veerle (2010): Cross border reproductive care in six european countries. In: Human Reproduction 25 (6), S. 1361–1368.

Shiffrin, Seana Valentine (1999): Wrongful life, procreative responsibility, and the significance of harm. In: Legal Theory 5 (2), S. 117–148.

Simchen, Michal J./Yinon, Yoav/Moran, Orit/Schiff, Eyal/Sivan, Eyal (2006): Pregnancy outcome after age 50. In: Obstetrics and Gynecology 108 (5), S. 1084–1088.

Skloot, Rebecca (2010): The immortal life of Henrietta Lacks. New York: Crown.

Skorupski, John (2009): John Stuart Mill. The arguments of the philosophers. Nachdruck. London/New York: Routledge.

Soares, Sérgio R./Melo, Marco A. (2008): Cigarette smoking and reproductive function. In: Current Opinion in Obstetrics and Gynecology 20 (3), S. 281–291.

Solberg, Berge (2009): Getting beyond the welfare of the child in assisted reproduction. In: Journal of Medical Ethics 35 (6), S. 373–376.

Spandorfer, Steven D./Bendikson, Kristin/Dragisic, Kate/Schattman, Glenn/Davis, Owen K./Rosenwaks, Zev (2007): Outcome of in vitro fertilization in women 45 years and older who use autologous oocytes. In: Fertility and Sterility 87 (1), S. 74–76.

Sparrow, Robert (2008): Is it „every man's right to have babies if he wants them"? Male pregnancy and the limits of reproductive liberty. In: Kennedy Institute of Ethics Journal 18 (3), S. 275–299.

SPD/Bündnis 90/Die Grünen/FDP (2021): Mehr Fortschritt wagen. Bündnis für Freiheit, Gerechtigkeit und Nachhaltigkeit. Koalitionsvertrag 2021–2025 zwischen der Sozialdemokratischen Partei Deutschlands (SPD), BÜNDNIS 90/DIE GRÜNEN und den Freien Demokraten (FDP). <https://www.bundesregierung.de/resource/blob/974430/1990812/04221173eef9a6720059cc353d759a2b/2021-12-10-koav2021-data.pdf – 11.02.2023>.

Speier, Amy (2016): Fertility holidays. IVF tourism and the reproduction of whiteness. New York: New York University Press.

Speier, Amy (2018): Egg donor social mobility and expansion of Czech reproductive medicine. In: Cecilia Vindrola-Padros, Ginger A. Johnson und Anne E. Pfister (Hg.): Healthcare in motion. Immobilities in health service delivery and access. New York: Berghahn, S. 99–115.

Spickhoff, Andreas (2022): Medizinrecht. 4. Aufl. München: C. H. Beck.

Spriggs, Merle (2002): Lesbian couple create a child who is deaf like them. In: Journal of Medical Ethics 28 (5), S. 283.

Starr, Sandy (2011): Drastic changes to sperm and egg donation policy made by the HFEA. In: BioNews (630). 24.11.2011. <https://www.progress.org.uk/drastic-changes-to-sperm-and-egg-donation-policy-made-by-the-hfea/ – 11.02.2023>.

Statistisches Bundesamt (2022a): Bevölkerung und Erwerbstätigkeit. Haushalte und Familien. Ergebnisse des Mikrozensus. Erstergebnisse 2021. Fachserie 1 Reihe 3. <https://www.destatis.de/

DE/Themen/Gesellschaft-Umwelt/Bevoelkerung/Haushalte-Familien/Publikationen/Downloads-Haushalte/haushalte-familien-2010300217004.pdf?__blob=publicationFile – 11.02.2023>.

Statistisches Bundesamt (2022b): Statistiken der Kinder- und Jugendhilfe. Adoptionen 2021. <https://www.destatis.de/DE/Themen/Gesellschaft-Umwelt/Soziales/Adoptionen/Publikationen/Downloads/adoptionen-5225201217004.pdf?__blob=publicationFile – 11.02.2023>.

Steel, Anna Judith/Sutcliffe, Alastair (2009): Long-term health implications for children conceived by IVF/ICSI. In: Human Fertility 12 (1), S. 21–27.

Steinbach, Rosemary J./Allyse, Megan/Michie, Marsha/Liu, Emily Y./Cho, Mildred K. (2016): „This lifetime commitment": public conceptions of disability and noninvasive prenatal genetic screening. In: American Journal of Medical Genetics, Part A 170 (2), S. 363–374.

Steinbock, Bonnie (2004): Payment for egg donation and surrogacy. In: Mount Sinai Journal of Medicine 71 (4), S. 255–265.

Steinbock, Bonnie/McClamrock, Ron (1994): When is birth unfair to the child? In: The Hastings Center Report 24 (6), S. 15–21.

Steindorff, Caroline (1994): Zur Einstimmung in das Thema. In: Caroline Steindorff (Hg.): Vom Kindeswohl zu den Kindesrechten. Neuwied/Berlin/Kriftel: Luchterhand, S. 1–6.

Steiner, Hillel (1975): Individual liberty. In: Proceedings of the Aristotelian Society 75 (1), S. 33–50.

Stevens, Robert (1988): Coercive offers. In: Australasian Journal of Philosophy 66 (1), S. 83–95.

Stöbel-Richter, Yve/Geue, Kristina/Borkenhagen, Ada/Brähler, Elmar/Weidner, Kerstin/Shi, Qinghua (2012): What do you know about reproductive medicine? Results of a German representative survey. In: PLoS ONE 7 (12), e50113.

Storgaard, Marianne/Loft, Anne/Bergh, Christina/Wennerholm, Ulla-Britt/Söderström-Anttila, Viveca/Romundstad, Liv Bente/Aittomaki, Kristiina/Oldereid, Nan B./Forman, Julie Lyng/Pinborg, Anja (2017): Obstetric and neonatal complications in pregnancies conceived after oocyte donation: a systematic review and meta-analysis. In: BJOG 124 (4), S. 561–572.

Strathern, Marilyn (1999): Introduction, first edition. A question of context. In: Jeanette Edwards, Sarah Franklin, Eric Hirsch, Frances Price und Marilyn Strathern (Hg.): Technologies of procreation. Kinship in the age of assisted conception. 2. Aufl. London/New York: Routledge, S. 9–27.

Strong, Carson (2005): Harming by conceiving: a review of misconceptions and a new analysis. In: The Journal of Medicine and Philosophy 30 (5), S. 491–516.

Strowitzki, Thomas (2013): Infertilität bei Frauen. Neueste Entwicklungen. In: Bundesgesundheitsblatt – Gesundheitsforschung – Gesundheitsschutz 56 (12), S. 1628–1632.

Subrahmanyam, Divya (2008): ‚Ivy League Egg Donor Wanted'. In: Yale Daily News. 23.04.2008. <https://yaledailynews.com/blog/2008/04/23/ivy-league-egg-donor-wanted – 11.02.2023>.

Sureau, Claude/Shenfield, Françoise (1995): Oocyte donation by a daughter. In: Human Reproduction 10 (6), S. 1334.

Tallandini, Maria Anna/Zanchettin, Liviana/Gronchi, Giorgio/Morsan, Valentina (2016): Parental disclosure of assisted reproductive technology (ART) conception to their children: a systematic and meta-analytic review. In: Human Reproduction 31 (6), S. 1275–1287.

Tarlatzis, Basil C./Bosdou, Julia K./Kolibianakis, Efstratios M. (2019): Ovarian hyperstimulation syndrome. In: Ilpo Huhtaniemi und Luciano Martini (Hg.): Encyclopedia of endocrine diseases. Vol II. 2. Aufl. Oxford: Elsevier, S. 581–587.

Ten, Chin Liew (1980): Mill on liberty. Oxford: Clarendon Press.

Thaldar, Donrich (2020): Egg donors' motivations, experiences, and opinions: a survey of egg donors in South Africa. In: PLoS ONE 15 (1), e0226603.

Thorn, Petra (2020): Zur Praxis der psychosozialen Beratung im Rahmen der Familienbildung mit Hilfe Dritter. In: Katharina Beier, Claudia Brügge, Petra Thorn und Claudia Wiesemann (Hg.): Assistierte Reproduktion mit Hilfe Dritter. Medizin – Ethik – Psychologie – Recht. Berlin: Springer, S. 271–284.

Tönnies, Ferdinand (2010 [1887/1935]): Gemeinschaft und Gesellschaft. Grundbegriffe der reinen Soziologie. Nachdruck der 8. Aufl. v. 1935. Darmstadt: Wissenschaftliche Buchgesellschaft.

Trounson, Alan/Leeton, John/Besanko, Mandy/Wood, Carl/Conti, Angelo (1983): Pregnancy established in an infertile patient after transfer of a donated embryo fertilised in vitro. In: British Medical Journal (Clinical Research Edition) 286 (6368), S. 835–838.

Truck Stop (1982): Mein Opa, das bin ich. In: Truck Stop: Rodeo. LP. Hamburg: Nature.

Tucher, Elisabeth von/Henrich, Wolfgang (2020): Frühgeburt und Amnioninfektionssyndrom. In: Jürgen Wacker, Martin Sillem, Gunther Bastert und Matthias W. Beckmann (Hg.): Therapiehandbuch Gynäkologie und Geburtshilfe. Berlin: Springer, S. 163–192.

Turner, Amanda J./Coyle, Adrian (2000): What does it mean to be a donor offspring? The identity experiences of adults conceived by donor insemination and the implications for counselling and therapy. In: Human Reproduction 15 (9), S. 2041–2051.

van den Daele, Wolfgang (2005): Vorgeburtliche Selektion: Ist die Pränataldiagnostik behindertenfeindlich? In: Wolfgang van den Daele (Hg.): Biopolitik. Wiesbaden: VS Verlag für Sozialwissenschaften, S. 97–122.

van den Daele, Wolfgang (2007): Gewinnverbot: Die ambivalente Verteidigung einer Kultur der Gabe. In: Jochen Taupitz (Hg.): Kommerzialisierung des menschlichen Körpers. Berlin/Heidelberg: Springer, S. 128–140.

Vaskovics, Laszlo A. (2009): Segmentierung der Elternrolle. In: Günter Burkart (Hg.): Zukunft der Familie. Prognosen und Szenarien. Zeitschrift für Familienforschung, Sonderheft 2009. Opladen/ Farmington Hills: Barbara Budrich, S. 269–296.

Vayena, Effy/Golombok, Susan (2012): Challenges in intra-family donation. In: Martin Richards, Guido Pennings und John B. Appleby (Hg.): Reproductive donation. Practice, policy and bioethics. Cambridge/New York: Cambridge University Press, S. 168–188.

Velte, Gianna (2015): Die postmortale Befruchtung im deutschen und spanischen Recht. Berlin/ Heidelberg: Springer.

Wallace, W. Hamish B./Kelsey, Thomas W. (2010): Human ovarian reserve from conception to the menopause. In: PLoS ONE 5 (1), e8772.

Wapler, Friederike (2015): Kinderrechte und Kindeswohl. Eine Untersuchung zum Status des Kindes im Öffentlichen Recht. Tübingen: Mohr Siebeck.

Wapler, Friederike (2017): Das Kindeswohl: individuelle Rechtsverwirklichung im sozialen Kontext. Rechtliche und rechtsethische Betrachtungen zu einem schwierigen Verhältnis. In: Ferdinand Sutterlüty und Sabine Flick (Hg.): Der Streit ums Kindeswohl. Weinheim/Basel: Beltz Juventa, S. 14–51.

Warnock, Mary (1987): ‚The good of the child'. In: Bioethics 1 (2), S. 141–155.

Wasserman, David T. (2009): Ethical constraints on allowing or causing the existence of people with disabilities. In: Kimberley Brownlee und Adam Steven Cureton (Hg.): Disability and disadvantage. Oxford/New York: Oxford University Press, S. 319–351.

Weichert, Alexander/Braun, Thorsten/Deutinger, Christine/Henrich, Wolfgang/Kalache, Karim D./ Neymeyer, Joerg (2017): Prenatal decision-making in the second and third trimester in trisomy 21-affected pregnancies. In: Journal of Perinatal Medicine 45 (2), S. 205–211.

Welch, Patrick J. (2006): Thomas Carlyle on utilitarianism. In: History of Political Economy 38 (2), S. 377 – 389.

Wertheimer, Alan (1987): Coercion. Princeton: Princeton University Press.

Westermann, Anna Maria/Alkatout, Ibrahim (2020): Ist unerfüllter Kinderwunsch ein Leiden? Der Leidensbegriff im Kontext der Kinderwunschtherapie. In: Ethik in der Medizin 32 (2), S. 125 – 139.

Wiesemann, Claudia (2006): Von der Verantwortung, ein Kind zu bekommen. Eine Ethik der Elternschaft. München: C. H. Beck.

Wiesemann, Claudia (2007): Der Embryo und die Ethik der Elternschaft. Eine Antwort auf Anton Leist. In: Zeitschrift für evangelische Ethik 51 (1), S. 58 – 64.

Wiesemann, Claudia (2011): Eltern und Kinder. In: Ralf Stoecker, Christian Neuhäuser und Marie-Luise Raters (Hg.): Handbuch Angewandte Ethik. Stuttgart/Weimar: Metzler, S. 242 – 248.

Wiesemann, Claudia (2015): Natalität und die Ethik von Elternschaft und Familie. In: Zeitschrift für Praktische Philosophie 2 (2), S. 213 – 236.

Wiesemann, Claudia (2016): Vertrauen als moralische Praxis – Bedeutung für Medizin und Ethik. In: Holmer Steinfath und Claudia Wiesemann (Hg.): Autonomie und Vertrauen. Wiesbaden: Springer VS, S. 69 – 99.

Wiesemann, Claudia (2020): Ist ein Verbot der Eizellspende ausreichend begründbar? Eine ethische Analyse. In: Katharina Beier, Claudia Brügge, Petra Thorn und Claudia Wiesemann (Hg.): Assistierte Reproduktion mit Hilfe Dritter. Medizin – Ethik – Psychologie – Recht. Berlin: Springer, S. 129 – 140.

Wilkinson, Stephen (2003): Bodies for sale. Ethics and exploitation in the human body trade. London/ New York: Routledge.

Wilkinson, Stephen (2005): Biomedical research and the commercial exploitation of human tissue. In: Genomics, Society and Policy 1 (1), S. 27 – 40.

Wilkinson, Stephen (2010): Choosing tomorrow's children. The ethics of selective reproduction. Oxford: Clarendon Press.

Willekens, Harry (2016): Alle Elternschaft ist sozial. In: Recht der Jugend und des Bildungswesens 64 (2), S. 130 – 135.

Williams, Bernard (1981): Persons, character and morality. In: Bernard Williams: Moral luck. Philosophical papers 1973 – 1980. Cambridge: Cambridge University Press, S. 1 – 19.

Wilson, Tracie L. (2016): Unravelling orders in a borderless Europe? Cross-border reproductive care and the paradoxes of assisted reproductive technology policy in Germany and Poland. In: Reproductive BioMedicine Online 3, S. 48 – 59.

Winter, Alanna/Daniluk, Judith C. (2004): A gift from the heart: the experiences of women whose egg donations helped their sisters become mothers. In: Journal of Counseling & Development 82 (4), S. 483 – 495.

Wöhlke, Sabine (2010): Theoretische Erwägungen zu Spende, Gabe und Reziprozität im Kontext der Lebendnierentransplantation. In: Thomas Potthast, Beate Herrmann und Uta Müller (Hg.): Wem gehört der menschliche Körper? Ethische, rechtliche und soziale Aspekte der Kommerzialisierung des menschlichen Körpers und seiner Teile. Paderborn: mentis, S. 201 – 219.

Wolf, Clark (2009): Do future persons presently have alternate possible identities? In: Melinda A. Roberts und David T. Wasserman (Hg.): Harming future persons. Ethics, genetics and the nonidentity problem. Dordrecht: Springer, S. 93 – 114.

Wollheim, Richard (1973): John Stuart Mill and the limits of state coercion. In: Social Research 40 (1), S. 1 – 30.

Wright, Katherine (2016): Limiting offspring numbers: Can we justify regulation? In: Susan Golombok, Rosamund Scott, John B. Appleby, Martin Richards und Stephen Wilkinson (Hg.): Regulating reproductive donation. Cambridge: Cambridge University Press, S. 185–204.

Wyns, Christine/Bergh, Christina/Calhaz-Jorge, Carlos/de Geyter, Christian/Kupka, Markus S./Motrenko, Tatiana/Rugescu, Ioana Adina/Smeenk, Jesper/Tandler-Schneider, Andreas/Vidakovic, Snežana/Goossens, Veerle (2020): ART in Europe, 2016: results generated from European registries by ESHRE. In: Human Reproduction Open 2020 (3), S. 1–17.

Yee, Samantha/Hitkari, Jason A./Greenblatt, Ellen M. (2007): A follow-up study of women who donated oocytes to known recipient couples for altruistic reasons. In: Human Reproduction 22 (7), S. 2040–2050.

Zadeh, Sophie/Ilioi, Elena/Jadva, Vasanti/Golombok, Susan (2018): The perspectives of adolescents conceived using surrogacy, egg or sperm donation. In: Human Reproduction 33 (6), S. 1099–1106.

Zeh, Juli (2009): Corpus Delicti. Ein Prozess. Frankfurt M.: Schöffling & Co.

Register

www.ingramcontent.com/pod-product-compliance
Lightning Source LLC
Chambersburg PA
CBHW021918190326
41519CB00009B/833